KB133036

식물은 어떻게 작물이 되었나

이 책은 방일영문화재단의 지원을 받아
저술·출판되었습니다.

식물은 어떻게 작물이 되었나

게놈으로 밝혀낸 먹거리의 비밀

강석기 지음

INDEX

3부 * 과일 작물

4부 * 특용 작물

프롤로그

2000년 6월 26일, 미국 백악관에서 빌 클린턴 대통령과 토니 블레어 영국 총리가 만났다. 이들 옆에는 과학자 두 사람도 함께 했다. 인간게놈프로젝트Human Genome Project, HGP 컨소시엄의 프랜시스 콜린스 박사와 미국 바이오회사 셀레라지노믹스의 크레이그 벤터 박사다. 정치인 두 사람과 과학자 두 사람이 백악관에 모인 건 과학사에 길이 남을 발표를 하기 위해서다. 바로 인간 게놈 초안 해독에 성공했다는 것이다.

이 발표를 계기로 '게놈genome'은 생명과학자의 전문용어에서 일반인에게도 익숙한 과학용어가 됐다.* 인간 게놈 초안 해독 결과를 담은 논문은 이듬해인 2001년 봄, 하루 간격으로 학술지 『네이처』(HGP)와 『사이언스』(셀레라)에 각각 실렸다.[1]

* 이 책에서 gene은 유전자로 genetics는 유전학으로 genomics는 유전체학이라고 번역해 썼지만, genome은 유전체 대신 사람들이 익숙한 게놈이라고 썼다.

작물 100여 종 게놈 해독

백악관 발표가 있고 6개월이 지난 2000년 12월 14일 『네이처』에는 애기장대라는 작은 풀의 게놈 해독 결과를 담은 논문이 실렸다. 최초로 해독된 식물 게놈이지만 대중의 관심을 끌지는 못했다. 잡초가 아니라 벼나 밀 같은 주요 작물의 게놈 해독이었다면 꽤 화제가 됐을 것이다.

그럼에도 애기장대를 첫 번째 식물 게놈 해독의 대상으로 삼은 데는 몇 가지 이유가 있다. 먼저 게놈 크기가 불과 1억 3,500만 염기로 아주 작아 게놈 해독에 드는 비용과 시간이 버거운 당시 기술 수준에서는 현실적인 목표였다. 그리고 애기장대는 식물, 특히 쌍떡잎식물의 모델로 식물 유전학 분야에서 이미 많은 연구가 돼 있었다. 식물체의 크기가 작은데다 한 세대가 두 달 내외로 짧기 때문이다.

애기장대 게놈 크기는 사람의 20분의 1도 안 되지만 유전자 수는 2만 5,000여 개로 2만여 개인 사람보다 더 많았다. 게놈 크기는 소위 '쓰레기DNA junk DNA'라고 부르는, 유전자를 지정하는 않는 서열의 크기에 따라 좌우되므로 게놈이 작다고 유전자 수까지 적은 건 아니다. 그렇다고 해도 유전자 수가 사람보다 20%나 더 많다는 사실은 인간 유전학을 연구하는 사람들에게 자존심이 좀 상하는 결과였다.

그러나 조금만 생각해 봐도 그렇게 뜻밖의 결과는 아니다. 즉 동물과 달리 씨가 싹이 트면 죽을 때까지 그 자리를 벗어나지 못하는 식물은 자신의 생존과 성장과 필요한 물질 대다수를 직접 만들어야 한다. 시시각각 변하는 주변 환경에 대처할 수 있는 주된 수단 역시 화학적 방법, 즉 화합물을 만드는 것이다. 따라서 다양한 물질을 합성하는 데 관여하는 유전자가 동물보다 훨씬 많다.

2년 뒤인 2002년 식물로는 두 번째, 작물로는 최초로 벼의 게놈 초안이 해독됐다. 벼는 세계 인구 절반의 주식 작물이자 게놈 크기도 4억 염기로 작아 이처럼 빨리 해독됐다. 게다가 벼는 외떡잎식물의 모델로 벼 게놈은 외떡잎식물 최초의 게놈이기도 하다.

5년이 지난 2007년에 식물로는 네 번째, 작물로는 두 번째, 과일 작물로는 처음으로 포도 게놈이 해독됐다. 포도는 서구 문화와 경제에서 비중이 큰 술인 와인의 재료로서 게놈 크기도 5억 염기로 작아 우선권을 얻었다. 2007년부터는 매년 작물 게놈이 해독됐다. 2008년에 파파야 게놈이 해독됐고(아쉽게도 이 책에서는 다루지 않았다) 2009년 수수와 옥수수 게놈 해독이 발표됐다. 이렇게 2000년대의 첫 10년 동안 작물 5종의 게놈이 해독됐다.

2010년 1월 콩(대두) 게놈을 시작으로 작물 게놈 해독이 가속화됐다. 새로운 게놈 분석기술이 나오고 비용이 급감하면서 수십 개 연구기관의 과학자 수백 명이 수년 동안 막대한 연구비를 쏟아가며 매달렸던 일이 서너 팀의 과학자 십여 명이 크게 부담 가지 않는 연구비로 한두 해 만에 끝낼 수 있는 일로 바뀐 것이다. 그 결과 2010년대에 100여 종에 이르는 작물 게놈이 해독됐다.[2]

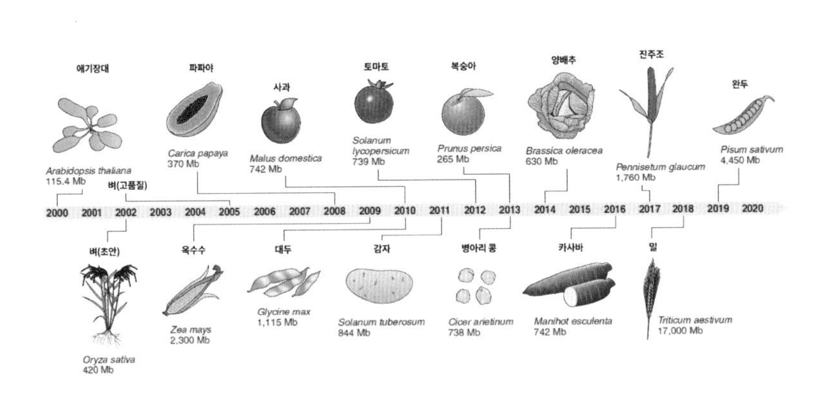

2002년 작물 가운데 처음으로 벼의 게놈 초안이 해독된 이래 100여 종의 작물 게놈이 해독됐다. 참고로 2000년 쌍떡잎식물의 모델로 잡초인 애기장대의 게놈이 식물로는 최초로 해독됐다. 작물 그림 아래 이탤릭체는 학명이고 숫자는 게놈 크기다(단위 백만). (제공『네이처 유전학』)

식물 진화 역사의 재구성

지난 2018년 학술지 『사이언스』에는 밀 게놈 해독 결과를 담은 논문이 실렸다. 인류가 섭취하는 칼로리의 20%를 제공하는 주요 작물인 밀의 게놈 해독이 이처럼 늦어진 건 160억 염기라는 엄청난 크기와 함께 육배체라는 복잡한 구성 때문이다. 아직 게놈 해독이 안 된 작물이 많지만 밀 게놈 해독 성공으로 작물 게놈 해독의 1단계가 마무리된 느낌이다. 앞으로는 작물 육종育種, breeding에 게놈 정보를 이용해 효율을 높이는 분자육종의 시대가 본격적으로 열릴 것이다.

밀 게놈 해독 논문을 읽다가 문득 지난 20년 가까이 진행된 작물 게놈 연구 결과를 정리해 소개하는 책을 써보면 어떨까 하는 생각이 들었다. 작물 게놈 정보는 육종에 유용하게 쓰일 수 있다는 실용적인 측면 외에도 인류가 1만 년 동안 시도한 작물화 과정을 이해하는 창이 될 뿐 아니라 더 나아가 식물 진화 역사를 재구성하는 데 결정적인 역할을 하기 때문이다. 게놈 정보가 인류의 진화 과정을 이해하는 데 얼마나 결정적인 역할을 했는가를 보면 짐작이 갈 것이다. 분류학의 관점에서 침팬지가 고릴라보다 사람에 더 가깝다는, 고개를 갸웃할 주장도 게놈 염기서열 비교로 명쾌하게 드러났다.

현생인류와 네안데르탈인이 피가 섞였는가를 두고 고인류학자들은 오랫동안 다퉈왔고 피가 섞이지 않았다는 주장이 우세했지만 2010년 네안데르탈인의 게놈이 해독되면서 유럽과 아시아 현생인류에 흔적을 남겼다는 사실이 밝혀지자 논란이 단번에 종식됐다. 심지어 같은 해 시베리아의 한 동굴에서 발굴한 손가락뼈에서 추출한 게놈을 해독해 '데니소바인'이라는 미지의 인류가 살았고 아시아 현생인류에 이들의 피가 섞였다는 충격적인 사실도 드러났다.

게놈 해독 초기에는 비용과 시간이 많이 들었기 때문에 식물 게놈 해

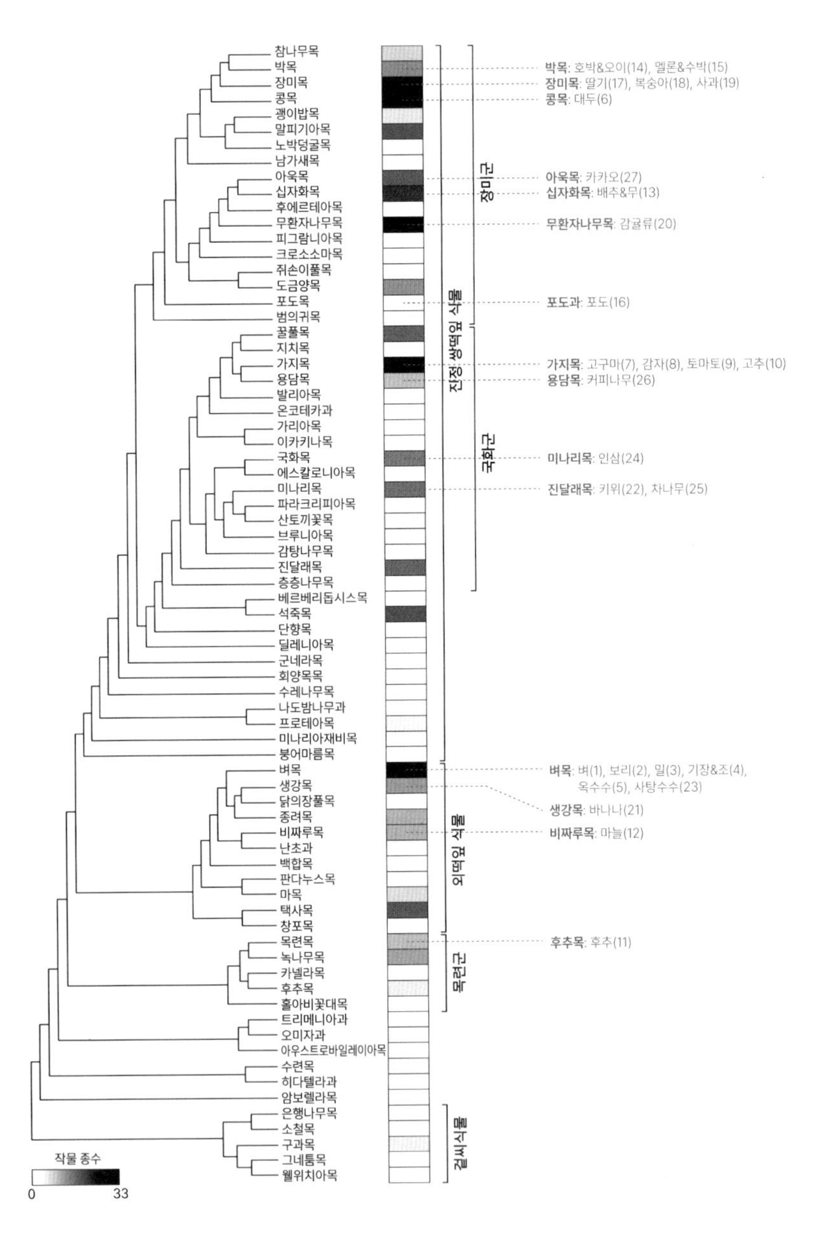

종자식물 30만여 종 가운데 인류는 약 2,500종을 길들이는 시도를 했다. 이 가운데 250여 종이 야생 조상과는 뚜렷하게 다른 작물이 됐다. 식량 작물 353종을 목(目, order) 단계에서 보여주는 계통도로 특히 장미목과 콩목, 무환자나무목, 가지목, 벼목에서 여러 종이 작물화됐음을 알 수 있다. 이 책에 등장하는 작물들을 속한 목에 따라 옆에 적었다. 괄호 안 숫자는 나오는 장이다. (제공 『네이처 리뷰 유전학』)

독은 육종에 활용할 수 있는 작물 위주로 진행됐다. 식물 30만여 종 가운데 인류가 손을 댄 작물은 대략 2,500종으로 작은 부분을 차지하지만 그럼에도 분류학의 관점에서 폭넓게 분포하므로 작물 게놈 해독 데이터는 식물의 진화를 이해하는 데 전환점이 됐고 식물 사이의 관계를 두고 벌어진 여러 논란을 해결했다.[3]

이 책에 소개된 작물은 14과 30여 종에 불과하지만 속씨식물의 계통도에서 나름 골고루 분포한다. 이들의 게놈을 들여다보면 속씨식물의 진화 과정이 어느 정도 그려지는 이유다. 예를 들어 2007년 식물 가운데 네 번째로 해독된 포도 게놈은 약 1억 4,000만년 전 속씨식물의 공통조상이 육배체, 즉 기본염색체가 여섯 세트인 식물이었다는 놀라운 사실을 드러냈다.

게놈 정보는 서로 가까운 식물 사이의 족보를 정리하는 데도 결정적인 역할을 했다. 그 대표적인 예가 감귤류로 만다린(귤), 오렌지, 그레이프프루트(자몽), 레몬, 라임, 유자 등이 서로 어떤 관계인지가 명쾌하게 밝혀졌다. 20장에서 이 과정을 상세하게 다뤘다.

작물화 유전 변이 규명

작물 게놈 해독이 식물 분류학에 기여한 건 어찌 보면 부수적 효과일 수 있다. 시간의 문제일 뿐 훗날 비작물 식물 게놈을 여럿 해독해도 얻을 수 있는 결과이기 때문이다. 작물 게놈 해독만이 줄 수 있는 정보는 바로 작물화 과정에서 일어난 게놈 차원의 유전 변이다.

고고학 발굴 결과를 통해 각 작물의 작물화가 일어난 장소와 시기를 대략 알게 되었고 형태 특성, 즉 표현형의 변화도 잘 알 수 있게 되었다. 예를 들어 곡물의 작물화 과정에서는 낟알(씨앗)이 커지고 탈립성이 줄어들었다. 즉 낟알이 커야 먹을 게 많고 익은 뒤 이삭에서 잘 안 떨어져야 온전히 수확할 수 있다. 게놈이 해독되면서 이런 변화에 관여하는 유전 변이가 속속 드러났다.

한편 한 작물에서도 지역에 따라 다양한 재래종(토종)이 존재하고 상품성이 높은 현대 품종도 다수 개발돼 있다. 이 일을 해낸 농부와 과거 육종가들은 오로지 겉모습을 보고 선택하는 일을 반복했을 뿐 그 안, 즉 게놈에서 어떤 변화가 일어났는지는 생각하지도 못했다. 사실 이들 대다수는 게놈의 존재 자체를 몰랐다.

작물 게놈이 해독되면서 작물화 관련 유전 변이가 여럿 밝혀졌다. 최근에는 게놈 해독 비용이 뚝 떨어지면서 한 작물의 여러 품종의 게놈을 해독해 품종 간 차이의 유전적 배경을 규명하고 있다. 이런 연구 결과들은 더 나은 품종을 개발하는 데 큰 도움이 되고 있다. 바로 게놈 기반 분자육종이다. 분자육종은 말 그대로 육종으로 얻고자 하는 특성에 관여하는 유전자를 분석하면서 육종의 효율을 극대화하는 방법이다.

한편 유전 변이를 분석한 결과 작물화가 꽤 다양한 방식으로 진행됐다는 사실이 밝혀졌다. 예전에는 작물 대다수가 야생 식물에서 한 차례 작물화가 일어나 퍼진 뒤 지역이나 문화에 맞게 재래종이 확립되고 때로는 이들 사이에서 교잡이 일어나곤 했다는 시나리오를 따른다고 생각했다. 그러나 작물과 야생 근연종의 유전자 또는 게놈을 비교하자 작물화 과정이 그렇게 단순하지 않다는 사실이 드러났다. 즉 앞의 시나리오를 따르는 경우는 거의 없고 대다수는 다음 세 가지 가운데 하나에 해당한다.

먼저 야생 식물 한 종에서 한 차례 작물화가 일어난 뒤에도 야생 식물과 작물 사이에 교잡이 일어나 유전자를 주고받는다는 시나리오다. 벼와 밀, 기장과 조, 사과와 토마토 등 많은 작물이 이 시나리오를 따른다. 이처럼 야생 식물과 작물이 서로 유전자를 주고받다 보니 기장처럼

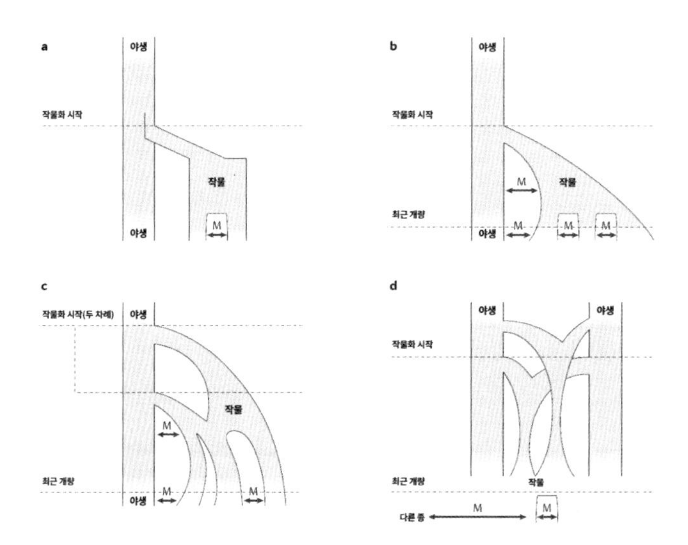

작물화 모형 네 가지를 도식화한 그림이다. 위 왼쪽은 야생 식물 한 종에서 한 차례 작물화가 일어난 뒤 여러 재배품종이 나왔고 때때로 교잡(M)이 일어났다는 시나리오다. 위 오른쪽은 한 차례 작물화가 일어난 뒤에도 작물과 야생 식물 사이에 유전자 교환이 일어났다는 시나리오로 벼를 비롯해 많은 작물에 적용된다. 아래 왼쪽은 야생 식물 한 종에서 두 차례 이상 작물화가 일어났다는 시나리오로 보리와 수수 등의 작물이 겪은 일이다. 아래 오른쪽은 야생 식물 두 종의 잡종에서 작물화가 일어난 시나리오로 감귤류와 바나나 등이 대표적인 예다. (제공 『네이처 리뷰 유전학』)

진짜 야생 식물을 더 이상 찾아볼 수 없는 경우도 적지 않다.

두 번째 시나리오는 야생 식물 한 종에서 두세 차례 독립적으로 작물화가 일어나고 그 뒤 작물 품종 사이 또는 야생 식물과 작물 사이에 교잡이 일어났다는 시나리오다. 보리와 수수, 코코넛, 강낭콩 등의 작물이 이런 과정을 겪었다.

끝으로 두 종의 야생 식물에서 잡종이 나오고 여기서 작물화가 일어나거나 작물 두 종의 교잡으로 새로운 작물을 얻는 시나리오다. 감귤류와 바나나, 땅콩, 딸기 등의 작물이 이런 복잡한 과정을 통해 태어났다.

분류학보다는 용도 고려

게놈이 해독된 많은 작물 가운데 30여 가지를 고른 기준을 굳이 말한다면 세 가지가 있다. 먼저 식용 작물만을 대상으로 삼았다. 따라서 목화, 담배, 대마, 양귀비 같은 중요한 비식용 작물은 이 책에서 다루지 않았다. 다음으로 가능한 우리나라 사람들이 즐겨 먹는 작물을 택했다. 따라서 생산량 기준 8위로 많은 나라에서 주식 작물인 카사바나 작물 가운데 세 번째로 게놈이 해독됐지만 아직 우리에게는 낯선 과일인 파파야는 아쉽지만 이 책에서 다루지 않았다. 끝으로 가능한 분류학 관점에서 다양한 작물을 포함하려고 했다. 식물 진화를 이해하는 열쇠가 게놈 안에 들어 있기 때문이다.

처음에는 식물 분류학 계통도에 따라 작물을 소개할까 생각했지만, 이 책의 포인트는 '식물'이 아니라 '작물'이므로 용도에 따라 4개의 부로 나눴다. 1부 식량 작물에서는 칼로리를 제공하는 게 목적인 작물 9종을 선정해 8개 장에서 다뤘다. 4장에서 오랫동안 우리 조상들의 주식이었던 기장과 조를 함께 다뤘다.

나름대로 분류학을 배려하기도 했다. 감자의 생산량이 고구마보다 훨씬 많음에도 1부 맨 끝인 8장에서 다룬 배경이다. 이어지는 2부 채소 작물은 토마토로 시작해 고추로 이어지는데, 이들 세 작물은 같은 과科, family 식물이다(가짓과). 심지어 감자와 토마토는 속屬, genus도 같다(가지속). 2부의 마지막인 14장에서 호박과 오이를 다룬 것도 같은 맥락이다. 이어지는 3부의 처음인 15장에 등장하는 멜론, 수박과 함께 다들 박과 식물이기 때문이다.

4부 특용 작물은 오늘날 지구촌을 단맛으로 물들인 사탕수수와 건강식품의 상징인 인삼을 다뤘고 마지막 3개 장은 기호식품의 대명사인 차와 커피, 초콜릿의 원료를 생산하는 작물을 다뤘다.

지구를 지키는 먹을거리

요즘 TV 채널을 돌리면 음식과 관련된 프로그램을 쉽게 만날 수 있다. 그런데 소위 '먹방'이라고 불리는, 입안에 군침이 돌게 하는 프로그램은 대부분 육류 또는 어류를 주재료로 한 요리를 다루고 있다. 평소 우리가 섭취하는 칼로리는 주로 식물성 식재료에서 얻는다는 것을 생각하면 씁쓸한 일이다. 작물의 산물인 식물성 식재료는 요리의 조연 또는 배경에 머물러 있는 게 현실이다.

그러나 이제 상황이 바뀌고 있다. 지나친 온실가스 배출로 인한 지구온난화와 그에 따른 기후변화로 지구가 몸살을 앓고 있고 어쩌면 이미 중병에 걸린 상태다. 따라서 탄소 배출을 줄이는 게 절박한 과제로 떠올랐다. 각국이 탄소중립 로드맵을 발표하고 석탄 사용을 억제하고 전기차 보급을 확대하는 등 다양한 노력을 하고 있다. 그럼에도 왠지 식단에 대해서는 아직 큰 관심이 없는 것 같다.

놀랍게도 온실가스 배출량의 30%는 음식과 관련이 있다. 즉 가축이나 작물을 키우고 운반하고 가공하고 조리하는 과정에서 엄청난 에너지가 들어간다. 그런데 가축과 작물을 비교하면 같은 양의 칼로리를 생산하기 위해 필요한 온실가스 배출량이 수십 배 차이가 난다. 따라서 음식 관련 온실가스 배출을 줄이려면 식단에서 육류나 생선의 비중을 줄여야 한다(어업도 에너지가 많이 들어간다). 즉 작물의 비중이 지금보다 더 높아져야 한다는 말이다.

설사 기후변화 문제가 없더라도 마찬가지다. 지구촌 인구 증가율이 완만해지고 있다지만 2100년 무렵 세계 인구는 100억 명에 가까울 것으로 예상된다. 지금의 칼로리 섭취 수준을 유지하려면 식량 생산량을 25% 더 늘려야 한다는 말이다. 그런데 대규모로 숲을 파괴하지 않는 한 경작지를 이만큼 늘릴 여력은 없다. 따라서 육식을 줄여 사료 작물 재배를 줄이는 것과 함께 수확량이 많은 품종 개발을 비롯한 농업 혁신을 이루는 게 해결책이다.

지난 20년 동안 주요 가축의 게놈이 해독됐고 가축화와 관련해 흥미로운 연구 결과도 많이 나왔다. 그럼에도 가축 게놈 또는 가축과 작물의 게놈을 함께 다루지 않고 작물 게놈만을 이 책의 주제로 삼은 것도 미래 식량의 주연은 작물이라는 생각 때문이다.

게다가 최근 연구들은 작물에서 온 식재료 위주로 꾸린 식단이 건강한 밥상이라는 결과를 내놓고 있다. 오늘날 사람들이 섭취하는 육류의 양을 3분의 1 수준으로 줄여도 건강에 전혀 문제가 없다는 것이다. 이런 경향에 '먹는 게 낙'인 사람들이 크게 실망할 건 없다. 콩(대두)을 비롯한 식물성 식재료로 만든 대체육 품질이 빠르게 좋아지고 있다. 과거에도 대체육은 있었지만 지금은 영양뿐 아니라 맛에도 중점을 두고 연구개발을 진행하고 있다. 수년 전 한 전시회에서 식물성 패티를 넣은 햄버거를 선보여 큰 화제가 된 적이 있다. 진짜 고기 패티를 넣은 햄버거와 구분하기 어려울 정도였기 때문이다. 식물성 식재료 위주의 식단으로도 맛과 영양을 충족시킬 수 있는 시대가 머지않았다.

지구의 건강을 위해서도 작물에서 얻은 식재료 위주로 꾸민 식단은 이제 불가피한 선택이다. 이왕 이렇게 된 바에야 이 책을 통해 작물의 게놈에 대해 알아보는 것은 좋은 경험이 될 것이다. 이 책을 읽고 독자들이 작물뿐 아니라 여기서 얻은 식재료와 음식에 대해서도 관심과 애정을 갖게 된다면 저자로서는 더없이 기쁠 것이다.

1부

식량 작물

식량 작물은 우리 몸에 에너지, 즉 칼로리를 공급하는 게 주목적인 작물이다. 밥과 빵, 국수 같은 주식의 재료를 생산하는 벼와 밀은 각각 인류가 섭취하는 칼로리의 20%를 공급한다. 옥수수가 주식인 곳도 많다. 이들 세 작물은 모두 볏과 식물로 씨앗(알곡)을 먹는다. 따라서 이들을 곡물cereal이라고 부른다.

한편 콩은 주식이라고 보기에는 어렵지만, 곡물의 단점인 단백질 부족을 메꿔주는 역할을 한다. 사냥 대신 농사를 짓게 되면서 부족해진 동물 단백질 섭취를 대신한 것이다. 그래서인지 곡물 작물화가 일어난 곳에서 콩류 작물화도 일어났다. 동아시아는 쌀과 대두가, 서아시아는 보리, 밀과 렌즈콩, 병아리콩이, 아메리카는 옥수수와 강낭콩이 짝을 이룬다. 역시 '곡물'로 번역하는 영어 'grain'은 곡물과 콩을 포괄한 용어다. 여기서는 grain 작물 가운데 4대 곡물인 쌀과 보리, 밀, 옥수수와 우리 조상들의 오랜 주식이었던 기장과 조, 한반도가 원산지인 콩(대두)을 골랐다.

한편 땅 밑에 자란 덩이줄기나 덩이뿌리를 주식으로 하는 곳도 많다. 감자와 카사바Cassava, 고구마, 얌yam(마)이 대표적인 작물들이다. 덩이 작물 가운데 생산량은 감자가 단연 1위이고 이어서 카사바, 고구마 순서이지만 여기서는 우리나라에서 재배하고 즐겨 먹는 고구마를 감자와 함께 다룬다. 8억 명의 주식 작물인 카사바에게는 좀 미안한 일이다.

한국인을 상징하는 작물을 고르라면 아마도 주식인 쌀을 만드는 벼가 아닐까. 게다가 작물 게놈 가운데 벼 게놈이 가장 먼저 해독됐다. 따라서 1부는 벼 게놈부터 시작한다.

벼,
작물 게놈 시대를 열다!

미국 백악관에서 인간게놈의 해독을 발표한 2000년 식물 최초로 애기장대의 게놈이 해독됐다. 애기장대는 배추와 유채가 속한 배추과Brassicaceae 식물이지만 작물은 아니고 작은 잡초다.

작물 가운데 가장 먼저 게놈이 해독된 식물은 벼로 2002년 게놈 초안이 나왔고 2005년 고품질 게놈이 발표됐다. 얼핏 생각하면 서구 과학계가 게놈 연구를 주도했고 따라서 그들의 주식 작물인 밀이 작물 가운데 가장 먼저 해독됐을 것 같다. 그러나 오늘날 밀 생산량의 대부분을 차지하는 빵밀의 게놈이 해독된 건 2018년으로 벼보다 한참 늦다. 그 이유는 3장 밀 게놈에서 다룬다.

두 가지 해독법 경쟁

벼 게놈 해독 과정에서 우여곡절이 많았다. 어찌 보면 인간 게놈 해독 과정과 꽤 비슷하다. 1990년 다국적 공동연구팀인 인간게놈프로젝트HGP는 2005년 완성을 목표로 인간 게놈 분석을 시작했다. 그런데 1998년 분자생물학자이자 사업가인 크레이그 벤터가 세운 미국 기업 셀레라Celera가 독자적으로 인간 게놈을 해독하겠다고 선언했다. 이들은 전체게놈샷건whole genome shotgun이라는 새로운 방식으로 HGP를 추월할 수 있다고 장담했다.

당시 HGP는 사람 염색체 23개를 여러 큰 조각으로 쪼개 박테리아에 집어넣은 뒤(이를 박테리아인공염색체Bacterial Artificial Chromosome, BAC라고 부른다) 각국의 연구팀에 나눠주고 염기서열을 해독하게 했다. 연구자들은 1970년대 영국 생화학자 프레더릭 생어가 개발한 '다이데옥시dideoxy법'으로 작업했다.

DNA 복제 과정을 모방해 결함이 있는 염기를 섞어 서열을 알아내는 이 방법은 한 번에 수백 염기쌍을 해독하고 이어서 그 뒤 수백 염기

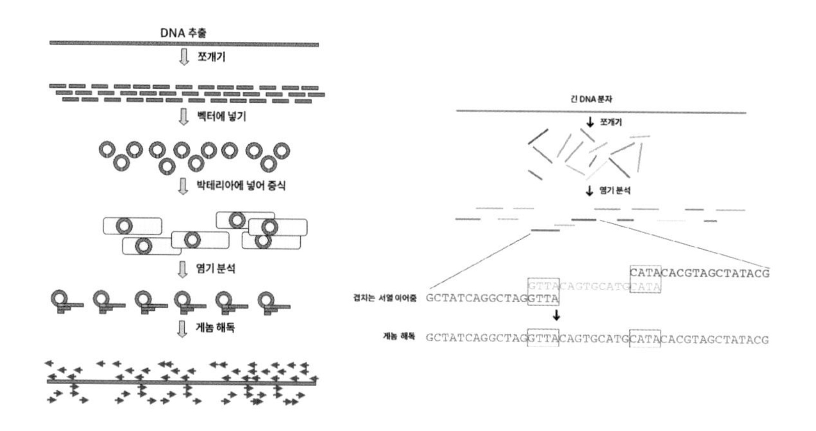

인간과 벼 게놈을 해독할 때 인간게놈프로젝트와 국제벼게놈해독프로젝트는 기존 해독법을 쓴 반면 셀레라와 BGI, 신젠타는 새로운 해독법으로 도전했다. 기존 해독법은 먼저 게놈을 큰 덩어리로 쪼개 박테리아에 집어넣은 뒤 증폭해 하나하나 분석하므로 정확하지만 시간과 비용이 많이 든다(왼쪽). 반면 새로운 해독법인 샷건 방식은 게놈을 잘게 쪼개 무작위로 염기를 분석한 뒤 바이오인포메틱스 기법으로 짜맞추므로 시간과 비용을 크게 덜지만 게놈이 클 경우 초안을 얻는 데 그친다(오른쪽). (제공 위키피디아/NHGRI)

쌍을 해독하는 식으로 진행된다. 이 과정은 게놈을 정확하게 해독할 수 있지만 시간과 비용이 많이 든다.

반면 셀레라가 개발한 샷건 방식은 전체 게놈을 수백 염기 길이의 작은 조각으로 잘라 각 조각의 염기서열을 해독한 뒤 컴퓨터 알고리듬을 통해 데이터를 짜깁기해 게놈 서열을 맞추는 방식이다. 당시 바이오인포메틱스bioinformatics의 최첨단 기술인 셈이다. 그럼에도 염기쌍 수백만 개 크기의 박테리아 게놈이라면 모를까 수십억 개 크기인 인간 게놈에는 적용하기에 무리라는 의견이 지배적이었다.

조각퍼즐 맞추기를 떠올리면 샷건 방식을 이해할 수 있다. 여기서 각 조각은 해독한 수십~수백 염기 길이의 정보다. 조각퍼즐 맞추기를 해봤으면 알겠지만, 테두리에 놓이는 조각은 위치를 찾기가 쉽지만 가운데로 갈수록 어렵다. 운 좋게 조각 몇 개씩 짝을 맞춰 덩어리로 만들어도 어디에 둬야 할지 모르는 게 많다. 작은 조각퍼즐(박테리아 게놈)은 이리저리 맞추다 보면 완성하겠지만 아주 큰 조각퍼즐(사람 게놈)은 어느 지점에서부터는 일이 더 이상 진행되지 않을 수도 있다.

아무튼 경쟁자의 등장에 놀란 HGP는 연구에 속도를 높였고 셀레라 역시 장담대로 빠르게 연구를 진행해 2000년 6월 26일 백악관에서 두 그룹 모두 게놈 해독에 성공했다고 발표했다. 사실 셀레라는 HGP에 큰 도움을 받았다. HGP는 분석한 염기서열을 바로바로 데이터베이스에 올렸는데, 셀레라의 연구자들은 이를 참고해 덩어리 데이터 다수의 자리를 찾았다. 비유하자면 상당수 조각의 놓일 자리가 표시된 조각퍼즐을 푼 셈이다.

익숙한 자포니카 낯선 인디카

인간 게놈 해독 과정이 떠오르는 벼 게놈 해독 과정을 설명하기에 앞서 벼에 대해 잠깐 알아보자. 속씨식물은 떡잎이 하나인 외떡잎식물과 둘인 쌍떡잎식물로 나뉜다. 외떡잎식물은 6만여 종에 이르는데, 이 가운데 난초과가 2만여 종으로 가장 크고 다음이 볏과Poaceae로 1만 2,000여 종을 아우른다. 우리가 흔히 '풀'이라고 번역하는 영어 'grass'는 잎이 좁고 세로로 긴 풀, 즉 초본 볏과 식물을 가리킨다.

벼를 포함해 많은 볏과 식물이 작물화돼 인류를 먹여 살리고 있다. 즉 밀과 보리, 호밀, 옥수수, 수수, 기장, 심지어 줄기에서 설탕을 얻는 사탕수수도 볏과 작물이다. 오늘날 인류가 섭취하는 칼로리의 절반 이상을 볏과 작물의 낟알(씨)에서 얻는다. 특히 쌀과 밀은 각각 전체 칼로리의 20%를 차지하는 주식 작물의 쌍두마차다. 2020년 쌀의 연간 생산량은 7억 5,670만 톤으로 7억 6,100만 톤인 밀에 간발의 차이로 뒤진 3위다(곡물 생산량 1위는 옥수수이지만 상당 부분이 사료와 원료 등 다른 용도로 쓰인다).

볏과는 780여 속으로 이뤄져 있다. 그 가운데 하나인 벼속*Oryza*의 23종을 넓은 의미에서 벼라고 부른다. 대다수는 야생 식물이고 두 종만 작물이다. 하나는 우리나라 사람들이 매일 먹는 쌀을 생산하는 아시아벼이고(학명 *O. sativa*)이고 다른 하나는 아프리카벼(학명 *O. glaberrima*)다.* 2002년 게놈 초안이 해독된 건 아시아벼다. 참고로 아프리카벼 게놈은 2014년 해독됐다. 여기서 특별한 언급이 없으면 벼는 아시아벼를 뜻한다.

벼는 두 아종subspecies으로 나뉜다. 주로 동북아시아에서 재배하는 자포니카japonica 아종과 남아시아(인도아대륙)와 동남아시아에서 재배하는 인디카indica 아종이다. 변종variety이나 품종cultiver이 아니라 아종 수준에서 나뉬다는 건 둘의 차이가 꽤 크다는 뜻이다.

* 같은 속 종들의 학명을 쓸 때 두 번째부터는 속명을 약자로 표기한다. 벼속의 경우 *Oryza*를 *O.*로 쓴다.

여담이지만 중국의 벼 연구가들은 두 아종 이름에 불만이 많다. 수천 년 전 야생 벼의 작물화가 일어난 곳이 중국 양쯔강 일대이고 오늘날 두 아종 모두 중국이 가장 많이 생산하기 때문이다. 즉 양쯔강 이남은 인디카, 이북은 자포니카를 주로 재배한다. 그런데 왜 이런 아명이 붙었을까.

아시아벼의 학명은 분류학의 아버지 칼 린네가 지었다. 속명 'Oryza'는 쌀을 가리키는 라틴어이고 종소명 'sativa'는 재배한다는 뜻이다. 그런데 린네는 벼를 꽤 다른 두 그룹으로 나눌 수 있다는 사실은 몰랐다. 서구에서 벼는 주요 작물이 아니었기 때문에 이 상태로 150년이 흘렀다.

1920년대 일본의 저명한 육종학자 가토 시게모토加藤茂苞 박사는 북방계 벼와 남방계 벼가 생김새도 꽤 다를 뿐 아니라 교잡해도 자손이 불임이 되는 경우가 많다는 관찰로부터 둘을 별개의 아종으로 봐야 한다고 주장했다. 그러면서 일본을 포함한 동북아에서 주로 재배하는 북방계 벼에는 자포니카라는 이름을 붙였고 인도와 동남아에서 주로 재배하는 남방계 벼에는 인디카라는 이름을 붙였다.[4] 둘 다 꽤 재배하는 중국은 애매해 대신 인도를 택한 것 같다. 중국 입장에서는 어이가 없는

인디카 쌀은 우리가 익숙한 자포니카 쌀에 비해 길쭉하고 밥을 하면 찰기가 덜해 쉽게 흩어진다. 남아시아와 동남아시아, 남중국에서 재배되는 인디카는 오늘날 쌀 생산량의 70%를 넘게 차지한다. 적미와 흑미 등 여러 품종이 섞여 있는 인디카 쌀의 모습이다. (제공 위키피디아)

작명이지만 이미 정해진 거라 바뀔 것 같지는 않다.

인도식당에서 몇 번 인디카 쌀밥을 먹어본 적이 있는데, 밥알의 생김새가 길쭉하고 서로 달라붙지 않고 나풀거려 식감이 꽤 달랐다. 인도 정통 카레에는 인디카 쌀로 지은 밥이 더 어울린다는 생각이 들었다. 뜻밖에도 오늘날 인디카 벼 재배 면적이 더 넓고 쌀 생산량도 자포니카의 두 배가 넘는다. 우리가 먹는 자포니카 쌀은 전체 생산량의 30%가 채 안 된다.

두 아종 게놈 동시에 발표

학술지 『사이언스』 2002년 4월 5일자에는 벼 게놈 초안 해독 논문 두 편이 나란히 실렸다. 하나는 중국 베이징게놈연구소BGI가 주도한 인디카 벼 게놈이고[5] 이어지는 논문은 다국적 농업회사 신젠타가 주도한 자포니카 벼 게놈이다.[6] 얼핏 보면 벼 게놈 해독에서 BGI와 신젠타의 관계가 인간 게놈 해독에서 HGP와 셀레라의 관계와 비슷할 것 같다.

그러나 벼에서 HGP에 해당하는 곳은 1998년 출범한 국제벼게놈해독프로젝트IRGSP로, 일본이 주축이 됐고 우리나라를 포함해 10개국의 기관이 참여했다. IRGSP는 2008년 완성을 목표로 게놈 해독에 뛰어들었지만 2002년 위의 두 곳이 게놈 초안 해독을 발표하면서 뒤통수를 맞았다.

그러나 이들이 발표한 게놈 초안의 완성도가 떨어져 프로젝트를 마무리하는 게 의미가 있다고 결론 내리고 연구에 박차를 가해 2005년 고품질 벼 게놈 지도를 완성해 학술지 『네이처』에 발표했다.[7] 참고로 IRGSP가 선정한 벼는 일본의 재배 품종 니폰베어Nipponbare다. 일본이 주도한 프로젝트이다 보니 더 많이 재배하는 인디카 대신 자포니카, 그것도 유전학 연구가 많이 된 일본 품종을 택한 것이다. 2002년 신젠타가 해독한 자포니카 벼도 니폰베어다. 2005년 IRGSP가 해독한 벼 게놈 데이터는 그 뒤 벼 게놈 관련 연구에서 기준이 되는 참조게놈으로 널리 쓰이고 있다.

한편 인디카 벼 역시 2002년의 해독 결과는 정확도가 떨어져 빠진 곳도 많고 틀린 곳도 많았다. 15년이 지난 2017년 고품질 인디카 벼 게놈 해독 결과가 학술지 『네이처 커뮤니케이션스』에 발표됐다.[8] 따라서 자포니카 벼 게놈은 2005년 논문을 바탕으로, 인디카 벼 게놈은 2017년 논문을 바탕으로 설명한다.

여기서 게놈 초안draft genome 해독의 의미를 잠깐 설명한다. 염기서열을 분석해 덩어리 수준까지는 맞췄지만, 게놈에서 어느 염색체인지 또는 염색체에서 어느 위치인지를 모르는 상태인 부분이 많으면 게놈 초안이라고 부른다. 흥미롭게도 염색체의 제 위치를 찾는 과정에 '닻을 내린다anchoring'는 비유적 표현을 쓴다. 전체게놈샷건은 빠르고 돈이 덜 들지만, 이것만 쓰면 게놈 초안 수준을 벗어나기 어렵다.

볏과 식물 게놈 구조 원형 유지

벼는 염색체 12개가 한 세트인 이배체(2n) 식물로 체세포에 염색체 24개, 즉 두 세트가 들어 있다(2n=2x=24). 여기서 'x'는 기본염색체 수로 그 의미는 밀의 게놈을 다룬 3장에서 설명한다.

보리와 밀, 옥수수 등 다른 볏과 작물들은 염색체 개수가 벼와 다르다. 훗날 이들의 게놈을 분석해 서로 연관된 부분의 위치를 분석한 결과 벼가 볏과 식물 공통조상의 게놈 구조를 유지하고 있는 것으로 밝혀졌다. 공통조상 식물도 염색체 12개가 한 세트였다는 말이다. 참고로 보리와 밀은 염색체 7개가 한 세트, 옥수수는 10개가 한 세트다. 감수분열과정에서 염색체 일부가 끊어지거나 그런 조각이 다른 염색체에 달라붙는 전좌translocation가 일어나면 대부분 치명적인 결과로 귀결되지만 드물게 살아 남은 개체는 새로운 종으로 분화할 수 있다.

아무튼 공통조상의 게놈 구조를 유지하고 있는 것과 함께 벼는 게놈 크기가 4억 염기 내외로 볏과 작물 가운데 가장 작다. 이처럼 벼는 볏과 작물의 모델로 가장 맞는 조건을 두루 갖추고 있어 볏과 작물 가운데 가장 먼저 게놈이 해독된 것이다.

2005년 해독된 자포니카 벼(니폰베어 품종)의 게놈은 3억 8,900만 염기로 전체 게놈의 95%에 이른다. 해독하지 못한 영역은 염기서열 반복이 심해 정확한 위치를 찾을 수 없는 부위일 것이다. 단백질 지정 유전자는 3만 7,544개로 추정했다. 훗날 좀 더 정교한 분석을 통해 3만 6,775개로 업데이트됐다.

한편 2017년 해독된 인디카 벼(슈휴이498Shuhui498 품종)의 게놈은 3억 9,030만 염기로 전체 게놈의 99%를 넘는다. 단일분자실시간Single Molecule Real-Time, SMRT해독이라는 최신 기법을 적용한 결과다. 개별 염색체의 DNA, 즉 분자 하나에서 염기서열을 분석할 수 있는 SMRT해독은 한 번에 4만~6만 염기의 서열을 분석할 수 있어 기존에는 어려웠던 반복서열이 몰린 부분도 해독할 수 있다. 인디카 벼의 단백질 지정 유전자는 3만 8,714개로 추정돼, 니폰베어(자포니카)보다 2,000개 가까이 더 많았다.

범게놈을 참조게놈으로

같은 종임에도 유전자 수가 5% 넘게 차이가 나는 건 그만큼 게놈에 차이가 나기 때문이다. 보통 게놈 차이를 비교할 때는 단일염기다형성Single Nucleotide Polymorphism, SNP 개수를 본다. SNP는 어떤 위치에서 염기 하나의 종류가 서로 다른 경우다. DNA 염기는 A(아데닌), T(티민), G(구아닌), C(시토신) 네 가지다. 예를 들어 'ATTCGC'와 'ATTGGC'를 비교하면 네 번째 염기가 'C'와 'G'로 서로 다르다. 즉, 이 서열에서는 SNP 자리가 하나다.

게놈 크기가 비슷할 때 SNP가 많을수록 서로 먼 관계다. 유인원의 계통도에서 우리의 직관과는 달리 침팬지가 고릴라보다 사람에 더 가까운 종이라고 얘기하는 것도 침팬지와 고릴라 사이의 SNP보다 침팬지와 사람 사이의 SNP 개수가 적기 때문이다. 사람과 침팬지의 게놈이 불과 1.1% 다르다는 것도 둘 사이의 SNP에서 계산한 값이다(SNP 개수 ÷ 게놈 크기=3,500만 개/31억 개).

그러나 SNP는 게놈 차이의 일부일 뿐이다. 최근 더 중요하게 여겨지는 건 구조변이structural variation다. 구조변이는 결실과 삽입, 중복, 역위, 전좌 등 염색체 구조의 차이를 뜻한다. 이 가운데 결실과 삽입에 해당하는 존재유무변이Presence-Absence Variation, PAV가 특히 주목받고 있다. 즉 대응하는 염색체의 염기서열을 나란히 놨을 때 한쪽에는 빠지거나 들어간 부분을 뜻한다.

앞의 예를 들면 'ATTCGC'를 기준으로 'ATT-GC'는 네 번째 염기가 빠진 것이고 'ATTCTGC'는 네 번째 염기 다음에 'T'가 들어간 것이다.

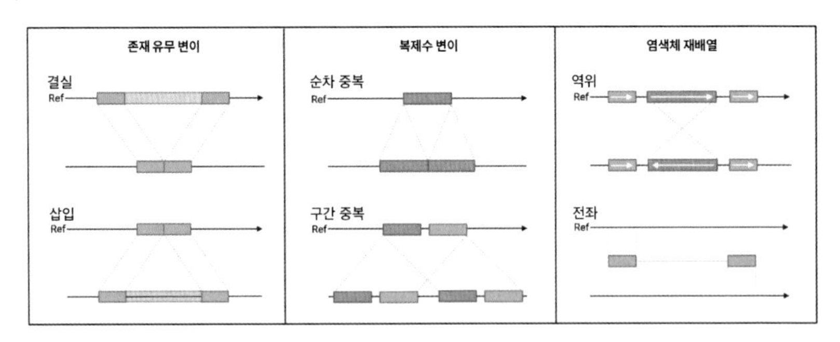

같은 종에서도 개체에 따라 게놈이 다르다. 예전에는 참조게놈을 기준으로 어떤 위치에서 염기서열이 다른 단일염기다형성(SNP) 위주로 분석했지만 최근에는 구조변이에 주목하고 있다. 존재유무변이는 참조게놈(Ref) 기준으로 결실 또는 삽입이 일어난 경우이고(왼쪽) 복제수변이는 유전자 또는 유전자 무리의 중복이 일어난 경우이고(가운데) 염색체 재배열은 역위나 전좌가 일어난 경우다(오른쪽). (제공 『게놈 바이올로지』)

PAV는 짧게는 염기 하나에서 길게는 염기 수십만 개에 이르기도 한다. 그 결과 상응하는 염색체 가운데 한쪽은 유전자 수십 개가 통째로 사라진 상태인 경우도 있다. PAV를 포함해 사람과 침팬지의 게놈 차이를 계산하면 5%에 이른다.

게놈 해독 비용이 급감하면서 많은 개체(유전자원)의 게놈을 해독해 비교한 결과 같은 종에서도 PAV가 꽤 된다는 사실이 밝혀졌다. 예를 들어 사람의 경우 개인 사이의 게놈 차이가 SNP 기준으로는 0.1%이지만 PAV를 포함하면 0.6%에 이른다.

식물은 동물보다 이런 차이가 훨씬 더 크다. 같은 종이지만 다른 아종인 자포니카 벼와 인디카 벼 사이에도 게놈 차이가 꽤 된다. 각각 참조게놈인 니폰베어와 슈휴이498을 보면 SNP가 254만여 곳이다. 이를 기준으로 하면 두 품종의 차이는 0.6% 수준이다. 그런데 PAV까지 고려하면 차이가 엄청나다. 500염기 길이 이상의 PAV가 1만 5,521곳이고 그 길이를 다 합치면 1억 526만 염기에 이른다(니폰베어에만 있는 부분이 3,930만 염기이고 슈휴이498에만 있는 부분이 6,596만 염기다). PAV까지 포함하면 두 게놈의 차이가 10%도 넘는 셈이다. 그 결과 단백질 유전자 개수에서도 큰 차이가 나 슈휴이498이 2,000개 가까이 더 많다.

2005년 고품질 게놈이 해독된 니폰베어 품종이 참조게놈이지만, 그 뒤 다양한 품종의 3,010개체(유전자원)의 게놈을 해독한 결과 참조게놈에는 없는 유전자가 무려 1만 2,000여 개나 추가로 밝혀졌다.[9] 이 가운데 재래종 같은 특정 품종에만 존재하는 유전자가 가뭄이나 병충해에 대한 내성에 결정적인 역할을 한다는 사실도 밝혀졌다. 참조게놈에 등록된 유전자만 기준으로 다른 품종의 게놈을 해석하다가는 결정적인 단서를 놓칠 수 있다는 말이다.

그래서 최근 떠오른 개념이 범게놈pan-genome이다. 즉 다양한 품종의 게놈 해독 결과를 아우를 수 있는 가상의 게놈을 만들어 기준으로 쓰자는 것이다. 범게놈은 크게 핵심게놈과 주변게놈으로 나뉜다. 즉 어떤 종의 모든 유전자원의 게놈에 공통으로 들어 있는 유전자들을 모은 게 그 종의 핵심게놈이고 유전자원에 따라 있거나 없는 유전자를 모은 게 주변게놈이다.

벼의 경우 범게놈의 유전자는 4만 8,000여 개에 이르지만 이 가운데 핵심게놈의 유전자는 60% 내외로 3만 개를 넘지 않는다. 벼의 참조게놈인 니폰베어의 유전자 가운데 30% 정도는 대표성이 없다는 말이다(이게 없는 다른 품종 벼(유전자원)도 있으므로). 이런 경향은 다른 작물도 마찬가지여서 대두의 경우 전체 게놈 유전자에서 핵심게놈 유전자가 차지하는 비율이 50%에 불과하다.

고고학이냐 유전체학이냐

자포니카 벼와 인디카 벼의 게놈 염기서열을 비교한 결과 둘이 갈라진 시점이 대략 44만 년 전인 것으로 드러났다. 이는 세대가 지날 때마

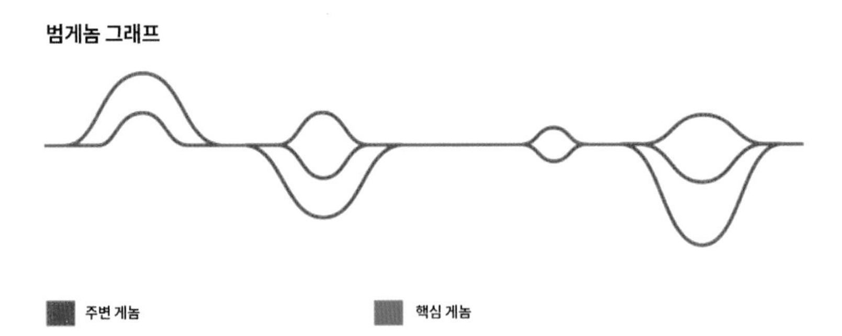

게놈의 구조변이가 작물의 품종별 특성을 이해하는 데 중요하다는 사실이 드러나면서 특정 품종의 게놈을 참조게놈으로 쓰는 건 문제가 있다는 인식이 커지고 있다. 그 대안으로 최근 모든 유전자원의 게놈을 아우르는 범게놈 개념이 등장했다. 즉 모두에 공통적인 핵심게놈은 한 줄로 표시하고 품종에 따라 다른 주변게놈은 여러 줄로 표시하는 그래프 기법으로 표현한다. (제공 『네이처 식물』)

다 염기의 변이가 일정한 속도로 일어난다고 보고 둘의 SNP 빈도로 추정한 값이다. 아종으로 구분될 만큼 둘의 특성이 다르므로 수긍이 가는 결과다. 한편 야생 벼가 작물화된 시기는 약 1만 년 전이다. 따라서 두 아종의 야생형에서 각각 작물화가 일어났다고 봐야 자연스럽다.

고고학 증거를 보면 양쯔강 하구의 약 8,000년 전 유적지에서 탄화된 볍씨가 나왔고 이 가운데 일부가 작물화된 벼로 추정된다. 따라서 늦어도 이 무렵 자포니카 벼의 작물화가 일어났다고 볼 수 있다. 실제 벼 게놈이 해독되기 전까지는 이때 작물화된 벼가 주변으로 퍼지며 벼 농사가 확산한 것이라는 가설이 우세했다. 이에 따르면 작물 자포니카 벼가 새로운 환경에 맞게 수천 년 사이에 진화한 작물이 인디카 벼다.

물론 이에 대한 반발도 만만치 않았다. 이처럼 짧은 기간에 진화한 결과라기에는 두 아종 사이의 차이가 너무 크기 때문이다. 오늘날 인디카 벼가 널리 재배되고 있는 지역인 남아시아와 동남아시아 어디에선가 독립적으로 야생 벼가 작물화된 것이라고 보는 게 타당하다는 말이다. 다만 이 지역은 고온다습한 기후라 고고학 증거가 남아 있지 않을 뿐이라는 것이다. 2002년 두 아종의 게놈 초안이 발표됐고 이를 바탕으로 둘이 갈라진 시점이 수십만 년 전이라는 연구 결과가 2004년 나오면서 자포니카 벼와 인디카 벼가 따로 작물화됐다는 가설이 힘을 얻었다.[10]

실제 중국 남부와 동남아시아, 남아시아의 광범위한 지역에 작물 벼의 조상으로 여겨지는 야생벼가 여전히 자라고 있다. 붉은 쌀알이 열려 '적미red rice'로도 불리는 루피포곤(학명 *O. rufipogon*)이다. 루피포곤은 다년생과 일년생이 있는데, 일년생을 니바라(학명 *O. nivara*)라는 별도의 종으로 분류하기도 한다. 흥미롭게도 루피포곤(이하 다년생을 의미)의 서식지는 자포니카 벼의 재배지와 겹치고 니바라는 인디카 벼를 재배하는 지역에서 흔히 볼 수 있다.

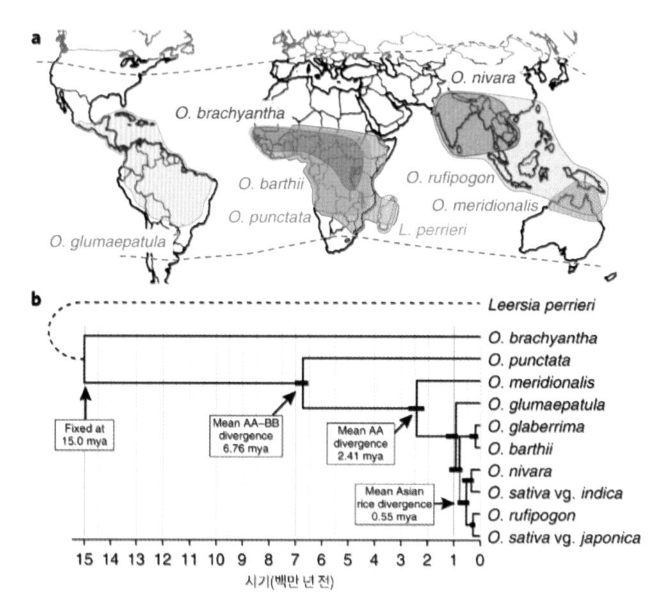

야생 벼 7종의 분포를 보여주는 지도다. *O. rufipogon*은 아시아벼 자포니카의 조상이고 *O. nivara*는 아시아벼 인디카의 조상이다. *O. barthii*는 아프리카벼의 조상이다. 아래는 벼속의 계통도로 약 1,500만 년 전 확립된 이래 종분화가 일어나 지금은 20여 종에 이른다. 아시아벼 인디카와 자포니카의 조상은 약 44만 년 전(여기서는 55만 년 전으로 추정) 갈라졌다. (제공 『네이처 유전학』)

게놈 분석 기술이 발전하고 비용이 떨어지면서 여러 지역에서 채집한 작물 및 야생 벼 게놈을 해독해 비교할 수 있게 됐다. 그 결과 자포니카와 인디카 사이보다 루피포곤과 자포니카, 니바라와 인디카 사이가 유전적으로 더 가까운 것으로 드러났다. 따라서 대략 1만 년 전 양쯔강 하구에서 루피포곤을 작물화해 자포니카 벼가 나왔고 아마도 이보다 뒤에 남아시아나 동남아시아 어딘가에서 니바라를 작물화해 인디카 벼가 나왔다는 시나리오가 꽤 그럴듯해 보인다.

한편 여러 지역에서 채집한 인디카 벼 게놈을 비교한 결과 뚜렷한 두 그룹으로 나뉘는 것으로 밝혀졌다. 이를 반영해 주로 남아시아(인도아대륙)에서 재배되는 벼를 인디카로, 동남아시아에서 재배되는 벼를 아우스aus로 세분하기도 한다. 야생 벼의 게놈도 두 지역에 따라 나눌 수 있다. 따라서 남아시아의 야생 벼가 작물화된 게 인디카 벼이고 동남아시아의 야생 벼가 작물화된 게 아우스 벼일 수도 있다. 벼 작물화는 세 곳에서 별도로 일어났다는 시나리오다.

이처럼 벼 작물화에 대해 고고학 증거는 단일 기원설을, 유전체학 결과는 다지역 기원설을 지지하는 현상을 '벼 역설The Rice Paradox'이라고 부른다.

작물화 역사의 재구성

2012년 『네이처』에는 광범위한 게놈 데이터를 분석해 벼의 작물화를 설명하는 새로운 시나리오를 제시하는 논문이 실렸다.[11] 연구자들은 아시아 각지에서 수집한 야생 벼 446개체(유전자원)와 작물 벼 1,083개체의 게놈을 분석했다. 그 결과 게놈 전체로 보면 앞서 연구처럼 루피포곤과 자포니카, 니바라와 인디카 사이가 가깝지만 작물화와 관련된 변이 부분만 골라서 비교하면 자포니카와 인디카 사이가 더 가까운 것으로 드러났다.

따라서 야생 벼 재배가 여러 곳에서 이뤄졌지만, 작물화가 이뤄진 곳은 한 곳이라는 새로운 가설이 나왔다. 중국 남부에서 루피포곤이 작물화된 자포니카 벼가 나와 주변으로 퍼지면서 현지에서 재배되고 있는 야생 벼, 즉 니바라와 교배가 일어나 잡종벼가 나왔다. 이 가운데 작물에 바람직한 특성을 유지하고 있는 개체가 선별되고 현지 야생 벼와 교배되는 일이 반복되면서 남아시아에서는 인디카 벼가, 동남아시아에서는 아우스 벼가 나왔다는 시나리오다. 실제 고고학 증거에 따르면 인류는 야생 작물을 오랜 기간 재배하다 서서히 작물화를 진행한 것으로 보인다.

자포니카와 인디카의 작물화 관련 주요 유전자의 변이가 같다는 사

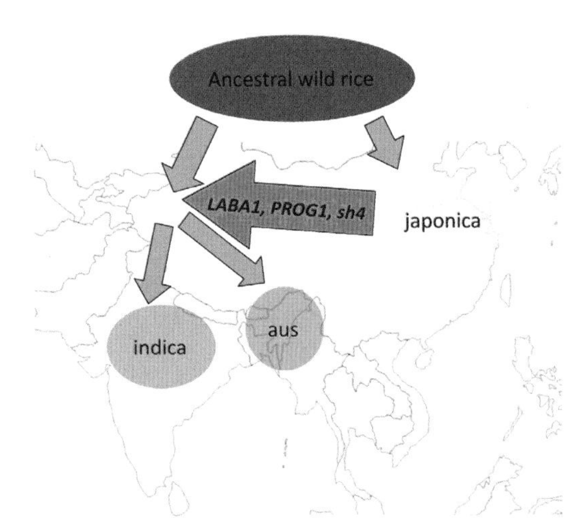

벼의 작물화 기원이 한 곳인지 여러 곳인지를 두고 논란이 벌어졌지만 최근 연구 결과는 단일 기원설을 지지하고 있다. 즉 양쯔강 일대에서 자포니카 벼가 먼저 작물화됐고 남아시아에서 재배하는 야생 또는 초기 작물 상태인 인디카와 동남아시아에서 재배하는 아우스와 교잡이 일어나 까끄라기 퇴화(LABA1), 직립성 획득(PROG1), 탈립성 상실(SH4) 등 작물화 관련 주요 유전자 변이가 전달됐다. (제공 『G3』)

실이 이를 뒷받침하고 있다. 예를 들어 벼 낟알의 탈립성 상실에 관여하는 유전자 변이를 보자. 볏과 식물에서 탈립성은 자손을 퍼뜨리는 데 중요한 성질이다. 낟알이 익자마자 바람이 불거나 뭔가가 스치기만 해도 꽃대에서 떨어져 흩어져버리는, 즉 탈립성이 큰 개체가 더 많은 자손을 보기 마련이다. 반면 낟알이 익어도 꽃대에 달려 있으면 씨앗이 발아하지 않거나 발아해도 뿌리를 내리지 못하고 죽는다. 따라서 야생 벼에서는 이런 변이를 지닌 개체가 나와도 도태되기 마련이다.

그런데 농부의 입장에서는 탈립성이 작을수록 좋다. 낟알이 여문 뒤에도 꽃대에 붙어 있어야 온전히 거둬들일 수 있기 때문이다. 물론 오늘날 재배되는 벼는 거의 모두 탈립성이 작다. 따라서 인류가 재배하는 야생 벼에서 우연히 탈립성이 작은 돌연변이체를 발견해 선별한 것으로 보인다.

2006년 미시건주립대 타오 상 교수팀이 주도한 미국과 일본 공동 연구자들 벼 낟알의 탈립성에 관여하는 유전자를 찾아냈다. 야생 니바라와 재배 벼의 유전체를 비교한 결과 SH4라는 유전자의 돌연변이가 재배 벼 낟알의 탈립성을 크게 떨어뜨린다는 사실을 발견했다. 당시 연구자들은 인디카 벼에서 이 유전자 변이를 찾았지만, 자포니카 벼에서도 똑같은 변이가 일어나 탈립성이 작아졌다는 게 밝혀졌다.

물론 우연히 같은 변이가 일어났고 각 지역의 농부가 각각 이런 변이체를 선별했다고도 볼 수 있다. 그런데 SH4 유전자 앞뒤로 2만 염기 길이에서 차이를 게놈 전체에서 차이와 비교한 결과 앞쪽 2만 염기 길이 영역은 비슷했지만 뒤쪽 2만 염기 길이 영역은 차이가 적게 나왔다. 즉 수천 년 전 남아시아에서 재배되던 야생 벼 또는 초기 작물 상태의 인디카 벼pro-indica가 완연한 작물인 자포니카 벼와 교배하면서 자포니카 SH4 유전자(뒤쪽 수만 염기 포함)가 게놈에 고정된 것이다. 즉 탈립성이 큰 인디카와 탈립성이 작은 자포니카 사이에서 탈립성이 작은 잡종

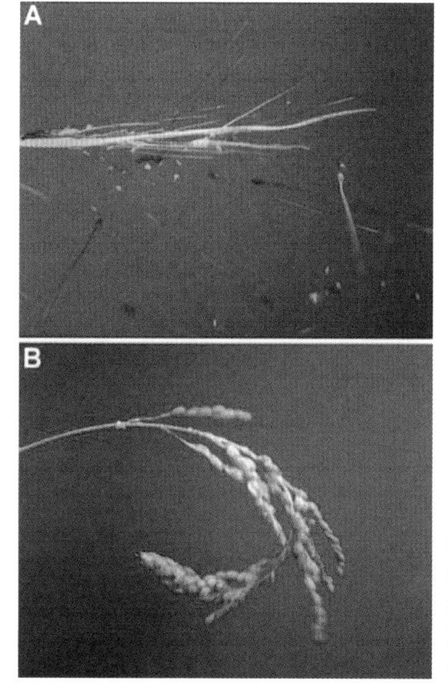

벼의 작물화 과정에서 가장 중요한 전환점은 탈립성이 작은 변이체의 선별이었다. 야생 벼는 씨앗이 여물면 꽃대에서 흩어지지만(위) 재배 벼는 그대로 붙어 있다(아래). SH4 유전자의 변이가 탈립성 상실의 원인이라는 사실이 2006년 밝혀졌다. (제공『사이언스』)

이 나왔고 여교배를 통해 탈립성이 작은 인디카로 바뀌었을 것이다.

여교배back cross란 다른 품종의 원하는 특성만을 도입하기 위해 교배로 얻은 잡종 가운데 이 특성을 지닌 개체를 골라 기존 품종과 다시 교배하는 식으로 여러 차례 반복하는 육종법이다. 도입한 품종의 게놈 비율은 교배가 진행될 때마다 전체 게놈의 1/2, 1/4, 1/8, 1/16,…로 줄어들어 나중에는 사실상 원하는 특성을 지닌 기존 품종이 된다. 예전에는 육종가가 아닌 농부들이 무의식적으로 여교배를 진행한 셈이므로 이 과정이 수백 년은 걸렸을 것이다.

쌀알의 색깔도 인류가 선발한 특징이다. 수전 R. 매코치 미국 코넬대 교수와 조용구 충북대 교수, 박용진 농촌진흥청 농업생명공학연구원 박사 등 한미 공동연구팀은 재배 벼의 흰쌀이 붉은색을 만드는 유전자에 돌연변이가 일어난 결과라고 밝혔다.[12] 앞서 언급했듯이 야생 벼 루피포곤은 적미赤米로 불린다. 과피, 즉 쌀알의 껍질이 붉기 때문이다. 볏과 식물의 낟알은 엄밀히 말해서 씨앗이 아니라 열매다. 다만 과육이 없어 열매의 껍질(과피)이 씨앗의 껍질(종피)과 밀착된 상태라 여기서는 씨앗이라고 쓰기도 한다.

재배종은 붉은 색소인 안토시아닌을 만드는 과정에 관여하는 유전자에 돌연변이가 생긴 결과라고 가정하고 게놈을 분석한 결과 마침내 Rc 유전자에 문제가 있음을 발견했다. 즉 7번째 엑손에서 염기 14개의 결손이 일어나 종결 코돈이 생기면서 뒷부분이 없는 변이 단백질이 만들어져 기능을 하지 못하면서 과피에 색소가 없는 흰쌀이 나왔다. Rc 단백질은 안토시아닌 생합성 관련 효소들의 발현을 조절하는 전사인자다. 그렇다면 인류는 왜 흰쌀 돌연변이체를 선발해 재배했을까?

조용구 교수는 "흰쌀은 붉은쌀에 비해 벌레를 잡아내거나 병충해로 망가진 낟알을 골라내기가 훨씬 쉬었을 것"이라며 "또 붉은쌀은 흰쌀보다 껍질이 단단해 요리하기가 더 힘든 것도 외면 받은 이유"라고 덧붙였다.* 오늘날 과피 색이 옅은 재배벼의 97% 이상이 동일한 변이를 지니고 있어 역시 단일 작물화 가설을 지지한다.

찹쌀은 어디서 생겨났을까

쌀 품종에 따라 밥맛이 다르겠지만 밥을 먹어보고 품종을 맞추는 사람은 거의 없을 것이다. 하지만 누구나 두 범주 가운데 하나로 쉽게 구분할 수 있는 특성이 있으니 바로 멥쌀과 찹쌀이다. 멥쌀은 우리가 평소 먹는 밥을 짓는 쌀이고 찹쌀은 찰기가 많은 쌀로 떡을 하거나 닭백숙을 할 때 닭의 배를 갈라 그 안에 넣어 먹곤 한다. 생쌀을 봐도 둘의 차이가 뚜렷하다. 멥쌀은 반투명하고 찹쌀은 불투명한 흰색이다.

흥미롭게도 쌀 뿐 아니라 다른 곡물도 찰기가 많은 종류가 있고 쌀과 마찬가지로 앞에 '찰'을 붙인다. 찰보리, 찰기장, 차조, 찰수수, 찰옥수수가 있다. 곡물의 찰기는 녹말을 이루는 두 고분자인 아밀로오스amylose와 아밀로펙틴amylopectin의 비율에 따라 정해진다.

아밀로오스는 포도당 분자 수백~수천 개가 일렬로 붙어 있는 고분자다. 반면 아밀로펙틴은 포도당 24~30개당 하나꼴로 곁사슬이 난 고분자다. 우리나라 사람들이 밥을 해 먹는 멥쌀은 아밀로오스가 15~20%이고 아밀로펙틴이 80~85%다. 반면 찹쌀은 거의 아밀로펙틴이고 아밀로오스는 0~2%에 불과하다.

멥쌀은 아밀로펙틴 사이 공간에 아밀로오스가 박혀 있어 단단한 녹말 과립이 형성된다. 반면 찹쌀의 녹말 과립은 물이 침투하기 쉬워 녹말이 풀어지며 찰기가 커진다. 한편 우리가 먹는 멥쌀보다도 찰기가 덜

* 과피가 있는 상태가 현미이고 도정으로 과피를 깎아 없앤 것이 백미다. 본문의 흰쌀은 백미가 아니라 과피색이 옅은 현미를 뜻한다.

해 밥알이 따로 노는 인디카 멥쌀은 아밀로오스 함량이 25%를 넘는다. 그렇다면 어떤 유전자 변이가 이런 차이를 낳을까.

1988년 쌀알의 녹말 과립에서 아밀로오스를 만드는 효소를 지정하는 Waxy(이하 Wx) 유전자가 밝혀졌다. 다른 곡물에서도 Wx 유전자가 존재하고 같은 역할을 한다. 1990년대 벼 품종에 따른 Wx 유전자 변이를 분석한 결과 전형적인 인디카 품종과 자포니카 품종 사이에는 첫 번째 인트론에 염기 하나가 다르다는 사실이 밝혀졌다. 즉 인디카는 이 부분이 구아닌(G)인 Wx(a)형이고 자포니카는 티민(T)인 Wx(b)형이다. G에서 T로 바뀌면 전사체의 스플라이싱splicing, 즉 유전 정보를 지니고 있지 않은 부분인 인트론이 잘려 나가는 과정이 제대로 일어나지 못

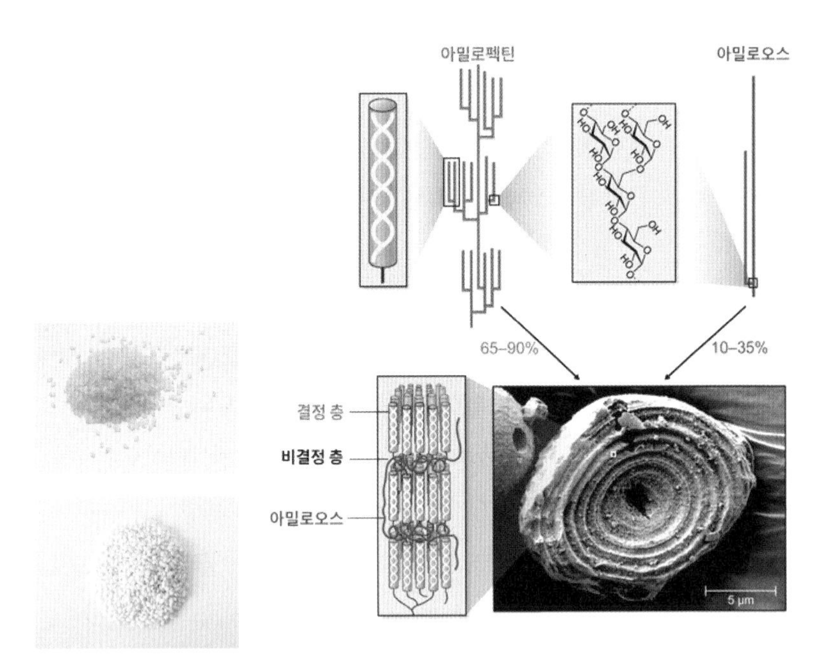

아밀로오스가 20% 내외 들어 있는 멥쌀은 반투명한 흰색이고(왼쪽 위) 거의 아밀로펙틴으로만 이뤄져 있는 찹쌀은 불투명한 흰색이다(왼쪽 아래). 녹말 과립(오른쪽 아래)은 아밀로펙틴의 결정 층과 비결정 층이 교대로 배열된 양파가 연상되는 구조다. 아밀로오스는 비결정 층의 공간을 채우며 녹말 과립을 단단하게 한다. (제공 위키피디아/『뉴파이톨로지스트』)

해 효소 단백질이 적게 만들어진다는 사실이 밝혀졌다. 그 결과 Wx(b)형은 Wx(a)형에 비해 아밀로오스 함량이 5~10% 낮고 따라서 찰기가 더 있다. 한편 찹쌀 역시 Wx(b)형인 것으로 밝혀졌다. 따라서 찹쌀은 여기에 더해 다른 추가적인 변이가 있을 것으로 추정했다.

2019년 학술지 『분자식물』에는 벼 Wx 유전자 변이의 진화 과정을 밝힌 논문이 실렸다.[13] 이 사이 다른 변이도 여럿 밝혀져 모두 7가지나 됐다. 먼저 야생 벼는 Wx(lv)형으로 앞서 Wx(a)형 인디카와 마찬가지로 첫 번째 인트론 염기가 G라 아밀로오스 함량이 높지만 식감은 떨어진다. lv는 낮은 점도low viscosity를 뜻한다. 재배 벼 가운데는 아우스에 Wx(lv)형 품종이 꽤 있다.

인디카의 다수를 차지하는 Wx(a)형의 경우 야생(Wx(lv))에서 열 번째 엑손의 염기가 하나 바뀌어(C에서 T로) 그 산물인 단백질의 아미노산도 프롤린에서 세린으로 바뀌면서 효소의 활성이 달라져 길이가 긴 아밀로오스를 만드는 것으로 밝혀졌다. 그 결과 아밀로오스 함량은 비슷함에도 식감이 좋아져 널리 재배된 것으로 보인다. 인디카 쌀은 찰기가 덜해 덮밥이나 볶음밥 만들기에 좋다.

한편 자포니카의 주류인 Wx(b)형은 야생(Wx(lv))에서 첫 번째 인트론의 염기가 G에서 T로 바뀌어 효소 단백질이 조금 만들어져 아밀로오스 함량이 낮고 그 결과 맨밥으로 먹기 좋은 찰기를 지니게 됐다. 찹쌀(wx형)은 Wx(b)형에서 추가로 두 번째 엑손에 23개 길이의 염기가 끼어 들어가면서 바로 종결코돈이 나와 단백질이 만들어지지 못하게 된 것이다. 그 결과 아밀로오스가 거의 없이 아밀로펙틴으로만 이뤄진 녹말 과립이 만들어지고 밥을 하면 매우 찰지다.

벼의 다른 부분 염기서열을 분석해 비교한 결과 찹쌀 변이는 동남아시아에서 재배되던 자포니카에서 처음 선택된 뒤 점차 퍼진 것으로 드러났다. 실제 라오스에서 4,000~6,000년 전 찹쌀을 재배한 흔적이 있다. 지금도 태국 동부와 라오스에서는 찹쌀이 주식이다. 찹쌀 벼가 퍼져 현지의 벼와 교배하면서 변이 유전자(wx형)를 넘겨주며 다양한 찹

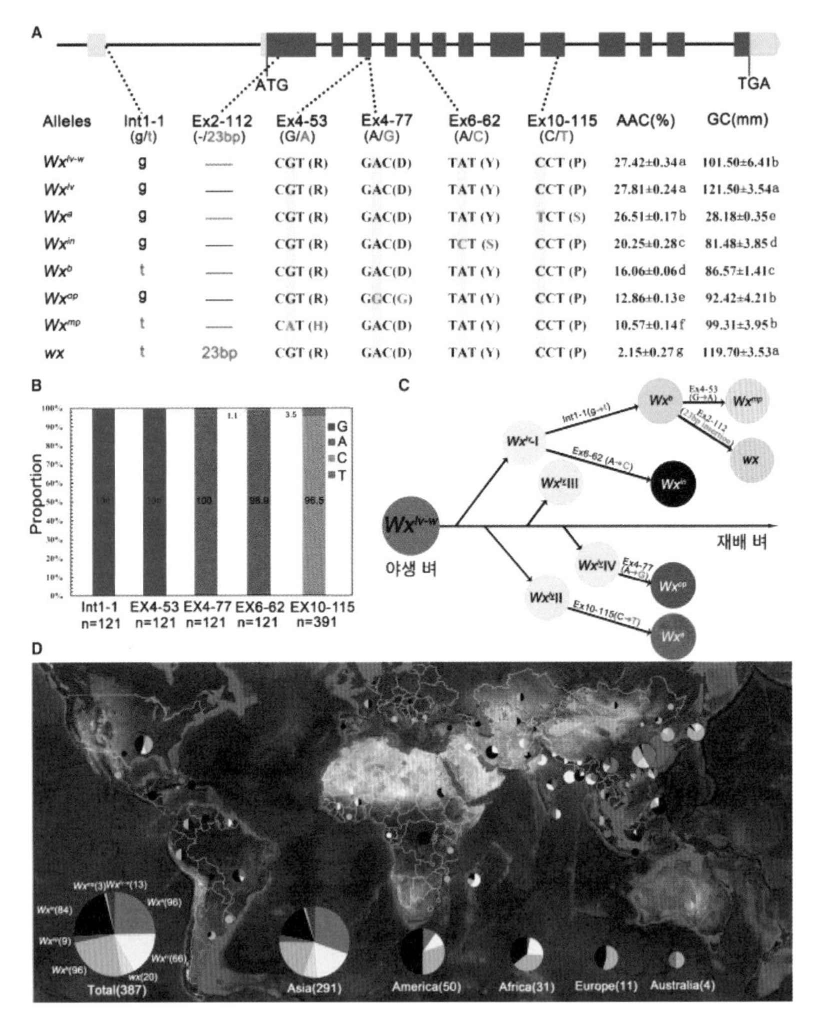

Alleles	Int1-1 (g/t)	Ex2-112 (-/23bp)	Ex4-53 (G/A)	Ex4-77 (A/G)	Ex6-62 (A/C)	Ex10-115 (C/T)	AAC(%)	GC(mm)
Wx^{lv-w}	g	—	CGT (R)	GAC(D)	TAT (Y)	CCT (P)	27.42±0.34a	101.50±6.41b
Wx^{lv}	g	—	CGT (R)	GAC(D)	TAT (Y)	CCT (P)	27.81±0.24a	121.50±3.54a
Wx^{a}	g	—	CGT (R)	GAC(D)	TAT (Y)	TCT (S)	26.51±0.17b	28.18±0.35e
Wx^{in}	g	—	CGT (R)	GAC(D)	TCT (S)	CCT (P)	20.25±0.28c	81.48±3.85d
Wx^{b}	t	—	CGT (R)	GAC(D)	TAT (Y)	CCT (P)	16.06±0.06d	86.57±1.41c
Wx^{op}	g	—	CGT (R)	GGC(G)	TAT (Y)	CCT (P)	12.86±0.13e	92.42±4.21b
Wx^{mp}	t	—	CAT (H)	GAC(D)	TAT (Y)	CCT (P)	10.57±0.14f	99.31±3.95b
wx	t	23bp	CGT (R)	GAC(D)	TAT (Y)	CCT (P)	2.15±0.27g	119.70±3.53a

쌀 녹말 과립의 아밀로오스를 합성하는 효소를 지정한 Wx 유전자는 7가지 유형이 있고 이에 따라 밥맛이 큰 영향을 받는다. Wx 유전자 변이의 진화 과정을 보면 야생 벼는 Wx(lv)형이고 자포니카에서 Wx(b)와 Wx(in)가 나왔고 인디카에서 Wx(a), 아우스에서 Wx(op)가 나왔다. 그리고 Wx(b)에서 추가 변이로 아밀로오스 함량(AAC)이 낮아진 Wx(mp)와 거의 없어진 wx(찹쌀)가 나왔다. 아래는 야생 벼 13가지와 재배 벼 374가지의 분포를 Wx 유전자 유형별로 보여주는 지도다. 우리나라는 Wx(b)(파란색)와 wx(회색)뿐이다. (제공 『분자식물』)

쌀 품종이 나왔다. 인디카에도 찹쌀 벼 품종이 있는데, 역시 같은 변이를 지니고 있다. 즉 인디카 멥쌀과 자포니카 찹쌀 사이에서 잡종 찹쌀이 나왔고 여교배를 통해 인디카 찹쌀이 나왔을 것이다. 찹쌀 변이 역시 단일 기원이라는 말이다.

논문에 실린 지도를 보면 야생 벼 13가지를 포함해 387개 유전자원의 분포를 7가지 Waxy 유전자 변이에 따라 나눠 보여주는 지도가 있다. 찹쌀 20품종은 우리나라를 비롯해 동아시아에 몰려 있다. 우리나라 멥쌀 품종들은 자포니카의 주류인 Wx(b)형 하나뿐이다. 보통 사람 입에는 밥맛이 비슷비슷한 이유다.

아프리카벼를 아시나요?

지금까지 다룬 벼는 아시아벼다. 그런데 서아프리카에서 약 3,500년 전 작물화된 벼는 전혀 다른 종(학명 *O. glaberrima*)으로 글라베리마로 부른다. 아프리카벼를 재배하는 지역에 자생하고 있는 야생 벼(학명 *O. barthii*)가 조상으로 보인다. 한 이름으로 불리는 작물 가운데 벼처럼 다른 종이 다른 지역에서 따로 작물화된 건 드문 일이다.

2014년 학술지 『네이처 유전학』에 아프리카벼의 게놈 해독 결과가 발표됐다.[14] 이에 따르면 아프리카벼와 아시아벼는 약 60만 년 전 공통 조상에서 갈라졌다. 그 결과 게놈도 꽤 다르다. 아프리카벼는 게놈 크기가 3억 5,800만 염기로 추정돼 4억 염기인 아시아 벼 게놈의 90% 수준이다.

단백질 지정 유전자도 3만 3,000여 개로 3만 8,000개 내외인 아시아벼(사티바)보다 적다. 다만 전체 게놈의 88%인 3억 1,600만 염기만 해독했기 때문에 나머지 12%에 들어 있을 유전자를 포함하면 차이는 줄어들 것이다. 예를 들어 게놈 분석으로 밝힌 글라베리마 유전자 목록에는 사티바에서 개화와 빛 반응, 스트레스 저항성 등에 관여하는 핵심 유전자 178개 가운데 8개가 빠져있다. 그런데 전사체, 즉 유전자가 발현해 만들어진 전령RNA[mRNA]를 분석한 결과 이 가운데 7개가 존재하는 것으로 나타났다.

한편 아프리카벼 작물화와 관련된 변이는 아시아벼와 전혀 달랐지만 그럼에도 그 방향은 비슷한 것으로 나타났다. 작물에 바람직한 특성을 갖게 수렴진화가 일어난 셈이다. 벼 작물화의 가장 중요한 특성인 탈립성을 보자. 아프리카벼도 SH4가 제대로 기능하지 못해 탈립성이 작아졌다. 그런데 아미노산이 하나 바뀐 사티바의 SH4 변이와는 달리 글라베리마는 단백질 아미노산 서열은 변화가 없지만 유전자 발현을 조절하는 프로모터[promotor] 영역에 변이가 생겨 유전자 발현량이 크게 줄어든 것으로 밝혀졌다. '모로 가도 서울만 가면 된다'는 말이 떠오른다.

그럼에도 아프리카벼는 재래종 수준이라 수확량은 현대 재배 품종 아시아벼에 한참 못미친다. 그 결과 농부들이 아시아벼를 선호해 아프리카벼의 재배 면적이 줄고 있다. 여전히 빠르게 늘고 있는 아프리카 인구를 생각하면 불가피한 일이지만 종 다양성 측면에서는 아쉽다. 아프리카벼도 게놈 해독을 계기로 품종 개량이 빠르게 진행되기를 바란다.

환경을 위해 쌀 한 가마니 먹기

쌀은 여전히 우리나라 사람들이 가장 많이 먹는 곡물이지만 소비량은 급감했다. 1990년 119.6㎏이었던 1인당 연간소비량이 불과 한 세대가 지난 2020년 57.7㎏으로 절반 이하로 줄어들었다. 대신 곡류에서는 밀 소비량이 늘어 33㎏에 이르고 육류와 과일 등 다른 먹을거리가 나머지 자리를 차지했다. 특히 육류 소비량은 1990년 19.9㎏에서 2020년 54.3㎏으로 2.7배나 늘었다. 우리나라 사람들이 쌀보다 고기를 더 많이 먹게 되는 건 시간문제로 보인다. 어찌 보면 풍요로움의 자연스러운 결과이지만 고기를 지나치게 많이 먹으면서 건강은 물론 환경에도 빨간불이 켜졌다.

최근 연구 결과에 따르면 지구촌의 육류 섭취를 지금의 3분의 1 수준으로 줄이는 게 건강에도 좋고 음식 관련 온실가스 배출량도 절반 수준으로 줄일 수 있다고 한다.* 우리나라 사람들의 육류 소비량은 이미 세계 평균을 넘는다. 내 몸과 지구의 건강을 위해 고기는 좀 줄이고 밥은 더 먹어 1인당 연간 쌀 소비량이 한 가마니(80kg) 수준으로 회복됐으면 좋겠다.

* 자세한 내용은 『과학의 향기』(강석기, (주)엠아이디미디어, 2021) 46쪽 '세포고기는 동물고기를 대신할 수 있을까' 참조.

한반도 토종 벼는 살아있다!

"먼저 한번 둘러보시죠."

아직 더위가 가시지 않은 9월 중순 어느 날 경기도 양평군 청운면에 있는 우보농장을 찾았다. 이곳에서는 우리나라 재래종 벼 200여 가지를 재배하고 있다. 하던 일을 마무리하려는 듯 멀리서 찾아온 손님과 가볍게 인사를 나눈 이근이 대표가 저편의 논을 가리켰다.

다소 머쓱해진 나는 혼자 논을 둘러봤다. 처음엔 금방 끝날 줄 알았는데 웬걸 논에서 자라고 있는 벼의 생김새가 제각각이라 다 구경하고 나니 30분이 훌쩍 넘었다. 사각형 논에 1~2미터 폭으로 한 품종씩 심었는데, 한눈에 봐도 양옆의 벼와 달라 쉽게 구분이 갔다. 좀 과장하면 색동저고리의 띠무늬처럼 보였다. 자세히 보니 이삭의 색이나 생김새가 제각각이었고 벼의 키도 꽤 차이가 났다. 가장자리에는 재래종의 이름과 함께 메벼인지 찰벼인지와 수확 시기(극조생종에서 극만생종까지)를 적은 푯말이 꽂혀 있었다.

경기도 양평군 청운면에 자리한 우보농장의 논에서는 200여 가지 재래종 벼를 재배하고 있다. 다들 개성이 강해 뚜렷하게 구분된다. (제공 강석기)

대부분 키가 작은(반왜성) 현대 상업 품종과는 달리 재래종 벼는 키 분포가 다양하다. 우보농장에서 재배하고 있는 재래종 벼들의 모습이다. (제공 강석기)

이 가운데서도 특히 '붉은메'라는 품종이 인상적이었는데, 아무리 봐도 벼처럼 생기지 않았기 때문이다. 이름처럼 이삭이 불그스름한 건 그렇다고 쳐도 수염이 텁수룩한 얼굴이 떠오르는 모양새다. 이삭에 달린 낟알마다 끝에 꽤 뻣뻣해 보이는 까끄라기(까락)가 달려있어서다. 낟알 겉껍질과 까끄라기 모두 적갈색이다. 원래 야생 벼는 까끄라기를 지니고 있지만 작물화 과정에서 작아지거나 아예 없어진 품종들이 나왔고 오늘날 널리 재배되고 있다. 그런데 우리 재래종 가운데는 붉은메처럼 와일드해 보이는 것들이 적지 않다.

"국립유전자원센터 종자은행에 재래종 벼가 450여 가지 있습니다. 그보다 훨씬 많은 종류가 사라졌지요."

일제 강점기 일본 농학자들이 한반도 전역을 다니며 수집한 재래 벼 품종은 모두 5,623종에 이른다.[4] 이 가운데 겹치는 게 꽤 있었다고 하더라도 우리 조상들은 상상 이상으로 다양한 벼를 재배했던 것으로 보인다. 그러나 일제 강점기를 거치며 일본의 '우량종'에 점차 밀려났고 그 뒤에도 수확량이 월등한 상업 품종들이 득세하면서 1970년대 재래종은 자취를 감췄다.

이 대표는 우리 재래종 벼들이 논이 아닌 종자은행에서 잠자고 있는 게 안타까워 종자를 받아 직접 재배하며 관심을 보이는 농부들에게 보급하고 있다. 다행히 얼마 전부터는 양평군에서도 도움을 주고 있다.

최근 우보농장은 양평군과 맥주 만드는 농부(유기농 홉 생산), 몽트비어(수제맥주 양조)와 협업해 토종쌀 프리미엄 맥주 '음미하다' 3종을 개발해 출시를 앞두고 있다. 맥주 유형(고제, 에일, 라거)에 어울리는 풍미를 내는 조합으로 토종쌀을 더해 양조했다. 라벨에 북흑조 이삭 사진을 넣었다. (제공 양평군)

오늘날 상업 품종에 비해 수확량은 다소 못 미치지만 우리 재래종 벼는 길게는 수천 년 짧게는 수백 년 동안 이 땅에 적응해왔기 때문에 각종 스트레스에 대한 저항성과 함께 독특한 식감과 풍미를 지니고 있다.

예를 들어 이 대표가 아끼는 품종인 '북흑조'는 평안남도에서 재배하던 극만생종 메벼로 검붉은 낟알(겉껍질 색)이 인상적이다. 그런데 북흑조로 담근 막걸리는 맛과 향이 일품이다. 점심을 하며 반주로 한 잔 마신 북흑조 막걸리를 떠올리면 지금도 입맛을 다시게 된다. 최근 이 대표는 맥주로 주종을 넓혀 '토종쌀 프리미엄 맥주' 3종을 개발하기도 했다. 북흑조를 비롯해 검은깨쌀벼, 아가벼, 향곡, 한양조를 적당히 조합해 넣어 풍미를 더했다.

재래종 벼의 게놈을 해독해 그 정보를 바탕으로 신품종을 개발하고 여러 식품에 활용한다면 한반도의 재래종 벼가 화려하게 부활할 날도 머지않은 듯하다.

보리,
건강 곡물로 주목받는 인류의 오랜 친구

우리나라에서 50대 이상인 사람들은 엄청난 사회 변화를 온몸으로 겪으며 살아왔다. 50대 초반인 나만 해도 태어난 무렵에는 '보릿고개'라는 말이 여전히 통했을 정도로 하루 세끼 먹기가 힘든 사람들이 많았다(나는 너무 어려 기억이 나지 않지만). 참고로 보릿고개란 가을에 수확한 식량이 바닥나고 보리는 아직 덜 여물어 굶주림에 시달리던 음력 4, 5월을 지나는 걸 고개를 넘는 데 비유한 표현이다.

1970년대 들어 굶주림은 면하게 됐지만 대신 밥을 먹는 데 제한이 있었다. 쌀이 부족하다 보니 정부는 분식, 즉 밀가루로 만든 면류나 수제비를 먹으라고 장려했고 식당이나 학교에서는 밥을 지을 때 쌀에 보리를 일정 비율 이상 섞는 '혼식混食'을 강권했다. 초등학교 고학년 시절 점심시간이 되면 담임 선생님이 '도시락 검사'를 해서 보리 비율이 낮은 도시락을 싸온 아이들을 혼내곤 했다. 몇몇 아이(의 엄마)들은 도시락 아래는 쌀밥을 깔고 위에 보리를 많이 섞은 밥을 까는 꼼수를 부리기도 했다.

그런데 1980년대로 넘어가며 분식 장려나 도시락 검사가 슬그머니 사라졌다. 그리고 1988년 서울올림픽 개최를 분기점으로 해서 우리 사회의 추가 반대쪽으로 기울기 시작했다. 한때 쌀이 모자라 소비를 억제했던 정부가 이제 쌀이 남아도는 걸 걱정하게 됐다. 생산량이 늘어나서가 아니라 소비량이 줄어서다. 덜 먹으라고 할 때는 기를 쓰고 더 먹으려고 하더니만 맘대로 먹어도 된다니 안 먹는 형상이다. 쌀밥보다 맛있는 먹을거리가 점점 더 많아졌기 때문이다. 분식을 장려하지 않음에도 사람들이 다양한 면류, 빵, 과자 등 밀가루로 만든 음식을 찾으면서 밀 수입량이 급증했다. 1988년은 패스트푸드를 상징하는 맥도날드의 국내 1호점이 문을 연 해이기도 하다.

그런데 보리 소비량은 정부의 정책에 순응(?)했다. 혼식을 장려하던 시절에는 어쩔 수 없이 보리를 먹어 소비량이 많았지만 이게 풀리자 급감했다. 밥을 할 때 보리를 섞는 집이 드물어졌기 때문이다. 보리를 섞으면 식감이 거칠어져 밥맛이 떨어진다는 측면과 함께 쌀(백미)과 달리 보리는 물에 오래 불리거나 따로 한번 쪄준 다음에 생쌀과 섞어 밥을 해야 한다는 번거로움도 큰 몫을 했다.

그래도 가끔은 옛날 생각이 나기 마련이고 이럴 때 동네 '보리밥집'을 찾아 향수를 달래곤 한다. 물론 가정에서 보리가 완전히 사라진 건 아니다. 여전히 많은 사람이 살짝 볶은 보리를 한 줌 넣고 끓인 '보리차'를 마시고 있기 때문이다. 그리고 명절이면 엿기름을 사다 식혜를 만들어 먹는다. 요즘은 이 일도 번거롭다며 안 하는 집이 태반이지만 말이다. 참고로 엿기름은 발아시킨 보리를 말려 대충 찧어놓은 상태로, 녹말을 분해하는 효소인 아밀레이스amylase가 많아 식혜를 만들 때 밥알을 삭히는 역할을 한다.

인류가 처음 길들인 작물

보리는 옥수수, 밀, 쌀에 이어 네 번째로 많이 생산되는 곡물임에도 연간 생산량이 1억 5,700만 톤(2020년)으로 2, 3위권인 쌀과 밀에 한참 못 미친다. 게다가 옥수수와 마찬가지로 주식으로서 소비되는 보리의 양은 그리 많지 않아 전체 생산량의 5%에 불과하다. 보리 생산량의 75%는 가축 사료이고 나머지 20%는 맥아麥芽, 즉 엿기름의 형태로 변형돼 쓰이는데 주된 용도는 맥주와 위스키 양조다. '몰트 위스키malt whisky'의 몰트가 바로 맥아를 뜻하는 영어다.

식혜를 만들 때는 엿기름을 걸러낸 용액의 아밀레이스가 익은 쌀알 표면의 녹말을 맥아당(엿당)으로 분해해 달짝지근한 맛을 내는 것이라면 맥주를 만들 때 몰트는 아밀레이스가 보리 알곡의 배젖 주성분인 녹말을 맥아당으로 분해하는 것이다(따라서 시간이 훨씬 더 많이 걸린다). 맥아당은 포도당 두 분자로 이루어진 이당류다. 그 뒤 효모가 맥아당을 먹고 배설물로 에탄올을 내보낸다. 바로 알코올 발효다. 홉을 더한 상태에서 발효해 얻는 게 맥주이고 홉 첨가 없이 발효해 얻은 술을 증류한 게 위스키다.

보리는 볏과 식물이지만 벼와 가깝지는 않다. 볏과는 780속 1만 2,000여 종으로 이뤄진 큰 과라서 과와 속 사이에 아과subfamily라는 분류 단위를 넣어 12개 아과로 나눴다. 벼와 보리는 여기서 갈라진다. 즉 벼는 벼아과Oryzoideae에, 보리는 포아풀아과Pooideae에 속한다.

그런데 포아풀아과는 200속이나 되는 큰 아과라서 아과와 속 사이에 족tribe이라는 분류 단위를 추가로 넣어 15개 족으로 나눈다. 보리는 밀, 호밀과 함께 밀족Triticeae에 속한다. 보리는 벼보다 밀과 훨씬 더 가까운 사이라는 말이다. 실제 생김새도 밀과 비슷해 농사를 지어보지 않은 사람들은 잘 구분하지도 못할 것이다.

한자로 보리는 대맥大麥, 밀은 소맥小麥이라고 부른다. 한자어 麥을 옥편에서는 '보리 맥'이라고 설명하지만, 분류학의 관점에서는 '밀족 맥'인 셈이다. 우리 조상들은 두 작물에 보리와 밀이라는 전혀 다른 이름을 붙여준 것으로 보아 눈썰미가 좋았던 것 같다.

보리는 밀과 함께 인류가 처음 작물화한 식물이다. 서남아시아 일대에서 발굴된 여러 유적에서 탄화된 씨앗이 남아 있다. 특히 이스라엘의 갈릴리호수 주변에서 발굴된 오랄호Ⅱ 유적은 2만 3,000년 전 인류가 남긴 것으로 밝혀졌다.[15] 다만 작물이 아니고 야생 보리의 씨앗이고 재배를 했다는 증거는 없다. 작물 특성을 지닌 알곡은 1만 500년 전 시리아 텔아스와드Tell Aswad 유적에서 나온 게 가장 오래됐다.

작물 보리의 원형인 야생 보리는 서남아시아를 중심으로 유라시아의 넓은 지역에서 지금도 자라고 있다. 둘은 여전히 꽤 가까워 같은 종

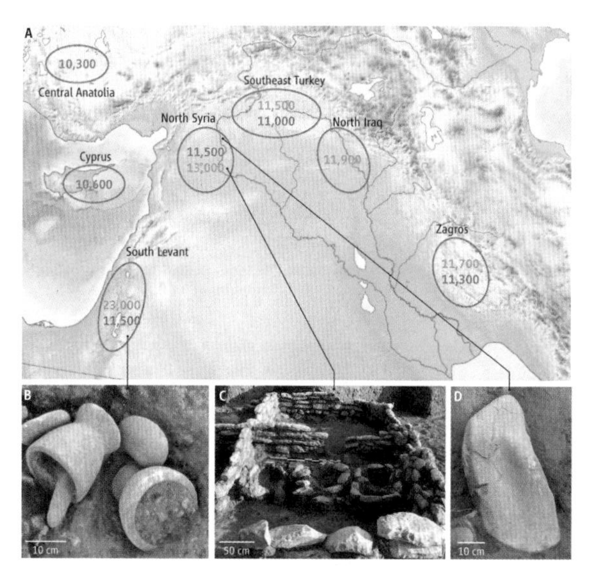

비옥한 초승달 지대로 불리는 서남아시아는 인류 최초로 농사가 시작된 지역이다. 여러 유적에서 야생 보리와 밀 등 곡물의 씨앗이 발견됐는데, 2만 3,000년 전 이스라엘 오랄호 Ⅱ 유적이 가장 오래됐다. 야생 씨앗이 나온 유적에서 재배 증거가 없는 경우는 녹색, 있는 경우는 파란색으로 연도를 표시했다. (제공 『사이언스』)

으로 분류하고 아종subspecies, ssp으로 나눈다. 즉 작물 보리의 학명은 호르데움 불가레 불가레*Hordeum vulgare ssp. vulgare*이고 야생 보리는 호르데움 불가레 스폰태네움*H. vulgare ssp. spontaneum*이다. Hordeum은 '뻣뻣하다'는 뜻의 라틴어로 보리 낟알 겉껍질의 긴 까끄라기에서 작명한 것으로 보인다. vulgare는 '보통'이라는 뜻이고 spontaneum은 '저절로'라는 뜻이다.

다른 곡류와 달리 보리는 몇 가지 특성에 따라 뚜렷하게 구분된다. 먼저 겉보리와 쌀보리로 나뉜다. 쌀보리는 말 그대로 쌀의 왕겨처럼 겉껍질이 낟알과 분리돼 쉽게 떨어지는 종류다. 반면 겉보리는 겉껍질과 낟알의 과피가 붙어 있어 떼기가 어렵다. 겉보리는 야생 보리 형태로 야생 밀도 마찬가지다. 고고학 유적에서 출토된 낟알에서 추정하면 약 8,000년 전에 쌀보리가 나온 것으로 보인다.

얼핏 생각하면 손이 덜 가는 쌀보리를 주로 재배할 것 같지만 실제는 그 반대다. 밥으로 먹기에는 쌀보리가 좋지만 사료나 맥아용은 겉보리가 낫기 때문이다. 겉보리는 겉껍질이 씨앗을 보호해 병충해에 강하고 오래 보관할 수 있다. 우리나라의 경우 밥으로 먹는 건 주로 쌀보리이고 보리차나 엿기름은 겉보리를 쓴다. 최근에는 겉보리를 도정한 늘보리가 건강식으로 인기다. 늘보리가 쌀보리보다 식이섬유가 더 많아서다.

겉보리에서 쌀보리가 나오게 된 유전 변이는 게놈 초안이 해독되기

보리는 겉껍질이 낟알의 과피에 붙어 잘 안 떨어지는 겉보리(A의 왼쪽 두 개)와 안 붙어 잘 분리되는 쌀보리(A의 오른쪽 두 개)로 나뉜다. 이삭을 봐도 쌀보리는 과피가 일부 노출돼 있다(B의 오른쪽). (제공 『미국립과학원회보』)

전인 2008년 밝혀졌다.[16] 쌀보리는 7번 염색체의 특정 부위에서 1만 7,000염기가 결실돼 있는데, 여기에는 Nud 유전자가 들어 있다. 즉 Nud 유전자가 없어지면서 쌀알처럼 겉껍질이 과피와 떨어지게 된 것이다. 겉보리에서는 꽃이 핀 뒤 10일 뒤에 과피에서 끈적한 물질이 나와 겉껍질이 달라붙는다. Nud 유전자의 산물은 전사인자로, 점액의 성분인 지질의 생합성 경로에 관여하는 것으로 보인다. Nud 유전자 부위가 통째로 결실되면 과피에서 점액이 만들어지지 않고 그 결과 쌀보리 형태가 된다.

두 번째로 쌀과 마찬가지로 찰기에 따라 메보리와 찰보리로 나눈다. 찰보리가 식감이 낫기 때문에 우리나라 사람들은 밥을 할 때 찰쌀보리를 선호한다. 다른 볏과 작물처럼 야생 보리는 메보리이고 Waxy 유전자의 변이로 나온 찰보리를 사람들이 선택해 재배한 것이다.

세 번째는 아마도 농부들만 알고 있을 내용으로, 이삭줄기(꽃대)에 배열된 작은이삭spikelet의 형태에 따라 두줄보리와 여섯줄보리로 나뉜다. 이삭줄기에는 작은이삭이 지그재그식으로 어긋나게 마주 보며 달려 있다. 작은이삭이 하나씩 달리면 두 줄로 보인다. 그런데 작은이삭이 세 개씩 달리면 세 줄이 되고 반대편 이삭도 그렇기 때문에 모두 여섯 줄로 보인다. 야생 보리는 두줄보리이고 약 8,000년 전 여섯줄보리가 등장해 재배된 것으로 추정된다.

두줄보리에서 여섯줄보리가 나오게 된 유전 변이 역시 게놈 초안이 나오기 전인 2007년 밝혀졌다. 사실 야생 보리도 작은이삭 3개로 이뤄져 있지만 가운데 작은이삭에서만 씨앗이 여물고 좌우는 퇴화한다. 이 과정에 Vrs1 유전자가 관여한다. 그 산물인 VRS1 단백질은 전사인자로, 좌우 작은이삭의 발달을 막는 역할을 한다. Vrs1 유전자가 고장난 변이체에서는 억제가 풀리면서 좌우 작은이삭에서도 낟알이 생긴다.

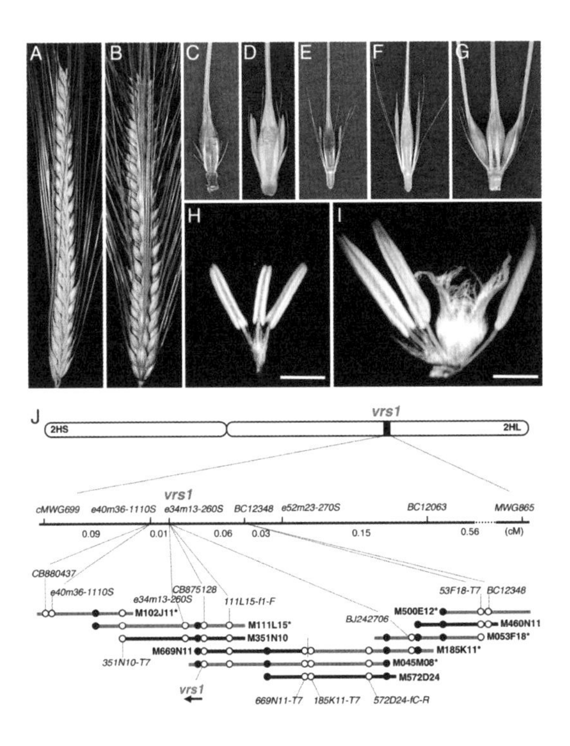

보리는 꽃대에 배열된 이삭의 형태에 따라 두줄보리(A)와 여섯줄보리(B)로 나뉜다. 야생과 작물 두줄보리 작은이삭(C, D, E, F)과 작물 여섯줄보리 작은이삭(G)을 비교했다. 두줄보리에서는 좌우 꽃은 수술만 있어 씨앗이 맺히지 않고(H) 가운데 꽃만 온전하다(I). 여섯줄보리는 2번 염색체의 Vrs1 유전자가 고장난 상태다(J). (제공『미국립과학원회보』)

다만 좌우의 씨앗은 가운데 씨앗의 60% 크기로 작다. 아무튼 여섯줄보리는 두줄보리에 비해 수확량이 많다. 야생에서는 똘똘한 씨앗을 맺는 게 중요하므로 이런 변이체가 나와도 이점이 없지만, 수확량이 중요한 작물로서는 바람직한 특성이므로 보리를 재배하던 8,000년 전 눈썰미 좋은 농부가 선택해 널리 퍼졌을 것이다.

역시 농부들이 알 내용으로 겨울보리와 봄보리가 있다. 겨울보리는 가을에 씨를 뿌리고 겨울을 난 뒤 봄에 수확한다. 겨울보리는 겨울처럼 일정 기간 낮은 온도를 겪어야 꽃이 필 수 있다. 이 과정을 춘화처리라고 부른다. 따라서 봄에 씨를 뿌려 가을에 수확하는 벼 같은 작물과 이모작을 할 수 있다. 반면 봄보리는 춘화처리가 필요 없다. 다음 장에 나오는 밀도 춘화처리 필요성 여부에 따라 겨울밀과 봄밀로 나뉜다.

이들 특성은 서로 독립적이라 모두 16가지 조합이 나온다. 그 결과 재배지의 기후 조건과 사람들의 선호도에 따라 다양한 특성을 지닌 보리 품종이 만들어져 널리 재배되고 있다.

두 곳 이상에서 따로 작물화된 듯

일본을 비롯해 쌀을 주식으로 하는 나라들이 벼 게놈 해독을 주도했듯이 맥주와 위스키를 많이 만들고 마시는 독일과 영국을 주축으로 서구권 나라들의 22개 연구기관이 모여 만든 국제보리게놈해독컨소시움이 보리 게놈 해독에 뛰어들었고 2012년 초안을 발표했다.[17] 그리고 2017년 고품질의 게놈이 해독됐다.[18] 대상 품종은 맥아용 여섯줄 겉보리인 모렉스Morex다.

보리 게놈은 염색체 7개가 한 세트인 이배체다(2n=2x=14). 밀과 호밀 역시 염색체 7개가 한 세트다. 앞서 벼는 염색체 12개가 한 세트였고 이게 볏과 작물 공통조상의 상태였다고 언급했다. 즉 볏과 식물의 분화 과정에서 밀족의 공통조상은 기본염색체가 12개에서 7개로 재배열됐다는 뜻이다.

보리 게놈의 추정 단백질 유전자 수는 3만 9,000여 개로 벼와 비슷한 수준이다. 둘 다 볏과 식물이므로 자연스러운 결과다. 그런데 게놈 크기에서는 어마어마한 차이가 난다. 벼의 게놈이 4억 염기인 데 비해 보리 게놈은 무려 51억 염기나 된다. 12배가 넘는다는 말이다. 밀이나 호밀의 게놈도 마찬가지다. 즉 벼 계열과 갈라진 뒤 밀족의 공통조상에서 게놈이 엄청나게 뻥튀기가 됐다는 말이다. 그럼에도 유전자 수는 비

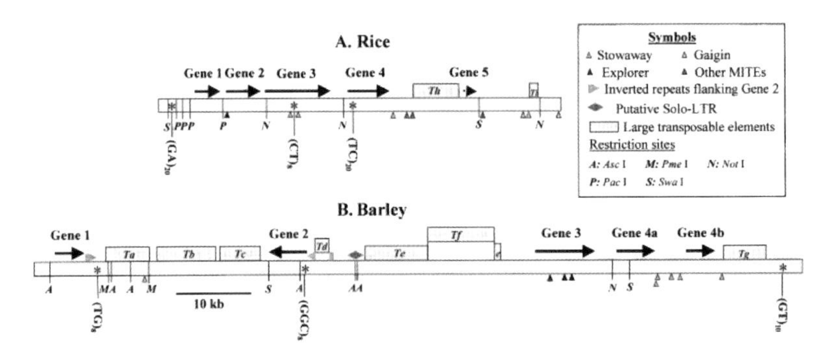

보리 게놈은 51억 염기로 4억 염기에 불과한 벼 게놈보다 12배 이상 크다. 보리 게놈에는 전이인자 같은 반복서열이 훨씬 많기 때문이다. 벼(위)와 보리(아래)의 신터니(상동유전자 무리가 보존된 부분)의 한 예로. 보리 게놈에는 유전자 사이에 전이인자(주황색 박스)가 여러 개 끼어들어 있다. (제공 『식물 생리학』)

슷하다는 건 결국 게놈에서 유전자가 아닌 부분이 크게 늘어났다는 것이다. 소위 쓰레기DNA라고도 불리는 반복서열로 전이인자가 대부분을 차지한다.*

2017년 발표된 고품질 게놈 해독 결과 전이인자는 37억 염기로 해독한 염기 45억 8,000만 염기의 80.8%를 차지했다. 반면 벼 게놈에서 전이인자의 비율은 20%에 불과하다.

벼와 마찬가지로 보리 역시 탈립성이 작아져 수확이 쉬워진 게 작물화의 첫 단계라고 볼 수 있다. 이삭가지에서 작은이삭(낟알)이 떨어지는 야생 벼와는 달리 야생 보리는 마디 형태로 된 꽃대rachis가 작은이삭을 매단 채 떨어져 나가며 해체된다. 1만여 년 전 씨앗이 여물어도 꽃대 마디가 잘 떨어지지 않는 변이체를 우연히 발견한 똑똑한 사람이 혹시나 해서 씨를 보관했다가 이듬해 뿌리며 변이체가 조금씩 퍼졌을 것이다.

2015년 학술지 『셀』에는 보리의 탈립성 변화를 일으킨 유전자 변이를 밝힌 논문이 실렸다. 그런데 벼와는 달리 유전자 하나가 아니라 3번 염색체에 약 10만 염기 떨어져 서로 가까이 존재하는 두 유전자인 Btr1

* 전이인자에 대한 자세한 내용은 5장 옥수수 게놈에서 다룬다.

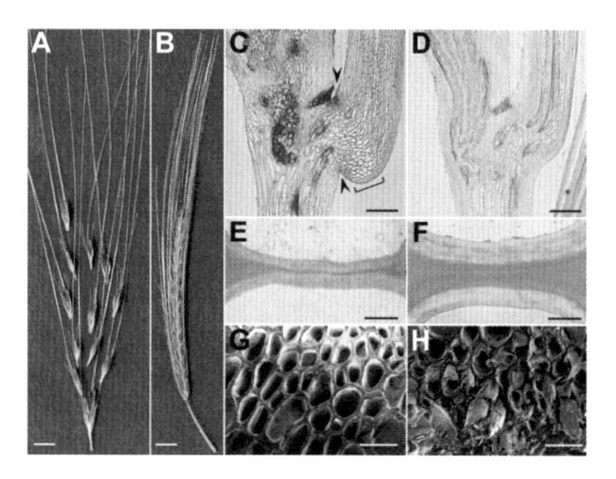

야생 보리는 씨앗이 여물면 작은이삭이 달린 꽃대 마디가 끊어지면서 흩어진다(A). 이는 마디를 잇는 부분의 세포벽이 얇아 작은이삭의 무게를 지탱하지 못하기 때문이다(C, E). 반면 작물 보리는 세포벽이 두꺼워 씨앗이 여물어도 꽃대가 유지된다(B, D, F). 저절로 떨어진 야생 보리의 꽃대 마디 단면은 매끄럽지만(G), 억지로 떼어낸 작물 보리의 꽃대 마디 단면은 찢어져 있다(H). (제공『셀』)

과 Btr2가 주인공이다. 야생 보리는 두 유전자 모두 정상인데 반해 야생 보리는 둘 가운데 하나에 변이가 일어나 정상적인 단백질을 만들지 못한다. 둘 가운데 하나만 고장나도 탈립성을 잃는다는 말이다. 그 결과 씨앗이 여물어도 꽃대 마디가 붙어 있고 수확한 뒤 타작하면(힘으로 떼 내면) 꽃대 마디가 아니라 벼처럼 낟알이 떨어진다.

Btr1 유전자는 아미노산 196개로 이뤄진 막단백질이다. 작물 보리 가운데 이 유전자 변이로 탈립성이 사라진 게 'btr1 타입'이다. 분석 결과 염기 하나가 결실돼 코돈 프레임이 바뀌면서 68번째 아미노산부터 엉뚱한 걸로 바뀌고 그나마 72번째 아미노산 자리가 종결코돈이라 아미노산 71개로 기능을 잃은 단백질 조각이 만들어진 것이다.

한편 Btr2 유전자는 아미노산 202개로 이뤄진 단백질이다. 작물 보리 가운데 이 유전자 변이로 탈립성이 사라진 게 'btr2 타입'이다. 이 경우 염기 11개가 결실돼 코돈 프레임이 바뀌면서 85번째에서 226번째까지 엉터리 아미노산이 지정된다. 그 결과 나오는 단백질은 당연히 기능을 하지 못한다.

꽃대 마디 사이의 경계를 살펴본 결과 야생 보리는 작물 보리보다 세포벽의 두께가 얇았다. 그 결과 씨앗이 여물어 무거워지면 버티지 못하고 떨어져 나간다. 따라서 Btr1과 Btr2는 이 부분의 세포벽을 얇게 만드는 데 관여하는 유전자로 보이지만 정확한 기능은 아직 모른다. 다만 둘이 꼭 있어야 하는 것으로 보아 막단백질인 BTR1은 수용체로 보이고 BTR2는 여기에 결합해 신호를 보내는 리간드ligand가 아닌가 추측하고 있다.

야생 보리와 작물 보리의 게놈(일부분)을 비교한 결과 가장 먼저 작물화가 일어난 지역인 레반트* 남부의 야생 보리는 두 유형의 작물 보리 가운데 btr1 타입과 더 가까웠고 이보다 늦게 작물 보리를 재배한 것으로 보이는 레반트 북부에 자생하는 야생 보리는 btr2 타입과 더 가까웠다. 레반트 북부에서 재배한 보리는 남부에서 작물화한 보리가 전파된 게 아니라 북부에서 야생 보리를 재배하던 사람들이 Btr2 유전자가 망가져 탈립성을 잃은 변이체를 발견해 재배했다는 뜻이다. 벼와는 달리 보리의 작물화는 두 곳에서 따로 일어났다는 말이다.

작물 보리 가운데 btr1 타입 120 품종과 btr2 타입 120 품종의 분포를 나타내는 지도를 보면 레반트에서 서쪽으로는 주로 btr1 타입이, 동쪽으로는 주로 btr2 타입이 퍼져나갔음을 알 수 있다. 한중일 세 나라에서 재배하는 보리 품종 대다수도 btr2 타입이다.

그런데 2017년 학술지 『뉴피톨로지스트(새 식물학자)』에는 둘에 해당하지 않는 작물 보리를 찾았다는 논문이 실렸다.[19] 영국 맨체스터대 연구자들은 유럽의 재래종 380가지를 두 타입으로 나누기 위해 분석하는 과정에서 1971년 세르비아에서 채집한 보리와 1942년 그리스에서 채집한 보리에서 다른 변이를 발견했다. 즉 Btr1 유전자의 염기 하나가

* 레반트(Levant)는 터키 남부와 시리아, 레바논, 요르단, 이스라엘을 포함한 지역을 가리킨다.

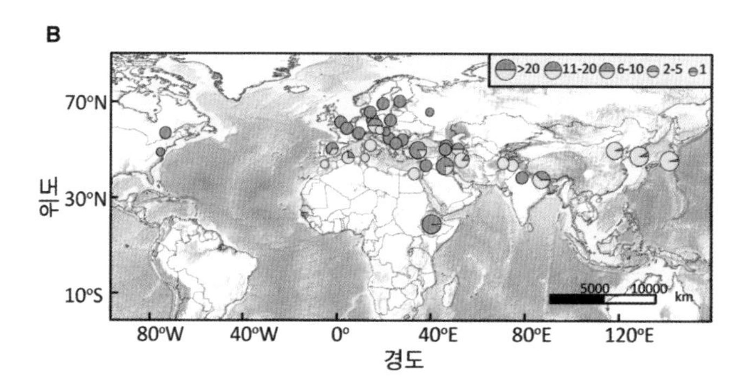

작물 보리는 탈립성을 잃게 한 유전자 변이에 따라 btr1 타입(주황색)과 btr2 타입(녹색)으로 나뉜다. 각각 120 품종의 분포를 보면 작물화가 일어난 서남아시아 기준으로 서쪽은 btr1 타입이 많고 우리나라를 포함한 동쪽은 btr2 타입이 많음을 알 수 있다. (제공 『셀』)

바뀌어(티민에서 시토신으로) 111번째 아미노산이 류신에서 프롤린으로 바뀌었다. 아미노산 196개 가운데 불과 하나만 바뀌었음에도 단백질이 제 기능을 못해 탈립성을 잃게 된 것이다.

흥미롭게도 두 작물 보리는 터키 남부, 즉 레반트 북부에 자생하는 야생 보리와 유전적으로 가까운 것으로 드러났다. 따라서 이 지역에서는 두 차례에 걸쳐 작물화가 일어난 것으로 보인다. 레반트 남부까지 치면 보리 작물화가 적어도 세 차례 일어났다는 말이다. 어쩌면 아직 분석하지 않은 재래종 가운데 탈립성과 관련된 또 다른 변이를 찾을 수 있을지도 모른다. 어쩌면 다른 변이를 지닌 재래종이 좁은 지역에서 재배되다 사라졌을 수도 있다.

보리의 부활을 꿈꾸며

1965년 우리나라 사람 1인당 연간 보리 소비량은 36.8kg로 쌀에 이에 두 번째로 많은 곡물이었지만 한 세대가 지나는 사이 급감해 1998년에는 1.5kg에 불과했다. 보리는 이 기간 동안 우리나라에서 재배 면적이 가장 가파르게 줄어든 작물이다. 대신 그 자리의 태반을 거의 수입에 의존하는 곡물인 밀이 차지하고 있다.

그런데 2000년대 들어 보리가 건강 곡물로 재인식되고 있다. 보리의 식이섬유 함량은 16%로 쌀의 열 배에 이른다. 그 결과 수분을 많이 흡수해 장의 활동을 돕는다. 특히 수용성 식이섬유로 저밀도 콜레스테롤LDL을 흡수해 혈중 수치를 낮추는 효과가 있는 베타글루칸 함량이 5%나 된다. 고지혈증과 비만, 당뇨 등 대사질환이 있는 사람들은 쌀밥만 먹는 것보다 보리를 섞어 먹는 게 좋다.* 나 역시 얼마 전부터 쌀에 찰쌀보리를 섞은 밥을 먹고 있다. 한참 보리 얘기를 하다 보니 시원한 맥주 한 잔이 생각난다.

* 곡물 가운데는 귀리의 베타글루칸 효과가 더 크다. 양은 보리와 비슷하지만 조성이 달라 콜레스테롤 흡수 효과는 더 크다. 귀리(oat)는 포아풀아과 포아풀족 작물로 밀족인 보리와는 약 2,500만 년 전 갈라졌다.

밀,
세 가지 식물 게놈이 합쳐 탄생한 괴물

역사는 우리가 죽음을 맞는 전쟁터는 기념하면서, 번영의 터전인 논밭은 비웃는다. 역사는 왕의 서자 이름은 줄줄이 꿰고 있지만 밀의 기원에 대해서는 알려주지 못한다. 이것이 바로 인간이 저지르는 어리석음이다.
— 앙리 파브르

책의 운명도 사람과 비슷해서 아까운 책이 빛을 보지 못하고 사라지는 경우가 많다. 그러나 역시 사람이 그런 것처럼 진가를 알아보는 누군가의 눈에 띄어 부활하기도 한다. 독일의 작가 하인리히 에두아르트 야콥의 책 『육천 년 빵의 역사』가 바로 그런 경우다.

1889년 베를린에서 태어난 야콥은 모르는 게 없는 르네상스적 지식인으로 다양한 분야에서 40여 권의 책을 남겼는데, 그 가운데서 그가 필생의 역작으로 꼽은 작품이 『육천 년 빵의 역사』로 1944년 미국에서

독일의 저널리스트이자 작가인 하인리히 에두아르트 야콥의 1935년 작 『커피의 역사』와 1944년 작 『육천 년 빵의 역사』는 거의 한 세기가 지난 지금도 애독되고 있다. 오븐에서 막 나온 따끈따끈한 빵 한 덩어리와 갓 내린 커피 한 잔을 두고 이들 책을 읽어보는 건 어떨까. (제공 위키피디아)

영어판이 먼저 나왔다. 유대인이었던 야콥이 나치를 피해 1939년 미국으로 건너갔기 때문이다. 1920년대 한 식물학자와 대화를 나누다 빵의 역사를 책으로 써보라는 제안을 받았고, 그 뒤 20년 동안 무려 4,000여 권의 책을 참조하며 써낸 게 바로 이 책이다.

출간 당시 '빵과 밀의 『황금가지』*'라며 격찬을 받은 이 책은 그러나 수년 뒤 절판됐고 1970년 작은 출판사에서 다시 책을 냈으나 흐지부지됐다. 그런데 1990년대 미국의 저술가인 린 앨리가 집필 중이던 책에 들어갈 빵에 대한 역사 자료를 조사하다가 우연히 이 책의 존재를 알게 됐고, 야콥의 천재성에 매료된 그의 노력으로 1997년 다시 출판됐다.

그리고 국내 한 출판사에서 이 책을 번역해 2002년 내놓았다. 당시 어떤 계기로 샀는지는 기억나지 않지만 감명 깊게 이 책을 읽었고 뒤이어 출간된 야콥의 『커피의 역사』도 깊은 인상을 남겼다. 야콥의 책에 대한 평가가 나만의 감상이 아닌 게, 20년 가까이 지난 지금도 두 번역서는 절판되지 않고 스테디셀러로 남아 있다.

고대 이집트 시대부터 곡식의 왕으로 불려

글 앞에 인용한 파브르의 말은 『육천 년 빵의 역사』 1장에서 야콥이

* 인류학자 제임스 프레이저의 명저로 1890년 출간됐다.

인용한 글귀다. 1장에는 '풀들의 경쟁'이라는 절이 나오는데 저자는 여기서 밀의 작물화 과정을 간단하게 언급하고 있다. 즉 풀 가운데 기장이 가장 먼저 작물이 됐고 뒤이어 보리가 선택돼 기장을 밀어내고 사랑받다가 마침내 밀이 작물화된다.** 보리와 밀은 다정하게 공존했으나 고대 이집트에서 밀가루로 효모(이스트) 발효 빵을 만드는 방법을 개발하면서 밀은 '곡식의 왕'이 됐고 그 지위를 오늘날까지 계속 유지하고 있다는 것이다.

밀에는 글루텐이 풍부해 반죽에 효모를 넣고 숙성시키면 효모가 토해내는 이산화탄소 기체가 글루텐 막을 빠져나가지 못해 반죽이 부푼다. 이를 오븐에 구우면 보들보들한 빵이 나온다. 반면 보리는 딱딱한 빵만 만들 수 있다. 참고로 반죽이 부풀어 부드러운 빵을 만들 수 있는 건 밀과 호밀뿐이다. 참고로 호밀빵이 다소 부푸는 이유는 다른 성분이 기체를 잡아주기 때문이다.

책에는 밀의 재배 과정도 소개돼 있다. 야콥은 "이집트에서 재배한 밀은 오늘날 미국, 캐나다, 우크라이나의 광대한 들판을 뒤덮고 있는 밀과는 사뭇 달랐다. 그것은 초기 재배종인 엠머밀emmer wheat이었다"라며 "고대 로마인은 이 최초의 밀과 다른 밀을 교배하여 얻은 개량품종을 이집트 전역에 심었다"고 쓰고 있다.

우리가 밀이라고 알고 있는 작물이 이 개량품종으로 보통밀common wheat 또는 빵밀bread wheat이라고 부른다. 오늘날 엠머밀은 거의 재배되지 않고 거기서 유래한 듀럼밀durum wheat이 재배되고 있는데 주로 파스타용으로 쓰이기 때문에 마카로니밀이라는 별칭도 갖고 있다. 듀럼밀은 카로티노이드가 들어 있고*** 단단해서 스파게티 면은 빵밀로 만든 면과

** 훗날 고고학 발굴 결과 기장보다 보리와 밀이 수천 년 앞서 비슷한 시기에 작물화된 것으로 밝혀졌다.

*** carotenoid. 탄소원자 40개로 이뤄진 골격을 지닌 색소로 분자에 따라 노랑~빨간색을 띤다. 9장 토마토 게놈에서 자세히 다룬다.

달리 색이 노르스름하고 더 오래 삶아야 한다. 듀럼밀은 전체 밀 생산량의 5%를 차지하고 있다.

나머지 95%는 차지하는 게 빵과 면, 과자를 만드는 빵밀이다. 야콥의 설명과는 달리 빵밀은 엠머밀의 개량품종인 정도가 아니라 아예 다른 종으로 엠머밀과 염소풀의 게놈이 합쳐져 생겨났다. 90년 전 우장춘 박사가 발견한 '종의 합성', 즉 배추와 양배추 게놈이 합쳐져 유채라는 신종이 나온 것과 같은 원리다.* 사실 엠머밀도 다른 종의 밀과 다른 종의 염소풀의 게놈이 합쳐서 생겨난 신종이다.

오늘날 밀의 경작 면적은 2억 2,000만 헥타르로 작물 가운데 가장 넓다. 한반도 면적이 2,200만 헥타르이므로 10배에 해당하는 넓이다. 밀의 수확량은 7억 6,100만 톤으로 11억 톤이 넘는 옥수수 다음으로 많고 쌀과 비슷하다.

벼 게놈의 40배 크기

지난 2002년 작물 최초로 벼의 게놈을 해독했다는 소식을 접했을 때 문득 '게놈 해독 연구는 미국과 영국 등 서구권에서 시작했는데 이 사람들이 왜 밀 게놈을 먼저 해독하지 않았을까'라는 의문이 들었다. 쌀과 밀은 각각 동양과 서양을 대표하는 라이벌 곡물이 아닌가. 심지어 자포니카 벼 게놈은 미국 연구진의 결과다. 이 사람들이 자기네 주식 작물을 놔두고 잘 먹지도 않는 쌀(벼)을 택했다는 게 이상했다.

좀 알아보니 밀 게놈은 당시 해독하기가 불가능한 괴물이었다. 게놈 크기가 너무 크고 구조도 복잡하기 때문이다. 즉 벼 게놈은 크기가 4억 염기로 31억 염기인 사람 게놈의 8분의 1에 불과한 반면 밀은 무려 160억 염기로 벼 게놈의 40배이고 사람 게놈보다도 5배나 크기 때문

* 우장춘 박사의 종의 합성 발견 과정은 배추 게놈을 다룬 7장에서 소개한다.

이다. 게다가 이배체가 아니라 육배체라 비슷비슷한 서열이 너무 많다. 서양인들로서는 불운한 일이다.

벼 게놈이 해독되고 10년이 지난 2012년 영국과 미국, 독일의 공동 연구자들은 학술지 『네이처』에 빵밀 게놈 분석 결과를 발표했다.[20] 같은 호에 국제보리게놈해독컨소시엄의 보리 게놈 초안 해독 결과도 나란히 실렸다. 빵밀 게놈은 초안 해독 단계도 이르지는 못했지만 그래도 굉장한 진전이라고 할 수 있다. 그 사이 게놈 서열분석 기술이 눈부시게 발전해 비용이 많이 떨어졌고 엄청난 데이터를 해석하는 바이오인포메틱스도 발전을 거듭했기 때문이다.

연구 결과는 꽤 흥미롭다. 먼저 벼 게놈과 밀 게놈의 엄청난 크기 차이는 밀과 보리(역시 게놈 크기가 51억 염기로 꽤 크다)의 공통조상에서 게놈 크기가 뻥튀기된 데서 비롯된 것으로 밝혀졌다. 앞서 보리 게놈에서 언급했듯이 전이인자라는, 일정한 염기서열을 지닌 DNA 조각이 증식한 결과다. 따라서 게놈을 쪼개 DNA가닥의 염기서열을 분석하더라도 비슷비슷한 게 워낙 많아 어디에 들어가는지 퍼즐을 맞추기가 지극히 어렵다. 밀 게놈에는 전이인자가 85%나 된다.

한편 빵밀 게놈 크기가 보리 게놈의 세 배나 되는 이유는 '다배수성polyploidy'이라는 현상 때문이다. 다배수성은 게놈의 기본염색체 세트가 두 개를 넘는 경우다. 기본염색체란 한 종의 유전 정보를 담고 있는 최소 단위로 기본염색체 개수를 x로 표시한다. 한편 모계와 부계의 생식세포가 수정돼 나온 체세포의 염색체 수는 2n으로 표시한다. 생식세포의 염색체 수는 그 절반인 n으로 쓰고 반수체haploid라고 부른다.**

벼와 보리의 체세포는 사람처럼 기본염색체 두 세트로 이뤄져 있는

** haploid를 반수체라고 번역하면 혼란을 줄 수 있어 홑배수체라고 바꿔야 한다는 주장도 있지만 여기서는 그냥 반수체라고 쓴다. 반수체는 생식세포의 염색체 수가 체세포의 반이라는 뜻으로, 배수성의 관점에서는 이배체 식물에서는 일배체(monoploid), 사배체 식물에서는 이배체가 된다.

이배체diploid다. 즉 x=n이다. 진핵생물은 수벌이나 수개미 같은 반수체를 제외하면 다들 이배체라고 생각하기 쉽지만, 자연계에는 다배체인 생물도 많고 특히 식물에는 더 흔하다. 속씨식물의 상당수가 다배체이고 빵밀을 비롯해 많은 작물도 다배체다. 빵밀은 육배체hexaploid로 기본 염색체 여섯 세트로 이뤄져 있다(2n=6x). 밀의 게놈을 얘기하기에 앞서 배수성ploidy에 대해 좀 더 자세히 알아보자.

속씨식물 진화 이끈 전체게놈중복

사람 수정란에는 염색체가 46개 들어 있다. 이 가운데 23개는 정자(부계)에서 왔고 나머지 23개는 난자(모계)에서 왔다. 서로 대응하는 염색체, 즉 상동염색체 23쌍으로 이뤄져 있다는 말이다.* 즉 체세포는 이배체이고 감수분열이 일어난 생식세포(난자와 정자)는 염색체 수가 절반인 반수체다. 중고교 생물 수업에서 배우는 내용이다.

그런데 간혹 감수분열 과정에서 오류가 일어나 상동염색체 쌍이 나뉘지 않고 한쪽으로 몰리면서 한 쌍이 존재하거나 아예 없을 수도 있다. 정상 생식세포와 수정하면 전자의 경우 상동염색체가 3개가 되고 후자의 경우 하나만 존재한다. 이렇게 균형이 깨지면 발생과정에서 죽거나 개체가 나와도 문제가 생긴다. 예를 들어 다운증후군인 사람의 체세포에는 21번 염색체가 3개이고 터너증후군은 X염색체가 하나뿐인 여성에서 나타난다.

때로는 체세포처럼 이배체인 생식세포가 나오기도 한다. 보통 생식세포 두 개가 합쳐진 결과다. 이배체 생식세포가 정상 생식세포와 만나면 삼배체 수정란이 생긴다. 이 경우 동물에서는 제대로 발생하지 못하는 경우가 태반이지만 식물에서는 종종 삼배체 개체가 나온다. 가장 유

* 엄밀히 말하면 부계에서 Y염색체가 왔을 때는 모계의 X염색체와 상동염색체는 아니다.

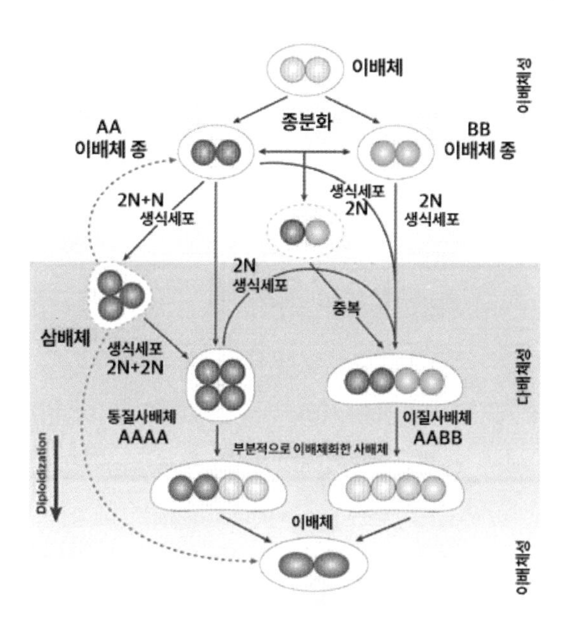

이배체 종의 감수분열 과정에서 종종 오류가 일어나고 드물게 다배체 종이 나올 수 있다. 이 현상이 같은 종 안에서 일어나면 동질다배체가 나오고 다른 종 사이에서 일어나면 이질다배체가 나온다. 다배체는 수백만~수천 만 년 동안 게놈 재배열이 일어나 이배체로 돌아간다. (제공 『네이처 리뷰 유전학』)

명한 예가 씨 없는 수박이다. 우리가 먹는 바나나도 삼배체 식물이다. 삼배체에서는 감수분열이 제대로 일어나기 어려워 불임이 되는 경우가 많다. 바나나에도 씨가 없는 이유다.

이처럼 가끔 이배체 생식세포가 나올 수 있고 드물게 이배체 생식세포를 만나면 사배체 식물이 나올 수 있다. 사배체는 상동염색체가 두 쌍씩 있으므로 감수분열로 이배체 성세포가 만들어져 역시 사배체인 자손을 볼 수 있다. 이처럼 같은 염색체 세트를 지닌 다배체를 동질다배체autopolyploid라고 부른다. 작물 가운데는 감자가 동질사배체다. 삼배체나 사배체처럼 게놈이 기본염색체 세트 단위로 늘어나는 현상을 '전체게놈중복whole genome duplication'이라고 부른다.[21]

전체게놈중복의 또 다른 형태는 이질다배체allopolyploid로, 서로 다른 종의 게놈이 합쳐진 결과다. 이 경우 동질다배체와 같은 과정을 거칠 수도 있고 먼저 이배체 잡종이 나오고 그 뒤 다배체가 생길 수도 있다. 예를 들어 이배체 종 AA와 BB 사이에 잡종 AB가 나올 수 있다. 이때 A와 B의 염색체 구조(개수나 길이)가 꽤 다르면 감수분열이 제대로 일어나기 어렵고 그 결과 잡종 자손은 불임이 된다(암말과 수탕나귀 사이에 태어난 잡종인 노새를 떠올려 보라).

그러나 가끔 이배체 상태인 생식세포가 만들어지고 드물게 이런 세포끼리 만나 사배체 자손(AABB)이 나올 수 있다. 이 경우 짝이 맞아 이배체 생식세포(AB)를 만들어 자손을 볼 수 있다. 즉 이배체 종 AA와 BB 사이에 사배체 신종 AABB가 나온 것이다. 1930년대 우장춘 박사

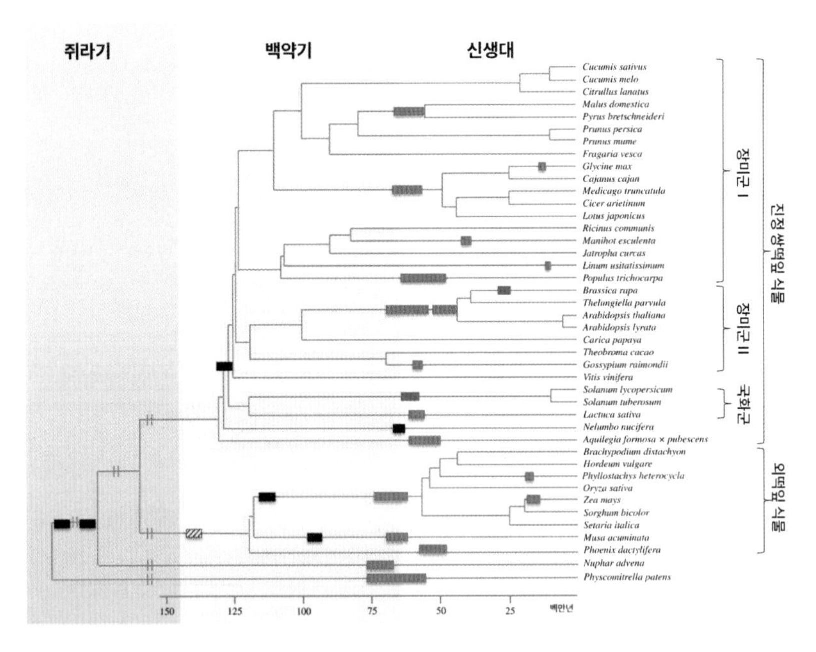

많은 종의 게놈이 해독되면서 이들을 비교분석한 결과 식물의 진화 과정에서 여러 차례 전체게놈중복이 일어났다는 사실이 밝혀졌다. 특히 게놈분석으로 추정한 전체게놈중복이 일어난 시기의 다수가 지각 변동이나 소행성 충돌 등으로 대멸종이 일어난 시기와 겹친다. 극심한 스트레스 환경에서 전체게놈중복으로 유전자가 두세 배가 된 다배체 개체들이 살아 남았다는 말이다. 각 계열에서 일어난 전체게놈중복 사건과 추정 시기를 가로 막대로 표시했다. (제공『네이처 리뷰 유전학』)

는 이배체인 배추와 양배추로 사배체인 유채를 만드는 데 성공해 이를 입증했다. 바로 '종의 합성'이다.

이 장에서 다루는 밀이 바로 이질다배체 식물이다. 앞서 언급했듯이 엠머밀과 듀럼밀은 이배체 밀(AA)과 이배체 염소풀(BB)의 게놈이 합쳐서 생겨난 사배체 신종(AABB)이다. 빵밀은 엠머밀과 다른 이배체 염소풀(DD) 사이 잡종에서 전체게놈중복이 일어난 육배체 신종(AABBDD)이다.

식물 게놈이 하나둘 해독되면서 식물의 진화 과정에서 전체게놈중복이 여러 차례 일어났던 것으로 밝혀졌다. 속씨식물의 경우 10만 번에 한 번 꼴로 다배체가 나오는 것으로 추정된다. 전체게놈중복이 일어나면 유전자도 중복되므로 세대를 거치며 점차 소멸한다. 이 과정에서 염색체가 재배열하기도 한다. 그 결과 다시 이배체로 돌아가는데, 이 과정을 '이배체화diploidization'라고 부른다. 오늘날 이배체 게놈을 지닌 식물도 족보를 거슬러 올라가다 보면 다배체 조상을 만난다는 말이다.[22]

우연한 만남이 필연이 되고

다시 밀 게놈으로 돌아와 고고학 증거와 유전학 연구결과를 바탕으로 진화 과정을 재구성해 보자. 먼저 약 250만~450만 년 전에 밀족의 공통조상(염색체 7쌍, 2n=2x=14)에서 밀속*Triticum*과 에길롭스속*Aegilops*(영어로 goatgrass라고 부르는데, 염소풀 정도로 번역할 수 있다)이 갈라졌고 그 뒤 각 속에서도 종분화가 일어났다. 그런데 약 50만 년 전 레반트 북부(터키 남부)에서 자생하던 야생 이배체 밀의 한 종인 트리티쿰 우라르투*Triticum urartu*(AA)와 지금은 멸종한 염소풀의 이배체 종(BB) 사이에서 이종사배체(AABB, 2n=4x=28) 식물이 나왔다. 즉 종의 합성이 일어난 것이다. 바로 야생 엠머밀emmer wheat이다.

아마도 두 종 사이에서 종종 수분이 일어나 잡종(AB)이 나왔을 것이다. 그런데 A와 B 염색체는 기원이 같지만(250만~450만 년 전 갈라졌다) 이미 많은 시간이 흘러 변형된 상태였기 때문에 서로를 상동염색체로 인식하지 못해 감수분열이 제대로 되지 않아 불임이 되므로 당 세대를 끝으로 사라졌다. 그런데 가끔 생식세포 두 개가 합쳐지면서 이배체 생식세포가 만들어지고 이들이 만나 수정한 드문 사건이 50만 년 전 일어나 이종사배체(AABB, 2n=4x=28)인 신종 식물이 나왔다. 또는 두 종의 이배체 생식세포가 만나 사배체가 나왔을 수도 있다. 아무튼 종의 합성이 일어난 것이다.

이종다배체의 게놈은 기원이 되는 종에 따라 서브게놈subgenome으로 나눈다. 엠머밀의 경우 두 서브게놈을 각각 A게놈과 B게놈이라고 부른다. 반수체(n)의 염색체 개수가 14개이지만 1번에서 14번으로 표기하는 대신 서브게놈으로 나눠 1A…, 7A와 1B…, 7B로 쓴다. 즉 이종사배체의 체세포에서는 두 서브게놈의 기본염색체(x)가 각각 한 쌍 있으므로 4x다. 이종다배체에서 게놈 크기와 유전자 개수는 서브게놈의 게놈 크기와 유전자 개수를 합친 값이다.

야콥이 『육천 년 빵의 역사』에서 언급한 엠머밀은 이 야생 엠머밀을 작물화한 것이다. 참고로 인류는 이배체 밀도 작물화했는데, 외알밀einkorn wheat로 불리는 트리티쿰 모노코쿰*Triticum monococcum*으로 엠머밀의 조상인 트리티쿰 우라르투와 가까운 종이다. 외알밀은 듀럼밀과 빵밀에 밀려나 오늘날에는 거의 재배하지 않는다. 참고로 외알밀의 밀가루로는 반죽이 잘 부풀지 않아 빵을 만들기에 적합하지 않다.

1만여 년 전 레반트 북부에서 외알밀과 엠머밀이 각각 작물화된 것으로 보인다. 즉 야생 밀에서 탈립성을 잃은 변이를 선별한 것이다. 2017년 학술지 『사이언스』에는 야생 엠머밀의 게놈을 해독한 논문이

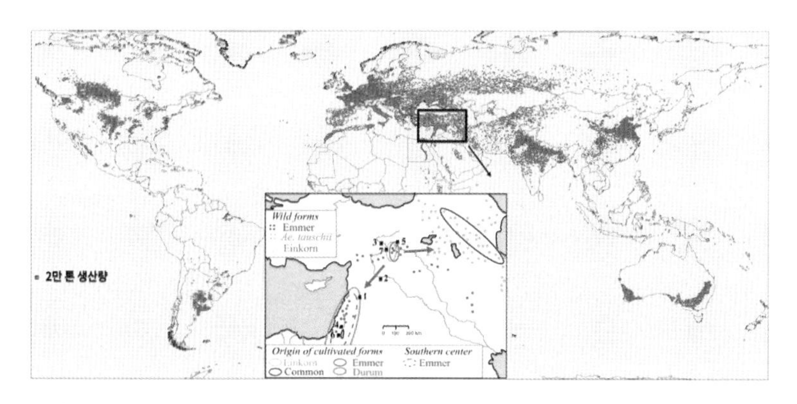

밀의 기원과 오늘날 재배지를 보여주는 지도다. 아래 가운데 서남아시아를 클로즈업한 지도를 보면 레반트 북부에서 외알밀(연보라색 원)과 엠머밀(빨간색 원)이 작물화됐다. 남서쪽으로 확산한 엠머밀에서 듀럼밀이 나왔고(녹색 원), 동쪽으로 퍼진 엠머밀과 현지의 염소풀(*Ae. tauschii*) 사이에서 종의 합성이 일어나 빵밀이 나왔다(보라색 원). (제공 『사이언스』)

실렸는데 작물 엠머밀과 비교한 결과 보리와 마찬가지로 Btr1 유전자에 변이가 발생한 게 원인이었다.[23] 보리는 Btr1이나 Btr2 유전자가 고장나면 탈립성을 잃는다(56쪽 참조). 그런데 엠머밀은 사배체이기 때문에 두 서브게놈의 Btr1 유전자가 다 고장나야 탈립성을 잃을 것이다. 실제 A게놈 3번 염색체의 Btr1 유전자는 중간에 염기 두 개가 빠지면서 종결코톤이 생겨 반쪽짜리 단백질이 만들어지고 B게놈 3번 염색체의 Btr1 유전자는 끝부분에 4,000염기 크기의 DNA 조각이 끼어들어가면서 엉뚱한 아미노산 서열이 딸린 큰 단백질이 만들어지는 것으로 밝혀졌다. 그 결과 둘 다 기능하지 못하면서 탈립성을 잃었다.

한편 외알밀 역시 Btr1 유전자에 변이가 생겨 탈립성을 잃게 된 것으로 밝혀졌다.[24] 다만 돌연변이가 일어난 부위는 엠머밀과 달라 119번째 아미노산이 알라닌에서 트레오닌으로 바뀌면서 단백질이 기능을 잃었다. 둘은 따로 작물화됐다는 말이다. 외알밀이 엠머밀의 조상이 아니므로 예상한 결과다.

그 뒤 작물 엠머밀은 남서쪽과 동쪽으로 재배지를 넓혀나갔다. 남서쪽

시리아 부근에 도달한 작물 엠머밀은 현지의 야생 엠머밀과 교잡이 일어나 씨앗이 커졌고 얼마 뒤 씨앗과 겉껍질이 분리된 변이체가 나왔다. 바로 듀럼밀의 등장이다. 보리로 치면 겉보리에서 쌀보리가 나온 것이다. 듀럼밀의 재배지는 이집트에 이르렀고 수천 년 전 어느 날 누군가가 밀가루 반죽에 맥주 효모가 들어가면 밀가루 반죽이 부푸는 현상을 우연히 발견했을 것이다. 이 반죽을 오븐에 넣고 굽자 부들부들한 빵이 만들어졌다. 밀이 보리와 호밀을 제치고 곡식의 왕에 오른 순간이다.

한편 동쪽으로 진출한 작물 엠머밀은 오늘날 아르메니아와 카스피해 서쪽에 자생하는 이배체(DD) 염소풀 종(학명 *A. tauschii*)을 만났고 약 9,000년 전 종의 합성이 일어나 육배체인 빵밀이 나왔다(AABBDD). 빵밀은 엠머밀에 비해 수확량이 많고 밀알의 조성도 부드러운 빵이 나올 수 있게 바뀌었다. 게다가 추위와 몇몇 병해충에 더 강했다. 그 결과 서아시아뿐 아니라 세계 곳곳으로 널리 퍼졌다. 지중해 지역에서 군

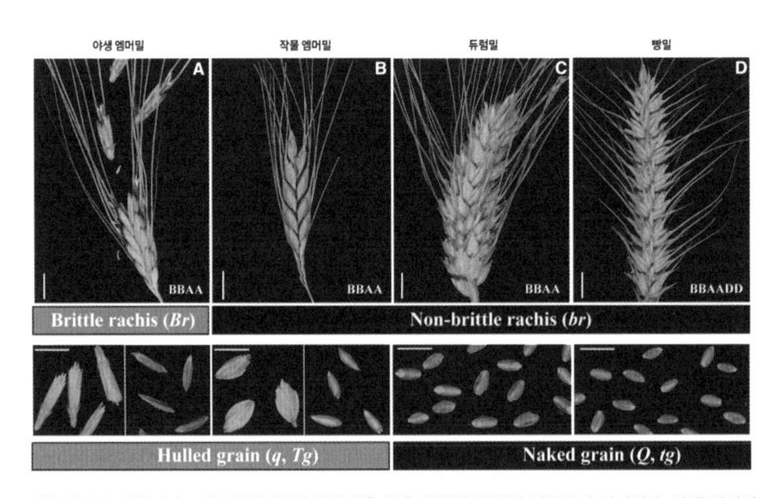

다른 곡물과 마찬가지로 밀 역시 낟알의 탈립성을 잃은 변이체 발견이 작물화의 시작이다. 야생 엠머밀은 씨앗이 여물면 흩어지지만(위 맨 왼쪽) 작물 밀은 여전히 붙어 있다(위 나머지). 한편 엠머밀은 작물화된 뒤에도 야생처럼 씨앗과 겉껍질이 붙어 있는 상태이지만(아래 왼쪽에서 각각 겉껍질을 벗긴 상태와 비교했다) 듀럼밀과 빵밀은 겉껍질이 떨어져 있어 쉽게 벗겨진다(아래 오른쪽 두 이미지). (제공 『사이언스』)

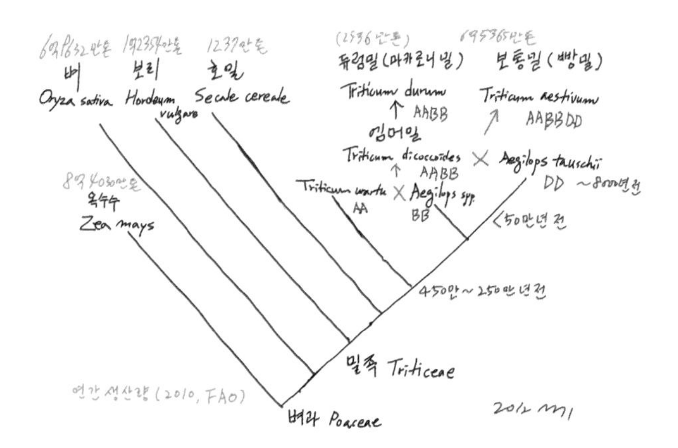

인류는 볏과 식물들을 작물화하는 데 성공함으로써 정착했고 문명을 꽃피웠다. 대표적인 볏과 식물의 계통수에 밀의 작물화 역사를 재구성해 봤다. 오늘날 밀(빵밀)이 꽤 복잡한 과정을 통해 탄생했음을 알 수 있다. (제공 강석기)

림하던 듀럼밀도 빵을 만들 수 있지만 식감이 거칠어 빵밀에 밀려났다. 그나마 파스타를 만드는 데는 장점이 있어(탄성이 덜해 가늘고 단단한 면을 만들기 쉽다) 살아 남아 오늘날 밀 생산량의 5%를 차지하고 있다. 그렇다면 빵밀의 성공은 이 염소풀에서 유래한 D게놈 덕분일까.

D게놈 덕을 본 빵밀

2014년 학술지 『사이언스』에 빵밀 게놈 초안 해독 결과가 발표됐고[25] 4년 뒤인 2018년 고품질 게놈 해독 논문이 실렸다. 작물 게놈 역사의 한 획을 긋는 성과다. 20개 나라 학계와 업계의 과학자들로 이뤄진 밀 게놈해독국제컨소시움이 십수 년의 노력 끝에 마침내 엄청난 양에 비슷비슷한 염기서열투성이인 데이터를 21개 염색체에 지정하는 작업을 해낸 것이다. 세 조상에서 온 비슷한 유전자 세 쌍의 자리를 찾아준 것이다. 따라서 염색체 번호도 1, 2, 3, …, 21이 아니라 1A, …, 7A, 1B, …, 7B, 1D, …, 7D로 붙였다.

게놈 데이터 분석 결과 단백질을 지정하는 유전자 수는 10만 7,891개로 추정됐고, 세 서브게놈의 기여도는 비슷했다. 웬만한 작물의 두세 배이고 사람 유전자 수의 5배에 이른다. 빵밀은 이질육배체라 세 서브게놈 모두에 사실상 같은 유전자가 들어 있는 경우가 꽤 되지만 따로 계산한다는 점을 감안해야 한다. 그럼에도 이런 유전자들은 서브게놈에 따라 발현 패턴이 다르거나 돌연변이가 일어나 새로운 기능을 갖기도 한다. 단순한 겹치기는 아니라는 말이다.

이 사이 빵밀의 조상 이배체 식물의 직계 후손 또는 가까운 종의 게놈 역시 해독됐다. 50만 년 전 등장한 엠머밀에 A염색체를 제공한 식물에 가장 가까운 현생 야생 밀인 트리티쿰 우라르투의 게놈이 2018년 해독됐다.[26] 게놈은 49억 염기 크기로, 단백질 지정 유전자는 4만 1,500여 개로 추정됐다. 빵밀 A게놈의 유전자는 3만 5,300여 개로 6,000여 개가 적다. 50만 년 전 종의 합성이 일어난 뒤 진화 과정에서 중복된 유전자가 사라진 결과로 보인다.

불과 9,000년 전 엠머밀과 합쳐져 빵밀의 D게놈을 제공한 염소풀(학명 *Aegilops tauschii*, 이하 타우쉬이)은 2013년 게놈 초안이[27], 2017년

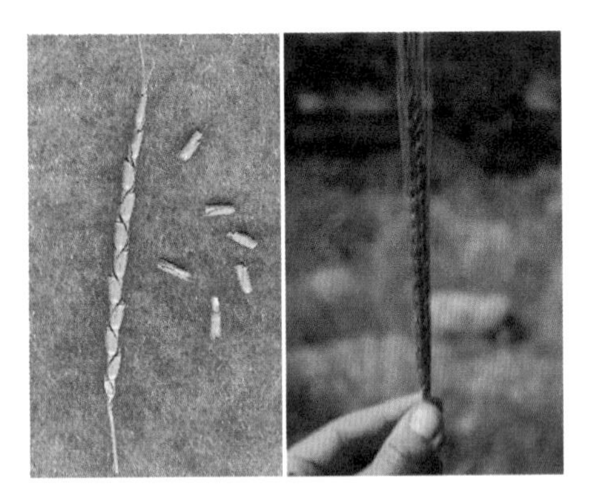

듀럼밀과 빵밀의 조상인 이배체 야생 밀의 직계 후손으로 시리아에 자생하고 있는 트리티쿰 우라르투(AA타입)의 이삭(왼쪽)과 빵밀이 나오는데 결정적인 기여를 한 염소풀의 직계 후손인 에길롭스 타우쉬이(D게놈)의 이삭(오른쪽)이다. (제공 왼쪽 g.willcox.pagesperso-orange.fr, 오른쪽: 위키피디아)

고품질 게놈이 해독됐다.[28] 게놈 크기는 약 43억 염기이고 단백질 지정 유전자는 3만 9,000여 개로 추정된다. 참고로 빵밀 D게놈의 유전자는 3만 4,000여 개로 역시 5,000개 적다. 아쉽게도 50만 년 전 엠머밀에 B염색체를 제공한 염소풀 종은 그 뒤 멸종한 것으로 보인다. 앞서 언급했듯이 사배체인 야생 엠머밀의 게놈이 2017년 해독됐고 작물 엠머밀을 개량한 듀럼밀의 게놈이 2019년 해독됐다.

듀럼밀은 A게놈과 B게놈으로 이뤄져 있고 빵밀은 여기에 D게놈이 더해진 상태다. 두 밀은 씨앗의 물성이 꽤 다른데, 이름에서 짐작할 수 있듯이 빵을 만드는 데는 빵밀 밀가루가 낫다. 여기에는 두 가지 요인이 있다. 먼저 빵밀은 배젖이 잘 부서져 고운 밀가루로 만들기 쉽다. 반면 듀럼밀은 단단해 가루로 만들기도 쉽지 않고 입자도 크다. 빵밀 밀가루로 만든 면보다 듀럼밀로 만든 파스타 면을 더 오래 삶아야 하는 이유다.

빵밀의 녹말이 부드러워진 건 D게놈에 있는 푸로인돌린A^Puroindoline A^와 푸로인돌린 B 유전자 덕분이다. A게놈과 B게놈에는 이들 유전자가 고장나 있어 듀럼밀에는 푸로인돌린 단백질이 없다. 푸로인돌린은 지질과 결합해 녹말 과립 표면에 달라붙어 있어 과립이 덩어리지는 걸 막아준다. 그 결과 제분 과정에서 배젖 조직이 과립으로 쉽게 쪼개진다. 물론 밀가루가 곱다고 무조건 좋은 건 아니다.

빵밀 품종은 녹말 성격에 따라 크게 경질밀과 연질밀로 나뉜다. 알고 보니 연질밀은 푸로인돌린 유전자 두 개가 다 온전하고 경질밀은 두 유전자 가운데 하나에 변이가 일어나 단백질 기능이 떨어지거나 아예 만들어지지 않는 경우였다.[29] 그 결과 녹말 과립을 감싸는 정도가 덜해 배젖이 좀 더 단단하다. 다만 경질밀도 듀럼밀보다는 밀가루가 곱다. 경질밀을 제분한 강력분은 빵을 만드는 데 좋고 연질밀을 제분한 박력분은 케이크나 과자처럼 부드러운 식감을 내는 데 좋다.

글루텐의 두 얼굴

미국의 저술가 마이클 폴란은 2007년 펴낸 책 『요리를 욕망하다』에서 빵밀을 이렇게 평가했다.

> "에이커당 더 많은 칼로리를 생산하고(옥수수, 쌀) 재배가 더 쉬우며(옥수수, 보리, 호밀) 영양소가 더 많은(퀴노아) 곡물들이 있다는 점을 고려하면 밀의 세계정복은 믿기 어렵고 그래서 더욱 인상적이다. 성공 비결이 뭘까? 바로 글루텐이다."

폴란이 말한 밀은 물론 빵밀이다. 사실 빵밀이 듀럼밀에 승리를 거두게 된 데 기여한 또 다른 요인도 바로 글루텐gluten이다. 글루텐은 밀가루를 반죽하는 과정에 형성되는 단백질 네트워크로 반죽을 탱탱하면서도 유연하게 만든다. 우동 면발의 쫄깃함이 바로 글루텐 덕분이다. 쌀이나 메밀 같은 곡물의 가루로 반죽을 빚어 면을 만들면 뚝뚝 끊어지지만, 밀가루 면은 글루텐 네트워크로 형태를 유지한다.

한편 밀가루에 효모라는 발효 미생물을 넣고 반죽한 뒤 숙성하면 효모가 증식하며 배출된 이산화탄소가 글루텐 네트워크에 갇혀 반죽이 부풀어 올라 구우면 폭신한 빵이 된다. 쌀은 물론 같은 밀족인 보리에서도 불가능한 현상이다. 오늘날 빵밀이 곡물의 왕이 된 건 효모를 만났기 때문이다.

글루텐은 7세기 중국 승려들이 처음 발견했다고 한다. 속세 시절 고기 맛을 못 잊어 식물성 식재료로 고기의 촉감을 낼 수 없을까 고민하다가 우연히 밀가루 반죽을 찬물 속에서 주무르자 녹말이 빠져 나오면서 고무 같은 덩어리만 남았던 것이다. 이 가운데 글루텐이 70~80%나 된다. 채식주의자를 위한 콩고기나 버섯고기의 핵심 재료도 알고 보면

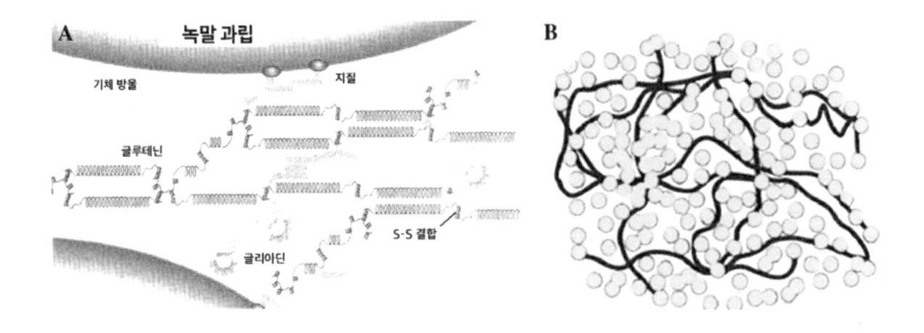

빵밀이 곡식의 왕으로 불리게 된 건 글루텐 덕분이다. 밀가루에 물을 넣고 반죽하면 녹말 과립 사이 공간에 글루테닌 단백질이 연결되고 그 사이 글리아딘 단백질이 들어가는 글루텐 네트워크가 형성돼 탄력이 있으면서도 부드러운 상태가 된다. 오른쪽은 글루텐 네트워크를 도식화한 그림으로 글루테닌은 파란 끈으로, 글리아딘은 노란 공으로 그려져 있다. (제공 『곡물과 유지 과학기술』)

글루텐이다.

밀알도 다른 씨앗처럼 배와 배젖으로 이뤄져 있다. 배는 식물체로 자랄 부분이고 배젖은 싹이 광합성을 할 때까지 영양을 공급하는 역할을 한다. 밀알의 배젖은 탄수화물(녹말)과 저장단백질이 엉겨 있는 상태로 싹이 트면 이들을 분해하는 효소가 활성화돼 영양분으로 쓰인다. 밀의 저장단백질은 글리아딘gliadin과 글루테닌glutenin 두 종류다.

물론 다른 곡류의 배젖도 비슷한 방식으로 탄수화물과 단백질을 저장해 공급하지만, 종마다 저장단백질 종류가 다르다. 예를 들어 쌀의 배젖에는 글리아딘에 해당하는 단백질이 거의 들어 있지 않다. 반면 밀족 곡식인 호밀과 보리의 배젖에는 글리아딘과 글루테닌에 해당하는 단백질이 있다.

밀가루에 물을 넣어 반죽하면 글루테닌 단백질이 서로 결합해 스프링처럼 되면서 네트워크를 형성하고 글리아딘이 그 사이에 들어가 완충재 역할을 한다. 바로 글루텐이다. 반죽을 치댈수록 글루텐 네트워크가 더 치밀해져 탄성이 커진다.

그런데 밀이라고 다 글루텐 네트워크를 잘 만드는 건 아니다. 외알밀은 글리아닌에 비해 글루테닌 함량이 적어 글루텐이 약해 빵 반죽이 제대로 부풀지 못한다. 듀럼밀은 균형이 맞아 글루텐 네크워크를 만들지만 빵밀에는 못 미친다.

밀 게놈에는 글루테닌 유전자와 글리아닌 유전자가 각각 수십 개씩 존재한다. 특히 빵밀은 D게놈 1번 염색체의 Glu-D1 자리에 있는 글루테닌 유전자 덕분에 밀가루 반죽이 탄력이 있으면서도 잘 늘어나 다루기 좋게 된다는 사실이 밝혀졌다. 그 결과 빵밀은 독특한 식감과 풍미를 지닌 다양한 음식을 만들 수 있는 유일한 곡물이 됐다.

그럼에도 쌀과는 달리 왠지 밀은 몸에 안 좋은 곡물이라는 인식이 은연중에 깔린 듯하다. 오늘날 아토피의 만연을 밀가루 음식 탓으로 돌리기도 한다. 실제 밀은 일부 사람들에게 알레르기를 유발하고 소장의 만성 염증인 크론병이라는 심각한 자가면역질환의 원인이기도 하다. 사실 이런 문제는 빈도는 낮지만 같은 밀족 작물인 보리와 호밀에서도 일어난다.

면역반응은 듀럼밀보다 빵밀에서 더 두드러져 인구의 0.7%가 크론병에 걸리고(동아시아인은 훨씬 낮다) 이보다 많은 사람들이 알레르기 반응을 보인다. 밀가루 음식을 먹으면 속이 불편한 사람들은 이런 문제가 아닌지 의심해 봐야 한다.

2018년 빵밀 고품질 게놈 해독 논문 발표에 맞춰 자매지인 『사이언스 어드밴시스』에는 인체 면역계를 교란하는 밀 단백질 유전자를 밝힌 논문이 실렸다.[30] 대부분은 글리아딘과 글루테닌이었고 다른 단백질도 몇 가지 있었다. 뜻밖에도 빵밀이 우수한 글루텐 네트워크를 만들 수 있게 한 D게놈이 여기서는 악역을 하는 것으로 밝혀졌다.

즉 가장 강력한 면역반응을 유발하는 펩타이드peptide(아미노산 수십 개로 이뤄진 단백질 조각)를 지정한 염기서열이 D게놈 6번 염색체에 있는 글리아딘 유전자 두 개에 존재한다. 일부 사람들의 면역계가 이들

글리아딘 단백질이 제대로 소화되지 못해 생긴 아미노산 33개 길이의 펩타이드를 항원으로 인식해 반응한다. 빵밀이 듀럼밀보다 면역 질환 발병률이 높은 이유다.

한편 밀알에는 글루텐 외에도 LTP, ATI, ALP 같은 단백질이 면역 반응을 유발할 수 있다. 유전자 발현 패턴을 분석한 결과 이들 단백질은 배젖을 둘러싼 호분층에 주로 존재하는 것으로 밝혀졌다. 건강을 위해 통밀빵을 먹으면서부터 속이 불편해졌다면 이들 단백질이 원인일 수 있다.

한편 빵밀의 재배 온도가 올라가면 아미노산 33개로 이뤄진 펩타이드를 지닌 글리아딘 단백질의 함량이 25~33% 늘어나는 것으로 밝혀졌다. 이는 스트레스에 대한 반응으로 보인다. 반면 북유럽 노르웨이에

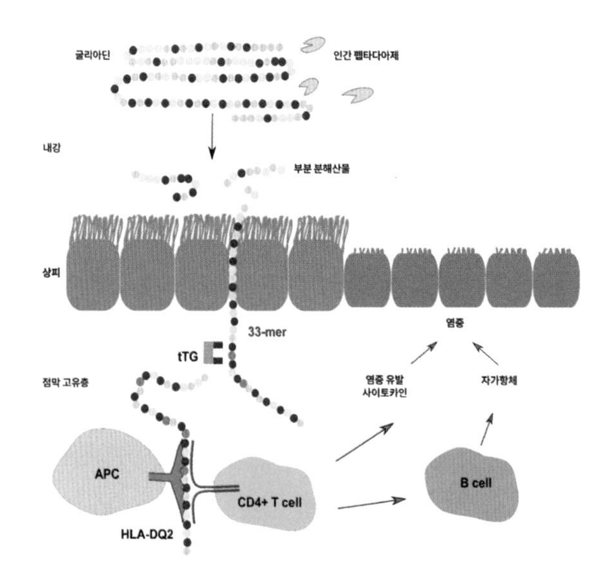

밀알에 들어 있는 여러 단백질이 일부 사람들에게 면역반응을 일으킬 수 있다. 특히 빵밀의 글리아딘이 소장에서 제대로 소화되지 않아 생기는 아미노산 33개 길이의 펩타이드가 장벽세포 사이로 들어가면 이를 인식한 면역세포가 과도한 염증반응을 일으켜 소장 조직이 손상되는 크론병으로 발전할 수 있다. 빵밀 게놈 해독 결과 이 펩타이드는 D게놈에 있는 글리아딘 유전자 2개가 지정하는 단백질의 조각으로 밝혀졌다. (제공 『응용 미생물학 및 바이오테크롤로지』)

서 재배되는 빵밀 품종은 면역 반응을 유발하는 글리아딘 함량이 43%나 적다.

지구온난화가 가속화되면서 서늘한 기후를 좋아하는 빵밀이 위협을 받고 있고, 밀의 재배 온도가 올라갈수록 이를 먹는 사람들의 면역 질환도 늘어날 수 있다. 빵밀 게놈 해독 데이터가 이런 문제를 해결하거나 완화한 새로운 품종 개발로 이어지길 바란다. 한편 더위와 가뭄에 상대적으로 강한 듀럼밀에게는 기후변화가 세를 넓힐 기회일 수도 있다.

빵밀 D서브게놈의 유래

2022년 학술지 『네이처 생명공학』에는 육배체 빵밀의 조상 종 가운데 하나로 마지막에 합류한 염소풀 타우쉬이 242개체(유전자원)의 게놈을 해독해 빵밀의 품종개량에 도움이 될 유전자를 여럿 찾았다는 연구 결과가 실렸다.[31]

타우쉬이는 서남아시아의 넓은 지역에 자생하고 있고 유전적 다양성이 큰 것으로 알려져 있다. 따라서 여러 지역에서 채집한 타우쉬이 유전자원의 정보를 알아내면 빵밀 품종개량에 큰 도움이 될 것이다. 242개체의 게놈을 해독한 결과 이 가운데 조지아에서 채집한 다섯 개체가 기존에 알려진 L1과 L2 두 계열과 꽤 다르다는 게 드러나 L3라는 세 번째 계열로 분류했다. 그런데 분석과정에서 뜻밖의 사실이 밝혀졌다.

지금까지는 L2 계열의 타우쉬이가 빵밀의 게놈에 참여한 것으로 알려져 있었는데, 이번에 밝혀진 L3 계열도 1% 정도 기여한 것으로 드러났다. 즉 과거 육배체가 두 차례 나왔고(각각 L2 계열과 L3 계열) 오늘날 빵밀은 L2 계열 육배체 무리에 L3 계열 육배체가 일부 유입된 결과다.

비유하자면 L2 계열 빵밀은 아프리카인(호모 사피엔스)이고 L3 계열 빵밀은 네안데르탈인이다. 그리고 오늘날 빵밀은 유럽인인 셈이다.

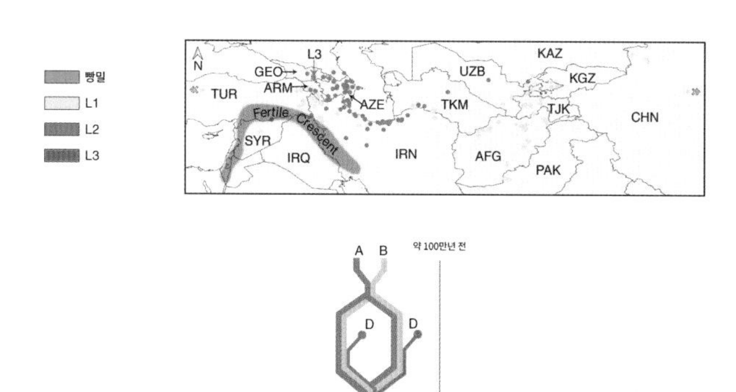

육배체 빵밀의 조상 종의 하나인 이배체 염소풀(타우쉬이)은 서아시아 일대에 분포한다. 각지에서 채집한 242개체의 게놈을 해독한 결과 조지아(GEO)에 자생하는 다섯 개체가 꽤 달라 L3로 분류했다(위). 빵밀 D게놈은 L2 타우쉬이에서 기원한 것으로 알려졌지만 이번 분석 결과 L3도 1% 기여한 것으로 밝혀졌다. 즉 육배체 사건이 따로 두 차례 일어난 뒤 교잡이 일어나 오늘날 빵밀이 나왔다(아래). (제공 『네이처 생명공학』)

L3 계열 빵밀과 함께 사라진 것으로 보이는 L2 계열 빵밀과는 달리 아프리카인은 건재하다는 것이 다른 점이다. 빵밀 D서브게놈에서 L3 타우쉬이의 기여도는 1%로 미미하지만, 듀럼밀과 차별화되는 빵밀의 식감에 결정적인 기여를 한 글라이딘 유전자를 제공한 것으로 밝혀졌다.

논문에서는 빵밀의 병충해 저항성이나 품종개량에 도움이 될 것 같은 타우쉬이 유전자들을 소개하고 있는데, 이 가운데 작은이삭(낟알)의 개수에 관여하는 유전자를 살펴보자. 염소풀 이삭은 작은이삭이 층층이 쌓인 형태로, 유전자원에 따라 적게는 대여섯 개에서 많게는 십여 개의 작은이삭으로 이뤄져 있다.

이런 차이에는 1번 염색체에 있는 TPP 유전자가 관여하는 것으로 밝혀졌다. 흥미롭게도 옥수수와 보리의 낟알 개수도 같은 유전자에 영향을 받는 것으로 알려져 있다. 타우쉬이 가운데 L2 계열에만 작은이삭 수가 많은 유전형이 존재했다. 그런데 정작 빵밀에는 작은이삭 수가 적은 유전형만이 존재했다. 아마도 빵밀 D서브게놈에 참여한 L2 계열

작은이삭 수

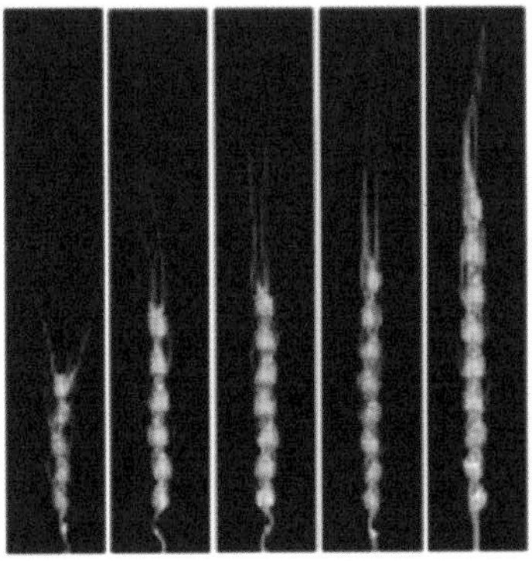

타우쉬이의 이삭에 달린 작은이삭 수에 따라 다섯 그룹으로 나눈 뒤 게놈을 분석한 결과 TPP 유전자가 주요 변수로 알려졌다. 빵밀 D서브게놈의 TPP 유전자를 작은이삭 수가 많은 유전형으로 바꾸면 수확량이 늘어날 가능성이 있다. (제공 『네이처 생명공학』)

타우쉬이 조상은 작은이삭 수가 적은 유전형을 지녔을 것이다. 따라서 빵밀의 TPP 유전자를 바꾸면 더 많은 낟알이 열릴 수도 있다.

인류는 밀 위기를 극복할 수 있을까

2022년 2월 24일 러시아가 우크라이나를 침공했다. 3일이면 전쟁이 끝날 줄 알았는데, 우크라이나가 버티면서 전혀 예상치 못한 방향으로 상황이 전개되고 있다. 러시아 대통령으로 사실상 영구 집권하고 있는 푸틴의 광기에 경악한 지구촌 사람들이 미국의 망명 제안을 뿌리친 젤렌스키 대통령과 함께 결사항전하고 있는 우크라이나를 응원하고 있다.

이번 사태로 우크라이나에 대해 여러 가지를 알게 됐다. 노란색과 하늘색으로 이뤄진 이색 국기를 잊을 수 없을 것이고 러시아어 키예프에서 우크라이나어 키이우로 바뀐 수도 이름도 각인됐다. 영토만 보고 꽤 큰 나라인 줄 알았는데, 막상 인구는 우리나라보다도 적은 4,300만 명에 1인당 국민소득은 3,600달러에 불과한 가난한 나라라는 사실도 알게 됐다(GDP 기준 경제 규모는 우리나라의 10분의 1이 채 안 된다).

그럼에도 우크라이나는 밀, 보리, 옥수수 등 주요 식량 작물 재배지로 지구촌 사람들을 먹여 살리는 데 큰 기여를 하고 있다. 특히 옥수수는 세계 수출 물량의 14%를 차지한다. 밀 역시 세계 7위 생산국으로 상당량을 수출한다(2021년 밀 수출 5위로 8.5%). 세계 3위 생산국이자 1위 수출국(13.1%)인 러시아와 함께 두 나라의 밀 수출량은 전체의 21.6%를 차지한다. 이번 전쟁으로 세계 밀 가격이 급등한 배경이다.

사실 전쟁 전에도 밀 가격은 많이 오른 상태였다. 급격한 기후변화에 따른 고온과 가뭄, 병충해로 2021년 주요 생산지가 흉년을 겪었기 때문이다. 밀은 서늘한 날씨를 좋아하는 작물이다 보니 지구온난화라는 구조적 변화에 취약할 수밖에 없다. 쌀과 밀은 각각 인류가 섭취하는 칼로리의 20%를 맡고 있는데, 한 축이 휘청거리는 셈이다. 참고로 벼(쌀)는 아열대 작물이라 상대적으로 타격이 덜하다.

공교롭게도 우크라이나 전쟁 발발을 전후해 유명 학술지에 밀 위기를 타개하는 길을 찾는 연구 논문이 여러 편 실렸다. 전쟁이 하루빨리 끝나기를 염원하며 이들 연구 결과를 소개한다.

녹색혁명을 이끌었지만...

학술지 『네이처 기후변화』 3월호에는 수확량은 유지하면서도 고온과 가뭄에 견딜 수 있는 유전형을 지닌 신품종의 현장 재배 결과를 소개한 논문이 실렸다.[32] 오늘날 재배되는 빵밀 대다수는 1960년대 녹색혁명을 이끈 반왜성semi-dwarf 밀에서 유래한 품종들이다.

1953년 미국의 농학자 노먼 볼로그는 수확량이 많으면서도 잘 쓰러지지 않는 품종을 개발하던 중에 1935년 일본 농학자가 키 작은 재래종에서 개발한 품종인 '노린農林 10호' 종자를 받았다. 이를 바탕으로 수확량이 많거나 병충해에 강한 품종들과 교배를 통해 얻은 반왜성 밀은 키가 작다 보니 광합성 산물이 식물체 성장보다 낟알로 더 많이 가고 웬만

호주를 비롯해 많은 나라가 고온과 가뭄으로 밀 농사를 망치고 있다. 이를 타개하기 위해 자엽초가 길어 좀 더 깊이 파종할 수 있는 신품종 반왜성 밀(왼쪽)을 개발해 시험 재배한 결과 기존 반왜성 밀을 심었을 때보다 수확량이 20% 더 많았다. 기존 밀은 깊이 심으면 자엽초가 지상으로 나오지 못한다(오른쪽 아래). (제공 『네이처 기후변화』)

한 바람에도 쓰러지지 않았다. 여기에 화학비료가 더해지면서 단위면적당 수확량이 급증했고 덕분에 지구촌의 수억 명이 기아에서 벗어났다.

지난 1999년 학술지 『네이처』에는 반왜성 밀의 '녹색혁명 유전자' 실체를 밝힌 논문이 실렸다.[33] 이에 따르면 반왜성 밀은 지베렐린이라는 식물 성장호르몬의 신호를 전달하는 데 관여하는 유전자에 돌연변이가 일어난 결과다. 그런데 전반적으로 세포가 작아져 키(줄기)뿐 아니라 잎도 작아졌고 싹이 텄을 때 먼저 지상으로 나오는 부분인 자엽초도 짧다. 따라서 반왜성 밀을 파종할 때는 50mm 깊이로 얕게 묻는다.

밀 생산량 10위권인 호주는 기후변화로 꽃이 피고 밀알이 여물 무렵 고온과 가뭄이 잦아지면서 파종 시기를 앞당겨야 할 필요가 생겼다. 이 경우 냉해를 입을 수 있어 씨앗을 좀 더 깊게 심어야 한다. 그런데 기존 반왜성 밀을 이렇게 심으면 땅을 뚫고 나와 자랄 가능성이 낮아진다. 호주의 과학자들은 다른 유전자의 변이로 반왜성을 보이면서도 자엽초 길이는 짧지 않은 신품종을 개발해 현장시험을 했다.

그 결과 120mm 깊이로 심어도 땅을 뚫고 나왔고 어린 시기 더 빨리 자랐다. 그리고 공기가 건조해도 뿌리가 깊어 흙 속의 수분을 머금고 있어 살아 남을 확률이 높았다. 여러 조건에서 실험한 결과 신품종은 연간 강수량이 350~400mm일 때 기존 반왜성 품종에 비해 경쟁력이 특히 높았다. 연구자들은 호주 밀 곡창지대에서 신품종으로 바꾸면 헥타르당 수확량이 3톤에서 3.6톤으로 20% 더 늘어난다고 예상했다. 호주의 밀 재배 면적은 1,310만 헥타르로 800만 톤을 더 수확할 수 있다는 말이다.

녹병 저항성 유전자 실체 밝혀

다른 작물도 그렇지만 밀 역시 각종 병해충에 시달리며 수확량에 큰 손실을 보고 있다. 그런데 재래종이나 가까운 야생종 가운데 특정 병해충에 저항성을 보이는 경우가 있다. 육종학자들은 교배를 통해 기존 품종도 저항성을 갖게 만들기도 하지만 시간이 많이 걸리고 때로는 도입종의 바람직하지 않은 다른 특성을 없애지 못해 실패하기도 한다.

2000년대 들어 작물 게놈 해독 기술이 눈부시게 발전하면서 분자육종이라는 새로운 분야가 뜨고 있다. 즉 게놈을 분석해 저항성을 띠게 하는 유전자를 찾아 그 정보를 바탕으로 품종개량에 들어가는 시간과 비용을 줄이고 성공 확률을 높이는 전략이다.

학술지 『네이처 유전학』 3월호에는 맥류줄녹병에 저항성이 있는 남아프리카의 빵밀 품종인 카리에가Kariega의 게놈을 해독해 저항성 유전자를 찾았다는 연구 결과가 실렸다.[34] 맥류줄녹병은 밀이나 보리의 잎과 줄기에 노란색 줄무늬가 생기며 수확량이 떨어지는 병해로 녹병균의 한 종(학명 *Puccinia striiformis*)이 병원체다. 농약이 있음에도 내성이 생겨 잘 듣지 않으면서 맥류줄녹병 피해가 점점 커지고 있다. 따라서 이 병원체에 저항성이 있는 카리에가의 비밀을 밝힌다면 큰 도움이 될 것이다.

2018년 빵밀 참조 게놈이 완성되면서 이를 바탕으로 훨씬 쉽고 빠르게 다른 품종의 게놈을 해독할 수 있게 됐다. 연구자들은 카리에가의 게놈에서 147억 염기를 해독한 뒤 기존 염색체 연구로 저항성에 관련된 것으로 알려진 부분을 집중적으로 분석했다. 그 결과 2B 염색체에 있는 Yr27 유전자가 결정적인 역할을 한다는 사실을 알아냈다. Yr27은 아미노산 1,072개인 비교적 큰 단백질을 지정하는 유전자로 식물 면역에 관여하는 종류다. 어린 식물체가 녹병균에 노출되면 Yr27 유전자의 발현이 4배 늘어나는 것으로 밝혀졌다.

한편 밀을 괴롭히는 또 다른 질병인 잎녹병 역시 녹병균 종(학명 *Puccinia triticina*)이 병원체다. 밀 가운데는 잎녹병에 저항성을 보이는 품종이 있고 여기에 관여하는 Lr13 유전자의 실체가 2021년 밝혀졌다. 그런데 알고 보니 Yr27은 Lr13과 같은 유전자로 염기서열이 다를 뿐이었다. 그 결과 아미노산 1,072개 가운데 29개가 달랐다. 즉 유전형에 따라 인식하는 병원체의 종류가 다르고 따라서 저항성을 보이는 병해충도 다르다.

남아프리카의 빵밀 품종인 카리에가의 잎은 맥류줄녹병에 저항성을 보인다(왼쪽). 반면 녹병균에 취약한 품종인 아보셋은 잎이 노랗게 떴다(가운데). 아보셋에 카리에가를 교배하자 꽤 저항성을 갖게 됐다(오른쪽). 최근 카리에가 게놈이 해독되면서 저항성 유전자의 실체가 드러났다. (제공 『네이처 유전학』)

이런 정보를 바탕으로 해서 한 유전자가 여러 종의 녹병균에 저항성을 지니게 만들 수 있다면 수확량 손실을 막는 데 큰 도움이 될 것이다.

수확량 손실 없는 변이체의 비밀은?

녹병균 다음으로 밀을 괴롭히는 질병은 흰가루병(백분병)으로 블루메리아라는 곰팡이의 한 종(학명 *Blumeria graminis*)이 병원체다. 블루메리아는 광범위한 식물을 숙주로 삼는 곰팡이로, 지금까지 650여 종이 발견됐고 식물 약 1만 종을 감염시키는 것으로 밝혀졌다. 작물 역시 균주에 따라 밀이나 보리뿐 아니라 딸기, 토마토 등에서 흰가루병을 일으킨다. 식물체를 공격한 블루메리아가 증식해 표면에 하얀 가루처럼 뭉쳐져 있어 이런 병명이 붙었다.

1990년대 흰가루병에 저항성이 있는 보리가 발견돼 mlo 변이체라는 이름을 얻었고 훗날 MLO 유전자의 실체가 밝혀졌다. mlo 변이체는 이 유전자가 고장난 상태였다. 즉 MLO 유전자 때문에 흰가루병에 취약한 것이다. 식물이 왜 자신에게 해로운 유전자를 지니고 있는지 의아할 독자들도 있겠지만, 코로나19 바이러스가 사람 세포 표면의 에이스2ACE2 단백질을 인식해 침투한다는 사실을 떠올려 보자.

바이러스가 침투하라고 ACE2가 있는 게 아니듯이(효소로 나름 기능이 있다), MLO 역시 식물체에서 역할이 있을 것이다. 실제 흰가루병 저항성을 얻기 위해 MLO 유전자가 고장난 작물 육종이 활발히 이뤄졌지만, 수확량이 떨어지는 부작용 때문에 널리 보급되지 못했다. 이런 작물은 노화가 앞당겨져 잎이 빨리 시들고 따라서 열매나 씨에 영양분을 충분히 저장하지 못한다. 따라서 MLO는 식물의 성장과 노화에 관련된 기능을 하는 것으로 보인다.

그런데 MLO 유전자가 고장난 변이체 밀 가운데 하나(Tamlo-R32로

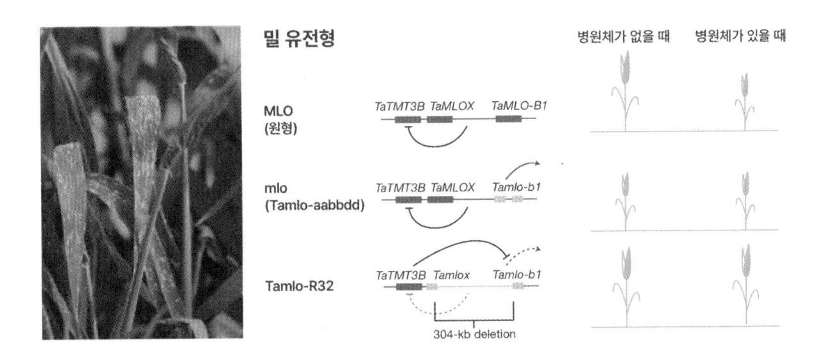

MLO 유전자가 정상인 밀은 평소 잘 자라지만 흰가루병(powdery mildew)에 걸리면(왼쪽) 성장이 저해되고 낟알이 덜 맺힌다(오른쪽 위). 게놈편집으로 MLO 유전자를 고장내면 흰가루병에 저항성이 있지만 노화가 빨라져 수확량이 준다(오른쪽 가운데). 그런데 게놈편집 오류로 MLO 유전자가 고장났을 뿐 아니라 앞쪽 30만 4,000염기(304K)가 결손된 변이체(Tamlo-R32)는 저항성이 있으면서도 제대로 자란다(오른쪽 아래). 분석 결과 DNA 조각이 잘려 나가면서 바로 앞에 있는 TMT3B 유전자가 드러나 발현이 크게 늘면서 부정적 효과를 상쇄한 것으로 보인다. (제공『네이처 식물』)

명명)가 이런 부작용을 보이지 않았다. 따라서 그 이유를 밝히면 밀뿐 아니라 다른 많은 작물에서 수확량 손실 없이 흰가루병에 저항성을 보이는 품종을 개발하는 데 영감을 얻을 수 있을 것이다. 밀 생산량 1위 국가로 전체의 18%를 차지하는 중국(그럼에도 부족해 수입한다)의 과학자들이 이 일을 해내 학술지『네이처』2022년 2월 17일자에 발표했다.[35]

연구자들은 게놈편집 기술을 써서 밀 게놈에 있는 MLO 유전자를 모두 고장낸 변이체를 만들었다. 빵밀은 육배체로 세 종의 게놈이 합쳐지다 보니 MLO 유전자도 세 개가 있어 게놈편집으로 한꺼번에 고장내기로 한 것이다. 그런데 이렇게 얻은 변이체 가운데 하나인 Tamlo-R32가 성장 저해와 수확량 감소라는 부작용을 보이지 않아 그 이유를 들여다봤다.

MLO 유전자 세 개는 각각 5A와 4B, 4D 염색체에 있다. 그런데 Tamlo-R32의 4B 염색체를 보니 MLO 유전자 일부를 포함해 앞쪽에 무려 30만 염기 크기의 DNA 조각이 통째로 빠져 있었다. 아마도 게놈편집 과정의 오류로 보인다.

이처럼 큰 변화가 생긴 영역 주변의 유전자 발현을 분석한 결과 흥미로운 사실이 드러났다. 잘린 부분 바로 앞에 놓인 TMT3B 유전자의 발현량이 크게 늘어난 것이다. 30만 염기 길이의 DNA 조각이 없어지면서 DNA 가닥이 접히는 패턴에 변화가 일어나 TMT3B 유전자 부분이 드러나면서 전사가 활발하게 일어난 결과다.

TMT3B는 포도당이나 과당 같은 단당류를 세포 내 액포로 운반하는 단백질로 보인다. Tamlo-R32에서는 TMT3B가 많이 만들어지면서 영양분이 원활하게 공급돼 MLO 유전자가 고장난 결과로 생기는 노화 가속화의 영향을 상쇄했을 것이다. 연구자들은 흰가루병에 취약한 품종에 Tamlo-R32를 교배해 성장과 수확이 영향을 받지 않으면서도 저항성을 갖게 만드는 데 성공했다. 다만 MLO 유전자 세 개를 모두 바꿔야 하므로 전통 육종법은 시간과 노력이 많이 든다.

따라서 Tamlo-R32와 똑같은 변화가 일어나게(4B 염색체 MLO 유전자 자리 앞쪽에서 30만 염기가 없어지게) 교묘하게 설계한 게놈편집을 시도했고 성공했다. 이번 연구 결과는 밀뿐 아니라 흰가루병에 취약한 여러 작물에 적용할 수 있을 것이다.

01

기장과 조,
지금은 잊힌 조상들의 주식

쌀, 보리, 기장, 조, 콩(대두).

우리 조상들이 주식으로 여겼던 오곡五穀이다. 쌀의 파트너였던 보리와 된장, 간장, 두부의 재료인 콩은 수긍이 가는데 기장과 조는 뜻밖이다. 기장과 조는 낟알이 너무 작아 도무지 주식으로 생각되지 않는다. 오죽하면 좀스러운 사람이나 행위에 조의 낟알인 '좁쌀'이라는 은유를 쓸까. 기장과 조 대신 밀이나 수수 또는 팥이 오곡에 들어가야 어울릴 것 같다. 다만 옥수수는 한반도에 들어온 역사가 짧아 어색하다.

사실 일반인은 기장과 조의 낟알을 구분하지 못할 수도 있는데, 나란히 놓고 비교하면 기장이 조보다 확실히 더 크다. 아무튼 우리 조상들이 둘에 전혀 다른 이름을 붙인 걸 보면 그만큼 두 작물에 관심이 많았던 것 같다. 기장과 조는 한자어처럼 보이지만 둘 다 순우리말이다. 흥미롭게도 영어에서는 둘뿐 아니라 작은 낟알을 지닌 여러 볏과 작물을 아울러 'millet'이라

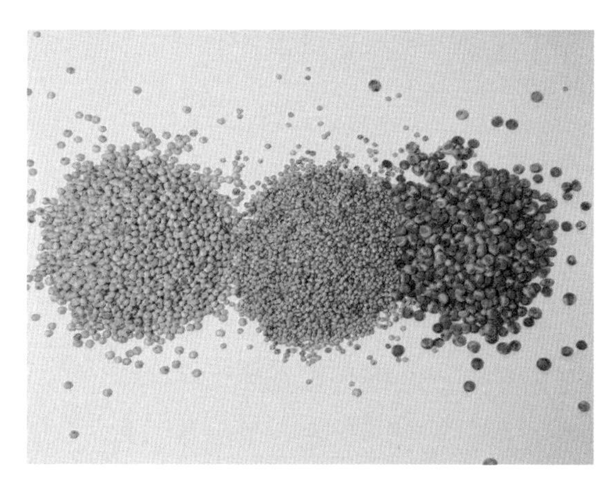

기장의 낟알(왼쪽)은 무척 작아 조(좁쌀, 가운데)로 생각하기 쉽지만, 막상 비교해 보면 꽤 차이가 난다. 기장과 조, 수수(오른쪽)처럼 낟알이 작은 곡물을 한자어로 서곡(黍穀)이라고 부르고 영어로 millet라고 한다(과학 문헌에서는 수수 제외). 우리 조상들은 기장과 조를 쌀, 보리, 콩(대두)과 함께 오곡(五穀)이라 부르며 중시했다. (제공 강석기)

고 부른다. 심지어 수수조차 'great millet'라고 부르기도 하는데, 과학 문헌에서는 포함하지 않는다. 번역가가 영어 원서에서 millet를 만나면 앞뒤 문맥을 파악해서 적당한 번역어를 골라야 할 것이다.

이런 차이는 식량에서 기장과 조의 비중이 달라서였을 것이다. 즉 서아시아와 유럽에서는 지금도 주식인 밀과 보리가 최초의 작물이라 뒤에 들어간 기장과 조의 중요도가 낮았다. 반면 동북아시아에서 처음 작물화된 곡식이 바로 기장과 조다. 앞서 1장에서 벼를 가장 먼저 소개하는 이유 가운데 하나가 '우리의 주식 작물'이기 때문이라고 말했지만, 벼가 주식이 된 것은 수천 년 동안 기장과 조를 주식으로 먹고 난 뒤의 일이다.

이런 역사에도 불구하고 오늘날 식량 작물로서 기장과 조의 비중은 워낙 낮아 연간 생산량이 각각 500만 톤에 불과하다. 쌀과 밀의 1%도 안 되는 양이다. 조의 상당 부분은 새 모이로 쓰인다. 기장과 조에 다른 작은 낟알 곡물millet을 다 합쳐도 연간 생산량은 3,000만 톤이 채 안 된다. 참고로 수수는 6,000만 톤으로 보리에 이어 생산량 5위인 곡물이다. 이런 수수도 약간의 고민 끝에 빼고 대신 사탕수수를 다루는 장에서 살짝 언급하기로 했으니 기장과 조는 처음부터 고려의 대상이 아니었다.

우리 조상이 작물화했을 수도

그런데 작업이 끝나가던 2021년 11월 25일자 학술지 『네이처』에 흥미로운 논문이 실렸다.[36] 한국어가 속한 트랜스유라시아어족transeurasian languages(일명 알타이어족Altaic)의 분화 과정을 재구성한 연구 결과다. 이에 따르면 트랜스유라시아어의 기원은 약 9,000년 전 중국 북부 랴오허강(요하遼河) 서쪽(역사책에서 요서遼西로 불린다) 지역으로 거슬러 올라간다. 그 뒤 사람들이 이주하는 길을 따라 농업이 퍼져나갔고 트랜스유라시아어가 분화해 동남쪽으로는 한국어와 일본어, 동북쪽으로는 퉁구스어, 서북쪽으로는 몽골어, 서쪽으로는 터키어가 생겨났다는 것이다.

연구자들은 언어학과 고고학, 유전학의 데이터를 분석해 이와 같은 결론을 얻었다. 즉 현존하는 98개 트랜스유라시아어에서 기본 단어 254개에 대해 어원이 같은 3,193개 단어들의 관계를 분석한 결과 그 뿌리가 대략 9,000년 전으로 거슬러 올라갔다. 현재 볏과 식물들의 유전자 염기서열을 비교해 종분화 과정을 재구성해 공통조상이 살았던 시기를 추정하는 것과 같은 방법론이다. 한편 약 5,500년 전 트랜스유라시아어에서 한국어/일본어 계열이 분리됐다.

다음은 고고학 데이터로 신석기에서 청동기에 이르는 시기 중국 북부와 연해주, 한반도, 일본에 산재한 255개 유적에서 발견된 작물 화석 가운데 연대가 측정된 269개의 목록이다. 이 가운데 가장 오래된 작물은 약 9,000년 전 재배된 기장으로, 출토된 싱룽구 유적興隆溝遺跡이 바로 요서 지역이다.

초기 트랜스유라시아어를 쓰던 수렵채집인이 요서 지역에서 농부로 정착하면서 처음 재배한 주요 작물이 기장이었을 것이고 이어서 조를 재배했을 것이다. 수천 년 뒤 남쪽에서 벼와 보리, 밀이 유입된 뒤에도 기장과 조는 동북아시아의 주요 작물이었다. 흥미롭게도 한반도에서 발견되는 가장 오래된 기장과 조 낟알은 약 5,500년 전 것이다. 앞서 언어 비교분석에서 한국어/일본어 계열이 분리된 시기와 일치한다. 즉 이 무렵 한반도에는 한국어와 일본어의 공통조상이 되는 언어를 구사하는 사람들이 기장과 조를 주식으로 해서 살았다는 말이다.

이렇게 2,000년이 흐르고 3,500년 전부터 한반도에서 본격적으로 쌀이 출토되기 시작한다. 일본에서는 2,900년 전 무렵부터 쌀이 나온다. 약 8,000년 전 중국 양쯔강 일대에서 작물화된 벼가 수천 년 동안 점차 추운 기후에 적응해 가며 북진해 마침내 한반도에 이른 것이다. 흥미롭게도 이 무렵 언어도 한반도에서는 한국어로 일본에서는 일본어로 분화한 것으로 보인다.

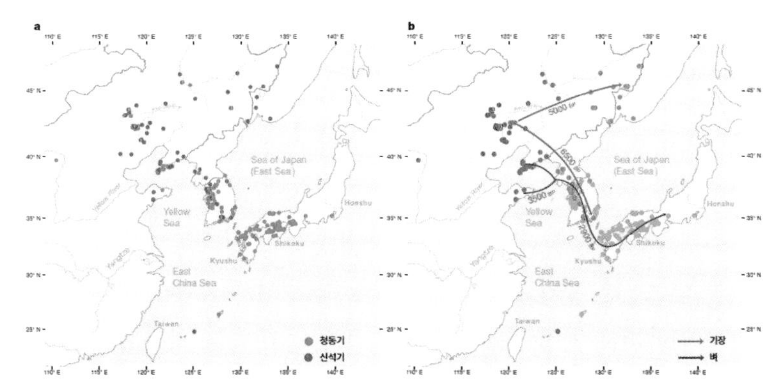

학술지 『네이처』에 실린 논문에 따르면 중국티베트어를 쓰던 사람들이 아니라 한국어/일본어 공통조상 형태인 트랜스유라시아어를 쓰던 사람들이 5,500여 년 전 한반도로 들어오며 기장을 가져왔다. 반면 벼는 3,500여 년 전 중국어를 쓰는 사람들이 한반도에 유입되며 가져온 것으로 보인다. 왼쪽 지도는 신석기시대(빨간색)와 청동기시대(초록색) 유적지 분포를 보여주고 있다. 오른쪽 지도는 유적지에서 발굴된 곡물 증거를 토대로 구성한 기장(빨간 선)과 벼(검은 선)의 유입 경로와 시기다(6,500 BP(년 전)은 5,500 BP의 오타다). 점의 색으로 유적지 문화의 유사성을 나타냈다. (제공 『네이처』)

끝으로 유전학 데이터를 보자. 연구자들은 아무르(흑룡강 유역), 한반도, 일본에서 발굴된 고대인 19명의 게놈을 새로 분석했다. 여기에 이미 발표된 고대인의 게놈 데이터(9,500~300년 전의 요서, 아무르, 황하 유역, 요동, 산동, 연해주, 일본)를 더해 연관성을 분석했다. 과거 이 지역에 살았던 인류는 세 계통, 즉 아무르(북방계), 황하(남방계), 조몬(아이누족)으로 나뉜다. 이들은 각각 트랜스유라시아어족과 중국티베트어족, 아이누어를 쓰던 사람들이다.

동북아시아에서 이들이 만나면서 피가 섞였고 언어에도 영향을 미쳤다. 한국인은 북방계와 남방계의 혼혈이다. 특히 쌀이 들어오던 무렵 중국어를 쓰던 사람들(이들 역시 혼혈이었겠지만)이 많이 유입됐을 것이다. 그럼에도 한반도에서는 토착민의 트랜스유라시아어가 경쟁에서 이겨 오늘날 한국어로 살아 남았다. 한국어는 '주어-목적어-동사' 순서이고 중국어는 '주어-동사-목적어' 순서라 피가 섞이듯이 언어의 구조가 타협할 수는 없다. 대신 중국어는 한국어 어휘에 큰 영향을 미쳤다.

기장과 조가 동북아시아에서 작물화됐다는 건 알고 있었지만 황하 유역의 중국티베트어를 쓰는 사람들, 즉 신석기 시대 중국인들의 조상이 한 일이라고 생각했다. 이들의 후손이 한반도로 건너와 현지의 수렵채집인 또는 야생 작물을 키우던 초보 농부들에게 작물화된 기장과 조를 전해줬을 것이다. 벼와 보리처럼 말이다.

그런데 『네이처』에 실린 논문에 따르면 적어도 기장은 트랜스유라시아어를 쓰는 사람들이 처음 작물화했을지도 모른다. 다만 비슷한 시기 황하 유역에서도 기장이 작물화된 증거가 있어 따로 작물화됐을 가능성도 있다.

콩(대두)의 원산지가 한반도를 포함하고 있다지만 작물화된 콩은 중국에서 들어왔다. 결국 한국인의 직계 조상이 만든 식량 작물은 없다고 생각하고 있었는데 뜻밖에 기장이 나타난 것이다. 이 책에서는 고고학 영역을 다루지 않기로 했지만, 역설적으로 고고학이 포함된 최신 연구 결과가 기장을 위한 장을 더하게 만든 셈이다.

가뭄에 강하고 재배 기간 짧아

기장은 앞의 세 작물과 마찬가지로 볏과 식물이다. 다만 앞의 세 작물과는 거리가 좀 있다. 겉모습을 봐도 앞의 셋과는 꽤 다르다. 볏과는 워낙 커서 과와 속 사이에 아과亞科, subfamily와 족族, tribe을 둬 세분했다. 볏과는 12개 아과로 나누는데, 이 가운데 초기에 갈라진 3개 아과를 뺀 9개 아과를 두 분지군clade으로 묶는다. 아과의 알파벳 머리글자를 따서 BOP 분지군과 PACMAD 분지군으로 부른다.

앞서 세 작물은 BOP 분지군의 일원으로, 벼는 벼아과Oryzoideae이고 보리와 밀은 포아풀아과Pooideae다. 반면 기장은 PACMAD 분지군의 구성원으로 기장아과Panicoideae에 속한다. 기장아과는 다시 12개 족으로 나뉘는데, 기장족Paniceae에 기장과 조가 속하고 나도솔새족Andropogoneae에 옥수수, 수수, 사탕수수가 있다.

BOP 분지군과 PACMAD 분지군은 약 5,300만 년 전 갈라져 독자적으로 진화했다. 이 과정에서 PACMAD 분지군에 속하는 일부 식물들이 놀라운 혁신을 이뤄냈다. 바로 C4 광합성C4 photosynthesis이다. 기장족에서는 기장과 조를 비롯해 많은 종이 C4 광합성 식물이다. 특히 나도솔새족은 1,200여 종 모두 C4 광합성 식물이다. 반면 BOP분지군에 속하는 5,400여 종 가운데 C4 광합성을 하는 종은 하나도 없다. 벼와 보리, 밀은 C3 광합성 식물이다. C4 광합성은 C3 광합성에 비해 공기 중 이산화탄소를 효율적으로 이용할 수 있고 수분 손실이 적어 특히 덥고 건조한 기후에서 유리하다. C4 광합성은 1960년대 사탕수수 광합성 과정

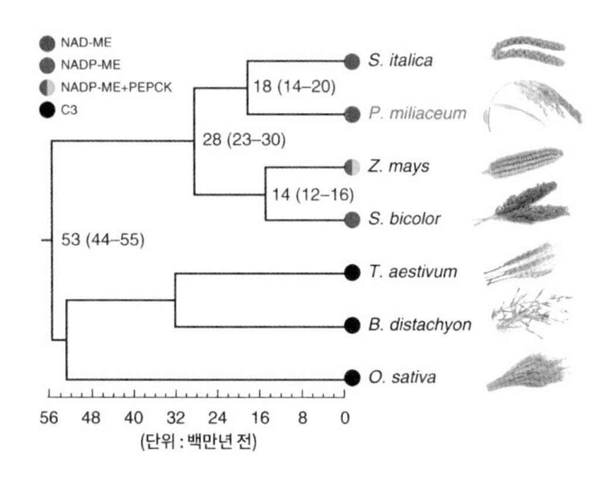

볏과 식물의 계통도로 광합성 유형도 함께 보여주고 있다. 위로부터 조, 기장, 옥수수, 수수, 밀, 야생 잔디, 벼다. 볏과 식물은 약 5,300만 년 전 PACMAD 분지군(위)과 BOP 분지군(아래)으로 갈라졌는데, PACMAD 분지군에서만 C4 광합성(세 경로를 다른 색으로 표시)이 진화했고 BOP 분지군 식물은 모두 C3 광합성(검은색)에 머물렀다. C4 광합성 식물은 더위와 가뭄에 강하다. (제공 『네이처 커뮤니케이션스』)

을 연구하다 발견했다.*

기장은 모든 작물 가운데 물 사용 효율water use efficiency, WUE이 가장 높다. WUE는 사용한 물 단위 당 생체량을 뜻한다. 그리고 재배 기간이 두세 달에 불과해 역시 작물 가운데 가장 짧다. 조 역시 기장만은 못 하지만 가뭄에 강하고 재배 기간도 짧은 편이다. 반면 단위 면적 당 수확량은 조가 기장의 서너 배에 이른다. 동북아시아에서 시간이 지날수록 조의 비중이 커진 이유다.

기장 게놈 해독 논문은 2019년에야 학술지 『네이처 커뮤니케이션스』에 실렸다. 아마도 주요 작물이 아닌데다 게놈 구조도 복잡한 편이라 뒤로 밀린 것 같다. 그런데 공교롭게도 독립적인 연구 결과가 같은 날짜에 발표됐다. 둘 다 중국 연구자들의 작업으로 각각 상하이식물스트레스생물학센터[37]와 중국농업대[38]가 주도했다.

앞서 엠머밀 또는 듀럼밀과 마찬가지로 기장은 이질사배체 식물이

* C4 광합성에 대해서는 18장 사탕수수 게놈에서 자세히 다룬다.

다. 즉 각각 기본염색체(x) 9개로 이뤄진 이배체(2n=2x=18) 두 종 사이에서 생겨난 이배체 잡종에서 전체게놈중복이 일어난 결과다(2n=4x=36). 또는 두 종의 이배체 생식세포가 만나 생겨났을 수도 있다. 이는 감수분열 과정에서 상동염색체처럼 보이는 네 개가 둘씩 따로 짝을 짓는 데서 알 수 있다.

반면 조는 이배체 식물(2n=2x=18)에 게놈 크기도 작은 편이라 해독하기가 쉽다. 그래서인지 기장보다 7년 앞선 2012년에 해독됐다. 한편 millet 가운데 연간 생산량이 1,500만 톤으로 가장 많은 진주조pearl millet의 게놈은 2017년 해독됐다. 여기서는 우리의 관심인 기장과 조만 다룬다. 먼저 게놈이 단순한 조부터 들여다보자.

조의 야생종은 강아지풀

조 역시 동북아시아에서 작물화됐는데, 기장보다는 다소 늦었다는 게 정설이다. 2009년 학술지 『미국립과학원회보』에 실린 논문은 황하 중류 북쪽 츠산 유적지에서 발굴된 기장과 조 낟알 식물석의 연대를 측정한 결과를 담고 있다. 식물석phytolith은 땅에 묻힌 볏과 식물 조직 내부의 규소가 수화물을 만들며 굳어진 미세화석이다. 이에 따르면 기장은 약 1만 년 전, 조는 약 8,700년 전에 작물화된 것으로 나온다.[39]

기장과 조는 분류학 관점에서 가까운 사이임에도 이삭 형태는 꽤 다르다. 기장 이삭(왼쪽)은 벼가 연상되는 반면 조 이삭은 강아지풀이 떠오른다(오른쪽). 실제 약 1만 년 전 신석기 시대 농부들이 강아지풀을 작물화해 조를 만들어냈다. (제공 위키피디아)

그런데 2012년 역시 『미국립과학원회보』에 실린 논문에 따르면 기장과 조 모두 작물화 시기가 약 11,000년 전으로 거슬러 올라간다.[40] 신석기 시대 유적인 베이징 남서쪽 남장두南庄頭, Nanzhuangtou와 서쪽의 동후린东湖林, Donghulin에서 발굴된 평석이나 공이 같은 석기石器에 묻어 있는 곡물의 녹말 과립의 형태를 분석한 결과 야생과 작물이 섞여 있었다. 증거들이 단편적이라 확증할 수는 없지만 이를 종합하면 늦어도 9,000년 전 발해만 주변 지역(북으로는 요서, 남으로는 황하 유역)에서 작물화된 기장과 조를 재배했을 것으로 보인다.

기장과 조는 분류학의 관점에서도 가깝다. 둘 다 기장족 작물로 여러 유전자의 염기서열 비교 결과 약 1,800만 년 전 공통조상에서 기장속*Panicum*과 강아지풀속*Setaria*이 갈라진 것으로 보인다. 강아지풀속은 100여 종으로 이뤄져 있고 조를 비롯한 몇 종이 곡식으로 작물화됐다. 놀랍게도 조의 야생 원종이 바로 우리 주변에도 흔한 강아지풀(학명 *S. viridis*)이다. 사진에서 조의 이삭을 보니 크기가 클 뿐 강아지풀의 이삭과 같은 형태다. 영어 이름에는 이런 관계가 잘 반영돼 있다. 강아지풀은 green foxtail, 조는 foxtail millet다. 강아지풀 이삭을 보고 우리 조상들이 강아지 꼬리를 떠올렸다면 영미권은 여우 꼬리를 연상했으니 재미있다.

2012년 『미국립과학원회보』 논문을 보면 오늘날 중국 북부에 자생하는 강아지풀속 7종의 낟알 녹말 과립 형태와 크기를 비교한 결과가 나온다. 이에 따르면 야생 식물의 녹말 과립은 작고 표면에 골이 나 있다. 반면 작물인 조의 녹말 과립은 크고 표면이 매끄럽다. 강아지풀의 녹말 과립 역시 표면에 골이 보이지만 야생 7종 가운데 가장 크다.

마침 천변 산책로의 강아지풀이 시드는 시기라 혹시나 해서 이삭을 보니 작은 낟알이 꽤 달려 있다. 야생 식물은 탈립성, 즉 씨앗이 여물면 흩어지는 성질이 크다는데 좀 뜻밖이다. 아무튼 이삭 하나를 집으로 가져

강아지풀의 씨앗이 여물면 이삭에서 떨어져 나가는데 겉껍질 아래 까끄라기가 몇 개 붙어 있다. 겉껍질을 벗겨내면 녹회색의 작은 씨앗이 드러난다(빨간 화살표). 오른쪽은 작물 조의 씨앗으로 강아지풀 씨앗보다 '꽤' 크다. (제공 강석기)

와 톡톡 털어 낟알을 떨어뜨린 뒤 바늘로 겉껍질을 벗겨냈다. 놀랍게도 그 안에 녹색 기운이 나는 조처럼 생긴 알곡이 들어 있었다! 크기는 조보다도 작았다. 손톱으로 하나 집어 씹어보니 어릴 적 생쌀을 씹었을 때와 비슷한 느낌이다. 마침 집에 조가 있어 씹어보니 식감이 비슷하다.

아마 옛날 사람들도 강아지풀 이삭에서 낟알을 털어낸 뒤 돌(공이)로 찧어 겉껍질을 벗겨낸 뒤 알곡으로 죽을 쒀 먹지 않았을까. 그러다가 낟알이 많이 열리거나 잘 흩어지지 않는 변이체를 알아보고 씨를 받아 재배하기 시작했고 수천 년에 걸쳐 선별하면서 오늘날 조처럼 생긴 작물로 만들었을 것이다.

2012년에는 조의 게놈 해독을 보고한 논문 두 편이 학술지 『네이처 생명공학』에 나란히 실렸다.[41, 42] 약 5,300만 년 전 공통조상에서 벼 계열과 조 계열이 갈라졌음에도 조 게놈은 벼 게놈과 비슷한 면이 많다. 조 게놈은 4억 9,000만 염기로 작은 편이지만 단백질 지정 유전자는 3만 8,000여 개로 식물에서도 적은 편이 아니다. 벼 게놈은 약 4억 염기로 약간 더 작고 유전자 개수는 비슷하다.

조와 벼의 게놈 구조 역시 꽤 비슷했다. 다만 조의 기본염색체 개수는 9개로 12개인 벼보다 적다. 즉 조의 2번 염색체는 벼의 7번과 9번 염색체가 합쳐진 것이고 조의 9번은 벼의 3번과 10번, 조의 3번은 벼의 5번과 12번 염색체가 합쳐진 결과다. 참고로 벼의 염색체는 볏과 식물 공통조상의 구조를 유지하고 있다.

조 게놈 해독에서 가장 주목할 부분은 C4 광합성 관련 유전자에 대한 분석이다. C4 광합성 진화는 여러 계열에서 독립적으로 일어났기 때문에 생각보다 복잡한 과정은 아닐 것이다. 과학자들이 벼의 게놈을 건드려 C4 식물로 만드는 시도를 하는 이유다. 실제 조 게놈을 분석한 결과 벼에 없는 광합성 관련 유전자는 없었다. 즉 기존 유전자의 기능을 바꿔 새로운 광합성 체계를 구축한 것이다.

연구자들은 이 가운데 CAβ 유전자를 주목했다. 벼의 게놈에는 CAβ 유전자가 하나 있지만 C4 식물인 조와 수수(2009년 게놈이 해독됐다)에는 두 개가 있다. 유전자중복이 일어난 결과다. 흥미롭게도 이 가운데 하나가 C4 광합성의 첫 단계인, 이산화탄소를 탄산으로 바꾸는 반응을 촉매한다. 이런 결과들을 바탕으로 벼나 밀 같은 C3 작물을 C4 작물로 바꾸는 데 성공할 수 있을지 지켜볼 일이다.

동북아시아에는 두 종뿐

기장속은 약 450종으로 이뤄져 있고 이 가운데 기장을 비롯한 3종이 곡식으로 작물화됐다. 아쉽게도 기장의 야생 원종은 아직 발견되지 않았다. 앞서 말했듯이 기장은 이배체 식물 두 종에서 생겨난 이질사배체 식물이다. 이배체 식물인 배추와 양배추 사이에서 사배체 유채가 나온 것과 같은 과정이다. 우장춘 박사가 발견한 '종의 합성'의 또 다른 예다.

유채와는 달리 기장은 조상이 되는 이배체 두 종의 실체는 아직 모르고 있다. 다만 두 서브게놈의 염기서열을 비교한 결과 두 조상은 약 590만 년 전 갈라진 것으로 보인다.

기장 게놈 해독 논문 두 편 가운데 하나는 중국 재래종을, 다른 하나는 육종으로 개발한 재배 품종 롱미4Longmi4을 대상으로 삼았다. 이 가운데 롱미4 게놈을 보면 약 8억 8,780만 염기 크기로 조의 두 배에 가깝고 단백질 지정 유전자는 6만 3,000여 개로 3만 8,000여 개인 조의 두 배에는 약간 못 미친다. 종의 합성으로 사배체 식물이 나온 뒤 진화 과정에서 두 쌍이 된 유전자들 가운데 일부가 사라진 결과로 보인다(기능이 겹치므로). 그럼에도 기장에서 조에 상응하는 유전자의 86%가 여전히 두 쌍으로 존재한다.

약 590만 년 전 두 조상이 갈라진 뒤 어느 시점에서 종의 합성이 일어났을 것이다. 아쉽게도 두 조상 종의 직계 후손이 없어(또는 아직 찾지 못해) 그 시점을 알 수는 없다. 다만 서브게놈이 꽤 온전한 상태라 100만 년이 채 안 된 최근에 종의 합성이 일어났거나 수백만 년 전 사배체가 나온 뒤 두 서브게놈의 염색체 재배열이 천천히 일어난 것으로 보인다.

사배체에서 중복된 유전자의 일부는 새로운 기능을 갖게 진화했고 그 결과 식물의 생존에 유리하게 작용했을 것이다. 예를 들어 C4 광합성은 세 경로가 알려져 있는데, 기장의 게놈을 분석한 결과 이 모두가 작동할 수 있음이 밝혀졌다. 작물 가운데 기장이 물 이용 효율이 가장 높은 데는 이런 배경이 있지 않을까.

종의 합성으로 적응력 높아져

최근 주목받는 기장속 잡초가 있다. 바로 스위치그래스swtichgrass로 큰 개기장이라고도 부른다. 북미 대초원의 핵심종인 스위치그래스는 방목

한 소들이 먹는 초목 사료이기도 하지만 1980년대 중반 재생가능 바이오에너지 작물로 인식돼 연구가 활발하다. 핵심종keystone species이란 생태계에 큰 영향을 미치는 종이다.

식물체를 수확해 세포벽을 이루는 셀룰로오스cellulose를 당으로 분해한 뒤 효모로 발효시키면 바이오에탄올을 얻을 수 있다. 식량 작물이 아니므로 옥수수로 바이오연료를 만드는 것 같은 구조적 문제가 없다. 참고로 잡초는 '있지 말아야 할 곳에서 자라는 풀'로 정의되므로, 스위치그래스가 사료로 쓰일 때 이미 잡초의 범주를 벗어났다.

스위치그래스 역시 C4 식물로 광합성 효율이 높은데다 가뭄에 강하다. 척박한 땅에서도 잘 자라고 온대지역에서 재배할 수 있다. 농약과 비료도 일반 작물에 비해 훨씬 적게 들어간다. 미국 13개 지역에서 시험 재배한 결과, 1헥타르(0.01km^2)에 9.4~22.9톤(평균 14.6톤)의 생체량을 얻었다. 재배 과정에서 투입되는 에너지의 최대 20배를 얻는 셈으로, 작물 가운데 가장 비율이 높다. 스위치그래스 생체량 1톤으로 에탄올 340㎏을 얻을 수 있다. 주로 리그닌로 이뤄진 찌꺼기는 공장에서 땔감으로 쓸 수 있다. 재배에서 에탄올 생산까지 모든 과정을 고려하면 투입한 에너지의 4배를 얻을 수 있다. 반면 옥수수 에탄올은 1.3배에 불과하다.

다만 옥수수의 녹말을 당으로 바꾸는 효소에 비해 스위치그래스의 셀룰로오스를 당으로 바꾸는 효소의 활성이 훨씬 낮아 그만큼 많이 써야 하고 따라서 효소 비용이 20~40배나 들어간다. 지난 10여 년 동안 저유가 시대를 보내며 스위치그래스 바이오에너지 상용화가 미뤄진 이유다. 최근 유가가 급등하고 에너지 위기가 고조되면서 분위기가 바뀌고 있다.

2021년 학술지 『네이처』에는 스위치그래스의 고품질 게놈을 해독

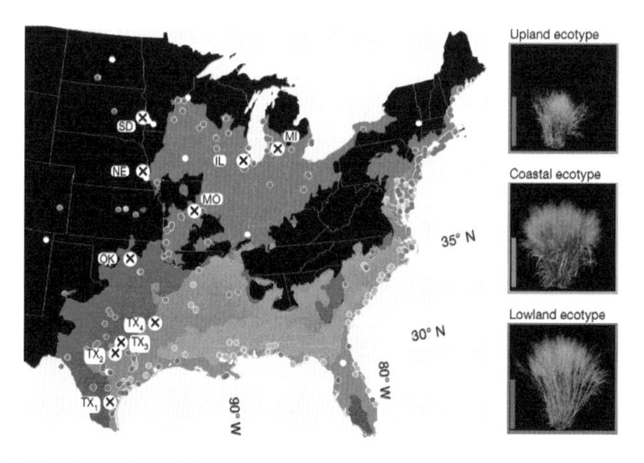

북미 대륙에 널리 분포하는 스위치그래스(큰개기장)가 바이오에너지 작물로 주목받고 있다. 2021년 2월 고품질 게놈이 해독되며 사배체가 다양한 환경에 적응할 수 있었던 배경이라는 사실이 밝혀졌다. 북미에 자생하는 스위치그래스는 크게 세 가지 생태형(ecotype)으로 나뉘는데, 중복된 유전자가 새로운 기능을 획득하며 현지 기후에 적응한 결과다. 각 생태형의 분포 범위를 색으로 표시했다. (제공 『네이처』)

한 결과가 실렸다.[43] 스위치그래스 게놈 역시 기장처럼 이질사배체이지만 기장과는 달리 이배체 조상 가운데 하나는 직계 후손을 밝혔다. 즉 중미와 남미 열대지역에 자생하는 기장속 식물이다(학명 *Panicum rudgeii*). 연구자들은 460만 년 전보다 뒤의 어느 시점에서 사배체 스위치그래스가 생겨난 뒤 북미 온대지역으로 서식지를 넓혀 온 것으로 추정했다. 오늘날 스위치그래스의 서식 범위는 중앙 멕시코에서 캐나다에 이른다.

연구자들은 스위치그래스가 다양한 기후에 적응할 수 있었던 게 사배체 게놈을 지니고 있었기 때문이라고 해석했다. 즉 이배체 두 종의 게놈이 합쳐지며 중복된 유전자 가운데 하나가 저온 적응 같은 새로운 기능을 갖게 진화했다는 것이다. 실제 북미 전역에서 채집한 732개체의 게놈을 비교한 결과 크게 세 가지 유전형으로 나뉘며 저온 적응성에 차이를 보이는 것으로 드러났다.

흥미롭게도 고려인삼 역시 약 220만 년 전 동아시아에 자생하던 인삼속 이배체 두 종 사이에서 종의 합성으로 생겨난 사배체로 중복된 유전자가 저온에 적응하는 새로운 기능을 획득하면서 빙하기에 살아 남아 한반도를 포함한 동북아시아에 자생하게 된 것으로 밝혀졌다.*

논문에 언급은 없지만 내 생각에 기장 역시 이배체 조상들은 열대 또는 아열대 기후인 동아시아 일대에 분포했을 것이다. 그 뒤 빙하기로 동북아시아의 날씨가 추워지자 이배체 대다수는 사라졌지만 추위에 적응한(아마도 중복된 유전자의 변이로) 사배체 기장은 살아 남았다. 오늘날 중국에 자생하는 기장속 식물 20종이 알려져 있는데, 중국 북부에는 기장과 개기장 2종만이 서식한다. 개기장은 작물인 기장과 비슷하게 생긴 잡초다. 참고로 이름에 접두어 '개'가 붙으면 좋은 것이 아니라는 뜻이다.

동북아시아의 사배체 기장은 약 1만 년 전 농부를 만나 오늘의 작물 형태로 서서히 바뀌었을 것이다. 한편 야생 기장은 재배종의 유전자가 유입되며 사라진 것으로 보인다. 실제 중국 북부에 자생하는 야생 기장으로 추정된 식물의 유전자를 분석한 결과 작물에 '오염'된 상태로 밝혀졌다.

국내 재배 다시 늘고 있어

20세기 전반까지만 해도 기장과 특히 조는 중국과 한국의 주식 작물이었다. 그러나 벼농사 기술과 벼 품종 향상으로 쌀수확량이 급증하고 밀을 수입하면서 사람들이 기장과 조, 수수를 외면하자 재배 면적이 급감했다.

그런데 2000년대 들어 이들 세 작물에 대한 관심이 살아나고 있다. 당뇨, 심혈관계질환 등 성인병에 좋은 곡물이라는 인식이 퍼지며 찾는

* 자세한 내용은 24장 인삼 게놈 참조.

사람들이 늘고 있다. 실제 기장과 조, 수수에는 쌀(백미)에 비해 각종 미네랄과 비타민, 피토케미컬이 풍부하게 들어 있다. 특히 기장은 쌀과 궁합이 잘 맞아(기장밥) 수요가 많이 늘었지만, 아직은 국내 생산량이 턱없이 모자라 대부분 수입에 의존하고 있다.

다행히 수년 전부터 제주에서 본격적으로 기장을 재배하기 시작해 2019년 1,257헥타르에서 1,265톤을 생산했다. 이는 전국 재배 면적의 70%에 이르는 넓이다. 기장은 재배 기간이 짧아 무, 양배추, 당근 같은 월동 채소의 사이 작물로 적합하다(이모작). 지난 수년 사이 제주 지역에 적합하고 수확량이 많은 한라찰, 올레찰 등 신품종이 잇달아 개발됐고 시험재배를 거쳐 2023년부터 본격적으로 보급될 계획이다. 한국인의 소울푸드 기장이 많은 가정과 식당의 식탁에 다시 오르기를 바란다.

옥수수,
노벨상을 안겨준 유일한 작물

하지만 왜 다른 작물은 안 심고 옥수수와 콩만 심는가?
"우리는 이곳에서 산업적 음식사슬의 맨 밑바닥에 있어요. 이 땅에서는 대부분 동물에게 먹일 단백질과 에너지(탄수화물)를 생산하고 있죠. 옥수수는 에너지를 생산하는 가장 효율적인 수단이고, 콩은 단백질을 생산하는 가장 효율적인 수단이죠."
– 마이클 폴란, 『잡식동물의 딜레마』

옥수수의 연간 생산량은 11억 6,240만 톤(2020년)으로 각각 7억 6,000만 톤 내외인 쌀과 밀보다 훨씬 많다. 옥수수가 나올 때 몇 번 쪄 먹는 정도인 우리나라 사람들로는 고개를 갸웃할만한 사실이다. 도대체 이 많은 옥수수는 다 어디로 가는 걸까.

옥수수 원산지인 중남미에서는 여전히 옥수수를 주식으로 삼아 많이 먹지만(멕시코인들은 옥수수에서 전체 섭취 칼로리의 40%를 얻는다) 지구촌의 사람들 대다수는 우리처럼 가끔 먹는다. 미국 작가 마이클 폴란은 책 『잡식동물의 딜레마』에서 "옥수수속째로 먹든, 낟알을 먹든, 빵으로 구워 먹든, 토르티야를 해 먹든, 콘칩을 먹든" 옥수수 자체로 먹는 양은 매우 적지만 "우리들 각각은 한 해에 옥수수 1톤을 소비하고 있다"고 썼다. 옥수수 연간 생산량을 세계 인구로 나누면 한 해에 150㎏을 소비하는 꼴이라 '우리'가 미국인을 뜻하더라도 다소 과장으로 보인다. 아무튼 세계 평균을 적용하면 우리는 자신도 모르게 한 해에 옥수수 150㎏을 먹고 있다는 말인데 과연 그럴까.

오늘날 생산되는 옥수수의 절반은 가축 사료로 쓰인다. 즉 우리가 소비하는 옥수수의 절반은 가축을 통해 고기로 바뀌어 식탁에 오른다는 말이다. 또 상당량이 가공식품 원료로 쓰인다. 예를 들어 음료에 들어 있는 액상과당은 십중팔구 옥수수의 녹말을 효소로 분해해 얻은 포도당을 역시 효소의 작용으로 과당으로 바꾼 것이다. 한편 바이오에탄올 원료로 들어가는 옥수수도 점점 늘고 있다. 옥수수보다는 덜하지만 콩(대두)도 소비량이 우리가 콩인지 알고 먹는 양보다 훨씬 많다. 둘은 얼굴을 드러내지 않는 식량 작물인 셈이다.

전이인자 발견

옥수수는 작물 가운데 유일하게 연구자에게 노벨상을 안겨줬다. 어찌 된 셈인지 알프레드 노벨은 생물학상 대신 생리의학상을 만들었고 그 결과 식물학처럼 사람과 직접 관계가 없는 분야는 낄 자리가 없다. 광합성 메커니즘을 밝힌 과학자들이 노벨'화학상'을 받은 이유다.

그런데 식물학자로서 유일하게 바버라 매클린톡Barbara McClintock이 1983년 노벨생리의학상을 받았다. 옥수수 유전학자인 매클린톡은 1940년대 옥수수 염색체에서 전이인자를 발견했는데, 나중에 알고 보니 식물뿐 아니라 사람을 포함한 동물의 게놈에서도 전이인자가 존재하고 건강과 질병에도 영향을 미친다는 사실이 밝혀졌기 때문이다.

전이인자transposable element 또는 transposon는 염색체 곳곳에 자리하고 있는 특정한 염기서열을 지닌 DNA 조각으로 다른 위치로 이동하거나 사본을 만들어 다른 위치에 들어가는 능력을 지니고 있다. 전이인자 자체는 개체의 생존이나 번식에 도움이 되는 어떤 기능을 지니고 있지 않다. 따라서 게놈에 무임승차하고 있는 기생충 같은 존재라고도 볼 수 있다.

전이인자는 크게 두 가지로 나눌 수 있다. 먼저 매클린톡이 발견한 DNA 트랜스포존DNA Transposon으로, 염색체에 박혀 있다가 활성화되면 빠져나가 다른 위치로 옮겨 들어간다. 컴퓨터 워드프로세서 용어로 '잘라 붙이기cut and paste'인 셈이다. 따라서 전이 자체로 전이인자 수가 늘어나는 건 아니다.

다음으로 레트로트랜스포존retrotransposon은 '복사해 붙이기copy and paste' 방식이다. 즉 염색체에 박혀 있는 DNA 조각을 주형으로 해서 RNA 복사본이 만들어지고 이를 주형으로 다시 DNA 복사본이 만들어진다. DNA 주형에서 RNA가 만들어지는 게 전사이므로 RNA 주형에서 DNA가 만들어지는 건 '역전사retrotranscription'라고 부른다. 레트로트랜스포존에서 레트로는 역전사를 뜻한다.

이렇게 만들어진 DNA 조각은 게놈에서 특정한 염기서열을 인식해 그 사이에 끼어 들어간다. 원본 DNA 조각은 그대로 있으므로 레트로트랜스포존이 활성화될 때마다 수가 늘어나고 따라서 게놈도 커진다. 대다수 생물체의 게놈에서 레트로트랜스포존이 차지하는 비율이 DNA 트랜스포존보다 크다.

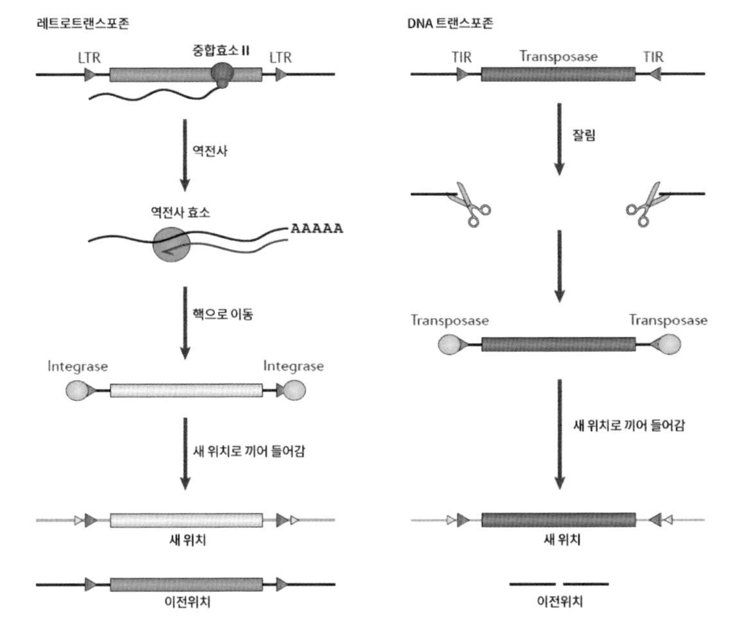

특정한 염기서열을 지닌 DNA 조각으로 게놈에 무임승차하고 있는 기생충 같은 존재인 전이인자는 전이 패턴에 따라 두 종류로 나뉜다. 레트로트랜스포존은 복사본을 만들어 새로운 자리에 끼어 들어가는 '복사해 붙이기' 방식이고(왼쪽), DNA 트랜스포존은 자체가 빠져나와 다른 자리로 끼어 들어가는 '잘라 붙이기' 방식이다(오른쪽). (제공 『네이처 리뷰 유전학』)

게놈에서 전이인자가 차지하는 비율은 식물마다 천차만별이다. 그 결과 게놈 크기도 큰 차이를 보인다. 같은 볏과 작물임에도 보리와 밀 게놈이 벼나 조 게놈보다 열 배 이상 큰 것도 전이인자 때문이다. 식물에 따라 게놈에서 전이인자가 차지하는 비율이 이처럼 다른 이유는 아직 잘 모른다. 다만 어떤 환경의 변화가 전이인자를 활성화시키는 것으로 보인다. 특히 잡종이나 전체게놈중복처럼 게놈에서 큰 변화가 일어났을 때 이런 경향이 크다고 한다.

전이인자는 한동안 게놈에 존재하는 일종의 '기생체'로 여겨졌다. 하는 일도 없으면서 '숙주'인 게놈에 자리하면서 세포분열 과정에서 게놈이 복제될 때 무임승차하기 때문이다. 예를 들어 사람 게놈의 45%를 차지하는 전이인자를 없앨 수 있다면 게놈 크기가 31억 염기에서 17억 염기로 줄어든다.

게다가 전이인자가 자리를 옮기거나(DNA 트랜스포존) 복사본을 끼워 넣을 때(레트로트랜스포존) 자칫 숙주에 치명적인 결과를 초래할 수 있다. 생존에 중요한 유전자 중간에 들어가 유전자를 망가뜨리거나 유전자 발현 조절 영역에 들어가 전사가 안 되거나 지나치게 되게 만들 수 있기 때문이다. 실제 숙주 게놈은 전이인자가 날뛰지 못하게 비활성화하는 메커니즘을 지니고 있고 그 결과 전이인자 대다수는 비활성 상태다.

그럼에도 전이인자의 활동이 숙주에 꼭 나쁜 결과를 가져오는 건 아니다. 드물게는 생존이나 번식에 더 유리한 특성을 갖게 만들 수도 있고 이런 개체가 선택돼 우점종이 되거나 새로운 종으로 분화할 수 있다. 야생 식물의 작물화 과정에서 트랜스포존이 기여한 예도 발견되고 있다. 옥수수에서도 이런 일이 일어났다. 이 얘기를 하기 전에 옥수수의 작물화 과정을 먼저 살펴보자.

야생종은 어디에?

1492년 크리스토퍼 콜럼버스가 이끄는 탐험대는 후추를 비롯한 향신료를 찾아 인도를 목적지로 해서 지구는 둥글다며 서쪽으로 항해를 떠났다. 그러나 그들이 닻을 내린 곳은 바하마와 쿠바였다(이 지역을 서인도 제도라고 부르는 이유다). 콜럼버스는 기대했던 후추를 구하지 못해 크게 실망했지만 대신 현지에서 자라고 있는 몇몇 식물의 견본과 씨앗을 가져갔다. 이 가운데 고추, 담배와 함께 옥수수도 있었다.

그 뒤 옥수수는 불과 백 년도 안 되는 사이에 유럽은 물론 아시아와 아프리카로 퍼져 널리 재배됐다. 재배 조건이 까다롭지 않고 성장도 빨라 밀이나 보리를 재배할 수 없는 척박한 환경에서 대체 작물로 인기가 있었고 자투리땅도 활용할 수 있었다.

1753년 분류학의 아버지 칼 린네는 옥수수에 제아 메이스*Zea mays*라는 학명을 붙여줬다. 속명 제아는 밀의 한 종류를 뜻하는 그리스어 'ζειά'에서 따왔고 종소명 메이스는 옥수수를 뜻하는 스페인어 'maíz'에서 따왔다. 1492년 콜럼버스가 서인도 제도에서 만난 타이노족이 옥수수를 'mahiz'라 부르는 걸 듣고 만든 단어다. 영어에서도 옥수수를 가리키는 단어로 corn과 함께 maize가 쓰인다. 학계에서는 maize를 선호한다.

그런데 식물학자들에게는 옥수수가 실체를 알 수 없는 작물이었다. 분명히 볏과 식물이고 그 가운데서도 수수와 가까운 것 같은데 작물로서 가장 중요한 부위, 즉 낟알이 달리는 이삭의 구조가 너무 독특했기 때문이다. 보통 볏과 식물은 꽃대에서 가지 친 작은이삭 수십 개에 겉껍질에 쌓인 낟알이 몇 개씩 붙어 있다. 반면 옥수수는 속이라고 부르는 커다란 원통형 꽃대에 겉껍질이 없는 낟알 수백 개가 줄을 지어 붙어 있기 때문이다. 도대체 어떻게 이런 구조가 생겨났을까.

옥수수의 작물화 과정은 오랫동안 미스터리였다. 원산지인 중미 일대를 뒤져도 야생형을 찾을 수가 없었기 때문이다. 대신 옥수수와 가까워 보이는 테오신트teosinte라는 식물이 널리 자생하고 있다. 테오신트는 어릴 때 옥수수와 꽤 비슷하지만 자라면서 곁가지가 많이 나고 무엇보다도 이삭 형태가 옥수수보다는 보리나 밀에 더 가까웠다. 즉 겉껍질에 싸인 낟알 10여 개가 꽃대에 지그재그 형태로 달려 있다. 반면 옥수수는 줄기가 곧게 자라 끝에 수꽃이 피고 줄기 중간중간에 암꽃이 피고 낟알 수백 개가 붙어 있는 이삭이 달린다. 낟알은 겉껍질이 없고 대신 잎처럼 생긴 포엽husk 몇 장이 이삭 전체를 감싸고 있다.

테오신트를 처음 발견했을 때는 옥수수와 전혀 닮지 않아 옥수수속

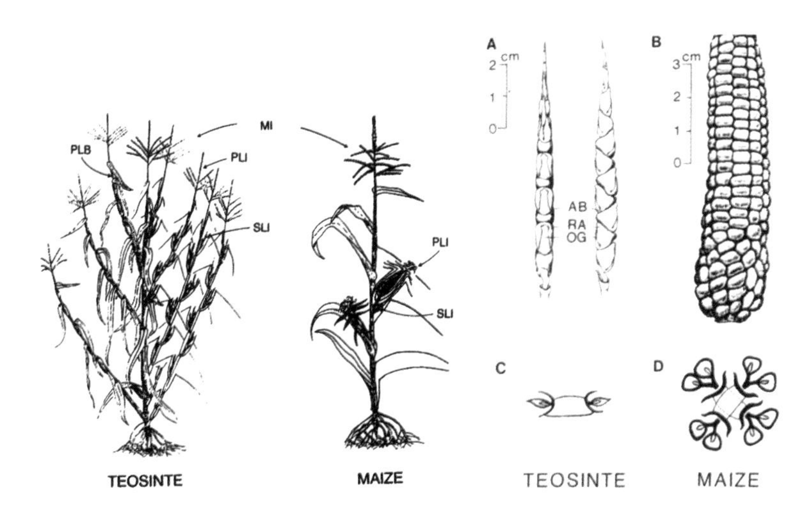

멕시코에 자생하는 발사스 테오신트(왼쪽)는 옥수수(오른쪽)와 생김새가 너무 달라 식물학자들도 오랫동안 옥수수의 조상이라는 생각을 하지 못했다. 특히 이삭의 구조가 꽤 다르다. 그러나 둘은 같은 종의 다른 아종으로 둘 사이에서 생식력이 있는 잡종이 나온다. (제공 『미국립과학원회보』)

으로 보지 않은 것은 물론 그 상위 분류 단위인 나도솔새족에도 포함시키지 않았다. 그러나 20세기 들어 테오신트를 좀 더 면밀히 살펴본 식물학자들은 테오신트를 옥수수속^{Zea}으로 다시 분류했다.

옥수수 작물화 시나리오는 크게 두 가지가 있다. 먼저 이삭이 옥수수와 비슷한 야생 식물이 있었는데 지금은 멸종했다는 가설이다. 기장 같은 몇몇 작물에서도 야생 조상을 찾지 못해 멸종된 것으로 간주하고 있다. 두 번째는 테오신트가 야생 조상이라는 가설이다. 이삭 형태만 보면 도저히 그럴 것 같지 않지만 몇몇 유전자의 변이만으로도 표현형(형태)의 큰 변화가 일어날 수 있다는 것이다. 예를 들어 여러 유전자의 발현을 조절하는 전사인자 유전자에 변이가 생기면 그 파급력이 다방면에 미칠 수 있다. 놀랍게도 테오신트가 옥수수로 바뀌는 과정에서 실제 일어난 일이다.

게놈에서 일부 영역의 염기서열을 비교해 본 결과 테오신트와 작물 옥수수 사이의 차이가 미미했다. 둘은 같은 종의 다른 아종이니 어찌 보면 예상한 결과다. 그렇다면 테오신트를 작물로 거듭나게 한 변이는 무엇일까.

다른 작물들도 작물화의 기원이나 관련 유전자를 밝힌 대표적인 연구자들이 있겠지만 옥수수는 특히 한 사람의 기여가 두드러진다. 바로 미국 위스콘신대의 유전학자 존 도블리John Doebley 교수로, 그의 삶이 '우연과 필연'을 통해 옥수수와 엮이게 되는 과정 자체가 재미있다.[44]

자연을 좋아했던 도블리는 웨스트체스터주립대에서 생물학을 전공했다. 그런데 인류학 수업을 들으며 관심이 바뀌어 인류학으로 전공을 바꿨고 1974년 졸업한 뒤 이스턴뉴멕시코대에서 인류학 석사과정에 들어갔다. 그럼에도 생물학에 대한 애정을 버리지 못했던 도블리는 유전학과 생태학, 영장류학 같은 과목을 함께 들었다. 학위를 받고 1년 동안 미주리대에서 고고학 연구에 참여한 뒤 위스콘신대 인류학 박사과정에 들어갔다.

이제는 인류학 강의는 아예 신청도 하지 않고 생화학, 동물학, 식물학 강의를 들으며 생물학으로 돌아갈 생각을 하고 있던 차에 식물학자인 휴 일티스Hugh Iltis 교수의 부름을 받았다. 테오신트 분류학 연구를 하고 있던 일티스 교수는 공동연구를 하는 인류학과의 학생들이 생물 지식이 너무 없다고 불평했는데, 그렇지 않은 학생도 있다는 얘기를 듣고 한번 만나보기로 한 것이다.

대화를 나눈 뒤 욕심이 생긴 일티스 교수는 자기 밑에 들어와 테오신트 프로젝트에 뛰어들라고 부추겼고 도블리는 식물학으로 전공을 바꿨다. 그 뒤 멕시코 이곳저곳을 누비며 다양한 테오신트를 채집했고 이를 분류한 작업으로 1980년 박사학위를 받았다. 이들은 테오신트를 7가지로 나누고 이 가운데 네 가지는 옥수수속의 별도 종으로 분류했다. 그리고 옥수수와 교배해 잡종이 나오는 세 가지는 옥수수와 같은 종의 아종으로 봤다. 어쩌면 이 셋 가운데 하나가 옥수수의 야생 조상일지 모른다.

그 뒤 도블리는 노스캐롤라이나주립대의 저명한 식물유전학자 메이저 굿맨 교수의 실험실에서 특정 효소를 비교해 테오신트와 옥수수의 관계를 밝히는 연구를 진행했다. 그 결과 옥수수와 같은 종의 아종으로 분류된 테오신트 세 가지 가운데 하나(학명 *Z. mays ssp parviglumis*)가 유전적으로 옥수수와 거의 같음을 밝혀냈다. 이 아종은 멕시코 중부 발사스강 유역에 자생해 발사스 테오신트balsas teocinte로 불린다. 도블리는 이 아종이 옥수수의 야생 조상일 것이라고 가정하고 이를 증명하기 위해 2년 동안 분자유전학 기법을 배웠다.

1984년 텍사스A&M대에 자리를 잡은 도블리 교수는 여러 분자유전학 기법을 써서 발사스 테오신트와 옥수수를 비교한 결과 염색체에서 둘의 표현형(형태) 차이에 관여하는 부분이 다섯 곳에 불과하다는 사실을 발견했다. 몇몇 유전자의 변이로도 테오신트가 옥수수로 바뀔 수 있다는 뜻이다. 도블리는 작물화 관련 유전자를 찾는 연구에 뛰어들었고 1997년 마침내 학술지 『네이처』에 tb1 유전자 발견을 보고했다.[45] 옥수수뿐 아니라 작물에서 처음 밝혀진 작물화 관련 유전자이다.

최초로 밝혀진 작물화 유전자

사실 tb1은 유전자의 실체가 밝혀지기 한참 전인 1950년대 발견된, 테오신트처럼 가지가 많은 옥수수 돌연변이체에 붙인 이름이다. tb1은 teosinte branched1의 약자다. 그런데 테오신트와 옥수수에서 차이를 보이는 다섯 곳 가운데 하나인 1번 염색체 자리를 뒤져보니 바로 tb1 변이체가 나오게 한 유전자가 있었다. 즉 tb1 옥수수는 tb1 유전자에 변이가 일어나 옥수수 식물체 생김새가 테오신트처럼 바뀐 것이다.

tb1 유전자의 염기서열에서 추측한 단백질은 효소가 아니라 여러 유전자의 발현을 조절하는 전사인자로 드러났다. 테오신트와 옥수수의 tb1 유전자를 비교한 결과 뜻밖에도 아미노산 서열은 차이가 없었다. 대신 유전자 발현량이 옥수수에서 2배로 늘었다. 즉 tb1 유전자 발현에 영향을 주는 부분에 변이가 일어나 옥수수에서 tb1 전사인자가 많이 만들어졌고 그 결과 줄기에서 곁가지가 나는 걸 억제해 옥수수의 형태가 나온 것이다.

tb1 유전자의 실체가 밝혀지고 14년이 지난 2011년 도블리 교수팀은 옥수수에서 발현량이 늘어난 이유를 밝힌 논문을 학술지 『네이처 유전학』에 발표했다.[46] 옥수수에서는 tb1 유전자의 아미노산을 지정한 부위에서 위쪽으로 약 6만 염기 떨어진 지점에 홉스코치Hopscotch라고 이름 붙인 4,885염기 크기의 전사인자가 끼어 들어가 있었다. 반면 테오신트의 이 자리에는 홉스코치가 없다. 이 자리에 전이인자가 들어가면서 DNA 가닥의 구조가 바뀌어 유전자 발현이 더 활발하게 일어났다. 즉 전이인자가 인핸서enhancer 역할을 한 것이다. 이래저래 옥수수와 전이인

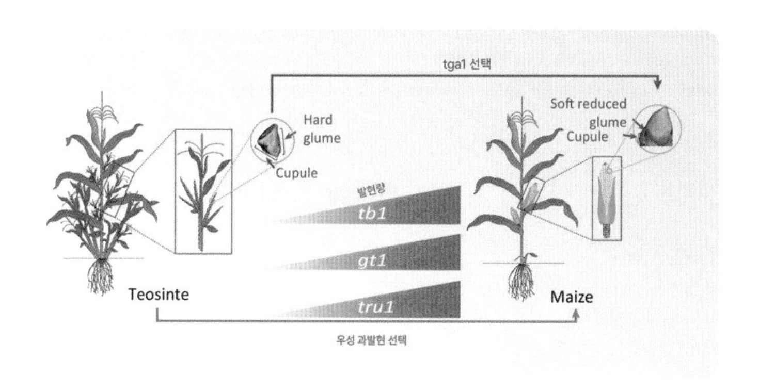

테오신트 1번 염색체의 tb1 유전자 위쪽에 전이인자(Hopscotch)가 끼어 들어가 곁가지가 줄어든 변이체를 재배한 게 옥수수 작물화의 시작으로 보인다. 전이인자로 전사인자인 tb1의 발현량이 많아지자 표적 유전자인 gt1과 tru1의 발현량도 많아져 옥수수 표현형이 나왔다. 한편 tga1 유전자의 변이로 옥수수 낟알에서는 겉껍질(hard glume)이 사라졌다. (제공 『유전학의 경향』)

자는 떼려야 뗄 수 없는 사이인가보다.

연구자들은 1만 년보다 오래전에 테오신트에서 홉스코치가 끼어 들어가는 사건이 일어났고 그 결과 옥수수처럼 곁가지가 거의 없고 이삭이 커진 변이체가 나왔을 것으로 추측했다. 그리고 대략 9,000년 전 이 지역에 살던 사람들이 이 변이체를 발견해 재배하면서 옥수수 작물화 과정이 시작됐다고 추측했다. 즉 전형적인 테오신트를 재배하다가 변이체를 발견한 게 아니라는 말이다.

그 뒤 tb1의 표적이 되는 유전자들도 밝혀졌다. 이 가운데 gt1과 tru1이 옥수수의 곁가지 형성 억제에 중요한 역할을 하는 것으로 밝혀졌다. 즉 tb1 전사인자가 늘어나면서 두 유전자의 발현도 늘어 옥수수 식물체 구조가 나온 것이다.

한편 테오신트의 씨앗은 단단한 겉껍질이 싸고 있지만 옥수수 씨앗은 겉껍질이 없이 노출돼 있다. 찐 옥수수를 그냥 먹을 수 있는 이유다. 1993년 도블리와 동료들은 테오신트와 옥수수 잡종의 형태와 염색체를 분석해 4번 염색체 특정 자리의 차이가 원인임을 알아냈고 이 자리를 tga1이라고 이름 붙였다. 그리고 12년이 지난 2005년 tga1 유전자의 실체를 규명했다. tga1 역시 전사인자로 씨앗의 겉껍질 형성에 관여하는 유전자의 발현을 조절한다. 그런데 옥수수는 tga1 유전자에 변이가 생겨 산물인 전사인자의 6번째 아미노산이 라이신(K)에서 아스파라긴(N)으로 바뀌면서 기능을 제대로 하지 못해 씨앗이 겉껍질이 없는 상태로 여문다.

게놈이 수수보다 3배 큰 이유

1970년대 후반 박사과정 학생으로 시작해 30년이 넘는 기간의 연구를 통해 도블리는 동료들과 옥수수의 기원과 작물화 관련 주요 유전자

변이를 밝혀냈지만, 옥수수 게놈 해독은 이런 소규모 연구팀에서 해낼 수 있는 일이 아니다. 옥수수는 주요 작물이라서 일찌감치 해독 프로젝트가 시작됐고 2009년 11월 학술지 『사이언스』에 게놈 해독 결과가 발표됐다.[47] 뜻밖에도 그보다 열 달 전인 1월 학술지 『네이처』에 수수 게놈 해독 논문이 실렸다. 4장에서 잠깐 언급했듯이 두 작물은 기장아과 나도솔새족에 속하는 가까운 사이로 약 1,400만 년 전 공통조상에서 갈라졌다.

옥수수에 비하면 중요도가 덜한 수수의 게놈이 오히려 먼저 해독된 건 게놈 크기가 작고 구조도 단순하기 때문이다. 수수 게놈은 염색체 10개가 한 세트인 이배체(2n=2x=20)로 7억 3,000만 염기 크기다.* 옥수수 게놈 역시 염색체 10개가 한 세트인 이배체이지만 크기는 23억 염기로 수수의 3배가 넘는다.

불과 1,400만 년 전에 갈라졌음에도(식물 진화의 관점에서) 이런 큰 차이가 난 데는 두 요인이 있다. 먼저 예상할 수 있는 사건으로 옥수수 계열(엄밀히 말하면 테오신트 계열)에서 전이인자가 늘어났다. 같은 계열의 전이인자 염기서열을 비교한 결과 약 600만 년 전부터 300만 년 동안 레스로트랜스포존 복제가 활발했던 것으로 드러났다.

또 다른 요인은 수수 계열과 옥수수 계열이 갈라지고 얼마 안 돼 옥수수 계열(역시 엄밀히 말하면 테오신트 계열)에서 일어난 전체게놈중복으로 두 이배체 종의 게놈이 합쳐져 사배체 신종이 나왔다. 그럼에도 오늘날 옥수수가 사배체가 아니라 이배체인 건 염색체 재배열 과정을 통해 이배체화됐기 때문이다.** 그런데 이 과정에서 우연히도 염색체가 10개로 줄면서 수수와 같아지다 보니 이런 일이 없었던 것처럼 보일 뿐이다.

옥수수 염색체의 DNA 염기서열을 분석해 과거 사배체였던 시절 두

---

* 수수 게놈에 대한 자세한 내용은 23장 사탕수수 게놈 참조.

** 다배수성과 이배체화에 대한 자세한 설명은 3장 밀 게놈 참조.

서브게놈의 조각들을 비교한 결과 500만~1,200만 년 전 사이 어느 시점에서 두 이배체 종에서 종의 합성이 일어난 것으로 보인다. 아마도 둘 사이에 잡종(AB)이 먼저 생겼을 것이고 감수분열 오류 등으로 이질사배체(AABB)가 나와 오늘날 옥수수의 직접 조상이 됐을 것이다.

그 뒤 염색체 재배열 과정에서 DNA 조각을 잃었겠지만, 전이인자의 활동이 이를 만회하고도 남아 오늘날 옥수수 게놈 크기는 23억 염기에 이르게 됐다. 해독한 염기서열 가운데 무려 85%가 전이인자로 밝혀졌다.

한편 2017년 발표된 고품질 게놈 해독 결과에 따르면 옥수수의 단백질 지정 유전자는 3만 9,000여 개로 추정돼 3만 4,000여 개인 수수보다 약간 더 많았지만 두 배에는 한참 못 미쳤다. 사배체가 이배체로 바뀌는 과정에서 중복된 유전자의 상당수가 소실됐음을 알 수 있는 대목이다. 종의 합성으로 사배체가 되며 유전자 대부분이 중복됐지만, 500만~1,200만 년 전이 지난 오늘날 옥수수에서는 유전자의 25%만이 중복된 상태로 존재한다.

잡종 작물 시대 열어

20세기 100년을 거치며 곡물 수확량이 크게 늘었다. 화학비료로 작물의 성장 잠재력을 최대한 끌어올리고 농약을 써서 병충해 손실을 줄인 것과 함께 새로운 품종을 개발한 덕분이다. 특히 옥수수는 단위면적당 수확량이 100년 사이 8배나 늘었다. 여기에는 앞의 요인과 함께 잡종 옥수수를 개발한 것도 큰 역할을 했다. 1920년대 미국에서 잡종 옥수수 재배가 시작된 이래 오늘날 재배되는 옥수수는 대부분 잡종이다. 밀 등 다른 작물에서도 잡종이 개발돼 널리 재배되고 있다.

잡종 옥수수는 '잡종강세hybrid vigor'라는 현상을 이용해 수확량을 늘린 옥수수다. 품종이 다른 암수 사이에서 태어난 잡종의 몇몇 특성이 부모의 중간이 아니라 부모 양쪽보다 더 우세하거나 양쪽의 장점만을 지닌 경우가 종종 나타나 이를 잡종강세라고 부른다. 예를 들어 수확량이 많은 A품종과 병해충 저항성이 큰 B품종 사이에서 나온 1세대 잡종(F1)은 수확량이 A보다 더 많으면서 병해충에도 강한 식이다.

다만 잡종 작물은 재래종이나 순계 품종과 달리 농부들이 해마다 종자회사에서 씨앗을 사서 심어야 한다는 단점이 있다. 잡종 작물에서 열린 씨앗(2세대 잡종(F2))은 먹을거리로는 전혀 문제가 없지만, 감수분열 과정에서 염색체 재조합이 일어나 게놈 조성이 제각각이다. 즉 재배한 잡종 작물에서 얻은 씨앗을 이듬해 심었다가는 농사를 망치게 된다. 종자회사가 씨앗을 매년 팔아먹으려고 일부러 이런 유전적 조작을 했다고 말하는 사람들도 있지만 이는 잡종 작물의 본질적인 문제다.

2009년 게놈 해독에 쓰인 B73은 1972년 아이오와주립대의 농학자 윌버트 루셀 교수가 개발한 순계 품종으로 수확량이 많아 잡종 옥수수 종자

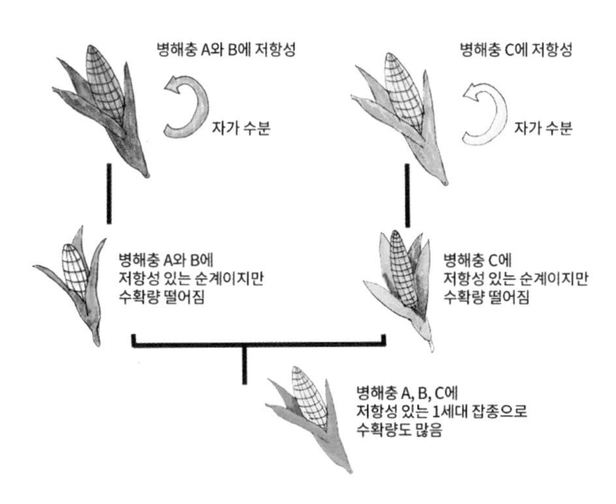

잡종 옥수수는 수확량이나 질병 저항성 등에서 부모보다 뛰어날 수 있는데, 이런 현상을 잡종강세라고 부른다. 예를 두 병해충에 저항성이 있는 옥수수와 다른 한 병해충에 강한 옥수수를 각각 자가수분해 순계를 만든 뒤 이들을 교배해 얻은 1세대 잡종 옥수수는 세 가지 병해충 모두에 저항성을 지닐 수 있다. (제공 『진화생물학』)

를 만드는 모계 옥수수로 널리 쓰이고 있다. 오늘날 세계에서 재배되는 잡종 옥수수의 절반이 B73을 모계로 한다. 파트너(부계)인 순계 품종에 따라 식용, 사료용, 연료용 등 여러 용도의 잡종 옥수수를 얻을 수 있다.

옥수수 다양성의 기원

이처럼 다양한 잡종이 나올 수 있는 건 기존 옥수수 품종 사이에 차이가 크기 때문이다. 즉 생김새나 색깔, 영양성분 비율 등 여러 특성이 꽤 다를 뿐 아니라 좋아하는 재배 환경도 제각각이다. 상업 품종의 조상인 재래종의 다양성은 훨씬 더 커 열대와 온대, 저지대와 고지대 등 여러 환경에서 수많은 재래종 옥수수가 재배되고 있다. 이렇다 보니 옥수수 작물화도 한번 일어난 게 아니라 두 번 이상 일어났다는 가설이 단일 기원설과 맞서왔다.

2002년 도블리 교수팀은 이 논쟁에 마침표를 찍는 연구 결과를 담은 논문을 학술지 『미국립과학원회보』에 발표했다.[48] 멕시코 각지에서 채집한 테오신트 67개 시료(생물자원)와 캐나다에서 칠레에 이르는 아메리카 대륙의 재래종 옥수수 193개 시료의 DNA를 분석한 결과 옥수수는 발사스강 유역 저지대에 자생하는 발사스 테오신트에서 한 차례 작물화됐다는 사실을 밝혀냈다. 대략 9,000년 전 멕시코 중부에서 작물화된 옥수수는 남쪽으로 서서히 퍼져 6,500년 전에는 남미 페루에 이르렀다. 북쪽으로 진출은 다소 늦어 약 4,000년 전 북미 서부에 이르렀고 2,100년 전 북미 동부에서 재배되기 시작했다.

그런데 2016년 학술지 『커런트 바이올로지』에 약 5,300년 전의 옥수수 게놈 일부를 해독한 연구 결과가 발표되면서 작물화 시나리오를 좀 바꿔야 할 필요성이 생겼다.[49] 1960년대 미국의 저명한 고고학자 리처드 맥나이시가 이끄는 발굴팀은 멕시코 푸에블라의 테우아칸 계곡의 동굴을 탐사하던 중 5,300년 전 옥수수속대를 발견했다.

반세기가 지나 덴마크 자연사박물관이 주도한 공동연구팀은 이 속대에서 DNA를 추출해 게놈을 분석했다. 그 결과 뜻밖의 결과를 얻었다. 옥수수가 나온 지 3,000년이 넘었지만 작물화 관련 유전자 가운데 일부는 여전히 테오신트 유형이었던 것이다. 탈립성 관련 유전자인 zagl1이 그런 경우로, 5,300년 전 옥수수 낟알은 여물면 쉽게 떨어졌을 것이다. 즉 옥수수 작물화 과정은 오랜 기간을 거쳐 진행됐다는 말이다. 아마도 기본적인 작물화만 일어난 상태에서 다른 곳으로 퍼졌을 것이다.

2018년 학술지 『사이언스』에는 이를 입증한 연구 결과가 실렸다.[50] 즉 남미의 재래종과 과거 옥수수 유물을 분석한 결과 지역에 따라 추가적인 작물화 과정이 일어났고 그 결과 다양한 재래종이 나왔다는 것이다. 야생 테오신트에서 작물 옥수수가 나온 사건은 한 차례이지만 아직 개선의 여지가 많은 상태에서 중미를 거쳐 남미로 진출했고 서남 아마존 일대에서 상당한 개선이 이뤄졌다는 시나리오다. 북미로 진출한 옥수수 역시 현지 상황에 맞게 좀 더 완성도 높은 작물로 다듬어졌다. 오늘날 다양한 옥수수 품종이 탄생할 수 있었던 배경이다.

폴란의 『잡식동물의 딜레마』를 읽으며 나도 모르게 옥수수에 대해 부정적인 인상을 갖게 됐다. 옥수수 때문에 그 많은 가축을 키울 수 있고

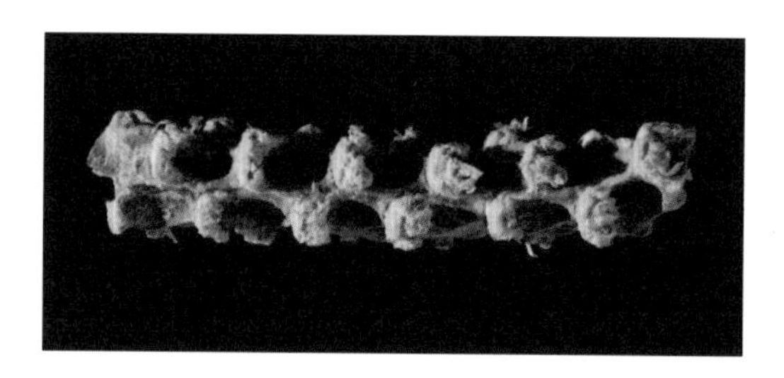

1960년대 멕시코 테우아칸 계곡의 한 동굴에서 발굴한 5,300년 전 옥수수속대에서 DNA를 추출해 게놈을 분석한 결과 작물화 관련 유전자의 일부가 여전히 테오신트 유형인 것으로 드러났다. (제공 『커런트 바이올로지』)

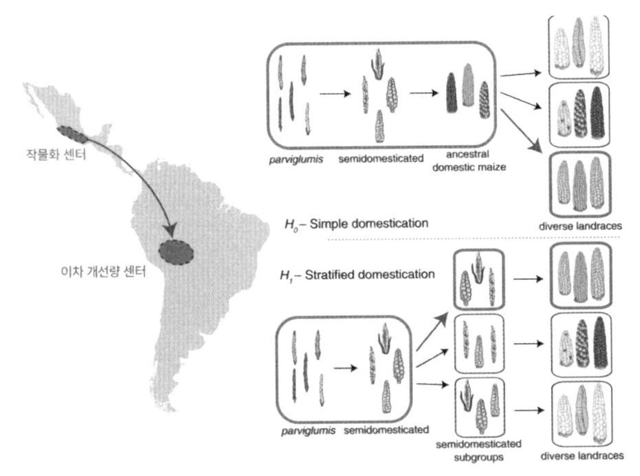

옥수수 작물화 과정은 두 시나리오가 있다. 먼저 중미의 테오신트에서 작물화가 거의 완성된 옥수수가 퍼져 지역 환경에 적응한 다양한 재래종이 나왔다는 '단순 작물화' 가설이 있다(오른쪽 위). 다른 하나는 중미에서 기본적인 작물화만 일어난 옥수수가 퍼져 현지에서 상당히 개선돼 오늘날 재래종이 확립됐다는 '단계별 작물화' 가설이다(오른쪽 아래). 중남미의 재래종과 과거 옥수수 유물을 분석한 결과는 두 번째 가설을 지지하고 있다. (제공 『사이언스』)

그 결과 지나친 육식으로 대사질환이 만연하고 가축의 메탄 배출로 인한 지구온난화가 가속화되고 있기 때문이다. 여기에 옥수수 전분으로 만든 과당 시럽 역시 가공식품에 광범위하게 쓰이며 현대인의 건강을 위협하고 있다.

그러나 이건 옥수수의 탓이 아니라 절제를 모르는 오늘날 인류가 자초한 결과일 뿐이다. 수천 년 동안 메소아메리카*의 사람들은 밀파Milpa라고 부르는, 옥수수와 강낭콩, 호박을 돌려 심는 농사법으로 아시아나 유럽보다 높은 생산성을 자랑했다. 특히 주식인 옥수수는 아시아의 쌀이나 유럽의 밀보다 재배 과정에서 노동력이 훨씬 덜 들어가고 수확량은 훨씬 더 많다. 이 지역에서 마야와 테오티우아칸, 아즈텍 등 화려한 문명이 꽃필 수 있었던 건 옥수수 덕분이라는 말이다.

* 멕시코와 중미를 아우르는 지역이다.

콩,
한반도가 원산지인 식물성 고기

'콩 심은 데 콩 나고 팥 심은 데 팥 난다'는 속담이 있다. 여기서 콩은 대두大豆(학명 *Glycine max*), 즉 메주나 두부를 만드는 종류를 뜻한다. 그래서 대두를 메주콩이라고도 부른다. 콩을 좀 더 포괄적인 의미로 쓸 때, 즉 콩과 식물의 씨앗을 뜻할 때는(한자 豆) 팥도 콩의 한 종류다(검붉은 과피색에서 한자로 赤豆(적두)라고 쓴다).

콩과Fabaceae는 765속, 2만여 종으로 이뤄진 큰 무리로 세계 곳곳에서 여러 종이 작물화됐다.** 이 가운데 대두는 한반도를 포함한 동아시아가 원산지로 단백질과 지방 함량이 높은 게 특징이다. 팥 역시 동아시아가 원산지로 단백질과 함께 탄수화물(녹말) 함량이 높다. 팥은 동부, 녹두綠豆와 함께 동부속*Vigna* 식물이다. 이들은 각자 특유의 풍미와 함께 퍽퍽한 식감이 있어 빵이나 떡의 소로 즐겨 쓰인다. 강낭콩 역시 퍽퍽

** 속씨식물에서 국화과가 1,900여 속 3만 2,000여 종으로 가장 크고 다음이 난초과로 763속 2만 8,000 종에 이른다.

한 식감에서 대두보다 팥이 연상된다. 실제 계통분류에 따르면 강낭콩은 대두보다 팥에 더 가깝다.

곡물의 파트너 작물

세계 여러 지역에서 다양한 콩과 식물이 작물화된 데에는 크게 두 가지 이유가 있다. 먼저 콩은 작물 가운데 단백질 함량이 단연 많다. 수렵채집 대신 농사를 택한 인류는 사냥을 나갈 여유가 없어졌지만 그렇다고 고기를 얻기 위해 가축을 대규모로 키울 수도 없어 육류 섭취가 부족해졌다. 따라서 고기를 대신할 단백질 공급원인 콩이 탄수화물(에너지) 공급원인 곡물(물론 단백질도 약간 들어 있기는 하지만)의 파트너로 함께 작물화된 것이다. 서아시아에서는 밀, 보리와 함께 렌틸콩과 병아리콩이 작물화됐고 동아시아에서는 벼와 대두가, 아메리카에서는 옥수수와 강낭콩이 짝이었다.

다음으로 땅심을 높이는 효과가 있다. 보통 같은 자리에 작물을 반복해 심으면 토양 영양분이 고갈돼 수확량이 떨어지기 마련이다. 그런데

세계 곳곳에서 볏과 식물과 짝을 이뤄 다양한 콩과 식물이 작물화돼 육류를 대신해 단백질을 공급했다. 왼쪽 위부터 시계방향으로 렌틸콩, 병아리콩, 강낭콩, 대두다. (제공 위키피디아)

콩과 작물은 토양미생물과 공생으로 질소고정을 하는 능력이 있고 그 결과 땅을 비옥하게 한다. 따라서 다른 작물과 콩을 번갈아 심으면 땅심을 유지할 수 있다. 이런 농사법을 윤작 또는 돌려짓기라고 한다. 콩의 단백질 함량이 높은 것도 질소 원소가 단백질 구성단위인 아미노산의 뼈대를 이루기 때문이다. 지금까지 여러 콩과 작물 게놈이 해독됐지만 여기서는 콩과 작물 생산량에서 압도적인 1위이면서 원산지에 한반도가 포함된 대두의 게놈을 주로 다룬다.

세계 대두 생산량은 3억 5,300만 톤(2020년)으로 브라질, 미국, 아르헨티나가 1, 2, 3위 생산국이다. 원산지인 중국은 4위지만 생산량은 뚝 떨어져 2,000만 톤에 불과해 1억 톤에 이르는 자국 소비량의 대부분을 수입에 의존하고 있다. 우리나라 역시 사정은 마찬가지로 국산 대두는 수입 대두보다 훨씬 비싸다. 땅이 좁은데다 일찌감치 산업화의 길을 걸은 우리나라야 그렇다 치고 넓은 땅에서 생산량 세계 1위인 작물을 여럿 보유하고 있는 중국은 어찌 된 일인가. 게다가 콩은 동아시아에서 전통적으로 장이나 두부를 만들고 기름을 짜는 작물로 재배돼 오지 않았나.

20세기 중반까지만 해도 중국은 콩을 자급자족했다. 그런데 중국 공산당이 1960년대 대약진운동을 펼치며 그 여파로 농업이 붕괴했고 굶어 죽는 사람들이 속출했다. 정신을 차린 사람들은 식량을 확보하기 위해 밀과 옥수수 재배 면적을 넓혔다. 이 과정에서 단위 면적 당 수확량이 옥수수에 못 미치는 콩이 밀려났다.[51]

1980년대 덩샤오핑이 개방 정책을 펼치며 중국인들의 식생활도 큰 변화가 생겨 육식의 비중이 크게 늘었다. 또 튀김 요리를 즐겨 먹다 보니 식용유가 많이 필요했다. 그 결과 대두 수요가 급증했다. 콩에서 짠 기름은 식용유로 쓰고 남은 찌꺼기인 콩깻묵(단백질과 탄수화물이 풍부하다)은 가축 사료로 쓸 수 있기 때문이다. 이 수요를 충당하려면 엄청난 넓이의 농지가 필요하지만 이미 다른 작물이 차지하고 있고 외국에서 싸게 살 수 있어 결국 수입에 의존하게 됐다.

최근 수년 사이 미국과 관계가 나빠지면서 중국은 대두 수입량을 줄이려고 노력하고 있다. 가축 사료에서 대두 또는 콩깻묵 함량을 낮춰 수요를 줄이고 아울러 양쯔강 유역에 대규모로 대두를 재배할 계획이다.

전체게놈중복 두 차례 일어나

대두 게놈 해독 결과는 2010년 1월 14일자 학술지 『네이처』에 실렸다.[52] 대두 연구의 권위자인 퍼듀대 농학과 스콧 잭슨 교수가 이끈 미국 공동연구자들의 성과다. 목마른 사람이 우물 판다고 대두 게놈에 대한 정보에서 얻을 게 많은 생산 2위 나라인 미국이 나선 것이다. 이들은 수확량이 많아 미국에서 널리 재배하는 품종인 윌리엄스 82[Williams 82]를 분석 대상으로 삼았다. 연구자들은 샷건 방식으로 9억 5,000만 염기를 해독했다. 이는 추정된 대두 게놈 크기인 11억 1,500만 염기의 85%에 해당한다.

게놈 분석 결과 대두 진화 과정에서 두 차례 전체게놈중복이 일어난 것으로 나타났다. 콩과 식물이 등장할 무렵인 약 5,900만 년 전 첫 번째 전체게놈중복이 일어났고, 약 1,300만 년 전 대두의 조상인 초기 콩속[*Glycine*] 식물에서 두 번째 전체게놈중복이 일어났다.

그럼에도 대두는 팔배체 식물이 아니라 이배체 식물이다(2n=2x=40). 전체게놈중복이 일어난 뒤 시간이 많이 지나면서 염색체가 재배열돼 이배체 상태로 돌아갔기 때문이다. 아마도 '이배체 → 사배체(1차 전체게놈중복) → 이배체 → 사배체(2차 전체게놈중복) → 이배체'의 과정을 겪었을 것이다. 그럼에도 두 번째 전체게놈중복은 비교적 최근의 일이라(식물 진화의 관점에서) 게놈에 흔적이 많이 남아 있어 고다배체palaeopolyploid라고 부른다.

실제 4만 6,430개로 추정되는 유전자 가운데 3만 1,264개가 1,300만 년 전 전체게놈중복 결과로 상동유전자, 즉 기원이 같은 유전자를 갖고 있다. 나머지 1만 5,166개는 상동유전자가 없다. 게놈 복제가 일어난 뒤 기능이 겹치는 상동유전자 두 쌍 가운데 하나가 사라진 결과다. 따라서 게놈 복제가 일어나기 전 콩속 식물 조상의 유전자 수는 3만 개 안팎이었을 것으로 추정된다(31,264/2 + 15,166 = 30,798). 유전자가 3만 개 내외인 콩속 식물 두 종 사이에서 가끔 잡종이 나왔고(아마도 불임), 1,300만 년 전 우연히 비정상적인 감수분열로 사배체 식물, 즉 유전자 6만여 개를 지닌 대두의 조상이 태어났을 것이다.

반면 강낭콩이나 팥 계열은 5,900만 년 전 전체게놈중복이 일어난 뒤 추가 전체게놈중복은 일어나지 않았다. 따라서 이들의 염색체 수는 대두의 절반 수준이다(강낭콩은 2n=2x=20, 팥은 2n=2x=22). 지난 2015년 서울대 식물생산과학부 이석하 교수가 주도한 우리나라 공동연구팀은 팥 게놈을 해독해 학술지 『사이언티픽 리포트』에 발표했다.[53]

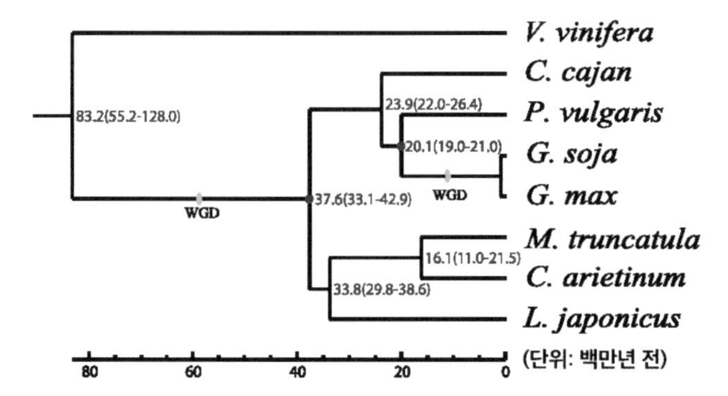

콩과 식물의 계통도로 약 5,900만 년 전 전체게놈중복(WGD, 녹색)이 일어난 뒤 여러 종으로 분화했고 약 1,300만 년 전 콩속(*Glycine*) 계열에서 다시 한번 전체게놈중복이 일어났다. 위에서 두 번째부터 비둘기콩, 강낭콩, 돌콩, 대두, 개자리, 병아리콩, 벌노랑이이다. 맨 위는 콩과 식물과 약 8,300만 년 전에 갈라진 포도(포도과)다. (제공 『BMC 유전체학』)

이에 따르면 팥에서 단백질을 지정하는 유전자 수는 2만 6,857개로 추정된다. 이는 대두 게놈에서 추정한 1,300만 년 전 종의 합성(전체게놈중복)에 참여한 이배체 종의 유전자 수인 3만여 개와 비슷한 수준이다.

작물화 한 차례 일어난 듯

대두는 약 5,000년 전 중국인들이 야생인 돌콩(학명 *Glycine soja*)을 작물화한 것으로 추정된다. 돌콩은 한중일 세 나라와 시베리아 등 동아시아 곳곳에서 자생하고 있다. 돌콩은 크기가 팥알보다도 작고 콩 껍질 색깔도 다양하다. 이처럼 겉모습은 다르지만 돌콩과 대두를 교배할 수 있고 얻은 씨앗(콩)을 심어 자란 잡종 식물체는 씨앗을 맺는다. 염색체 개수가 같은 것은 물론이고 모계와 부계의 상동염색체가 서로를 알아보지 못할 정도로 변하지는 않아 잡종이 생식세포를 만들 때 감수분열을 제대로 했다는 말이다. 학명은 따로 붙였지만 사실 한 종으로도 볼 수 있다.

대두 게놈 해독 논문이 나가고 11개월이 지난 2010년 12월 21일자 학술지 『미국립과학원회보』에 돌콩의 게놈을 해독한 논문이 실렸다.[54] 이석하 교수가 주도한 우리나라 공동 연구팀의 성과다. DNA를 제공한 돌콩은 경기도 용인에서 채집한 종자로, 농촌진흥청 산하 유전자원은행이 제공했다.

"동북아시아가 대두 원산지이지만 특히 한반도의 돌콩이 유전적 다양성이 풍부합니다. 산맥이 많아 지리적 격리가 일어난 결과가 아닐까 생각합니다."

대두 연구의 권위자인 이 교수는 대두 게놈을 해독한 스캇 잭슨 교수에게 연락해 데이터를 받았다. 연구자들은 샷건 방식으로 염기서열을 분석한 뒤 대두 게놈을 참조 게놈으로 해서 데이터를 짜 맞췄다. 그 결과 해독된 돌콩 게놈 9억 3,700만 염기 가운데 97.65%인 9억 1,540만

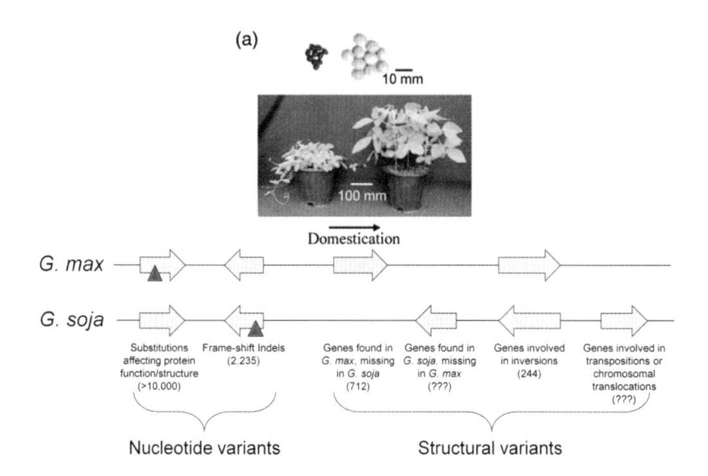

동아시아에서 자생하는 돌콩(위 왼쪽)을 작물화한 게 대두(위 오른쪽)이다. 식물 형태나 콩의 무게와 색 등 차이가 커 보이지만 교배가 되고 생식력이 있는 자손이 나와 사실상 같은 종으로 볼 수 있다. 각각 2010년 해독된 대두(*G. max*)와 돌콩(*G. soja*)의 게놈을 비교한 결과 염기 변이(nucleotide varients, 빨간 삼각형)만 따지면 0.31%가 달랐고 구조변이(structural variants)까지 포함하면 4.3%가 달랐다. 개별 유전자를 화살표로 나타냈다. (제공 『DNA 연구』/『미국립과학원회보』)

염기의 자리를 지정할 수 있었다.

대두 게놈과 비교하자 DNA 서열에서 염기 하나가 바뀐 단일염기다형성이 250만 개에 이르렀고 염기 1~35개 길이의 작은 조각이 들어가거나 빠진 자리[indel]가 19만 곳에 이르렀다. 그 결과 돌콩 게놈과 대두 게놈의 0.31%가 서로 일치하지 않았다. 이는 자포니카 벼와 인디카 벼의 차이보다도 적은 값이다. 사실상 둘은 같은 종이라는 말이다.

한편 이보다 더 큰 구조변이[structural variation]도 존재해 염기 100개에서 10만 개 길이 범위의 큰 조각이 들어가거나 빠진 자리가 각각 수천 곳에 이르렀고 순서가 뒤바뀐 자리도 200곳에 가까웠다. 이 모두를 반영하면 서로 일치하지 않는 부분이 4,000만 염기가 넘어 참조 게놈 크기의 4.3%에 이른다.

SNP 데이터를 분석해 둘이 갈라진 시점을 추정한 결과 27만 년 전인 것으로 나타났다. 대두 작물화 시기는 아무리 길게 잡아도 9,000년이므로 말이 안 되는 것 같다. 그러나 돌콩은 종이 확립된 뒤 수십만 년 또는 수백만 년에 걸쳐 동아시아에 퍼져 각 지역의 환경에 맞게 진화했을 것이다. 이 가운데 한두 곳에서 작물화가 일어났다면 대두는 다른 지역의 돌콩과 유전적 거리가 꽤 될 수 있다. 게놈 해독에 쓰인 우리나라 야생 돌콩 계열은 대두의 직접 조상이 아니라는 말이다.

5년이 지난 2015년 학술지 『네이처 생명공학』에는 대두 작물화에 대한 좀 더 명쾌한 그림을 그릴 수 있는 연구 결과가 실렸다.[55] 중국과학원 유전학·발생생물학연구소가 주축이 된 공동연구자들은 동아시아 각지에서 채집한 야생 돌콩 62가지와 재래종(토종) 대두 130가지, 현대 품종 대두 110가지의 게놈을 해독해 SNP를 비교분석했다.

그 결과 유전적 다양성은 돌콩이 가장 큰 것으로 나타났고 재래종과 특히 현대 품종 대두에서 크게 줄었다. 흥미롭게도 돌콩 가운데 일부가 작물 대두의 변이 범위와 겹쳤다. 이는 과거 한 지점에서 한 차례 작물화가 일어났음을 시사한다. 연구자들이 이 일이 약 5,000년 전 중국에서 일어난 뒤 작물화된 대두가 서서히 퍼져 2,000년 전에는 한반도와 일본까지 흘러 들어간 것으로 추측했다. 한반도 재래종 대두조차 한반도에 자생하는 돌콩이 작물화된 게 아니라는 말이다.

돌콩이 대두로 작물화되는 과정에서 씨앗(콩) 무게 증가, 꼬투리 열개裂開(터져 벌어짐) 억제, 지방 함량 증가 등 작물로서 바람직한 방향으로 여러 특징(표현형)이 바뀌었다. 연구자들은 게놈 비교분석을 통해 이런 변화를 가져온 유전자 변이를 여러 곳 찾아냈다. 예를 들어 씨앗 무게가 늘어난 건 17번 염색체의 qSW 자리와, 지방 함량 증가는 3번과 13번 염색체의 자리와 관련된 것으로 나타났다. 이곳에 존재하는 여러 유전자를 비교 분석하면 작물로서 바람직한 표현형이 나오게 된 메커니즘을 밝혀낼 수 있을 것이다.

오늘날 대규모로 재배되는 대두 품종들 사이에는 유전적 다양성이 크지 않아 이들만 갖고 육종을 하면 수확량이나 스트레스 저항성을 크게 개선한 품종을 개발하기가 어렵다. 야생 돌콩과 재래종 대두의 게놈 해독이 필요한 이유다. 즉 작물화 과정에서 잃어버린 유전자나 재래종이 각 지역에 적응하는 데 도움이 된 유전자를 밝혀 급격한 기후변화에서 살아 남아 높은 생산성을 유지할 수 있는 새로운 품종을 개발한다는 계획이다.

최초로 상업화된 게놈편집작물

대두하면 떠오르는 것 가운데 하나가 유전자변형생물genetically modified organism, GMO이다. 실제 1996년 GMO 대두가 시장에 나오면서 본격적인 유전자변형작물의 시대를 열었다. 농업회사 몬산토는 대두 게놈에 제초제인 글라이포세이트에 저항성이 있는 박테리아의 유전자를 넣은 대두를 만들어 '라운드업레디Roundup Ready'라는 이름을 붙였다. 그 뒤 라운드업레디 대두는 GMO를 상징하는 작물이 됐다. 다만 작물 가운데 최초의 GMO는 대두가 아니라 토마토다.*

23년이 지난 2019년 게놈편집이라는 새로운 생명과학기술이 적용된 대두가 나왔다. 미국의 생명공학회사 칼릭스트가 만든 고올레산 대두로, 소위 게놈편집생물genome edited organism, GEO로는 최초의 작물이다.

분자생물학 기법으로 생물 게놈을 건드린다는 건 마찬가지라 GEO를 GMO의 하나로 보는 시각도 있지만(유럽과 한국), 부분집합이 아니라 별개의 범주로 보는 시각도 있다(미국과 일본). 기존 GMO는 외부에서 유전자를 도입하는 방식이지만(라운드업레디 대두처럼 다른 종의 유전자인 경우가 대부분이다) GEO는 생물이 원래 지니고 있는 유전자에 변이를 일으켜 활성(발현)을 조절하기 때문이다. 즉 전자는 자연에

* 자세한 내용은 토마토 게놈을 다룬 9장에 나온다.

서 일어날 수 없는 조작이지만 후자는 원리상 가능한 변화다.

칼릭스트의 과학자들은 2세대 게놈편집기술인 탈렌Talen으로 지방산 합성에 관여하는 유전자 세 개가 작동을 하지 않는 대두를 만들었다. 탈렌은 표적 염기서열에 따라 편집 단백질 구조를 바꿔야 하는 꽤 까다로운 기술이라 널리 쓰이지는 않지만 정밀도가 높다는 장점이 있다. 반면 3세대 게놈편집 기술인 크리스퍼는 상보적인 RNA 서열만 바꿔주면 돼 널리 쓰이고 있다.

대두는 지방 함량이 20%나 돼 다른 콩류에 비해 꽤 높다. 식용유로 콩(대두)기름이 널리 쓰이는 이유다. 속씨식물의 모델인 애기장대의 게놈을 분석한 결과 지질* 대사 관련 유전자가 614개로 추정됐다. 이들 유전자 서열로 대두 게놈 데이터를 살펴본 결과 지질 유전자가 1,127개로 추정됐다. 애기장대에는 없는 유형의 유전자도 있을 것이므로 실제는 더 많은 유전자가 지질 대사에 관여할 것이다.

콩기름은 가장 널리 쓰이는 식용유이지만 이중결합이 두 곳 이상인 다중불포화지방산 함량이 높아 산패가 잘 된다. 따라서 부분 수소화반응을 통해 불포화도를 낮추지만 이 과정에서 몸에 해로운 트랜스지방이 생긴다. 2015년 미국 식품의약국FDA은 부분 수소화 기름을 '일반적으로 안전하다고 인식되는GRAS' 식품목록에서 빼기로 결정한 바 있다.

콩에서 지방산이 만들어지는 과정을 보면 먼저 포화지방산인 스테아르산이 만들어지고 이중결합이 하나씩 늘어나면서 단일불포화지방산인 올레산과 다중불포화지방산인 리놀레산(이중결합 2개)과 리놀렌산(이중결합 3개)이 만들어진다. 대두 게놈에는 각각의 반응을 촉매하는 효소들의 유전자가 있다. 그 결과 콩기름 조성을 보면 다중불포화지방산의 비율이 60%가 넘는다.

* 지질(lipid)은 고체 상태인 지방(fat)과 액체 상태인 기름(oil)을 포괄하는 용어다.

칼릭스트의 과학자들은 탈렌 기술로 올레산을 리놀레산으로 바꾸는 효소인 FAD2와 리놀레산을 리놀렌산으로 바꾸는 효소인 FAD3의 유전자를 고장내 올리브유처럼 올레산 함량이 높은 콩기름을 만들기로 했다. 실제 이들 유전자가 고장난 식물이 만든 콩에서 짠 기름의 조성을 보면 올레산이 82%이고 리놀레산과 리놀렌산은 각각 3%에 불과하다.

게놈편집 고올레산 대두에서 짜낸 '칼리노오일Calyno oil'은 기존 콩기름에 비해 튀김을 할 수 있는 시간이 세 배나 된다. 또 튀긴 음식의 보관기간도 더 길다. 불포화지방산 함량이 낮아 기름이 산패되는 속도가 느리기 때문이다.

앞서 언급했듯이 원리상 GEO는 자연계에서도 생겨날 수 있다. 실제 작물화 관련 변이의 다수가 특정 유전자의 발현량 변화나 아미노산이 바뀌며 기능이 달라진 결과다. 그러나 고올레산 대두처럼 한 회로에 있는 유전자 여러 개가 기능을 잃는 변이체가 생길 확률은 거의 없다.

작물의 게놈이 해독되고 아울러 한 작물에서도 야생형, 재래종, 현대 재배종 등 여러 개체의 게놈이 해독돼 비교할 수 있게 됨에 따라 앞으로는 직접 교배를 하지 않아도 게놈편집으로 원하는 특성을 지닌 작물, 즉 GEO를 만들 수 있을 것이다.

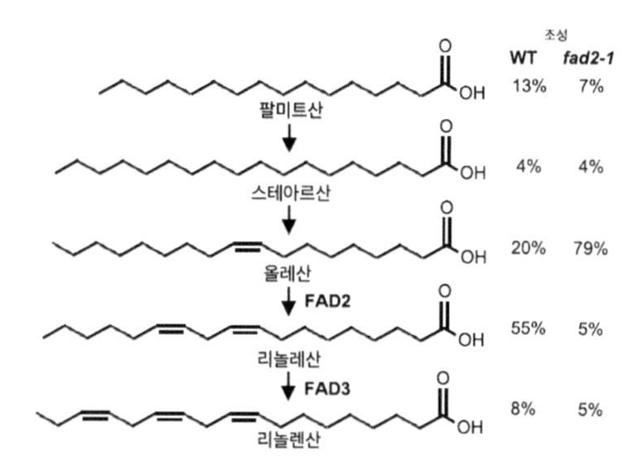

미국 칼릭스트는 2019년 세계 최초로 게놈편집 고올레산 대두를 시장에 내놓았다. 연구자들은 지방산 생합성 유전자 가운데 올레산을 리놀레산으로 바꾸는 효소인 FAD2와 리놀레산을 리놀렌산으로 바꾸는 효소인 FAD3를 고장내 올레산 함량이 높은 기름을 얻는 데 성공했다. (제공 『BMC 식물생물학』)

질소고정 공생은 어떻게 시작됐을까

대두를 비롯한 콩과 작물은 질소고정을 하는 능력이 있다는 점에서 다른 작물들과 차별화가 된다. 그만큼 질소비료를 덜 써도 된다는 뜻이다. 대기의 조성을 보면 질소 분자(N_2)가 79%나 되지만 워낙 안정한 분자라서 식물이 이용할 수 없다. 대신 토양에 녹아 있는 암모늄(NH_4^+)이나 질산염(NO_3^-)형태로 질소를 흡수한다. 대기의 질소 분자를 이런 화합물의 형태로 바꾸는 과정을 질소고정이라고 부른다.

자연계에서 연간 1억 9,000만 톤의 질소가 고정되는데, 이 가운데 10%만이 번개나 광화학반응 같은 비생물적 반응으로 만들어진다. 나머지 90%는 생물적 질소고정, 즉 질소고정 박테리아가 만든 것이다.[56] 그리고 100여 년 전 독일의 화학자들이 개발한 암모니아합성법으로 매년 1억 2,000만 톤의 질소가 암모니아(NH_3)로 고정되고 대부분이 비료를 만드는 데 쓰인다. 암모니아 합성에 인류가 쓰는 에너지의 2%가 들어간다.

질소고정 박테리아는 토양에서 독립생활을 할 수 있다. 주변에 콩과 식물이 없어도 자연계에서 식물들이 그럭저럭 살아가는 이유다. 그럼에도 토양이 척박해 질소고정 미생물이 제대로 활동하지 못하면 질소화합물이 부족하고 그 결과 식물이 제대로 자라지 못하는 악순환에 빠질 수 있다.

그런데 속씨식물의 진화 과정에서 대략 1억 년 전 몇몇 식물이 질소고정 박테리아와 공생하는 길을 찾았고 그 결과 척박한 환경에서 생존에 유리한 지점에 올라섰다. 물론 식물도 거저먹는 건 아니고 박테리아를 위해 뿌리조직까지 변형시켜 미생물의 집이라고 할 수 있는 뿌리혹을 줄줄 달고 있고 그 안에 사는 박테리아에게 지상부의 잎이 광합성으로 만든 영양분을 운송해 공급한다. 식물과 박테리아 사이에 탄소화합

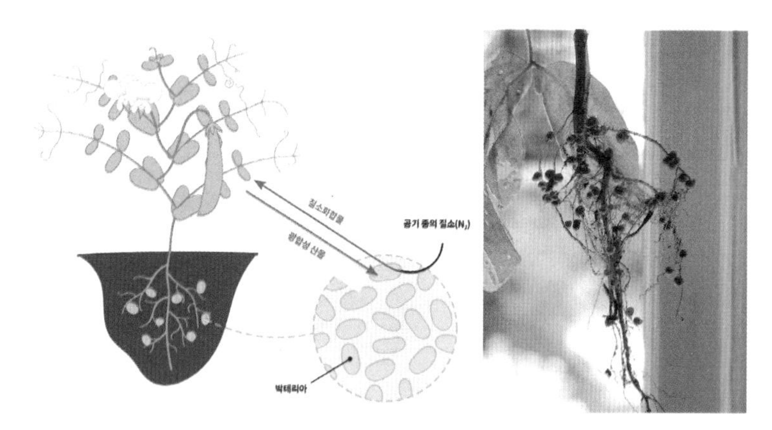

콩과 식물 대다수는 질소고정 박테리아아 공생해 질소를 안정적으로 공급받고 그 대가로 광합성 산물을 제공한다. 왼쪽은 둘의 공생관계를 보여주는 그림이고 오른쪽은 대두의 뿌리로 뿌리혹이 보인다. (제공 위키피디아)

물과 질소화합물을 물물교환하는 셈이다.

때로 콩과 식물만이 질소고정 능력이 있는 것처럼 서술되고 있는데, 실제로는 10개 과의 식물들이 질소고정 능력이 있다. 다만 콩과 식물은 종이 워낙 많고 구성원 대다수가 질소고정 능력이 있지만, 나머지 9개 과는 일부 속의 종들에서만 질소고정이 일어난다. 공생하는 질소고정 박테리아의 종류도 다른데, 콩과와 삼과(장미목) 식물은 그램음성균인 리조비아rhizobia이고 나머지 8개 과는 그램양성균인 프란키아Frankia다.* 아무튼 380여 과로 이뤄진 속씨식물 가운데 10개 과에서만 질소고정을 할 수 있는 식물이 존재하므로 여전히 예외적인 능력인 셈이다.

1995년 학술지 『미국립과학원회보』에는 이와 관련해 흥미로운 통찰을 제공하는 논문이 실렸다.[57] 질소고정을 하는 10개 과는 4개 목目, order, 즉 콩목과 장미목, 박목, 참나무목에 속하는데, 속씨식물의 염색체 유전자 서열을 비교해 계통도를 작성한 결과 이들 4개 목이 하나로

* 박테리아는 세포벽의 조성에 따라 자색 색소로 염색한 뒤 알코올 처리로 탈색이 되는 그램음성균과 색을 유지하는 그램양성균으로 나뉜다.

묶이는 것으로 나타났다. 즉 대략 1억 년 전 이들의 공통조상 게놈에서 질소고정 박테리아와 공생할 잠재력이 있는 유전자 네트워크가 만들어졌다는 뜻이다. 그렇다면 여기서 어떻게 오늘날 질소고정 식물이 나왔을까.

가장 간단한 설명은 공통조상에서 질소고정 능력을 획득하는 사건이 한 차례 일어났고 그 뒤 4개 목으로 나뉘고 여러 과로 세분되는 과정에서 대다수가 이 능력을 상실하고 10개 과의 일부 종들만이 여전히 지니고 있다는 가설이다. 앞서 언급했듯이 질소고정 박테리아와의 공생은 물물교환이므로 토양의 질소화합물이 부족하지 않은 환경이 계속되면 공생 능력을 잃는 쪽으로 진화가 일어날 수 있다. 영장류가 비타민C가 풍부한 열매를 주식으로 삼으면서 체내에서 비타민C를 합성하는 능력을 잃어버린 것과 마찬가지다. 반면 공통조상에서 분화하는 과정에서 최대 16차례 독립적으로 질소고정 능력을 획득했다는 가설도 있다. C4 광합성 진화와 비슷한 패턴이다. 아마도 진실은 두 극단의 중간 어디쯤에 있을 것이다.

대두 게놈 분석 결과 질소고정에 관여하는 유전자는 52개이고 이 가운데 32개는 상동유전자 짝이 있었다. 즉 1,300만 년 전 전체게놈중복으로 관련 유전자 36개가 72개로 두 배가 됐고 그 뒤 20개는 사라진 결과라는 시나리오가 가능하다. 물론 실제 진화 과정은 알 수 없다. 아무튼 두 번째 전체게놈중복으로 콩속 종들은 다른 속의 콩과 식물들보다 질소고정 관여 유전자 수도 더 많고 따라서 효율도 좀 더 높을 것이다.

뜻밖에도 질소고정 관련 유전자 대다수가 질소고정 능력이 없는 속씨식물의 게놈에도 존재한다. 즉 앞서 4개 목의 공통조상 식물에서 질소고정을 위해 새로운 유전자들이 만들어진 게 아니라 기존에 존재하는 유전자들이 새로운 기능을 갖거나 새로운 네트워크를 이뤄 질소고정 박테리아와 공생할 수 있게 진화한 것이다. 이 역시 C4 광합성과 비슷한 패턴이다.

지난 2019년 학술지 『사이언스』에는 콩과 식물 뿌리혹의 진화적 기원을 유전자 네트워크 차원에서 밝힌 연구 결과가 실렸다.[58] 토양에 질소화합물이 충분하면 콩과 식물도 굳이 뿌리혹을 만들지 않는다. 이들과 공생관계를 맺는 박테리아인 리조비아rhizobia도 토양에서 혼자 살 수 있다.

그런데 질소화합물이 부족해지면 식물 뿌리에서 유인물질을 내보내고 이를 감지한 리조비아가 이동해 뿌리털에 감염한 뒤 노드 인자Nod factor를 내보내 뿌리털에서 뿌리 피질세포로 이어지는 관인 감염사infection thread를 만들게 하고 피질세포의 일부가 분열해 혹원기nodule primordium를 만들게 유도한다. 감염사를 따라 이동해 혹원기를 이루는 세포의 내부로 들어간 리조비아는 일종의 세포소기관으로 자리잡고 질소 분자를 암모늄으로 바꾼다. 혹원기가 커지면서 뿌리혹root nodule이 된다.

뿌리혹이 형성되는 과정 초기에 관여하는 중요한 유전자로 NIN이 있다. 뿌리털에 감염한 리조비아가 내보낸 노드 인자는 뿌리에서 식물

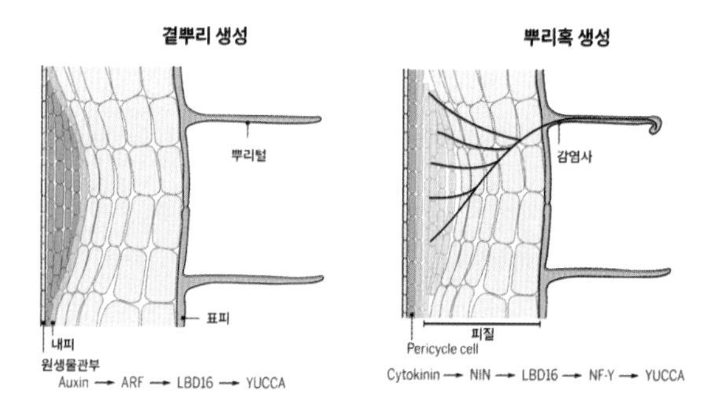

콩과 식물의 질소고정 진화는 관련 유전자들이 새로 만들어진 게 아니라 기존 유전자들의 변이로 새로운 유전자 네트워크가 만들어진 결과다. 예를 들어 LBD16은 원래 호르몬 옥신(auxin)의 신호를 받아 원뿌리의 내초세포에서 곁뿌리가 나게 하는 경로에 관여하는 유전자다(왼쪽). 그런데 콩과 식물의 뿌리털이 리조비아에 감염되면 호르몬 사이토키닌(cytokinin)이 분비돼 피질에서 LBD16이 활성화되면서 리조비아가 살게 될 혹원기를 만드는 데 관여한다(오른쪽).

호르몬 사이토키닌cytokinin을 만들게 유도하고 사이토키닌이 NIN 유전자 발현을 촉진한다. NIN은 전사인자로 뿌리혹 형성과 관련된 여러 유전자의 발현을 조절하는데 그 가운데 하나가 LBD16이다.

뿌리의 내초세포(피질보다 안쪽에 있다)에서 LBD16은 원뿌리에서 곁뿌리가 나오는 데 관여하는 유전자이다. 그런데 콩과 식물에서는 감염된 리조비아의 작용으로 사이토키닌이 피질에 존재하면 피질세포에서도 LBD16 유전자가 발현하고 그 결과 혹원기가 형성되는 것으로 밝혀졌다. 흥미롭게도 콩과 식물 많은 종에서 LBD16 유전자의 첫 번째 인트론에 NIN 전사인자가 달라붙는 서열이 있는 것으로 밝혀졌다. 반면 다른 과 식물의 LBD16 유전자에는 이 서열이 없었다.

결국 곁뿌리 형성에 관여하는 LBD16 유전자에 변이가 생겨 NIN 전사인자가 달라붙을 수 있게 새로운 유전자 네트워크가 만들어지면서 리조비아와 공생할 수 있는 가능성이 열린 것이다. 뿌리혹 형성 관련 다른 주요 유전자에서도 비슷한 일이 일어났을 것이다.

질소고정 능력이 없는 대다수 식물에서도 게놈편집 같은 최신 기술로 이들 유전자를 콩과 식물 유형으로 바꿔준다면 리조비아에 감염됐을 때 뿌리혹을 형성할지도 모른다. 만일 농작물에서 이런 일이 일어나면 질소비료 사용량이 획기적으로 줄어 비용 절감뿐 아니라 환경 보호와 온실가스 배출 절감 등 일석삼조의 효과를 볼 것이다. 이 역시 게놈편집 기술로 C3식물의 광합성 관련 유전자 네트워크를 재배치해 C4식물로 바꾸려는 시도와 같은 맥락이다.

고구마, 구황작물에서 건강음식으로

다음 중 구황작물은?

① 벼 ② 고추 ③ 인삼 ④ 고구마

요즘도 이런 문제가 나오는지 모르겠지만 (쌀에 보리를 일정 비율 이상 섞었는지) 도시락 검사를 하던 나의 어린 시절에는 본 기억이 난다. 믿기지 않겠지만 40년 전만 해도 우리나라는 쌀이 부족했다. 그럼에도 굶주리는 사람은 흔치 않았다. 거기서 20년만 더 거슬러 올라가면 봄에 곡식이 떨어져 배를 곯던 '보릿고개'를 겪어야 했다. 구황救荒작물이란 곡물이 흉년이 들거나 똑 떨어져 힘든 시기를 버티어 나갈 수 있게 해주는 먹을거리로 메밀과 고구마, 감자가 대표적인 예다.

먹을 게 넘쳐나는 요즘은 더 이상 구황작물이 필요하지 않지만 많은 사람들이 여전히 고구마를 즐겨 먹고 있다. 겨울밤에 먹는 군고구마는 최고의 간식이다. 최근에는 식이섬유가 풍부한 고구마가 장 건강에 좋다며 챙겨 먹는 사람들이 늘고 있다. 찐 고구마 한두 개로 밥을 대신하는 고구마 다이어트법도 인기다.

김동인의 단편 '감자'는 고구마

고구마와 감자는 둘 다 땅속에서 캐내는 녹말 덩어리로 생김새뿐 아니라 식감도 비슷하다. 다만 단맛에서는 뚜렷한 차이가 난다. 전체 탄수화물 함량은 비슷하지만 당분 함량은 고구마가 4% 내외인 반면 감자는 1%가 채 안 된다. 게다가 고구마는 조리하면 당분이 더 많아진다. 그래서 영어로 고구마는 sweet potato, 직역하면 '단감자'다. 참고로 전분(녹말)은 포도당으로 이뤄진 고분자로, 그 자체로는 단맛이 없다.

둘이 비슷해 보임에도 고구마는 덩이뿌리인 반면 감자는 덩이줄기로 식물 구조의 관점에서 기원이 다르다. 다만 분류학 관점에서 두 작물은 그리 멀지 않은 친척이다. 둘 다 가지목Solanales 식물로, 고구마는 메꽃과Convolvulaceae이고 감자는 가짓과Solanaceae다.

고구마 꽃을 보면 역시 메꽃과 식물인 나팔꽃이 떠오른다. 실제 고구마와 나팔꽃은 둘 다 나팔꽃속*Ipomoea*으로 분류되는 가까운 친척이다.

고구마는 메꽃과 나팔꽃속 작물이다. 식물학에 조예가 깊지 않은 사람은 고구마꽃(사진)을 보고 나팔꽃이라고 생각할 것이다. (제공 위키피디아)

녹말이 풍부한 덩이뿌리를 만든 덕분에 고구마는 작물이 됐고 그렇지 못한 나팔꽃은 꽃이 예쁜 잡초로 남아 있다.

고구마와 감자가 구황작물이라지만 한반도에서 재배 역사는 그리 길지 않다. 고구마는 18세기 중반 일본 대마도에서 들어왔고 감자는 이보다도 늦어 19세기 초반 청나라에서 들어왔다. 즉 이들이 우리 조상들에게 구황작물 역할을 한 건 100여 년에 불과하다는 말이다. 그 이전 수천 년 동안은 메밀이나 조, 마 같은 작물로 배고픈 시기를 버텼을 것이다.

고구마와 감자 모두 중남미가 원산지이자 작물화된 곳으로 15~16세기 유럽인들이 가져갔고 아시아로 퍼졌다. 중국에서 고구마는 감저甘藷 또는 감서甘薯로 불렸다. 여기서 서藷와 저薯는 마를 뜻한다. 마는 동북아시아가 원산인 식물의 이름이자 그 덩이줄기 이름이다. 즉 고구마의 생김새가 마와 비슷하면서 단맛이 특징이라 감저, 즉 직역하면 '단마'라는 이름을 붙인 것이다.

사실 한반도에 처음 고구마가 도입된 시기는 18세기 후반이 아니라 17세기 초 광해군 시절로 보인다. 다음 왕인 인조 11년(1633년) 고구마를 보급하려고 했다는 기록이 있기 때문이다. 아마도 효과적인 재배법을 찾지 못해 흐지부지된 것 같다. 고구마의 원래 이름이 감자였다는 사실이 이 역사를 뒷받침한다. 감자는 한자어 감저가 한글화된 이름이다. 지금도 고구마를 감자 또는 감저라고 부르는 지역이 있다. 소설가 김동인이 1925년 발표한 단편소설 『감자』의 감자는 사실 고구마다.

한편 감자는 중국어로 마령서馬鈴薯이고, 우리나라에서는 처음에 북감저北甘藷라고 불렀다. 그 뒤 지역에 따라 감저 또는 감자로 부르면서 혼란이 생겼다. 그러다 고구마보다 재배가 쉽고 저장성이 좋으면서 채소로 쓸 수 있는 감자가 한반도 대부분 지역에서 자리를 잡으면서 결국 이름까지 빼앗은 것이다. 대신 대마도에서 고구마를 가리키는 일본어 '고코

이모孝行藷, こうこいも'가 우리말화돼 쓰이기 시작했고 오늘에 이르렀다.[59]

중국인들의 소울푸드

세계로 눈을 돌리면 고구마는 여전히 식량 작물로서 기여하고 있다. 고구마의 지구촌 연간 생산량은 8,950만 톤(2020년)으로 작물 가운데 7위에 올라있다. 이 가운데 중국이 4,890만 톤으로 55%를 차지하고 있다. 그래서일까. 2017년 학술지『네이처 식물』에 발표된 고구마 게놈 해독 결과도 중국과 독일 공동연구자들의 작품이다.[60] 논문은 고구마가 중국인들에게 각별한 작물일 수밖에 없는 이유를 들며 시작한다.

1960년대 중국 공산당이 문화대혁명이라며 대약진운동을 펼치며 사회 체계가 붕괴하자 식량부족이 닥쳤고 그 결과 수천만 명이 굶어 죽는 참극이 벌어졌다. 이때 그나마 고구마 덕분에 많은 사람들이 목숨을 건졌다. 중국인들은 여전히 고구마를 즐겨 먹어, 작물 가운데 양으로 네 번째다.

생산량 7위로 꽤 중요한 작물임에도 고구마 게놈은 2017년에야 해독 결과를 담은 논문이 발표됐는데, 그마저도 부실해 게놈 초안이라고 말하기도 어렵다. 이런 배경에는 고구마 게놈 구성의 복잡성이 있다. 고구마 게놈은 육배체(2n=6x=90)로 각각 7억~8억 염기 크기인 기본염색체(x) 6세트로 이뤄져 있다. 보통 게놈 크기는 반수체(n)를 기준으로 삼으므로 약 22억 염기가 돼 꽤 크다. 게다가 기본염색체 사이에 비슷비슷한 부분이 많아 해독한 염기서열을 제자리에 배치하기가 까다롭다.

연구자들은 44억 염기로 추정되는 전체 게놈(2n)에서 약 30억 염기의 서열을 해독했지만, 그 가운데 불과 30%만을 염색체 90개의 제자리에 배치할 수 있었다. 그럼에도 이 정보를 바탕으로 육배체의 기원을 두고 대립하고 있는 두 시나리오에 대한 답을 제시할 수는 있었다.

20세기 중반 고구마 게놈이 육배체라는 게 밝혀진 이후 그 기원을 밝히기 위해 가까운 야생종들과 염기서열을 비교한 결과 두 가지 시나리오가 나왔다. 하나는 고구마가 동질육배체autohexaploid로 가장 가까운 이배체 야생종(학명 *Ipomoea trifida*. 이하 트리피다)의 조상이 두 차례 전체게놈중복을 통해 나온 육배체 야생 고구마가 작물화된 것이라는 시나리오다. 다만 아직까지 육배체 야생 고구마를 찾지 못했기 때문에 가설로 남아 있다.

다른 하나는 고구마가 동질이질육배체autoallohexaploid로, 트리피다 이배체와 동질사배체인 미지의 종 사이에서 삼배체 잡종이 나왔고 그 뒤 전체게놈중복이 일어나 육배체가 나왔다는 시나리오다. 서로 가까운 이배체와 사배체 사이에서 일어난 '종의 합성'이 고구마의 기원이라는 학설이다. 어찌 되었건 트리피다와 고구마가 관련된 건 확실해 보인다. 참고로 중미와 남미 곳곳에서 채집된 트리피다는 대부분 이배체이지만 간혹 사배체와 육배체도 있고 드물게 삼배체도 있다. 다만 육배체도 덩이뿌리가 없어 작물 고구마의 조상으로 볼 수는 없다.

고구마 게놈의 염기서열을 비교한 결과 서로 매우 가까운 두 서브게놈(둘 다 B_2로 표시)과 이와는 약간 떨어진 한 서브게놈(B_1)으로 이뤄져 있다는 사실이 확인됐다. 즉 육배체를 서브게놈 단위로 표시하면 $B_1B_1B_2B_2B_2B_2$다. 이 가운데 B_1게놈이 트리피다와 가깝다.

서브게놈 사이의 염기서열 차이를 분석해 진화 과정을 재구성해 보면 약 130만 년 전 나팔꽃속 식물에서 종분화가 일어나 각각 B_1게놈과 B_2게놈을 지닌 두 종으로 나뉘었다. 80만 년 전 B_2게놈을 지닌 이배체 식물에서 전체게놈중복이 일어나 동질사배체($B_2B_2B_2B_2$)가 나왔다. 그리고 50만 년 전 이 사배체 식물과 B_1 게놈을 지닌 이배체 식물(B_1B_1) 사이에서 삼배체 잡종($B_1B_2B_2$)이 나왔고 이어서 전체게놈중복이 일어

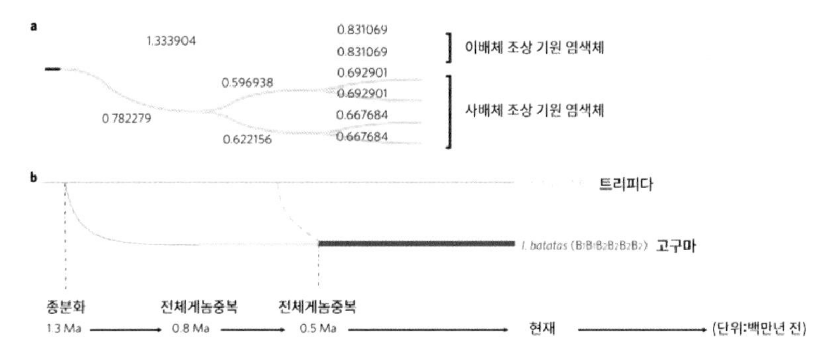

고구마 게놈을 분석한 결과 고구마가 두 차례 전체게놈중복으로 나온 동질이질육배체로 밝혀졌다. 약 130만 년 전 갈라진 이배체 두 종 가운데 하나(B_2B_2)가 약 80만 년 전 전체게놈중복으로 동질사배체($B_2B_2B_2B_2$)가 됐고 약 50만 년 전 다른 종(B_1B_1)과 종의 합성이 일어나 육배체($B_1B_1B_2B_2B_2B_2$)가 나왔다. 이때 참여한 이배체의 직계 후손이 고구마의 야생 근연종인 트리피다(*I. trifida*)로 보인다. (제공 『네이처 식물』)

나 육배체($B_1B_1B_2B_2B_2B_2$)가 나왔다.

아쉽게도 현재 나팔꽃속 식물 가운데는 B_2게놈을 지녔거나 밀접한 관계가 있는 게놈을 지닌 이배체 또는 사배체 종이 발견되지 않은 상태다. 그리고 B_2게놈은 B_1게놈과 같은 종(트리피다)이라고 보기에는 차이가 꽤 된다. 따라서 고구마 게놈 해독 결과는 고구마가 동질육배체가 아니라 동질이질육배체라는 가설을 뒷받침하고 있다. 만일 중미나 남미 어디선가 B_2게놈을 지닌 식물(특히 사배체일 경우)이 발견된다면 21세기 최대의 사건이 될 것이다(물론 고구마 학계에서).

한편 해독된 염기서열의 불과 30%만이 염색체 90개에서 자리를 찾은 상태로는 쓸모있는 정보가 되기 어렵다. 따라서 연구자들은 차선책으로 마치 이배체처럼 기본염색체(x=15) 하나에 염기서열 데이터를 합쳐보기로 했다. 이때 2016년 해독된 이배체 나팔꽃 게놈을 참조게놈으로 삼았다. 그 결과 해독한 30억 염기 가운데 75.7%를 8억 3,600만 염기 크기인 가상의 기본염색체에 담았다.

이를 토대로 추정한 고구마의 단백질 지정 유전자의 자리는 4만 9,000

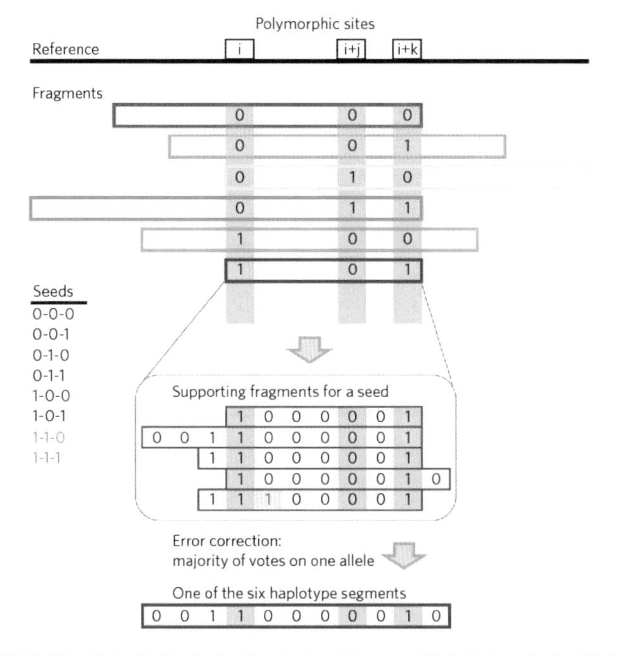

이종동질육배체인 고구마 게놈은 세 서브게놈이 서로 가깝고 그 가운데 두 서브게놈은 같은 종에서 기원해 구분하기 어렵다. 그 결과 해독된 염기서열 가운데 염색체 자리를 찾은 건 30%에 불과하다. 따라서 차선책으로 기본염색체 6개의 데이터를 가상의 기본염색체 하나에 담았고 그 결과 해독된 염기의 75.7%가 자리를 찾았다. 이 과정을 보여주는 도식이다. (제공 『네이처 식물』)

여 곳이었다. 게놈 해독에서 추정한 유전자가 7만 8,000여 개이므로 상당수가 중복된 상태로 존재한다는 말이다. 두 차례 전체게놈중복이 최근에 일어난 일이므로 예상한 결과다. 머지않은 미래에 제대로 된 고구마 게놈 해독 결과가 나오기를 기대한다.

덩이뿌리, 저장 겸 번식 수단

식물 생김새나 게놈 염기서열을 보면 현존 식물 가운데서는 트리피다가 고구마와 가장 가까운 종으로 보임에도 결정적인 차이는 뿌리에 있다. 트리피다의 뿌리에서는 나팔꽃 뿌리와 마찬가지로 덩이뿌리가 형성되지 않기 때문이다. 그런데 트리피다의 한 변종(var. Y22)은 덩이뿌리를 만든다.

쓰촨대 린훙위 교수팀을 비롯한 중국 공동연구자들은 2019년 학술지 『BMC 식물 생물학』에 Y22의 게놈 해독 논문을 실으며 제목에 야생 고구마wild sweetpotato라고 썼다.[61] 보통 트리피다는 고구마의 야생 근연종wild relative라고 쓰는데, 덩이뿌리를 만드는 능력이 지위를 격상시켰다.

Y22의 게놈은 약 4억 8,000만 염기로 이 가운데 96%인 4억 6,000만 염기를 해독했고 이 가운데 4억 염기는 염색체 15개의 제자리에 배치했다. 게놈의 80% 이상이 명쾌히 규명된 것이므로 꽤 품질이 좋다고 볼 수 있다. 단백질 지정 유전자는 3만여 개로 추정됐다. 연구자들은 이 가운데 덩이뿌리과 관련된 유전자를 집중적으로 분석했다. 고구마의 덩이뿌리 형성을 유전자 네트워크 차원에서 이해하는 기준이 될 수 있기 때문이다.

덩이뿌리 유전자 소개에 앞서 식물 덩이에 대해 잠깐 알아보자. 사실 '식물 덩이'는 영어 'plant tuber'를 내가 임의로 번역한 용어다. 영어사전을 보면 tuber는 '덩이줄기'라고 나와 있는데, 실제로는 덩이줄기와 덩이뿌리를 포괄한 용어다. 즉 감자의 덩이줄기는 stem tuber이고 고구마의 덩이뿌리는 root tuber다. 따라서 앞으로 나오는 덩이는 tuber를 뜻한다.

보통 식물의 덩이는 저장 기관으로 알려져 있다. 식물은 건기나 겨울을 나기 위해 땅속에 덩이를 발달시켜 영양분을 저장하고 지상부는 시들어 죽는다. 그리고 봄이나 우기가 찾아오면 덩이에 있는 눈bud이 싹을 틔워 식물체가 자라고 이때 덩이의 영양분이 쓰인다. 덩이는 대부분 탄수화물(녹말 과립 형태)로 이뤄져 있고 단백질도 약간 들어 있다.

그런데 덩이의 구성을 보면 식물체가 될 배와 영양분인 배젖으로 이뤄져 있는 씨와 꽤 비슷하다. 즉 덩이 역시 번식체로 작용한다. 둘의 차이는 게놈 구성에 있다. 씨의 배는 꽃가루가 암술에 닿아 수정란이 만들어진 유성생식의 산물이므로, 이를 품은 식물체(모체)와 게놈이 다르다. 반면 덩이의 눈은 모체와 동일한 체세포이므로, 여기서 자란 식물체는 게놈이 모체와 같은 무성생식의 산물이다. 클론clone, 즉 복제 식물이라는 말이다.

이처럼 덩이를 만드는 식물은 유성생식과 함께 무성생식도 할 수 있는 능력이 있고 환경에 따라 후자에 더 의존하기도 한다. 그 결과 유성생식 능력이 떨어지는 쪽으로 진화할 수도 있다. 무성생식의 빈도가 높아지면 유성생식의 감수분열에서 부계와 모계 상동염색체의 재조합이 일어날 기회가 줄어들므로 임의의 돌연변이가 쌓여 이형접합성heterozygosity, 즉 모계와 부계 상동염색체 사이의 차이가 커진다.

작물에서 상동염색체 사이의 차이는 번식 방법에 크게 영향을 받는다. 벼나 밀처럼 자가수분하는 작물은 상동염색체가 거의 같다. 감수분열 과정에서 염색체 재조합이 일어나며 염색체 구성이 균일해지기 때문이다. 그 결과 씨를 받아 심으면 특성이 거의 같은 식물이 나온다. 이를 순계pure line라고 부른다. 일년생 작물인 벼나 밀은 매년 씨를 받아 이듬해 뿌려 농사를 지을 수 있는 이유다.

반면 덩이의 눈으로 번식하는 고구마나 감자처럼 영양생식을 하는 작물은 클론이므로 상동염색체 사이의 차이가 크다. 다년생인 과일나무 역시 보통 꺾꽂이나 접붙이기 같은 영양생식으로 증식하므로 마찬가지다. 오늘날 작물 대다수가 자가수분 아니면 영양생식으로 번식하는 이유도 해당 품종의 특성이 유지되기 때문이다.

실제 덩이뿌리를 만들지 못해 유성생식에 전적으로 의존하는 트리피다 한 종류(NCNSP0306)는 이형접합성 수준이 0.24%에 불과하지만(단일염기다형성SNP 분석을 토대로 계산한다), 덩이뿌리를 만들 수 있

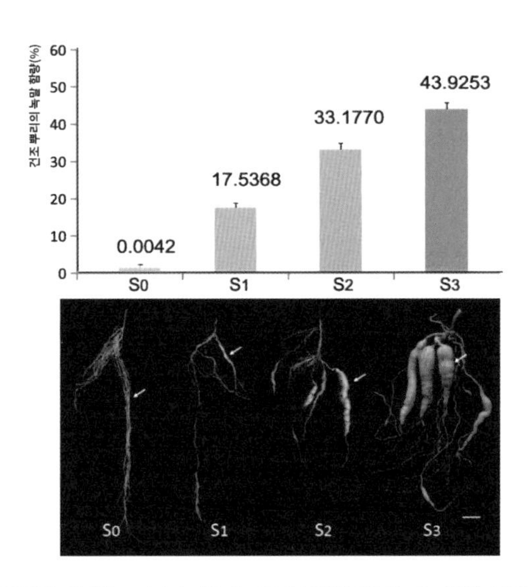

고구마의 야생 근연종인 이배체 트리피다 가운데 드물게 덩이뿌리를 만드는 종류(Y22)의 게놈이 2019년 해독됐다. 어린 식물체(S0)에는 덩이뿌리가 없지만 자라며 덩이뿌리가 발달하면서(아래) 뿌리의 녹말 함량이 늘어난다(위). (제공 『BMC 식물 생물학』)

어 무성생식 비중이 큰 트리피다(Y22)는 이형접합성 수준이 2.2%나 된다. 같은 종임에도 번식 전략에 따라 다른 길을 걸으면서 게놈 구성이 꽤 달라졌음을 알 수 있다. 클론인 씨고구마로 재배하는 작물 고구마 역시 이형접합성이 크다.

이배체 야생 고구마 Y22의 게놈 논문으로 돌아와서 덩이뿌리 형성에 관여하는 유전자 네트워크 결과를 보자. 재배 고구마처럼 Y22 역시 어린 식물체에서는 평범한 뿌리이지만 자라면서 뿌리가 점점 굵어져 덩이뿌리로 바뀐다. 연구자들은 이 과정을 평범한 뿌리인 S0에서 뿌리가 굵어지기 시작하는 S1, 좀 더 굵어진 S2, 2cm보다 굵은 덩이뿌리가 달린 S3까지 네 단계로 나눴다. 뿌리 건조 중량에서 녹말의 비율은 단계를 지나며 0%, 17%, 33%, 43%로 올라갔다.

한편 S0을 기준으로 유전자 발현 패턴 변화를 보면 S1에서는 211개,

S2에서는 718개, S3에서는 791개 유전자가 발현량이 많았다. 이 가운데 109개 유전자가 덩이뿌리를 형성하는 과정인 세 단계 모두에서 더 많이 발현됐다.

추가 분석 결과 이 가운데 BMY11 유전자가 가장 중요한 것으로 밝혀졌다. 뜻밖에도 BMY11은 베타-아밀레이스β-amylase, 즉 녹말을 포도당 두 개로 이뤄진 이당류인 맥아당으로 분해하는 효소다. 덩이뿌리가 형성되는 과정에서 녹말이 축적되는데 이를 분해하는 효소의 유전자 발현량이 많아진다니 어떻게 된 것일까.

자세히 들여다본 결과 덩이뿌리가 커지는 과정에서 베타-아밀레이스는 세포 안의 작은 녹말과립을 분해했고 동시에 녹말합성효소가 더 큰 녹말과립을 만드는 것으로 밝혀졌다. 즉 BMY11은 세포 안에 녹말을 차곡차곡 채워 넣으려고 다듬는 역할을 하는 셈이다. 재배 고구마의 덩이뿌리 형성과정에서도 BMY11 유전자는 비슷한 발현 패턴을 보였지만 Y22보다 발현량은 적었다. 덩이뿌리가 더 굵게 만들어지려면 BMY11가 오히려 약간 적게 있어야 하는가 보다.

고구마의 당분이 4%라지만 생으로 먹으면 그렇게 달지는 않다. 그런데 요리를 하면 꽤 달아지고 특히 군고구마는 더 달다. 이 역시 베타-아밀레이스 때문이다. 특이하게도 고구마의 베타-아밀레이스 효소 활성은 57℃에서 가장 높고 75℃가 넘으면 열로 변성되면서 활성을 잃는다.[62] 따라서 조리 과정에서 베타-아밀레이스가 녹말과립 표면의 녹말 상당량을 맥아당으로 분해해 단맛이 강해진다. 맥아당의 단맛은 설탕의 3분의 1 수준이다. 고구마를 구울 때는 찔 때보다 고구마 내부의 온도가 천천히 올라가므로 효소가 더 오래 작용해 더 달다.

논문에는 언급이 없지만 내 생각에 육배체 야생 고구마의 B_1 서브게놈을 준 이배체는 Y22처럼 덩이뿌리를 만드는 트리피다 또는 이와 가까운 종이 아니었을까. 아무튼 Y22의 덩이뿌리 형성 관련 유전자 네트워크를 명쾌히 밝히면 재배 고구마의 분자육종에 큰 영감을 줄 것이다.

오늘날 우리나라에서는 고구마가 간식이나 다이어트 음식이지만 여전히 굶주림에 시달리는 지구촌의 많은 지역에서는 칼로리를 제공하는 식량 작물이자 단백질, 비타민, 미네랄 등 여러 영양성분의 공급원으로서 인식되고 있다. 특히 비타민A 전구체인 베타카로틴이 풍부한 호박고구마는 채소 섭취가 부족해 비타민A 결핍으로 실명과 조기 사망이 만연한 지역에서 소중한 먹을거리다. 사하라사막 이남 아프리카 지역에서 호박고구마 보급에 힘쓴 과학자 네 사람이 2016년 세계식량상World Food Prize을 수상하기도 했다. 고구마는 여전히 지구촌의 구황작물이면서 동시에 기능성 건강식품인 셈이다.

감자,
곡물을 제외하면 생산량 1위인 작물

우리나라에서 감자는 식량 작물이라고 보기 어렵다. 대신 많은 요리에서 빼놓을 수 없는 재료다. 감자가 빠진 된장찌개나 카레, 감자탕(돼지 뼈가 주재료로 보이는데 어떻게 이런 이름이 붙었을까?)을 먹는다면 뭔가 허전할 것이다.

그냥 껍질째 찐 감자도 별미다. 펄이 잔뜩 들어 있는 색조화장품을 바른 아가씨의 볼처럼 반짝반짝 빛을 반사하는 전분 가루가 표면에 묻어 있는 파삭파삭한 찐 감자를 생각하면 입맛이 다셔진다.

놀랍게도 지구촌에서 수확되는 감자의 양은 무려 3억 5,910만 톤(2020년)으로 옥수수, 밀, 쌀에 이어 네 번째로 많다.* 옥수수는 주로 사료로 쓰이거나 과당이나 바이오에탄올을 만드는 원료로 소비되므로 주식으로는 감자가 밀과 쌀 다음이다. 지구촌 사람 한 명이 1년에 평균

* 설탕을 얻는 특용작물인 사탕수수는 뺐다.

감자는 옥수수, 밀, 벼에 이어 생산량이 네 번째로 많은 작물이다. 감자는 재래종 수천 가지와 이를 개량한 다양한 품종이 개발돼 재배되고 있다. (사진제공 ARS)

감자 33kg을 먹는다(나머지는 주정(에탄올) 원료 등 여러 용도로 쓰인다). 오늘날 13억 인구가 감자를 주식으로 삼고 있고 수요가 꾸준히 늘고 있다.

감자는 벼는 물론 밀에 비해서도 척박한 토양이나 추운 기후에서도 잘 자란다. 또 단위 면적 당 수확량은 이들 곡물의 네 배에 이른다. 현재 감자 생산량 1위는 중국이고 전 세계 감자 생산량의 3분의 1이 중국과 인도에서 소비되고 있다. 감자는 여전히 값싸고 안정적인 식량으로서 가난한 나라들을 떠받치는 역할을 톡톡히 하고 있다. 유엔은 2008년을 '세계 감자의 해'로 선언하기도 했다.

야생 감자 100여 종

감자는 고추나 토마토, 담배 같은 다른 가짓과 작물과 마찬가지로 중남미가 원산이다. 감자는 늦게 잡아도 7,000년 전 남미 안데스산맥 일대에서 작물화된 것으로 보인다. 중남미를 중심으로 아메리카 대륙 전역에 야생 감자가 자라고 있는데 100여 종에 이른다. 이 가운데 여러 종이 작물화돼 지역에 맞는 재래종으로 재배됐다. 지금까지 보고된 재래종 감자는 무려 4,350가지에 이른다. 오늘날 세계에서 널리 재배되는 품종들은 모두 학명이 솔라눔 투베로섬Solanum tuberosum인 종으로 이하 감자는 이 종을 뜻한다.

옥수수와 함께 아메리카 사람들의 주식이었던 감자는 16세기 페루에 도착한 스페인 사람들을 통해 유럽으로 전달됐고 그 뒤 전 세계로 퍼졌다. 미국의 작가 래리 주커먼이 쓴 『감자 이야기』를 보면 감자가 어떻게 사람들이 기피하는 작물에서 없어서는 안 되는 작물로 승격됐는가가 잘 그려져 있다.[63]

감자를 처음 본 사람들은 땅속에서 캐내는 이 못생긴 덩어리를 악마가 준 선물이라며 기피했지만 척박한 토양에서도 잘 자라고 밀 같은 기존 작물에 비해 농사짓기도 쉬운 데다가 수확량도 많았기 때문에 결국은 받아들일 수밖에 없었다고 한다. 감자는 탄수화물(녹말)이 주성분이지만 칼슘과 비타민A, 비타민D를 빼면 거의 모든 필수 영양소가 들어있는 건강식품이다.

그래서인지 영국과 아일랜드는 감자가 본격적으로 보급된 18세기 중반부터 인구가 급증했는데, 특히 가난했던 아일랜드가 그랬다. 1732년 220만~300만 명이던 인구는 1791년 420만~480만 명으로 2배 늘었고 1841년에는 820만~840만 명으로 100여 년 만에 4배 가까이 됐다. 당시 아일랜드 사람의 40%가 거의 감자만 먹고 살았다고 한다.

그러던 1845년 그 유명한 '아일랜드 대기근'이 닥쳤다. 하루아침에 감자밭이 초토화되는 감자마름병late blight이 엄청난 속도로 퍼지면서 수확량이 40%나 줄었는데, 그 이듬해에는 심은 감자의 무려 90%가 희생됐다. 한 해를 건너뛴 1848년 다시 병이 창궐해 감자 농사는 결딴이 났다. 1845~49년까지 계속된 재앙으로 아일랜드 인구의 8분의 1인 100만 명이 굶어 죽었다.

절망한 사람들은 신대륙으로 이민길에 올랐는데, 이 재앙 뒤 60년

18세기 유럽에서 감자가 본격적으로 보급되기 시작하면서 가난한 사람들이 굶주림에서 벗어나는 데 큰 역할을 했다. 빈센트 반 고흐의 유화 『감자를 먹는 사람들』(1885년). (제공 위키피디아)

동안 무려 500만 명이 조국을 등졌고 그 결과 1911년 아일랜드의 인구는 440만 명으로 반토막이 났다. 오늘날 북미에 아일랜드계가 많은 건 감자마름병 때문이라는 말이 있는 이유다. 미국의 존 F. 케네디 대통령도 대기근을 피해 미국으로 이민 간 아일랜드인의 후손이다.

놀랍게도 아일랜드 대기근의 원인이었던 감자마름병은 여전히 골칫거리라고 한다. 매년 감자마름병으로 인한 손실액이 7조 원에 이를 정도다. 이 문제를 근본적으로 해결하기 위해서라도 감자 게놈 해독은 시급한 과제였다.

상동염색체 이형접합성 커

2011년 학술지 『네이처』에 감자 게놈 해독에 대한 연구결과가 표지논문으로 실렸다.[64] 국제공동연구팀인 감자게놈서열분석컨소시엄은 중남미 재래종 감자의 이중일배체(이하 DM)와 우리가 익숙한 형태의 감자가 열리는 이배체 감자 품종(이하 RH)의 게놈을 분석했다.

오늘날 상업적으로 재배되는 감자는 대부분 동질사배체autotetraploid

(2n=4x=48)로 원래 이배체인 재래종 감자의 일부에서 전체게놈중복이 일어난 결과다. 재래종 감자의 약 70%는 여전히 이배체이지만, 오늘날 널리 재배되는 품종 대다수는 알이 더 굵은 사배체 재래종을 갖고 육종한 결과물이다.

감자는 덩이줄기로 번식하기 때문에(무성생식) 모계와 부계 상동염색체 사이의 차이, 즉 이형접합성heterozygosity이 크다. 따라서 널리 재배되는 사배체 품종으로 해독할 경우, 샷건 방식을 쓴 당시로는 DNA 염기서열 데이터를 얻어도 대다수는 상동염색체 네 개 가운데 어디에 속하는지 알 수 없다. 따라서 연구자들은 이중일배체로 감자 참조게놈을 만드는 차선책을 택했다.

중남미의 이배체(2n) 재래종 감자가 감수분열한 생식세포(n)를 특수배양 기법으로 염색체 수를 배가시켜 다시 이배체로 만들어 이중일배체double monoploid 세포를 얻었다. 즉 염기서열이 동일한 상동염색체 쌍으로 이뤄진 세포다(2n). 이를 증식한 세포 덩어리를 분화시키면 식물체가 얻어진다. 보통은 자가수분을 반복해 이형접합성이 작은 개체를 얻지만, 감자는 이 과정이 잘 진행되지 않아 다른 기법을 썼다.

상동염색체가 동일한 이중일배체 감자는 식물체가 꽤 부실하고 달린 감자도 조그맣다(이배체 재래종 자체(Phureja)도 감자가 작다). 이배체일 때는 한 염색체에 고장난 유전자가 있어도 다른 상동염색체에 정상 유전자가 있어 큰 문제가 아니지만 이중일배체로 둘 다 고장난 상태면 뭔가 문제가 나타난다. 이런 현상을 근교약세inbreeding depression라고 부른다. 참고로 벼와 밀을 비롯해 많은 작물이 반복된 자가수분의 결과 상동염색체가 거의 같지만 작물로 쓸만한 특성을 유지한 개체를 농부가 선별하는 과정을 거친 결과물이라 일상적인 상황에서는 별문제가 없다.

감자 게놈의 크기(기본염색체(x=12) 기준)는 8억 4,400만 염기로 추정된다. 샷건 방법으로 해독한 염기는 7억 2,700만 염기로 86%에 이른다. 해독되지 못한 부분은 주로 반복서열로 이뤄져 있을 것이다. 감자 게놈 크기는 사람의 30%가 채 안 되지만 단백질을 지정하는 유전자 수는 3만 9,031개로 추정돼 2만 개 수준인 사람보다 훨씬 많았다.

염색체 구조를 분석하자 이유가 드러났다. 약 6,700만 년 전 감자속 식물의 조상에서 전체게놈삼중복whole genome triplication, WGT이 일어나 육배체가 됐고 유전자도 3배가 된 것으로 추정됐다. 그 뒤 진화 과정에서 기능이 중복된 유전자의 다수가 사라졌지만, 여전히 상당수가 살아 남은 결과다. 다만 이 사이 염색체도 뒤섞여 다시 이배체로 돌아왔다(야생감자 얘기다).

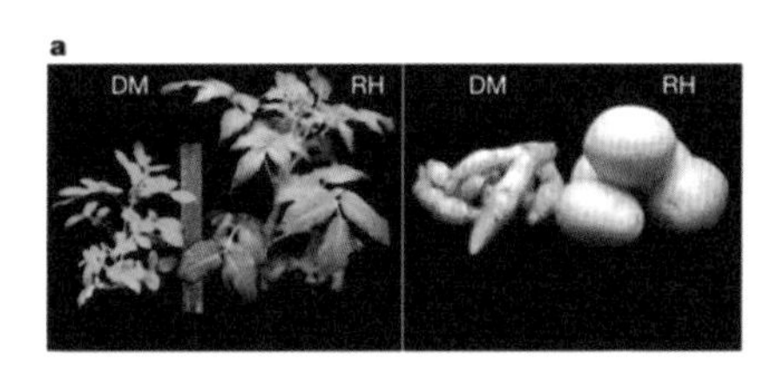

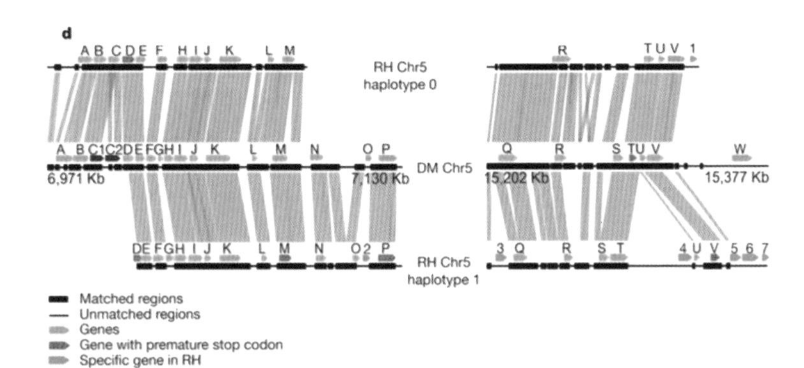

2011년 감자 게놈 해독에서 참조게놈이 된 재래종의 이중일배체(DM)는 근교약세로 식물체가 작고 덩이줄기도 왜소하다. 반면 이배체 개량 품종(RH)의 덩이줄기는 우리가 익숙한 모습이다(위). 이들의 게놈을 해독한 결과 상동염색체의 이형접합성이 큰 것으로 드러났다. 5번 염색체의 한 자리를 보면 DM(가운데)에는 없는 유전자(녹색)가 RH의 한쪽 염색체에 하나, 다른 쪽 염색체에 6개가 있다(아래). (제공 『네이처』)

흥미롭게도 전체게놈삼중복이 일어난 추정 시기는 소행성 충돌로 백악기가 끝난 6,600만 년 전과 가깝다. 소행성 충돌 직후 일어난 엄청난 생태계 변화에서 육배체만 살아 남아 감자속 식물로 진화한 것으로 보인다. 참고로 포도의 경우는 감자와 약 8,900만 년 전 갈라진 뒤 진화 과정에서 전체게놈중복이 일어나지 않았다. 포도 게놈의 유전자 수는 3만여 개로 감자보다 적다.

연구자들은 역시 샷건 방식으로 우리가 익숙한 형태의 감자가 열리는 이배체 품종(RH)의 염기를 분석한 뒤 이중일배체 감자로 만든 참조 게놈에 맞춰 염색체 24개(2n)에 배열했다. 이렇게 얻은 상동염색체 세 개(DM 하나와 RH 둘)의 염기서열을 비교한 결과 알려진 대로 서로 차이가 컸다. 예를 들어 단일염기다형성 변이로 유전자 엑손 중간에 종결 코돈이 생겨 온전한 단백질을 만들지 못하는 유전자는 DM에서 940개, RH에서는 3,018개에 이르렀다. RH의 경우 유전자 쌍 가운데 하나만 고장난 게 2,412개였고 둘 다 고장난 건 606개였다.

유전자 존재 여부도 차이가 났다. DM과 RH 사이는 물론 RH의 상동염색체 사이에서도 어떤 유전자는 한 염색체에만 존재했다. 예를 들어 5번 염색체의 일부를 비교한 결과를 보면 DM에는 없고 RH의 한쪽 염색체에만 있는 유전자가 하나, RH의 다른 쪽 염색체에만 있는 유전자가 6개 있는 것으로 밝혀졌다.

게놈 디자인으로 잡종 감자 얻어

감자를 재배할 때 씨가 아닌 씨감자를 쓰는 이유도 상동염색체 사이의 차이인 이형접합성이 이렇게 크기 때문이다. 감수분열 과정에서 염색체 재조합이 일어나면서 게놈 구성이 제각각인 생식세포가 얻어지므로 이형접합성이 클수록 이게 수정해서 맺히는 씨앗의 편차 역시 크다.

게다가 오늘날 재배되는 감자는 대부분 동질사배체, 즉 상동염색체 두 개가 아니라 네 개가 쌍을 이루고 있어 이런 경향이 더 심하다.

수천 년 전 남미 안데스 산지에서 감자가 작물화될 때부터 농부들은 식물체의 특성을 유지하는 무성생식 방법, 즉 씨감자로 다음 해 농사를 지었다. 씨감자에서 나온 싹은 모체와 게놈이 동일한 클론이므로 매년 같은 특성의 감자를 수확할 수 있었다. 그런데 씨감자 농사는 몇 가지 단점이 있다. 먼저 씨에 비해 씨감자는 덩치가 훨씬 크므로 수확량에서 손실을 보기 마련이다. 또 바이러스 같은 병원체에 감염된 상태가 다음 개체로 이어질 위험성도 크다.

따라서 많은 육종학자들이 씨앗으로 재배할 수 있는 감자를 육종해 보려고 했지만 다들 실패했다. 수천 년 동안 씨감자를 심는 과정이 반복되면서 임의의 체세포돌연변이가 축적돼 재배 감자의 이형접합성이 너무 커진 상태이기 때문이다. 그 결과 자가수분을 반복해 이형접합성이 낮아질수록 치명적인 유전자 돌연변이가 드러나 식물체가 제대로 자라지 못하거나 생식력을 잃어버려 작물로서 가치가 없어졌다.

그럼에도 여전히 몇몇 과학자들은 씨앗으로 재배할 수 있는 감자를 만드는 연구를 진행하고 있다. 바로 잡종 감자다. 2021년 학술지 『셀』에는 게놈 디자인 기술로 잡종 감자 개발에 성공했다는 선전시 소재 농업유전체학연구소 후앙산웬 박사*가 이끈 중국 공동연구팀의 논문이 실렸다.[65] 아직은 수확량이 상업 재배 품종에 못 미치지만 2~3년 안에 따라잡을 것이라고 한다.

게놈 디자인genome design이란 육종 단계마다 게놈을 분석해 작물에 유리한 유전자와 불리한 유전자의 변화를 살펴보며 개량하는 과정이다. 따라서 작물의 형태(표현형)만 보면서 진행하는 기존 육종 방법에 비해

* 후앙산웬 교수는 2009년 오이 게놈 해독(14장)을 이끈 작물 게놈 분야의 대가다.

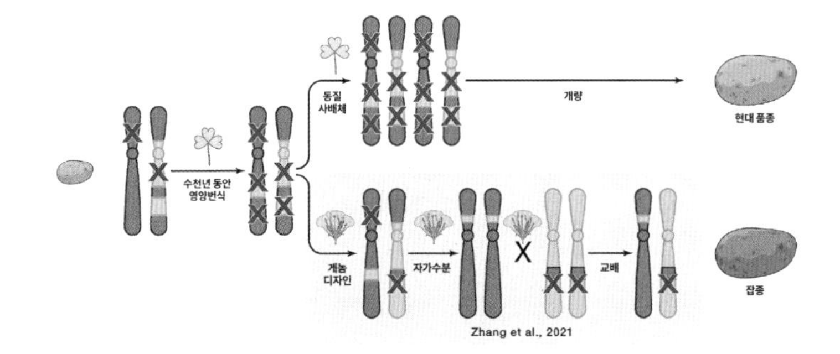

수천 년 전 남미 안데스 산지에서 이배체 야생 감자를 작물화할 때부터 영양번식 방법(씨감자)을 썼고 그 결과 체세포돌연변이로 숨어 있는(염색체 한쪽에만 있으므로) 유해한 돌연변이(빨간색 X)가 누적됐다(왼쪽). 이 과정에서 나온 재래종 사배체 감자를 개량해 현대 품종을 얻었고 역시 씨감자로 재배하고 있다(오른쪽 위). 그런데 최근 게놈 디자인 기법으로 유해한 돌연변이를 최소화한 근교계 감자를 만드는 데 성공했고 서로 다른 근교계 감자를 교배해 부모보다 우세한 잡종 감자를 얻었다(오른쪽 아래). 씨앗을 뿌려 감자 농사를 짓는 시대가 머지않았다. (제공 『셀』)

훨씬 효율적으로 작물을 개량할 수 있다.

연구자들은 재래종 가운데 이배체 감자를 골라 자가수분을 통해 게놈의 이형접합성이 낮아지게 개량했다. 씨를 받아 심어도 작물의 특성이 일정하게 유지되려면 이형접합성이 낮아야 한다. 실제 벼를 비롯해 씨앗을 뿌리는 작물 대다수가 그렇다.

그런데 지금까지 감자를 대상으로 한 시도는 번번이 실패했다. 자가수분으로 얻은 멀쩡해 보이는 개체들 대다수가 심각한 돌연변이를 지니고 있어(염색체 하나에만 존재해 표현형으로 드러나지 않았을 뿐이다) 이어지는 자가수분에서 불임성 같은 치명적인 결함이 있는 개체가 나왔기 때문이다. 그런데 게놈 디자인으로 이런 결함을 지닌 개체를 콕 집어 없애며 3~5세대에 걸쳐 개량한 결과 이형접합성을 5% 미만으로 낮춘 근교계inbred line 20여 가지를 얻는 데 성공했다.**

물론 이렇게 나온 근교계 감자 역시 애초의 토종에 비해 식물체도 부실해졌고 달리는 감자도 작고 개수도 적었다. 상동염색체가 비슷해

** 근교계 가운데 이형접합성이 매우 낮아 개체의 편차가 적은 경우 순계(pure line)라고 부른다.

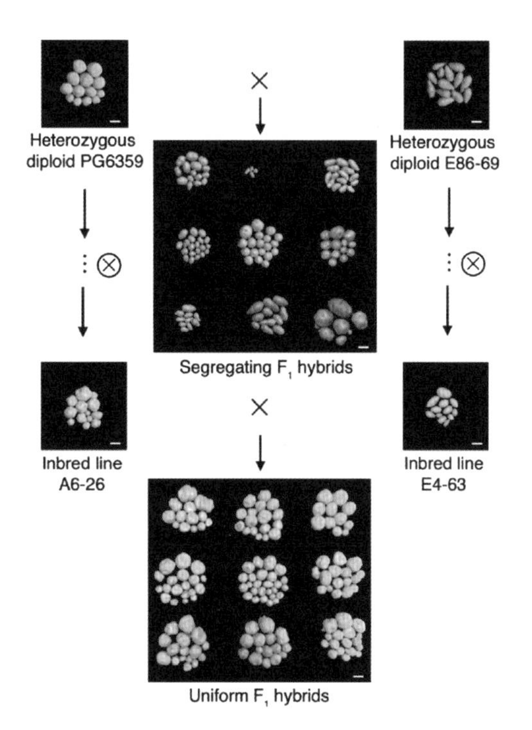

남미의 이배체 재래종 감자(위 양쪽)는 게놈의 이형접합성이 커서 이들을 교배해 얻은 씨앗을 뿌려 나온 잡종은 감자 크기와 수확량이 개체마다 제각각이다(segregating F_1 hybrids). 균일함을 유지하려면 씨감자를 통한 영양번식이 불가피한 이유다. 반면 재래종을 게놈 디자인으로 육종해 얻은 근교계 감자(아래 양쪽)는 재래종에 비해 부실하지만(근교약세) 이들 사이의 잡종은 수확량이 많고(잡종강세) 균일하다(uniform F_1 hybrids). 씨앗으로 농사를 지을 수 있다는 말이다. (제공 『셀』)

지며 근교약세 현상이 나타난 것이다. 앞서 감자 게놈 해독을 위해 만든 이중일배체(상동염색체가 동일한 완벽한 순계다)도 이런 특성을 보였다.

게놈 디자인 기법까지 써가며 오히려 더 부실한 감자를 만든 이유는 잡종 감자를 만들기 위해서다. 즉 다른 계통의 근교계 감자를 여럿 만든 뒤 이들을 교배하면 잡종인 자식 세대 감자는 부모의 평균이 아닌 양쪽보다 더 우수한 특성을 보일 수 있다. 바로 잡종강세hybrid vigor 현상이다. 부계와 모계에서 서로 꽤 다른 염색체를 받아 이형접합성이 커지면서 평균적으로 이로운 유전자의 영향은 늘어나고 해로운 유전자의 영향은 줄어들기 때문이다.

예를 들어 게놈 디자인으로 만든 근교계 감자인 A6-26과 E4-63을 교배해 얻은 이배체 잡종 H_1은 부모보다 식물체가 훨씬 튼실하고 감자도 크고 수확량도 최소 31% 더 많다. 그리고 잡종 식물체에서 열린 감자 사이의 편차가 작았다. 상업 품종이 되려면 꼭 갖춰야 하는 특성이다. 그럼에도 잡종 감자는 여전히 널리 재배되는 사배체 감자에 비해서는 수확량이 10~15% 적다. 앞으로 좀 더 다양한 근교계 감자를 만들어 여러 조합으로 교배하면 더 우수한 잡종을 얻을 수 있을 것이다.

이렇게 되면 농민들은 씨감자 대신 두 근교계 감자를 교배해 얻은 씨앗을 뿌려 감자를 재배하게 될 것이다. 물론 잡종 감자에서 얻은 씨앗(2세대 잡종)은 게놈이 제각각이라 이듬해에 쓸 수 없다. 종자회사에서 만든 잡종 씨앗을 해마다 사서 써야 한다는 말이다. 앞서 옥수수에서 설명했듯이 근교계 품종보다 우수한 특성을 지닌 잡종을 재배하는 대가다.

포폭경에서 덩이줄기로

감자 게놈 해독 결과에서 가장 주목할 부분은 우리가 감자라고 부르는 덩이줄기가 생기는 데 관여하는 유전자와 그 네트워크다. 감자가 속하는 가지속 식물은 땅 위를 기면서 자라는 줄기, 즉 포복경stolon이 있다. 가지속뿐 아니라 딸기와 생강 등에서도 포복경이 보인다. 포복경은 마디마다 아래쪽은 땅에 고정하는 뿌리인 부정근adventitious root이 나고 위에는 눈bud이 나 새로운 개체로 자라난다. 식물 영양(무성)생식 방식의 하나다.

그런데 가지속 식물들 가운데 감자가 속하는 페토타Petota 섹션에서만 포복경이 덩이줄기로 바뀌는 일이 일어난다. 참고로 섹션section은 속과 종 사이의 분류 단계다. 여기에 속하지 않는 가지속 작물인 가지나 토마토는 덩이줄기를 만들지 않는다. 덩이줄기를 만드는 페토타 섹션의 200여 종을 넓은 의미에서 감자라고 부르기도 한다.

이배체 감자(RH)에서 포복경이 덩이줄기로 바뀌는 전후 유전자 발현 패턴을 비교하자 1,217개 유전자의 발현량이 5배 이상 늘어났다. 이 가운데 저장단백질 유전자의 발현량 증가가 두드러졌고 녹말 합성 관련 유전자의 발현량 역시 꽤 늘었다. 한편 근교약세로 손가락처럼 왜소한 감자가 열리는 이중일배체(DM)의 덩이줄기와 비교한 결과 통통한 감자가 열리는 RH에서 녹말 합성 유전자들의 발현량이 3~8배 더 많았다.

한편 녹말을 맥아당으로 분해하는 베타-아밀레이스 유전자의 발현량은 DM의 덩이줄기가 RH보다 5~10배 더 많았다. 앞서 고구마에서 가는 덩이뿌리가 달리는 야생 이배체 종의 베타-아밀레이스 유전자 발현량이 굵은 덩이뿌리가 달리는 작물보다 많은 것과 같은 맥락이다.

싹이 난 감자를 먹으면 안 되는 이유

제철 감자가 싸다고 상자로 사서 두고 먹다 보면 어느 순간 싹이 난 감자들이 하나둘 보이기 시작한다. 이 부분을 칼로 도려내지 않으면 맛도 쓰지만 몸에 안 좋고 많이 먹으면 목숨이 위험할 수도 있다. 솔라닌이라는 물질이 들어 있기 때문이다.

가지속 식물은 잎과 열매에 글리코알칼로이드glycoalkaloid라는 구조의 피토케미컬을 지니고 있다. 감자에는 솔라닌solanine과 차코닌chaconine이 있고 토마토에는 토마틴tomatine이 있다. 이 가운데 감자의 덩이줄기에도 존재하는 솔라닌이 널리 알려져 있다. 솔라닌은 1820년 역시 가지속 식물인 까마중(학명 *Solanum nigrum*)의 열매에서 처음 분리돼 이런

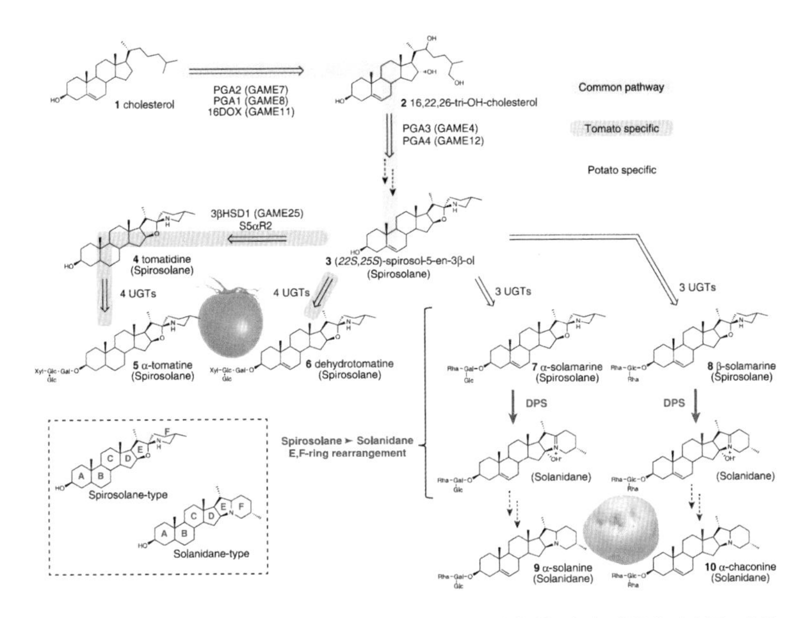

가지속 식물은 방어물질로 글리코알칼로이드 구조를 지닌 피토케미컬을 만드는데 종에 따라 구조가 약간 다르다. 예를 들어 감자는 솔라닌(solanine)과 차코닌(chaconine)을 만들고 토마토는 토마틴(tomatine)을 만든다. 감자와 토마토 게놈이 해독되면서 이들 화합물의 생합성 경로가 밝혀졌다. (제공 『네이처 커뮤니케이션스』)

이름을 얻었다.

가지속 식물이 만드는 글리코알칼로이드는 이를 먹은 동물의 세포막을 불안정하게 만들고 신경전달물질인 아세틸콜린을 분해하는 효소의 작용을 방해한다. 그 결과 소화계와 신경계를 교란시키고 고농도로 섭취하면 죽음에 이를 수도 있다. 다만 글리코알칼로이드는 맛이 쓰기 때문에 보통은 치사량을 먹기 전에 피하기 마련이다.

식물의 작물화 과정에서 맛이 쓰거나 독성이 있는 피토케미컬은 농도가 낮아지는 쪽으로 선별이 이뤄졌다. 따라서 작물 감자와 토마토 역시 야생 식물에 비해서는 글리코알칼로이드 함량이 꽤 낮지만, 감자처럼 상황에 따라서는 많이 만들어져 독성을 띨 수도 있다.

예를 들어 감자를 빛에 노출한 채 보관하면 싹이 나면서 껍질에서 솔라닌 합성이 활발해지고 엽록체가 많아져 녹색을 띤다. 이때 껍질째 감자를 요리해 먹으면 다량의 솔라닌을 섭취할 수 있다. 참고로 솔라닌은 안정한 분자라 웬만한 열로는 분해되지 않는다. 의학사를 보면 소위 '솔라닌 중독'으로 불리는 사례가 여럿 보고됐는데, 2,000여 명의 발생 사례 가운데 사망자가 30명이나 된다.

토마토 역시 잎과 열매에서 글리코알칼로이드인 토마틴이 만들어진다. 다만 작물화 과정에서 열매의 토마틴 함량이 크게 줄었을 뿐 아니라 열매가 성숙하면서 토마틴이 인체에 무해한 라이코페로시드lycoperosides와 에스큘레오시드esculeosides로 바뀌기 때문에 감자처럼 위험하지는 않다.

2011년 감자 게놈과 2012년 토마토 게놈이 해독되면서 가지속 작물의 글리코알칼로이드 생합성에 관여하는 유전자 네트워크를 밝히는 연구가 진행됐고 2013년 결과가 학술지 『사이언스』에 실렸다.[66] 감자와 토마토는 최종 산물이 다르지만, 합성에 관여하는 유전자 종류와 유전자가 자리한 염색체 위치는 거의 겹친다. 따라서 콜레스테롤을 출발물질로 해서 스피로솔레놀spirosolenol이라는 알칼로이드 분자가 만들어지는 과정까지는 공통이다. 그 뒤 감자에서는 스피로솔레놀 골격이 살짝 바뀐 뒤 당분자가 붙어 글리코알칼로이드인 솔라닌과 차코닌이 만들어지고 토마토에서는 스피로솔레놀에 당분자가 붙어 토마틴이 만들어진다. 참고로 글리코알칼로이드의 글리코glyco-는 '당'이라는 뜻이다.

연구자들은 RNA 간섭으로 글리코알칼로이드에 관여하는 효소 유전자의 발현을 떨어뜨렸다. 예상대로 유전자가 억제된 지점에서 합성이 지체되면서 전구체 물질은 쌓이고 최종 산물인 글리코알칼로이드 농도는 수십 분의 1로 뚝 떨어졌다. 글리코알칼로이드 생합성 유전자 네트워크가 밝혀지면서 앞으로 독성이 낮은 감자 육종에도 큰 도움이 될 것이다.

병원체 게놈 먼저 해독

아직 감자 게놈이 해독되지 않은 2009년 학술지 『네이처』에는 감자마름병을 일으키는 병원체의 게놈 해독을 보고한 논문이 실렸다.[67] 이 병원체의 학명은 파이토프토라 인페스탄스*Phytophthora infestans*로 속명屬名 파이토프토라는 그리스어로 '식물파괴자'란 뜻이다. 파이토프토라속에는 140여 종이 있는데 대부분 식물에 치명적인 천적으로 각 종마다 '희생물'이 정해져 있다.

파이토프토라가 감자마름병의 병원체임이 밝혀진 뒤에도 한동안 사람들은 파이토프토라가 진균류(곰팡이)라고 생각했다. 훗날 유전자 서열 비교분석을 통해 이들이 식물플랑크톤인 규조류나 황갈조류에 가까운 난균류임이 밝혀졌다. 수억 년 전 광합성을 하던 한 종류가 엽록체를 버리고 다른 식물체를 공격해 살아가는 무시무시한 병원체로 진화해온 셈이다.

파이토프토라 인페스탄스는 게놈 크기가 2억 2,900만 염기에 유전자 수는 1만 7,800개에 이른다. 단순한 진핵생물체로는 꽤 많은 편이다. 예상대로 이들 유전자의 상당수가 숙주(감자)에 침입하고 숙주를 파괴하는 데 관여하는 것으로 확인됐다. 그런데 그 실상이 너무 복잡하고 교묘해서 지금까지 수많은 노력에도 불구하고 마름병이 퇴치되지 않은 게 수긍될 정도였다.

그럼에도 파이토프토라 게놈이 해독되면서 언젠가는 감자마름병을 정복할 수 있다는 희망이 보이고 있다. 이 병이 어떤 메커니즘을 통해 전염되고 확산되는지를 유전자 차원에서 추적할 수 있기 때문이다.

게놈이 해독되고 12년이 지난 2021년 학술지 『사이언스』에는 파이토프토라가 감자의 세포벽을 뚫고 안으로 침투하는 메커니즘을 밝힌 영국 요크대 연구팀의 논문이 실렸다.[68] 파이토프토라 게놈에 수십 개

감자 게놈이 해독되기 2년 전인 2009년 감자마름병의 병원체인 파이토프토라 인페스탄스의 게놈이 해독됐다. 마름병에 걸린 감자 사진을 실은 2009년 9월 17일자 『네이처』의 표지. (제공 『네이처』)

나 있는 미지의 유전자군을 자세히 들여다봤더니 세포벽을 이루는 셀룰로오스나 펙틴 같은 다당류 고분자를 분해하는 효소일 가능성이 컸다. 실제 감염 과정에서 이들 유전자의 발현량을 조사하자 11개가 감염 초기에 두 배 이상 발현됐고 특히 한 유전자(PiAA17C로 명명)의 발현이 유독 높았다.

추가 실험 결과 PiAA17C의 산물, 즉 단백질은 펙틴처럼 표면에 음전하가 있는 다당류 고분자를 산화시켜 분해할 수 있는 효소임이 밝혀졌다. 이 과정에 비타민C가 필요하다. 효소가 반응할 때 필요로 하는 전자를 비타민C가 공급하기 때문이다. 흥미롭게도 감자나 토마토 식물체에는 비타민C가 많이 들어 있다. 즉 파이토프토라는 식물의 생리를 최대한 활용해 침투하는 전략을 진화시킨 셈이다.

이중일배체(DM) 게놈 분석 결과 질병 저항성 관련 유전자가 408개나 있는 것으로 밝혀졌다. 감자는 이형접합성이 크므로 이배체와 사배체에는 좀 더 많을 것이다. 그럼에도 감자마름병을 비롯한 여러 병해충에 취약하다. 감자와 병해충의 게놈 정보를 바탕으로 감자의 질병 저항성 유전자 네트워크와 이를 회피하고 침투하는 병해충의 전략을 밝히면 질병에 강한 신품종을 개발하는 데 큰 도움이 될 것이다. 특히 야생감자와 재래종 가운데는 특정 병해충에 강한 저항성을 보이는 종류가 꽤 있다. 이들의 게놈을 해독해 그 비밀을 밝히는 연구가 시급하다.

2부

채소 · 양념 작물

'밥만 먹고 살 순 없다'는 말이 있다. 누구나 문화생활 같은 삶의 여유를 즐길 수 있어야 한다는 비유적 표현으로 쓰이지만, 글자 그대로 밥만 먹고 사는 것 역시 곤욕일 것이다. 소박한 상차림으로 여겨지는 '1식 3찬'도 반찬(국 포함)이 세 가지는 있지 않은가. 구내식당의 전형적인 구성은 1식 4찬이다(식판 모양도 이에 따라 만들어졌다).

보통 한식 메뉴에서는 김치는 물론 나물무침이나 애호박전처럼 채소 기반 반찬이 두세 가지는 된다. 나머지 한두 가지가 고기나 달걀말이, 생선, 어묵 같은 동물성 식재료 반찬이다. 그리고 생선구이 같은 몇 가지를 빼면 동물성 반찬에도 채소가 곁들여지고 양념도 들어 있기 마련이다. 제대로 된 식사를 하려면 채소와 양념이 꼭 있어야 한다는 말이다.

그런데 최근에는 음식의 맛뿐만 아니라 건강을 위해서도 채소와 양념을 꼭 먹어야 하고 양도 지금보다 더 먹으라고 권하고 있다. 채소와 양념에는 식이섬유와 비타민, 미네랄, 피토케미컬 같은 각종 영양성분이 들어 있기 때문이다.

종류로 보면 채소 및 양념 작물이 식량 작물보다 훨씬 더 많다. 그럼에도 이에 비례해 이들 작물을 다룰 수는 없어 여섯 장에 걸쳐 10여 가지 작물을 소개한다. 처음 구상은 한국인의 기본 반찬인 김치를 테마로 해서 주재료인 배추를 시작으로 부재료인 마늘과 고추를 소개하고 이어서 후추와 호박/오이를 다루고 끝에 토마토를 두기로 했다. 토마토는 채소이자 과일이므로 3부 과일 작물로 자연스럽게 넘어가는 배치다.

이처럼 농업 또는 음식의 관점에서 책을 구성했지만, 작업을 하다 보니 그래도 식물학의 관점을 좀 반영해야 하는 게 아닌가 하는 생각이 들었다. 그러다 문득 1부 끝과 2부 시작, 2부 끝과 3부 시작을 식물 분류의 관점에서 가까운 작물들로 배치하면 어떨까 하는 아이디어가 떠올랐다.

그 결과 감자를 1부 8장으로 밀고 토마토를 2부 9장으로 당겨 가지속 작물 둘이 이어지게 했고 10장에 가짓과 작물인 고추를 배치했다. 고추는 채소이기도 하지만 주로 양념으로 쓰이므로 이어서 양념 작물인 후추와 마늘을 넣었다. 다시 채소 작물로 돌아와 배추와 무를 다루고 박과 작물인 호박과 오이로 마무리했다. 이어지는 3부 과일 작물의 첫 장을 역시 박과 작물인 멜론과 수박으로 시작했다. 2부와 3부를 잇는 오이와 멜론은 오이속 종들로 꽤 가까운 사이다.

토마토,
채소냐 과일이냐 그것이 문제로다

가짓과Solanaceae에는 중요한 작물이 여럿 들어 있다. 앞 장의 감자와 이 장의 토마토, 이어지는 장의 고추도 가짓과 작물이다. 게다가 감자와 토마토는 가지와 함께 가지속*Solanum*으로 가까운 사이이다. 식용 부위로 보면 덩이줄기인 감자와 열매인 토마토/가지로 나뉘지만, 분류학 관점에서는 감자/토마토와 가지로 나뉜다. 자생지를 봐도 감자와 토마토는 중남미이고 가지는 아시아다.

가지속은 구성원이 2,000종 가까이 돼 네 아속subgenus으로 나누는데, 가지는 렙토스테모눔Leptostemonum 아속이고 감자와 토마토는 솔라눔센수스트릭토Solanum sensu stricto 아속으로 더 가까운 사이이다. 실제 감자 열매를 보면 방울토마토처럼 생겼다. 아속은 다시 섹션section으로 나뉘고 여기서 감자(페토타Petota 섹션)와 토마토(리코페르시콘Lycopersicon 섹션)가 갈라지는데, 게놈을 비교한 결과 약 730만 년 전에 일어난 것으로 보인다.

가짓과에는 중요한 작물이 여럿 포함돼 있다. 이 가운데 가지와 토마토, 고추는 열매를 먹는다(왼쪽). 덩이줄기를 먹는 감자는 유성생식이 퇴화했지만 드물게 방울토마토와 비슷한 열매가 열린다(오른쪽). 토마토와 감자는 분류학의 관점에서 가까운 사이이다. (제공 위키피디아/Gerald Holmes, 캘리포니아폴리테크닉주립대)

두 섹션의 차이 가운데 하나가 덩이줄기를 만드는가의 여부다. 페토타 섹션의 종들을 넓은 의미에서 감자라고 부르듯이 리코페르시콘 섹션의 종들 역시 넓은 의미에서 토마토로 부른다. 우리가 먹는 토마토(학명 솔라눔 리코페르시쿰*S. lycopersicum*)는 수천 년 전 남미 페루 일대에서 야생 토마토인 솔라눔 핌피넬리폴리움*S. pimpinellifolium*(이하 핌프pimp)을 작물화한 것으로 보인다.

가지는 연간 생산량이 5,660만 톤(2020년)으로 나름 중요한 작물이고 한반도에서 삼국시대에 이미 재배했다는 기록이 있는 친숙한 채소다. 2014년 가지 게놈이 해독됐지만 가지속 작물 세 가지를 다 다루기는 부담스러워 아쉽게도 여기서는 소개하지 않는다. 열매를 먹는 가지와 토마토 가운데 하나를 선택하자니 아무래도 우리가 더 자주 먹는 토마토로 손길이 갔다.

연간 생산량을 봐도 토마토는 1억 8,680만 톤(2020년)으로 가지의 3배가 넘고 작물 가운데 12위를 차지한다. 감자가 5위이므로 가지속의 기여가 대단하다. 이처럼 중요한 작물이기에 감자와 거의 비슷한 시기에 게놈을 해독하려는 움직임이 일어났다. 2003년 우리나라를 포함한 14개국 과학자 300여 명이 참여한 토마토게놈컨소시엄이 구성됐다.

우리나라는 한국생명공학연구원 허철구 박사팀과 서울대 식물생산과학부 최도일 교수팀이 참여해 2번 염색체 해독을 맡았다. 최 교수는 이 때의 경험을 바탕으로 고추 게놈 해독 프로젝트를 이끌었다.

9년이 지난 2012년 마침내 토마토 게놈 해독 결과가 학술지 『네이처』에 실렸다.[69] 해독에 쓰인 품종은 토마토케첩 재료로 널리 쓰이는 '하인즈 1706Heinz 1706'이다. 아울러 작물 토마토와 가장 가까운 야생 토마토인 핌프의 게놈도 함께 해독했다. 야생 토마토 열매는 꼭 방울토마토처럼 생겼는데 지름이 1cm가 채 안 된다. 그럼에도 맛과 향은 작물 토마토 열매보다 훨씬 진하다. 토마토 작물화가 진행되면서 열매가 커지고 보관성이 좋아지는 대신 맛과 향을 희생했다는 말이다.

토마토 게놈은 약 9억 염기 크기로 감자와 비슷하고 기본염색체(x)도 12개로 감자와 같다. 염기 해독에 성공한 부분은 7억 6,000만 염기로 전체 염기의 84% 수준이다. 단백질을 지정한 유전자는 3만 4,727개로 추정됐다. 이 소프트웨어 프로그램으로 감자 게놈을 분석해 추정한 유전자는 3만 5,004개로 거의 같다. 참고로 2011년 감자 게놈 해독 논문에서는 3만 9,031개로 추정했다. 토마토 게놈 해독 해석에 쓰인 유전자 발굴 프로그램이 더 엄격하다는 말이다.

야생 토마토(왼쪽)와 작물 토마토(오른쪽)는 크기에서 엄청난 차이를 보인다. 열매는 씨앗을 퍼트릴 동물을 끌어들이기 위한 미끼이므로 자연에서는 과잉 투자를 할 필요가 없다. (제공 『셀』)

한편 야생 토마토 게놈은 7억 3,900만 염기를 읽었다. 작물 토마토와 야생 토마토의 게놈 염기서열을 비교한 결과 단일염기다형성SNP, 즉 게놈의 같은 위치에서 염기가 다른 자리가 540만 곳으로 밝혀져 이를 기준으로 둘의 차이는 0.6%다. 한편 토마토와 감자 게놈의 차이는 8%가 넘는다. 참고로 사람과 침팬지의 SNP 기준 차이는 1.2%다.

하인즈 1706의 유전자 가운데 91%인 3만 1,760개 유전자가 야생 토마토에도 존재하는 것으로 밝혀졌다. 이 가운데 7,378개는 아미노산을 지정하는 염기서열이 동일했고 1만 1,753개는 SNP가 있었지만, 아미노산 서열은 동일했다. 즉 1만 9,131개는 같은 단백질을 만든다는 말이다. 염기 3개로 이뤄진 코돈은 보통 여러 개가 한 아미노산을 지정하므로 염기 하나가 바뀌어도 아미노산은 그대로일 수 있다. 나머지 1만 2,629개가 아미노산 서열이 다르거나 종결 코돈 위치가 달라 만들어진 단백질의 기능이 다를 것으로 예상됐다.

한편 방울토마토 게놈에서 서열이 알려진 부분을 비교한 결과 하인즈 1706보다는 야생 토마토에 더 가까운 것으로 드러났다. 방울토마토를 육종하는 과정에서 야생 토마토와 교배했음을 뜻한다. 전형적인 토마토에 비해 방울토마토는 열매가 작고 맛과 향이 진한 게 야생 토마토에서 온 유전자 덕분이라는 말이다. 그런데 하인즈 1706의 게놈을 자세히 들여다 본 결과 여기에서도 야생 토마토의 흔적을 찾아볼 수 있었다. 즉 토마토를 재배하고 육종하는 과정에서 여러 차례 야생 토마토가 개입했다는 뜻이다. 비록 둘의 학명은 다르지만 사실상 같은 종이라고 볼 수 있다.

앞서 감자 게놈을 분석한 결과 약 6,700만 전 전체게놈삼중복WGT이 일어나 육배체 조상이 나온 뒤 게놈 재배열을 거쳐 이배체화 된 상태라고 말했다. 토마토 게놈 역시 약 7,100만 년 전체게놈삼중복이 일어나 육배체 조상이 나왔다는 분석 결과를 얻었다. 두 작물의 공통조상이 살았던 시기이므로 같은 사건인데, 추정한 연대가 오차범위 안이므로 신빙성을 높인 셈이다.

포도 게놈과 비교하자 포도 유전자의 84%가 토마토 게놈에도 있었다. 포도 계열에서는 감마 사건* 이후 전체게놈중복이 없었으므로 만일 토마토 게놈이 육배체의 온전한 상태를 유지했다면 포도 유전자 하나에 토마토 유전자 세 개가 대응할 것이다. 그런데 실제 이런 경우는 21.6%에 불과했고 둘인 유전자가 39.9%, 하나만 남은 유전자도 22.5%였다. 약 7,000만 년의 시간이 지나면서 육배체의 중복된 유전자 가운데 상당수가 사라졌음을 알 수 있다.

대추토마토의 비밀

수년 전부터 마트에 대추처럼 길쭉하게 생겨 이름도 '대추방울토마토'인 방울토마토가 눈에 띈다. 맛을 보면 보통 방울토마토와 별 차이는 없어 보이는데 독특한 생김새 때문인지 조금 더 비싸다. 앞서 말했듯이 야생 토마토는 작은 방울토마토 크기의 구형이다. 여기서 어떻게 '곡률'이 다른 대추방울토마토 또는 크기가 좀 더 큰 대추토마토가 나왔을까.

2008년 학술지 『사이언스』에는 이 비밀을 밝힌 논문이 실렸는데 놀랍게도 전이인자가 개입된 것으로 밝혀졌다.[70] 소위 '쓰레기DNA'라고도 불리는 전이인자는 게놈 곳곳에 끼어 들어 있는 DNA 조각이다. 대부분은 비활성 상태이지만 때로는 깨어나 자기 자리를 뛰쳐나가 다른 자리에 끼어 들어가거나 끼어 들어갈 복제본을 만든다.**

잡종을 만들어 형태의 차이와 관련된 염색체 부위를 찾는 기법을 통

---

* γ event. 약 1억 4,000만 년 전 초기 쌍떡잎식물에서 일어난 전체게놈삼중복을 가리킨다. 이때 나온 육배체 식물이 오늘날 대다수 쌍떡잎식물의 조상이 됐다.

** 전이인자에 대한 자세한 내용은 옥수수 게놈을 다룬 5장 참조.

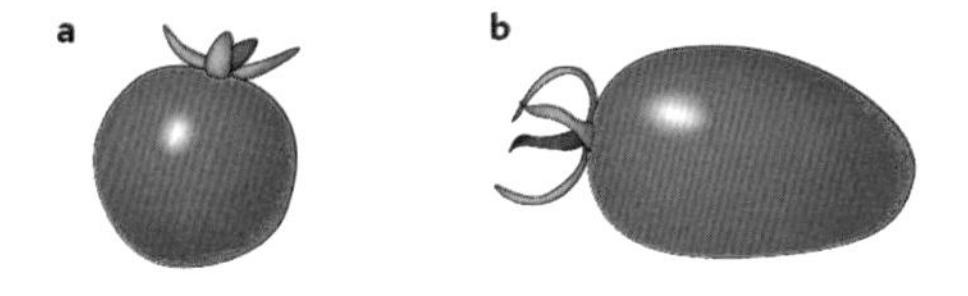

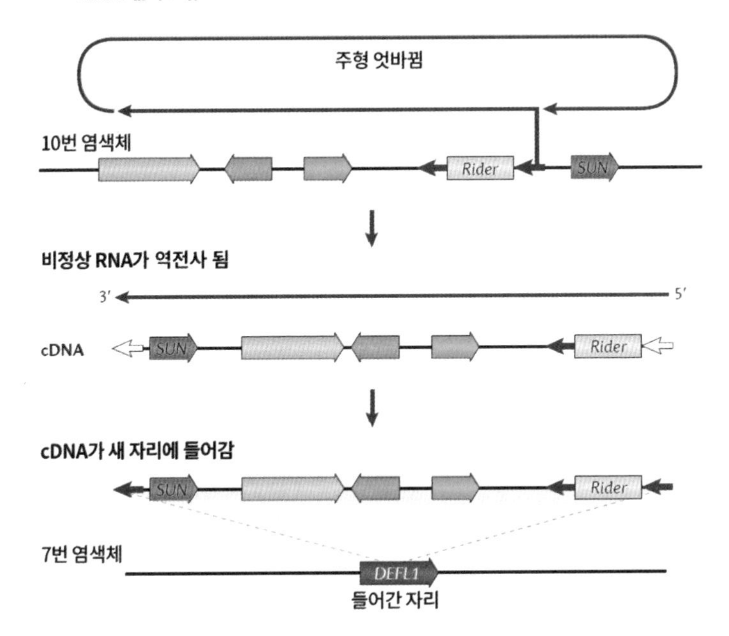

구형인 토마토(a)에서 타원형의 대추토마토(b)가 나온 건 전이인자 때문인 것으로 밝혀졌다. 즉 라이더(Rider)라는 레트로트랜스포존이 전사 과정에서 오류를 일으켜 옆에 있는 SUN 유전자가 포함됐고 이를 주형으로 만들어진 DNA 조각이 DEFL1 유전자에 끼어들어가면서 SUN 유전자가 열매에서 발현된 결과다. (제공 『네이처 리뷰 유전학』)

해 야생 토마토와 대추토마토의 7번 염색체의 특정 부분이 다르다는 사실이 밝혀졌다. 즉 대추토마토는 야생 토마토의 DEFL1 유전자 중간에 2만 4,700염기 크기의 DNA 조각이 들어 있었다. 그 결과 DEFL1 유전자는 고장이 나고 대신 DNA 조각에 있는 SUN 유전자가 수정 뒤 자라는 열매에서 많이 발현됐다. 그 결과 열매의 형태가 구형에서 타원형으로 바뀐 것이다.

원래 SUN 유전자는 10번 염색체에 자리해 있는데, 발현량이 적어 어떤 기능을 하는지는 잘 모른다. 그런데 대추토마토에서는 그 주변에 들어간 전이인자가 복제되는 과정에서 착오를 일으켜 옆에 있는 SUN 유전자까지 같이 복제해 2만 4,700염기나 되는 커다란 DNA 조각이 만들어졌다. 그리고 이 조각이 공교롭게도 7번 염색체의 DEFL1 유전자 위치에 끼어 들어간 것이다.

DEFL1 유전자는 방어와 관련된 기능을 하는 것으로 보이는데 열매가 자랄 때 많이 발현한다. 따라서 그 자리에 끼어 들어간 SUN도 비슷한 발현 패턴을 보였고 그 결과 열매 형태가 바뀐 것이다. 대추토마토의 탄생은 우연의 결과이지 열매 형태의 변화가 어떤 환경 변화에 대한 적응은 아니라는 말이다.

보기는 좋아도 맛과 향은 별로

야생 토마토 열매는 크기가 콩알만하지만 식물의 입장에서는 동물을 끌어들여 먹게 하는 게 열매의 목적이므로 과육에 지나친 투자를 할 필요는 없다. 대신 누가 먹어봐도 과일이라고 인정할 정도로 향미가 진하다고 한다. 맛이 있어야 동물이 먹고 배설물과 함께 씨앗이 퍼질 수 있기 때문이다. 현대 품종 토마토 대다수가 맛이 싱거운 건 육종 과정에서 토마토 고유의 향미를 많이 잃어버렸다는 얘기다.

이는 토마토 작물화의 포인트가 열매 크기와 겉모습, 수확 용이성, 저장성 등에 있었기 때문이다. 즉 서구에서 토마토가 주로 식재료로 쓰이다 보니 과일보다는 채소로서의 효용을 극대화하는 쪽으로 개량이 치우친 것이다. 그 결과 다른 과일이 없다면 모를까 토마토 자체를 후식이나 간식으로 먹는 경우는 드물다. 그나마 향미가 좀 있는 방울토마토는 가끔 이렇게 먹는다.

오늘날 시장에 나오는 토마토 품종들은 대부분 GLK2 유전자가 고장나 있다. 그 결과 한꺼번에 익어 수확하기 쉽고 색도 예쁘게 나오지만 당도가 떨어지고 향도 약하다. 이는 열매가 자라는 동안 엽록소가 부족해 일어나는 현상이다. (제공 S. Zhong and J. Giovannoni)

맛이 싱거운 토마토의 기원은 20세기 중반으로 거슬러 올라간다. 당시 육종학자들은 'u 표현형'이라고 알려진 특징을 지닌 변이체를 발견해 다른 품종에 빠르게 도입했고(전통적인 교잡으로) 그 결과 오늘날 상업 품종 대다수가 지니게 됐다. u 표현형 토마토는 옅은 녹색의 열매가 자라다 어느 시점에서 한꺼번에 익어 수확하기에 편하고 열매 전체가 예쁘게 빨간색으로 바뀌기 때문이다. 앞서 토마토 참조 게놈으로 쓰인 하인즈 1706도 이 변이체의 유산을 간직하고 있다.

지난 2012년 학술지 『사이언스』에는 오늘날 토마토 맛이 싱거운 이유를 유전자 차원에서 밝힌 논문이 실렸다.[71] 미국 데이비스 캘리포니아대 식물과학과 앤 포웰 교수팀과 코넬대 식물육종유전학·식물생물학과 제임스 지오바노니 교수팀은 작물화된 토마토 품종 대다수에서 GLK2라는 유전자가 고장나 있다는 사실을 발견했다. 즉 u 표현형 토마토는 이 유전자 쌍 모두 변이형으로 u/u로 표시한다. 반면 야생 토마토와 몇몇 재래종 토마토는 GLK2 유전자 쌍이 정상이고(U/U) 따라서 열매가 짙은 녹색이다.

게놈 분석 결과 이 유전자의 첫 번째 엑손에 염기 하나(아데닌, A)가 들어가(아마도 복제 과정의 오류일 것이다) 코돈을 이루는 염기 세 개 단위의 틀이 하나씩 밀리며 얼마 못 가 종결코돈이 생겼다. 그 결과 아미노산 80개짜리 단백질 조각이 만들어져 기능을 잃은 것이다. 참고로 정상 GLK2 단백질은 아미노산 310개 크기다.

GLK2 단백질은 전사인자로 토마토의 엽록소 생성에 관여하는 유전자들의 발현을 조절한다. 잎에서는 같은 기능을 하는 GLK1 유전자가 발현돼 GLK2가 고장나도 별 영향이 없지만, GLK2만 발현되는 열매에서는 이게 고장 나면 엽록소의 양이 적어져 열매가 자라는 동안 밝은 녹색을 띤다. 그 결과 광합성으로 만든 당분이나 그 대사산물인 카로티노이드가 적어 싱거운 토마토가 된 것이다. 연구자들은 정상 GLK2 유전자를 작물화된 토마토에 도입했고 그 결과 열매의 녹색이 짙어졌고 익은 뒤 측정한 당도와 카로티노이드 함량도 20~30% 많아졌다.

2017년 『사이언스』에는 현대 상업 품종 토마토의 향미가 떨어진 이유를 밝힌 논문이 실렸다.[72] 향미flavor는 맛과 향을 아우르는 개념이다. 오늘날 토마토 열매가 과일이 아니라 채소로 취급되는 건 단맛과 함께 향기도 약해졌기 때문이다.

상업 재배 품종과 야생종, 재래종 등 398가지 토마토를 분석한 결과 상업 재배 품종에서 향미와 관련된 휘발성 분자 13종의 농도가 현저히 떨어지는 것으로 나타났다. 즉 들쩍지근한 토마토 특유의 향을 부여하는 2-메틸-1-부탄올2-methyl-1-butanol과 바나나 향인 3-메틸-1-부탄올3-methyl-1-butanol, 은은한 꽃향기인 베타-아이오논β-ionone 같은 화합물이다. 생산량과 저장성, 질병 저항성 등에 집중해 개량하다 보니 이런 대사산물을 만드는 유전자 네트워크가 부실해져도 방치한 결과다. 연구자들은 관련된 유전자들의 변이를 야생 또는 재래종 형태로 되돌린다면 향미가 풍부한 토마토를 얻을 수 있을 것이라고 예상했다.

새 술은 새 포대에

2018년 학술지 『네이처 생명공학』에는 맛과 향이 진한 토마토를 만드는 새로운 전략을 소개한 논문 두 편이 나란히 실렸다. 즉 기존 상업 재배 품종 토마토에 잃어버린 유용한 특성을 복구시키는 대신 야생 토마토에 게놈편집기술로 작물 토마토의 특성을 부여해 향미는 유지하면서 열매 크기 등 단점은 개선한 작물로 만드는 것이다. 지난 수년 사이 토마토 작물화 과정에서 일어난 게놈 변이가 많이 밝혀졌기 때문에 이런 접근이 가능해졌다. 그런데 이렇게 해서 시간은 줄일 수 있을지 몰라도 재배 품종에 야생 토마토를 교배하는 전통 육종법과 같은 결과물이 나오는 것 아닐까.

그렇지 않다. 게놈 차원에서 보면 기존 육종법은 염색체가 재조합되는 과정이고 이때 표적이 되는 유전자에 가까이 있는 여러 유전자들도 같이 바뀐다. 그 결과 '하나를 얻으면 다른 하나를 잃는' 일이 흔하게 일

게놈편집기술로 야생 토마토(WT)의 FAS 유전자를 고장내자(*fas 5*) 꽃잎 개수가 늘고 열매가 커졌다. (제공 『네이처 생명공학』)

어났다. 그러나 게놈편집 기술을 쓰면 원하는 유전자만 콕 집어서 바꿀 수 있으므로 이런 부작용을 피할 수 있다.

두 논문은 비슷한 내용이기 때문에 여기서는 독일 뮌스터대 식물생물학생명공학연구소 요르그 쿠들라 교수팀과 공동연구자들의 결과를 소개한다.[73] 연구자들은 작물 토마토에 가장 가까운 야생 토마인 핌프를 대상으로 게놈편집 계획을 수립했다. 앞서 언급했듯이 이 야생종은 향미가 뛰어난 열매가 열리지만 크기가 너무 작고(1g이 안 된다) 달리는 개수도 얼마 되지 않는다. 이 자체로는 작물로서 상업성이 없다는 말이다.

연구자들은 토마토 작물화 과정에서 결정적인 역할을 한 것으로 보이는 유전자 6개를 바꾸기로 했다. 즉 3세대 게놈편집기술인 크리스퍼/캐스9을 써서 족집게 분자육종을 시도한 것이다. 식물체의 성장에 관여하는 SP 유전자와 열매 모양에 관여하는 O 유전자, 열매 크기에 관여하는 FAS 유전자와 FW2.2 유전자, 열매 개수에 관여하는 MULT 유전자, 영양분(라이코펜[lycopene])에 관여하는 CycB 유전자를 작물형 또는 바람직한 특성을 띠는 변이형으로 바꾸는 데 성공했다.

결과는 놀라웠다. 야생종에 비해 열매 크기가 3배가 됐고 개수는 무려 10배가 됐다. 즉 식물 한 개체 당 열매가 양으로 30배 더 달린 것이다. 게다가 라이코펜 함량도 두 배로 늘었다. 이는 시장에 나와 있는 토마토의 라이코펜 함량의 5배에 이르는 농도다. 라이코펜은 항염증 작용이 있고 심혈관계질환 및 암 위험성을 낮춰주는 것으로 알려져 있다.

참고로 라이코펜 관련 유전자인 CycB는 라이코펜을 베타카로틴으로 바꿔주는 효소를 지정하고 있다. 기존 토마토 작물화 과정에서는 이 유전자의 활성이 강화돼 라이코펜 함량이 줄어들었다. 예를 들어 방울토마토의 라이코펜 함량은 60~120mg/kg인 반면 야생 토마토는 최대

270mg/kg에 이른다. 그런데 게놈편집으로 이 유전자를 아예 고장내자 라이코펜 함량이 500mg/kg까지 올라갔다. 이 경우는 기존 작물화와 반대 방향으로 바꾼 것이다.

다섯 번째 베리를 꿈꾸며

같은 해 학술지 『네이처 식물』에는 게놈편집을 이용한 식용 꽈리의 작물화라는 특이한 연구 결과가 실렸다.[74] 우리나라에서는 관상식물로 꽈리를 키우지만(꽃받침이 보자기처럼 싸고 있는 꽈리는 정물화의 단골 소재다), 중남미의 몇몇 지역에서는 꽈리 열매를 즐겨 먹는다고 한다. 같은 꽈리속Physalis일 뿐 우리나라 꽈리와는 별개의 종이다. 즉 관상용 꽈리는 학명이 *P. alkekengi*이고 식용 꽈리는 학명이 *P. pruinosa*다.

식용 꽈리는 열매가 꽤 맛있다고 한다. 인터넷을 검색해 보니 일본에서 인기를 끌고 있고 우리나라에도 소개된 것 같다. 그럼에도 역시 열매가 너무 작고 재배 조건도 까다로워 상업 작물로서는 자격미달이다.

보이스톰슨연구소 조이스 반 에크 교수팀 등 미국의 공동연구자들은

식용 꽈리는 달콤하면서도 독특한 향이 있어 인기라고 한다. 최근 게놈편집기술로 식용 꽈리를 작물화하는 시도가 진행됐다. (제공 Sebastian Soyk)

식용 꽈리가 야생 토마토와 여러 특성이 비슷하다는 데 착안해(둘 다 가짓과 식물이다) 토마토 작물화 과정을 밝힌 게놈 연구 결과를 꽈리 작물화에 적용해 보기로 했다. 둘이 친척 식물이므로 해당 유전자가 꽈리에도 있을 가능성이 높기 때문이다. 실제 꽈리의 게놈을 분석한 결과 1만 3,000개에 가까운 유전자가 토마토의 유전자와 1대1로 대응하는 것으로 밝혀졌다.

연구자들은 식물체의 성장에 관여하는 SP 유전자와 SP5G 유전자, 열매 크기에 관여하는 CLV1 유전자를 바꾸는 데 성공했다. 그 결과 열매 크기가 24% 늘어났고 식물체에 열매가 50% 더 열렸다.

연구자들은 "식용 꽈리는 향미가 독특해 딸기strawberry, 블루베리, 블랙베리, 산딸기raspberry에 이어 다섯 번째 베리berry가 될 수 있을 것"이라고 기대했다.

일본, 텃밭용 모종 판매 시작

2021년 10월 일본에서 GEO 토마토 판매가 허용돼 화제가 됐다. GEO는 게놈편집생물Genome Edited Organism의 영문 머리글자다. 앞서 6장에서 언급했듯이 작물 가운데 최초의 GEO는 대두이지만 이는 고올레산 콩기름을 만드는 용도로만 쓰인다. 반면 일본 바이오기업 사나텍시드가 만든 GEO 토마토는 일반인을 대상으로 모종을 판매하고 있다.

연구자들은 3세대 게놈편집기술인 크리스퍼/캐스9으로 아미노산 가바GABA의 함량을 4~5배 높인 토마토를 만들었다. 가바는 혈압을 떨어뜨리고 신경을 안정시키는 효과가 있다. 따라서 혈압이 높거나 불면증이 있는 사람이 가바 고함량 토마토를 먹으면 혈압조절과 숙면에 도움이 될 수 있다.

시칠리아 토마토의 붉은색을 뜻하는 '시칠리안루즈하이가바Sicilian Rouge

high GABA'라고 이름 붙인 GEO 토마토의 개발 과정은 꽤 흥미롭다. 단백질을 만드는 20가지에는 포함되지 않는 아미노산인 가바는 정규 아미노산인 글루탐산에서 만들어지고 이 반응을 촉매하는 효소가 GAD다.

그런데 GAD는 구조가 독특하다. 반응을 촉매하는 부분과 함께 억제하는 부분도 있기 때문이다. 자동차처럼 액셀과 브레이크가 있는 셈이다. 공교롭게도 반응을 억제하는 부분에 대한 정보는 GAD 유전자 뒷부분에 있다. 따라서 게놈편집으로 그 부분 바로 앞에 있는 염기를 바꿔 종결 코돈을 만들면 이 지점에서 단백질 합성이 멈춘다. 즉 액셀만 있는 자동차가 만들어지는 셈이다.

토마토에는 GAD 유전자가 5개 있는데, 그 가운데 GAD2와 GAD3가 열매에서 발현된다. 따라서 두 유전자에 대해 각각 게놈편집을 시도했고 그 결과 열매의 가바 농도가 7~15배 높아졌다. 그런데 GAD2는 잎에서도 발현되는 유전자라 활성이 지나치자 식물 성장이 저해됐다. 반면 열매에서만 발현되는 GAD3는 이런 부작용이 없었다.

사실 연구자들은 게놈편집기술을 쓰기 전에 EMS라는 약물을 처리해 임의의 돌연변이를 유발하여 GAD3가 '절묘하게' 고장난 변이체를

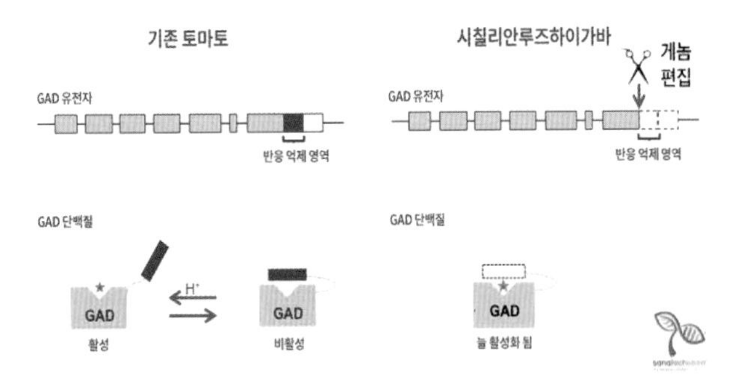

시칠리안루즈하이가바는 게놈편집기술로 아미노산 가바(GABA)의 함량을 4~5배 높인 GEO 토마토다. 글루탐산에서 가바를 만드는 효소인 GAD에는 반응을 억제하는 부분이 달려 있어(왼쪽 파란색 네모) 효소 활성이 조절되지만, 게놈편집으로 이 부분이 만들어지지 않게 하면 효소가 늘 활성화돼 가바가 많이 만들어진다(오른쪽). (제공 사나텍시드)

2021년 10월 일본 회사 사나텍시드는 일반인을 대상으로 GEO 토마토 시칠리안루즈하이가바(Sicilian Rouge high GABA) 텃밭용 모종 세트의 인터넷 판매를 시작했다. 모종 네 개체와 비료가 들어 있는 세트 가격은 8,250엔(약 9만 원)으로 꽤 비싸다. (제공 사나텍시드)

찾는 연구를 진행했다. EMS는 DNA를 손상시키는 약물인데, 발암물질로 분류되어 있지만 작물 개량 방법으로 쓸 수 있다. 아무튼 이렇게 얻은 돌연변이 4,500여 개체를 하나하나 조사했지만 불운하게도 GAD3 유전자의 딱 맞는 위치에서 변이가 일어난 건 없었다. 표적을 지정해 건드리는 게놈편집 기술이 얼마나 효율적인 육종법인지 알 수 있는 대목이다.

물론 작물 재배 과정에서도 수시로 돌연변이가 일어나고 어쩌다가 GAD3의 반응 억제 부분 바로 앞에서 단백질 번역이 멈추는 변이체도 나올 수 있다. 그러나 그 가능성이 매우 희박할 뿐 아니라 설사 가바를 많이 만드는 토마토가 생겼더라도 겉모습은 별 차이가 없어 눈썰미가 있는 농부라도 변이체를 알아보지 못할 것이다.

일반인을 대상으로 인터넷 판매를 하는 GEO 토마토 텃밭용 모종 세트에는 네 개체가 들어 있는데 가격이 8,250엔(약 9만 원)으로 꽤 비싸다. 세계 최초임을 생각하면 호기심이 많은 사람들은 살 것 같다. 그런데 일본에서 일반인 대상 GEO 작물 판매까지 별 반발 없이 이뤄진다는 게 놀랍다. 유전자변형생물GMO에 대해서는 우리나라나 유럽처럼 일본 역시 여전히 폐쇄적인 시각을 지니고 있음에도 GEO에 대해서는 전통적인 육종과 본질적으로 다르지 않다고 보는 것 같다. 다른 종의 유전자를 도입하는 것이 아니라 자연에서 일어날 수 있는 변이를 최신 기술의 도움을 받아 대신하는 것이기 때문이다.

최근 우리나라 정부도 GEO 작물에 대해 긍정적으로 검토하겠다고 말했지만, 아직 실행에 옮기지는 않고 있다. 일본처럼 큰 변화를 주기가 부담스럽다면 먼저 현장 재배라도 할 수 있게 여건을 마련해 줬으면 한다. 품종 개발이라는 게 금방 이뤄지는 게 아니고 여러 차례 현장 적용을 통해 개량하기 마련이라 수년에서 수십 년이 걸린다. 연구자들이 현장 재배를 맘 편하게 할 수 있다면 우리나라 GEO 연구가 세계에 뒤처지지는 않을 것이다.

토마토는 채소일까 과일일까

'채소와 과일을 많이 먹어라.'

건강을 위한 생활습관에서 빠지지 않고 나오는 얘기다. 최근에는 약간 바뀌 '채소는 많이 과일은 적당히 먹어라'로 권고하기도 한다. 요즘 과일들은 품종 개량으로 당도가 워낙 높아 많이 먹으면 역효과가 날 수도 있기 때문이다.

채소와 과일 가운데서도 건강에 좋기로는 토마토를 첫손에 꼽는 사람들이 많다. 각종 비타민과 미네랄, 라이코펜 같은 영양분이 풍부하면서도 당도는 높지 않기 때문이다. 이처럼 대단한 토마토임에도 정체성에 문제가 있다. 즉 채소냐 과일이냐가 여전히 헷갈리기 때문이다.

식물 토마토에서 우리가 먹는 부위는 열매다. 식물이 수정한 뒤 씨방이 자란 게 열매이고, 먹을 수 있는 열매를 과일이라고 부른다. 사실 영어로 열매와 과일은 모두 'fruit'이다. 식물학 관점에서 토마토는 과일이라는 말이다. 그런데 과학을 따르면 우리가 당연히 채소라고 생각하는 가지와 호박, 오이도 모두 과일이다. 뭔가 어색하지 않은가. 즉 채소와 과일을 나누는 일상적인 기준은 좀 다른 것 같다.

누군가는 목본 식물의 열매는 과일, 초본 식물의 열매는 채소라고 하지만 꼭 그렇지도 않다. 초본 식물의 열매인 수박과 참외를 채소라고 할 사람이 몇 명이나 있을까. 아마도 사람들은 과육이 많고 맛과 향이 달콤한 열매를 과일이라고 생각하는 게 아닐까. 즉 요리의 식재료가 아니라 그 자체를 후식이나 간식으로 먹는 열매가 과일이다.

이렇게 봐도 토마토는 여전히 헷갈린다. 서구에서는 토마토가 식재료로 널리 쓰이고 특히 파스타나 피자에서는 주재료다. 방울토마토 역시 샐러드의 감초다. 서구인들에게는 토마토가 채소로 느껴질 것이다. 반면 우리나라 사람들은 토마토만 먹는 데 익숙하다. 예전에는 토마토를 썰어 설탕을 뿌려 '과일화'해 먹었고 요즘은 일반 토마토보다 먹기 편하고 맛이 진한 방울토마토를 즐겨 먹는다. 그래서인지 토마토를 과일로 생각하는 것 같다.

수입 관세 때문에 법적 다툼

토마토가 채소든 과일이든 무슨 상관이냐 싶지만 1893년 미국에서는 이 문제가 대법원까지 올라가 판결이 내려지기도 했다. 한때 뉴욕 관세청장을 지내기도 했던 미국 21대 대통령 채스터 아서는 관세를 낮춰 달라는 여론에 1882년 관세 인하 검토를 지시했다. 그 결과 위원회는 10% 인하안을 의회에 제시했으나 보호론자들의 입김으로 이듬해 관세법을 평균 1.47% 인하하는 데 그쳤다.

뉴욕 관세청장을 지내기도 했던 미국 21대 대통령 채스터 아서는 1882년 상당 수준의 관세 인하 검토를 지시했지만, 이듬해 의회에서 평균 1.47% 인하에 그치는 관세법 개정안이 통과됐다. 이때 수입 과일은 무관세, 수입 채소는 10% 관세로 결정됐고 토마토가 채소로 분류돼 관세를 물게 된 데 불만은 품은 수입업체가 과일이라며 소송을 벌였지만 결국 패소했다. 아서는 뉴욕 관세청장 시절 부패 혐의로 쫓겨나기도 했다. (제공 위키피디아)

이 과정에서 수입 과일은 무관세가 돼 서민들의 부담을 꽤 덜어줬다. 반면 수입 채소에는 여전히 10%의 관세를 매겼다. 이때 토마토는 과학보다는 관습(상식)에 따라 채소로 분류됐고 그 결과 관세 대상이 됐다. 이에 수입업자들이 불만을 품었고 이 가운데 뉴욕에서 가장 큰 과채류 수입업체였던 존닉스&컴퍼니가 뉴욕항 세관 책임자 에드워드 헤든을 상대로 재판을 걸어 대법원까지 올라가는 치열한 법정 공방을 벌였다.

원고측은 열매인 토마토가 식물학적으로 엄연히 과일이므로 틀린 분류라고 주장했다. 이들은 사전까지 갖고 가 들이밀었지만, 법정은 "어떤 단어가 무역이나 상업에서 특별한 의미를 갖고 있지 않는 한 일상의 의미로 쓰여야 한다"며 사전을 증거로 채택할 수 없다고 못 박았다. 판결을 맡은 그레이 판사는 "토마토는 덩굴식물에 열리는 열매이지만 디저트보다는 주요리에서 주로 먹기 때문에 채소로 봐야 한다"며 "호박과 오이, 완두, 강낭콩도 마찬가지"라고 덧붙였다.

우리나라의 경우 과일은 목본 식물의 열매에 한정하고 초본 식물의 열매는 채소로 본다. 채소는 먹는 부위에 따라 엽채류(잎)와 근채류(뿌리), 과채류(열매)로 나뉜다. 토마토는 고추, 호박, 오이, 참외, 수박과 함께 과채로 분류된다. 완두나 풋콩은 씨앗이지만 과채류로 본다.

고추,
천적 쫓는 화학무기에 사람이 홀려

"스파이시!"

서구인들이 우리나라 음식을 맛보고 나서 말하는 가장 흔한 단어다. 영어 'spicy'에 꼭 맞는 우리말은 없지만 풀어 쓰자면 "매운 양념 맛이 강하다" 정도일 것이다. 실제 우리 음식에는 파, 마늘, 생강 등 양념이 즐겨 쓰이지만 서구인들이 '스파이시'라고 말하게 하는 양념은 고추다. 고춧가루도 모자라 고추장까지 만들어 먹는 곳은 우리나라뿐이다.

우리나라에 고추가 들어온 건 임진왜란이므로 500년 남짓이다.* 늦어도 6,000년 전 고추 작물화가 이뤄진 걸 생각하면 길지 않은 역사다. 이 기간 고추는 우리나라 음식에 녹아들어 우리 음식의 정체성을 바꿔 놓았다. 고춧가루가 들어 있지 않다면 김치나 낙지볶음 맛이 얼마나 밋

* 임진왜란 이전에 고추가 들어왔다는 설도 있지만 널리 받아들여지지는 않았다.

밋할까. 물론 백김치처럼 고춧가루를 안 쓰는 김치가 있기는 하지만 이는 예외로서 존재하는 별미다.

그래서일까. 2014년 고추 게놈 해독 결과를 학술지 『네이처 유전학』에 발표한 주체는 서울대 식물생산과학부 최도일 교수팀을 비롯한 한국 연구진이다.[75] 오늘날 우리나라를 상징하는 양념 작물의 게놈을 우리 과학자들이 주도해 해독했으니 더욱 뜻깊다.

가장 매운 고추는 청양고추의 200배

고추는 가짓과 고추속에 속하는 작물이다. 가짓과에는 8장에서 소개한 감자와 이어지는 9장에서 다룬 토마토를 비롯해 가지, 담배 등 여러 작물이 포함돼 있다. 고추속*Capsicum*은 40여 종으로 이뤄져 있는데, 그 가운데 작물은 고추(학명 캅시쿰 애눔*C. annuum*)를 비롯해 5종이다. 나머지는 중국고추*C. chinense*, 나무고추*C. frutescens*, 베리고추*C. baccatum*, 털고추*C. pubescens*다.

고추의 속명 캅시쿰은 '상자'를 뜻하는 라틴어 'capsa'에서 왔다는 설(열매 생김새에서 상자를 떠올려)과 '물다'는 뜻의 그리스어 'kapto'에서 왔다는 설이 있다. 고추를 먹으면 뭔가에 물린 것처럼 입 안이 얼얼해서 이런 이름을 떠올린 것일까.

세계에서 가장 매운 고추로 기네스북에 올라있는 캐롤라이나 리퍼는 중국고추와 나무고추의 잡종이다. (제공 위키피디아)

고추의 작물화 시기는 짧게 잡아도 6,000년 전으로 거슬러 올라간다. 지난 2014년 학술지 『미국립과학원회보』에는 멕시코 동부에서 야생 고추를 작물화했다는 주장을 담은 논문이 실렸다.[76] 이 지역은 지금도 다양한 야생 고추가 자생하고 역시 다양한 재래종 고추가 재배되고 있다.

나머지 작물 고추 네 종은 이보다 한참 뒤 남미와 카리브해 지역에서 작물화된 것으로 보인다. 즉 중국고추는 아마존 북부 저지대(따라서 중국과는 관계가 없다)이고 나무고추는 카리브해 지역, 베리고추는 볼리비아 저지대, 털고추는 안데스산맥 남쪽 지역이 유력하다. 아마도 이들 지역으로 작물 고추가 전파된 뒤 현지에서 자라는 다른 종의 야생 고추를 작물화한 것으로보인다.

1492년 크리스토퍼 콜럼버스가 카리브해에서 채집해 가져간 종은 캅시쿰 애눔이었고 그 결과 먼저 세계로 퍼졌다. 오늘날 재배되는 고추 대부분이 캅시쿰 애눔이고 우리나라에서 재배되는 고추 역시 마찬가지다. 이 가운데 매운맛이 강한 품종인 청양고추가 가장 유명하다.

흥미롭게도 기록적인 매운맛으로 유명한 고추들은 다른 종이다. 멕시코의 재래종 아바네로고추habanero chili는 중국고추로 고추의 매운맛을 측정하는 단위인 스코빌 척도Scoville scale로 10만~30만에 이른다. 아바네로고추의 한 품종인 레드 사비나Red Savina는 1994년에서 2007년까지 가장 매운 고추로 기네스북에 올랐다. 참고로 청양고추의 스코빌 척도는 1만 내외다. 매운맛 소스로 유명한 타바스코 소스의 주재료인 타바스코고추tabasco pepper는 멕시코 타바스코주의 재래종인 나무고추로 스코빌 척도로 3만~5만이다.

인도 아삼주의 재래종인 나가 졸로키아naga jolokia(중국고추)를 나무고추와 교배해 얻은 부트 졸로키아bhut jolokia의 스코빌 척도는 무려 100만에 이른다. 유령고추ghost pepper라고도 불리는 부트 졸로키아는 레드 사비나를 밀어내고 2007년부터 2011년까지 기네스북에 올랐다. 오늘날 가장 매운 고추로 기네스북에 올라있는 품종은 캐롤라이나 리퍼Carolina Reaper로 스코빌 척도가 220만에 이른다. 캐롤라이나 리퍼는 부트 졸로키아와 아바네로를 교배해 얻었다. 게놈 기여도를 보면 중국고추 4분의 3에 나무고추 4분의 1인 잡종이다.

가짓과 작물 가운데 게놈 가장 커

고추 게놈으로 돌아와 연구자들은 멕시코의 재래종 고추인 크리올로 드 모렐로스 334Criollo de Morelos 334 품종(이하 CM334)을 선택했다. 기초 연구와 품종 개발에 널리 이용되는 품종인데다 다양한 병원체에 대한 저항성이 크기 때문이다.

고추는 다른 대다수 가짓과 식물과 마찬가지로 기본염색체(x)가 12개인 이배체(2n=2x=24) 식물이다. 그러나 게놈 크기는 감자나 토마토보다 훨씬 큰 34억 8,000만 염기로 추정돼 사람보다도 약간 더 크다. 반복서열인 전이인자 비율이 높기 때문이다. 가짓과 식물의 분화 과정에서 가지속과 고추속은 공통조상에서 약 2,000만 년 전 갈라졌는데,

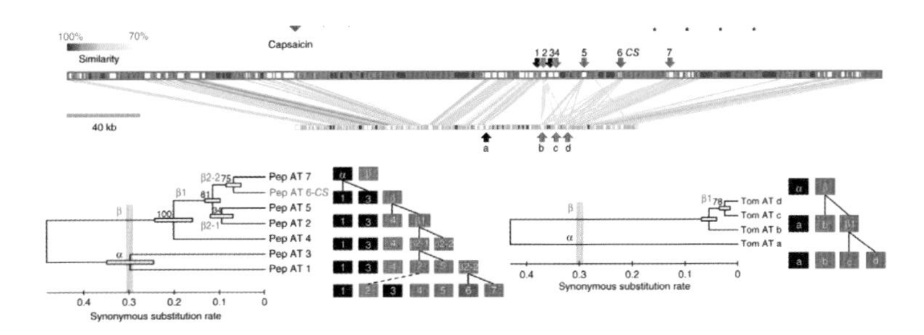

고추 게놈은 전이인자 비율이 높아 토마토 게놈보다 훨씬 크다. 염색체에서 아실기전달효소 유전자가 몰려 있는 영역을 비교하면 고추(빨간 막대)가 토마토(노란 막대)보다 더 길다. 아래는 아실기전달효소 유전자의 계통도로 고추(왼쪽)에서 토마토(오른쪽)보다 유전자중복이 더 많이 일어났음을 알 수 있다. 특히 마지막 유전자중복에서 캡사이신 생합성에 관여하는 CS 유전자(6)가 생겨났다. (제공 『네이처 유전학』)

그 뒤 고추속 계열에서 전이인자가 급속히 늘어난 결과다.

전체 게놈의 88%인 30억 6,000만 염기를 해독한 결과 전이인자가 23억 4,000만 염기로 76.4%를 차지했다. 게놈 크기는 네 배에 이르지만 단백질 지정 유전자는 약 3만 5,000개로 감자나 토마토와 비슷했다.

다음 두 장에 나오는 후추와 마늘도 그렇지만 양념 작물이나 기호 작물의 정체성은 해당 작물이 만드는 이차대사물secondary metabolites에서 온다. 탄수화물이나 단백질 같은 영양분, 즉 일차대사물primary metabolites을 섭취하려고 먹는 음식에 맛을 돋우기 위해 넣는 양념 작물은 종류에 따라 독특한 이차대사물 프로파일을 지니고 있다.

이차대사물은 대부분 식물이 각종 스트레스로부터 자신을 보호하기 위해 만드는 분자다. 특히 식물체를 공격하는 생물체에 대항하는 무기로서 이차대사물은 식물의 진화 과정에 따라 특화돼 있다. 고추속 식물은 캡사이시노이드capsaicinoid로 불리는 알칼로이드 합성 전문가들이다. 고추의 매운맛을 내는 분자로 알려진 캡사이신capsaicin은 대표적인 캡사이시노이드다. 한편 알칼로이드alkaloid는 질소를 함유한 염기성 유기화합물을 가리킨다.

연구자들은 고추 게놈에서 캡사이신 생합성 경로에 관여하는 유전자 네트워크를 밝혔다. 이 가운데 다수는 토마토에도 존재하는 유전자들이다. 그럼에도 토마토는 캡사이시노이드를 만들지 못한다. 캡사이신 생합성 과정에서 결정적인 역할을 하는 유전자인 캡사이신 합성효소capsaicin synthase, CS가 고추에만 있기 때문이다.

CS는 아실기전달효소acyltransferase 가운데 하나로, 메틸노네노일코에이8-methyl-6-nonenoyl-CoA의 아실기를 바닐릴아민vanillylamine에 붙여 캡사이신을 만드는 반응을 촉매한다. 고추 게놈을 분석한 결과 아실기전달효소 유전자 하나가 여러 차례 유전자중복을 거쳐 7개가 됐고 그 가운데 하나가 CS인 것으로 밝혀졌다. CS 유전자는 열매에서만 발현되므로 고추 식물체에서 열매에만 캡사이신이 존재한다. 파프리카처럼 맵지 않은 고추 품종은 CS 유전자의 엑손(아미노산 지정 부위) 또는 발현조절 부위가 고장나 캡사이신을 만들지 못한 결과다. 한편 토마토 게놈에서도 아실기전달효소 유전자의 중복이 일어났지만 4개에 그쳤고 CS의 촉매 활성을 갖게 진화하지는 못했다.

토마토와 고추의 차이

토마토와 고추는 가짓과 식물로 가까운 사이이지만 열매가 익는 과정에서 결정적인 차이를 보인다. 토마토는 전형적인 열매의 길을 걷는 것이므로 고추 열매가 별난 경우다. 식물이 씨방을 부풀려 영양분이 들어 있게 하는 건 씨를 퍼뜨리기 위함이다. 따라서 씨가 여물기 전까지는 열매가 딱딱하고 타닌과 유기산이 많아 맛도 떫거나 시고 색도 녹색이다. 씨가 성숙하면 열매의 세포벽이 약해지고 떫은맛과 신맛 대신 당분이 올라가 단맛이 난다. 여기에 달콤한 향이 더해지고 색도 빨갛거나 노랗게 바뀐다. 동물들에게 빨리 와서 먹으라고 신호를 보내는 셈이다. 토마토 열매에서 일어나는 일이다.

최 교수는 "토마토씨를 본 적이 있느냐?"며 고추씨보다 작은데다 미끌미끌한 젤에 싸여 있어 포유류가 씹어 먹어도 거의 파괴되지 않고 장을 통과할 때도 제대로 소화되지 않아 대변에 섞여 온전하게 빠져나온다고 설명했다. 반면 고추씨는 상대적으로 크고 노출돼 있어 설치류 같은 작은 포유류가 씹어 먹게 되면 십중팔구 상처를 입고 장의 소화 작용으로 파괴된다는 것이다. 따라서 이들이 접근하지 못하게 열매를 진화시켰다.

고추에서는 씨가 여물면 열매의 색이 녹색에서 붉게 바뀌기는 하지만 세포벽이 약해지지도 않고 캡사이신이 사라지지도 않는다. 포유동물이 먹기에는 여전히 꺼리는 상태다. 반면 새들에게는 먹기 좋은 열매다. 빨간 열매가 녹색 잎과 보색대비를 이뤄 눈에 잘 띄고 새들은 캡사이신의 매운맛을 느끼지 못하기 때문이다. 결국 고추 열매를 먹은 새들이 어디론가 날아가 배설을 하면 배설물 속의 소화되지 않은 씨앗이 발아해 다음 세대를 이어간다.

고추 게놈과 토마토 게놈을 비교해 보면 열매의 성숙 과정에서 세포벽을 구성하는 고분자인 펙틴을 분해해 과육을 부드럽게 만드는 효소인 폴리갈락투로네이스polygalacturonase(이하 PG) 유전자에 차이가 있다. 즉 고추의 PG 유전자는 변이로 중간에 종결코돈이 생겨 뒷부분의 아미노산 90개가 만들어지지 않는다. 그 결과 PG 효소가 제대로 작동하지 않아 펙틴을 제대로 분해하지 못하고 따라서 열매가 익어도 세포벽이 여전히 튼튼하다. 토마토와는 달리 고추는 빨갛게 잘 익어도 여전히 단단한 이유다.

한편 토마토의 빨간색과 고추의 빨간색은 색소분자가 다르다. 둘 다 카로티노이드 계열이지만 토마토는 라이코펜이고 고추는 캡산틴capsanthin과 캡소루빈capsorubin이다. 색의 선명도에서 캡산틴과 캡소루빈이 더 뛰어나 식용색소로도 쓰이고 있다. 참고로 두 분자의 이름은 기원이 고추라서 붙은 것이지 매운 성분인 캡사이신 분자와는 관련이 없다.

흥미롭게도 두 식물의 열매 성격에 관여하는 유전자 네트워크의 차이가 색소분자의 조성에도 관여하는 것으로 나타났다. 토마토에서 열매가 익는 과정에서 만들어지는 호르몬인 에틸렌은 라이코펜을 베타카로틴으로 바꾸는 효소인 CYC-B의 활성을 억제한다. 그 결과 열매에 라이코펜이 쌓인다. 반면 고추 열매에서는 에틸렌이 만들어지지 않고 그 결과 CYC-B의 작용으로 라이코펜이 베타카로틴으로 바뀌고 한 두

고추의 붉은색은 카로티노이드인 캡산틴과 캡소루빈에서 비롯된다. 색소를 만드는 유전자 네트워크에 문제가 생기면 흰색과 노란색, 주황색 등 다른 색을 띤 열매가 열린다. 심지어 안토시아닌 같은 다른 색소가 만들어져 자색을 띠는 품종도 있다. (제공 위키피디아)

단계를 거쳐 캡산틴과 캡소루빈이 만들어진다. 파프리카를 보면 빨간색과 주황색, 노란색이 있는데, 주황색과 노란색은 이 네트워크를 이루는 유전자의 변이로 베타카로틴이나 비올라잔틴violaxanthin, 루테인lutein이 쌓인 결과다.

비타민C가 풍부한 채소

앞서 고추 열매의 색소 유전자 네트워크를 다루면서 파프리카를 언급했다. 파프리카는 고추와 생김새가 다르고 무엇보다도 맵지 않지만 같은 종(*C. annuum*)이다. 영어에서는 고추를 hot pepper, 파프리카처럼 맵지 않은 종류를 sweet pepper라고 나눠 부른다. 우리도 단고추라는 말을 쓰기는 하지만 피망piment(프랑스어)이나 파프리카paprika(헝가리어)가 익숙하다. 피망은 매운맛이 약간 남아 있는 반면 파프리카는 매운맛이 없고 단맛이 강하다.

우리나라 사람들은 풋고추나 캡사이신을 덜 만들게 개량한 고추 품종을 채소로 먹기도 한다. 특히 고기를 구워 먹을 때 사이사이 쌈장에 찍어 먹는 풋고추가 별미다. 이렇게 채소로 고추를 먹으면 비타민C 섭취에도 큰 도움이 된다. 고추에는 비타민C가 많이 들어 있어 100g에 144mg이나 된다. 이는 비타민C를 상징하는 과일인 오렌지의 3배에 가깝고 비타민C가 많은 것으로 유명한 골든키위와 맞먹는 수치다. 물론 건고추를 빻은 양념으로 먹으면 절대량이 적지만 풋고추나 단고추처럼 채소로 먹으면 비타민C를 충분히 섭취할 수 있다. 단고추의 비타민C 함량은 80mg으로 고추보다는 적지만 여전히 오렌지보다는 많다.

흥미롭게도 고추와 가까운 식물인 토마토의 비타민C 함량은 14mg로 10분의 1에 불과하다. 최도일 교수팀은 논문에서 고추의 비타민C 생합성 관련 유전자 네트워크도 밝혀 토마토와 비교했다. 식물이 항산화제인 비타민C를 만드는 경로는 몇 가지가 있는데, 고추는 갈락토스 경로에 있는 유전자들의 발현이 토마토와 비교했을 때 비슷하거나 높은 것으로 나타났다. 특히 열매가 자랄 때 GGP1 유전자의 발현이 토마토에 비해 두세 배 더 높았다. 여기에 쓰고 난 비타민C(산화된 형태)를 재활용(환원)하는 유전자 네트워크도 잘 구축돼 있어 열매가 성숙할 때 산화된 비타민C를 환원하는 반응을 촉매하는 DHAR의 발현량이 토마토의 5배에 이른다. 그 결과 고추 열매에는 비타민C가 많이 들어 있다.

지난 수십 년 사이 세계의 고추 생산량은 양념 작물과 채소 작물 범주 모두에서 크게 늘었다. 1492년 콜럼버스가 유럽으로 고추를 가져왔을 때만 해도 짝퉁 후추(영어로 둘 다 pepper)로 외면받았던 걸 생각하면 놀라운 반전이다. 이제 콜럼버스가 그렇게 찾으려고 했던 후추로 넘어가 보자.

2021년 노벨생리의학상은 고추 덕분?

2021년 노벨생리의학상은 온도수용체와 촉각수용체를 발견한 과학자들에게 돌아갔다. 이 가운데 온도수용체 TRPV1을 발견한 미국 샌프란시스코 캘리포니아대 데이비드 줄리어스 교수는 원래 통증 연구자였다. 그는 고추의 매운맛 성분인 캡사이신이 통증을 유발한다는 데 착안해 통증수용체를 찾기로 했다. 캡사이신 분자라는 물리적인 실체를 이용하면 실험이 훨씬 쉽고 빠르게 진행될 수 있을 것 같아서다. 그리고 예상대로 수년 만에 수용체를 찾았다.

줄리어스 교수팀은 통증수용체 TRPV1으로 여러 실험을 하다가 놀라운 현상을 발견했다. 주변 온도가 43℃를 넘으면 활성화돼 신호를 보냈던 것이다. TRPV1은 단순한 통증수용체가 아니라 우리가 고통스럽게(적어도 불쾌하게) 느끼는 고온을 감지하는 온도수용체이기도 했던 것이다. 매운 걸 먹을 때 얼얼함과 함께 덥게 느끼며 땀을 흘리는 것도 캡사이신이 TRPV1을 건드린 결과이니 말이 된다.

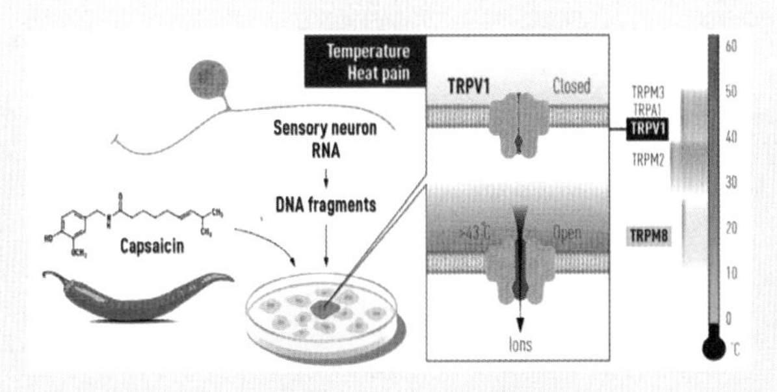

TRPV1 유전자를 넣어 발현시킨 신경세포(뉴런)는 주위 온도가 43℃가 넘으면 구조가 바뀌어 통로가 열리고 이온이 통과한다. 이보다 낮은 온도에서도 고추의 캡사이신을 배양액에 넣으면 같은 반응을 보인다. 고춧가루가 듬뿍 들어간 음식을 먹으면 덥게 느껴지며 이마에 땀이 송송 맺히는 이유다. (제공 노벨재단)

그런데 고추는 왜 캡사이신을 만들어 우리의 온도(통증)수용체를 자극할까. 이 질문에 대해 진화론자들은 그럴듯한 답을 내놓았다. 포유류가 고추를 먹지 못하게 만들기 위함이라는 것이다. 대신 캡사이신의 매운맛을 느끼지 못하는 조류가 고추를 먹으면 배설물에 포함된 고추씨가 사방으로 뿌려져 자손을 잇는 전략이다. 새는 먹이를 씹지 않고 삼키고 장의 길이도 짧아 씨가 좀처럼 파괴되지 않는다.

고추가 새를 선택한 것

생태계 현장 조사 결과 이 가설이 맞는 것으로 밝혀졌다. 고추의 원산지인 중미와 북미 남서부에 사는 새인 굽은부리쓰래셔(curve-billed thrasher, 지빠귀와 비슷하게 생긴 앵무과의 새)는 고추를 즐겨 먹는데 배설물을 조사해 보니 온전한 고추씨가 들어 있었고 그 결과 널리 퍼질 수 있었다. 실제 발아율이 70%에 이르렀다. 반면 이 지역에 사는 소형 설치류인 숲쥐나 선인장쥐는 야생 고추를 외면하고 심지어 캡사이신이

고추의 원산지인 중미와 북미남서부에 서식하는 소형 포유류인 사막숲쥐(왼쪽)와 선인장쥐(가운데)는 매운맛 때문에 고추를 먹지 않는다. 반면 이 지역에 사는 굽은부리쓰래셔(오른쪽)은 캡사이신의 매운맛을 못 느끼기 때문에 고추를 먹고 씨를 퍼뜨리는 공생자다. (제공 위키피디아)

없는 재배 품종 고추를 줘도 망설이며 조금밖에 먹지 않는다는 발견이 지난 2001년 학술지 『네이처』에 실렸다.[77]

포유류와 조류는 거의 3억 년 전에 공통조상에서 갈라졌다. 따라서 둘의 TRPV1 역시 지난 3억 년 동안 각자 진화하며 구조도 꽤 달라졌을 것이다. 예를 들어 조류는 체온이 포유류보다 4℃ 정도 높은 40~44℃이기 때문에 TRPV1이 활성화되는 온도도 그만큼 더 높아야 한다. 실제 조류의 TRPV1의 활성화 온도를 측정해 보면 46~48℃로 그만큼 더 높다. 세팅 온도의 차이는 구조의 차이에서 비롯된다.

반면 토마토와 고추는 약 2,000만 년 전에 공통조상에서 갈라졌다. 즉 고추의 조상이 이차대사물인 캡사이신을 발명한 역사는 2,000만 년이 안 된다는 말이다(아마도 수백만 년일 것이다). 결국 고추 조상은 포유류로부터 씨앗을 물리적으로 보호하는 대신 열매 자체를 못 먹게 화학적으로 지키는 전략으로 시행착오를 거쳐 포유류의 TRPV1에만 달라붙는 구조의 화합물, 즉 캡사이신을 만드는 생합성 유전자 네트워크를 진화시켰다는 말이다.

후추,
한때 검은 황금으로 불렸던 식탁의 감초

1492년 크리스토퍼 콜럼버스가 지구는 둥글다는 인식 아래 동쪽에 있는 인도를 찾아 서쪽으로 항해를 떠났을 때 가장 큰 목적이자 스페인 이사벨라 여왕에게 막내한 돈을 빋은 명분은 바로 후추를 가져오는 것이었다. 후추는 남인도에 자생하는 아열대 작물로, 열매를 말려 분쇄하면 독특한 맛과 향이 나 특히 고기 요리에 어울리는 양념(향신료)이다.

유럽은 아랍을 통해 후추를 수입했지만, 공급이 수요를 따라가지 못하면서 가격이 천정부지로 올라 금값에 육박하며 후추가 검은 황금black gold로 불릴 지경이 됐다. 결국 여왕은 이탈리아 제노바 출신의 탐험가 콜럼버스의 제안에 넘어갔고 덕분에 역사의 한 페이지에 이름을 남겼다.

콜럼버스 일행은 8월 3일 팔로스항을 떠나 서쪽으로 대서양을 가로질렀고 10월 12일 드디어 커다란 섬(바하마제도의 과나하니섬으로 추정)을 발견했다. 이곳이 인도라고 철석같이 믿은 콜럼버스는 곧장 후추나무

15세기 말 위대한 탐험가였던 크리스토퍼 콜럼버스(왼쪽)와 바스쿠 다 가마(오른쪽). 1492년 콜럼버스는 후추를 찾아 인도로 떠났지만 서인도 제도에 도착해 대신 고추를 가져왔고 1498년 다 가마가 마침내 인도에 도착해 후추를 확보하는 데 성공했다. (제공 위키피디아)

를 찾았지만 어디에서도 볼 수 없었다. 그 뒤 쿠바와 아이티에도 상륙해 뒤졌지만 역시 없었다. 대신 손가락만한 빨간 열매가 열리는 식물을 발견했고 열매의 매운맛에서 후추의 알싸함이 연상됐다. 꿩 대신 닭이라고 콜럼버스는 이 열매에 chili pepper라는 이름을 붙여 귀환길에 가져갔다. 이렇게 해서 고추가 유럽으로 전해졌다. 후추가 진품이라면 고추는 짝퉁인 셈이다.

6년이 지난 1498년 포르투갈의 탐험가 바스쿠 다 가마Vasco da Gama가 진짜 인도에 도착해 후추나무를 보고 후추를 갖고 귀환했다. 유럽은 마침내 아랍인의 농간 없이 직교역으로 후추를 확보하게 됐고 훗날 세계 각지의 식민지 플랜테이션에 후추나무를 재배하면서 후추는 검은 황금에서 평범한 양념 식재료의 하나로 전락했다. 지금은 마트에 가면 몇천 원에 통후추 한 통을 살 수 있다.

2019년 후추의 세계 연간 생산량은 110만 톤이다. 에티오피아가 37만 톤으로 1위 생산국이고 베트남이 26만 톤으로 그다음이다. 정작 원산지인 인도는 6만 6,000톤으로 5위에 머물러 있다. 아무리 값이 내렸다지만 그래도 농산물 가운데는 고가라 시장 규모는 40억 달러(약 5조 원)에 이른다.

속씨식물 분류 재고찰

분류학의 관점에서 후추는 이 책에 소개된 30여 종 가운데 가장 외로운 작물이다. 속씨식물은 외떡잎식물, 쌍떡잎식물, 목련군 이렇게 세 그룹으로 나뉘는데, 후추만 목련군에 들어가기 때문이다. 그런데 목련은 쌍떡잎식물 아닌가?

한 세대 전 내가 중고교에 다닐 때 생물 시간에 종자식물seed plants은 밑씨가 노출된 겉씨식물과 씨방 안에 있는 속씨식물로 나뉘고 속씨식물은 떡잎이 한 장인 외떡잎식물과 두 장인 쌍떡잎식물로 나뉜다고 배웠다. 아마 독자 가운데도 그렇게 알고 있는 사람이 많을 것이다. 실제 1990년대까지 분류학자들도 그렇게 생각했다.

그런데 DNA 염기서열 데이터를 분류학에 적용하는 '분자진화' 방법이 도입되면서 놀라운 사실이 밝혀졌다. 겉모습만 보고는 알 수 없었던 차이가 드러나면서 과거 쌍떡잎식물로 묶었던 종들을 여러 그룹으로 나눠야 한다는 결론에 이르렀다. 이는 원생생물에서 일어난 일과 비슷하다. 예전에는 균류가 아닌 모든 단세포 진핵생물을 원생생물로 묶었지만, 염기서열 분석 결과 동물과 식물 사이처럼 거리가 먼 여러 그룹으로 나뉜다는 사실이 밝혀졌다.

광합성을 하는 세포소기관인 엽록체는 따로 작은 게놈을 지니고 있고 모계를 통해 전달된다. 세포 하나에는 엽록체 게놈이 수십~수백 개 있으므로 핵 게놈보다 분석하기가 훨씬 쉽다. 따라서 분자진화를 적용한 연구의 초창기에는 엽록체 게놈 유전자의 염기서열 데이터를 비교해 분류의 지침으로 삼았다.

속씨식물은 예전에 외떡잎식물과 쌍떡잎식물로 나눴지만, 지금은 8개 그룹으로 나눈다. 이 가운데 4개 그룹만 나타낸 속씨식물의 계통도로 기저속씨식물인 암보렐라목(Amborella)이 갈라진 뒤 핵심속씨식물(mesangiosperms)에서 목련군(Magnoliids)이 먼저 갈라지고 외떡잎식물(Monocots)과 쌍떡잎식물(Eudicots)이 나뉜 것으로 그려져 있다. 그런데 최근에는 외떡잎식물이 먼저 갈라지고 쌍떡잎식물과 목련군이 나중에 나뉘었다는 연구 결과(점선 화살표)가 나오고 있다(왼쪽). 목련군 식물의 몸체는 쌍떡잎식물과 비슷하지만 생식기관은 외떡잎식물과 비슷하다(오른쪽). (제공 『네이처 식물』)

그 결과 속씨식물은 두 그룹이 아니라 여덟 그룹으로 나눠야 한다는 사실이 드러났다. 이 가운데 속씨식물 진화 초기에 갈라진 세 그룹을 묶어 기저속씨식물basal angiosperm이라고 부르고 그 뒤 갈라진 나머지 다섯 그룹을 핵심속씨식물mesangiosperm으로 묶었다. 기저속씨식물 세 그룹은 분류학 기준으로 목目, order에 해당한다. 즉 암보렐라목Amborellales과 수련목Nymphaeales, 아우스트로바일레이아목Austrobaileyales이다.

다 합쳐도 200종이 안 되는 기저속씨식물은 살아 있는 화석이라고 볼 수 있다. 우리가 익숙한 식물로는 수련과 오미자, 팔각(열매에서 독감치료제 타미플루의 원료인 시키미산을 얻는다)이 있다. 앞으로 오미자차를 마시게 되면 복잡미묘한 맛과 향에서 아우스트로바일레이아목의 2억 년 역사를 음미하기 바란다.

속씨식물 종의 99.95%가 속하는 핵심속씨식물에는 우리가 익숙한 외떡잎식물과 쌍떡잎식물이 있다. 그런데 염기서열 데이터에 따르면 과거 쌍떡잎식물이라고 생각했던 많은 종을 따로 묶어야 했다(그것도 세 그룹으로 나눠). 실제 식물의 형태를 자세히 살펴본 결과도 이를 뒷받침했다. 그 결과 목련군과 홀아비꽃대목目, 붕어마름목이 더해져 다섯 그룹이 됐다. 이들 세 그룹을 뺀 쌍떡잎식물을 지금은 진정쌍떡잎식물eudicot이라고 부르지만 여기서는 그냥 쌍떡잎식물이라고 쓴다.

속씨식물은 30만여 종으로 이뤄져 있는데, 쌍떡잎식물이 75%, 외떡잎식물이 22%, 목련군이 3%를 차지한다. 홀아비꽃대목은 77종, 붕어마름목은 7종에 불과하다. 목련군에 가까운 홀아비꽃대목과 쌍떡잎식물에 가까운 붕어마름목은 넘어가고 여기서는 후추가 속하는, 과거 쌍떡잎식물로 여겼던 목련군을 살펴보자.

외떡잎식물과 쌍떡잎식물 사이에서

9,000여 종으로 이뤄진 목련군magnoliid은 목련목, 녹나무목, 후추목, 카넬라목으로 나뉜다. 목련군에 속하는 작물로는 목련목의 육두구, 녹나무목의 녹나무, 육계나무(계피를 얻는다), 월계수, 아보카도가 있고 후추목에 후추가 있다. 아보카도를 빼면 다들 향신료를 생산하는 작물이다.

그렇다면 목련군은 쌍떡잎식물이나 외떡잎식물과 어떤 관계일까. 먼저 형태를 살펴보자. 쌍떡잎식물과 외떡잎식물은 떡잎 개수뿐 아니라 식물체의 여러 부분이 다르다. 잎맥을 봐도 그물맥과 나란히맥으로 다르고 줄기 단면을 보면 관다발이 쌍떡잎식물은 고리 모양을 배열돼 있고 외떡잎식물은 흩어져 있다. 뿌리 형태도 원뿌리와 수염뿌리로 다르다. 이런 기본 지식만 있어도 둘을 헷갈릴 가능성은 작다.

목련군 식물은 일반인 눈에 쌍떡잎식물로 보인다. 주로 나무인데다 떡잎이 두 장이고 관다발 구조와 잎과 뿌리 형태가 그렇다. 이른 봄 탐스러운 흰 꽃이 진 뒤 넓적한 잎이 나는 목련을 떠올려 보라. 그런데 꽃이나 꽃가루를 보면 외떡잎식물로 보인다(물론 전문가의 시각에서). 외떡잎식물은 꽃잎 개수가 3의 배수인 경우가 많은데, 목련군도 그렇다. 반면 쌍떡잎식물은 4나 5의 배수가 많다. 결국 목련군은 식물체는 쌍떡잎식물, 생식기관은 외떡잎식물과 가까운 중간 형태이지만 예전에는 후자를 무시하고 쌍떡잎식물로 분류했다.

뜻밖에도 엽록체 게놈의 염기서열을 비교한 결과는 이들의 공통조상에서 목련군과 외떡잎식물/쌍떡잎식물이 먼저 갈라진 뒤 외떡잎식물과 쌍떡잎식물이 나뉘었다는 시나리오를 지지했다. 앞서 기저속씨식물 세 그룹 다음으로 갈라진 게 목련군이라는 말이다(엄밀하게 말하면 목련군/홀아비꽃대목). 가장 널리 읽히는 대학 교재인 『캠벨 생명과학』 10판(2015년)도 이 시나리오를 따랐다.[78]

그런데 핵 게놈의 유전자를 본격적으로 분석하면서 얘기가 복잡해졌다. 염기서열 비교 결과 외떡잎식물과 목련군/쌍떡잎식물이 먼저 나뉘고 나서 목련군과 쌍떡잎식물이 갈라졌다는 시나리오가 나오기 시작한 것이다. 과거 목련군을 쌍떡잎식물에 포함한 걸 생각하면 그럴듯한 얘기다. 심지어 쌍떡잎식물과 목련군/외떡잎식물이 먼저 나뉘고 목련군과 외떡잎식물이 나뉘었다는 결과도 나왔다.

최근 수년 사이 목련군 식물 여러 종의 게놈을 해독하면서 폭넓은 비교를 한 결과 세 번째 시나리오는 탈락했지만, 앞의 두 시나리오를 두고는 답이 엇갈렸다. 예를 들어 2019년 각각 발표된 중국백합나무(목련목) 게놈 해독[79]과 아보카도 게놈 해독[80], 후추 게놈 해독[81] 결과는 '목련군, 외떡잎식물/쌍떡잎식물' 시나리오를 지지했다.

반면 같은 해 발표된 녹나무 게놈 해독[82]과 2020년 발표된 납매(녹나무목) 게놈 해독[83] 결과는 '외떡잎식물, 목련군/쌍떡잎식물'을 지지했다. 여기에 2021년 발표된 진주란(홀아비꽃대목) 게놈 해독 결과도 이쪽 편이다.[84] 게다가 2020년 학술지 『식물 커뮤니케이션스』에 실린, 속씨식물 151종을 대상으로 296개 유전자의 염기서열을 비교한 연구 결과 역시 이쪽이다.[85] 그렇다면 왜 이런 혼란이 생긴 걸까.

핵심속씨식물 진화 초기에 여러 계열로 갈라지는 과정에서 한동안은 서로 교잡이 일어났을 것이다. 그러다 외떡잎식물 계열과 쌍떡잎식물 계열이 먼저 교잡이 불가능한 상태가 됐을 것이다. 목련군 계열은 좀 더 오래 두 계열과 교잡이 일어날 수 있어 양쪽에서 영향을 받았고 어느 시점에서 고립돼 독자적인 진화의 길을 간 것으로 보인다.

결국 비교를 위해 선택한 유전자에 따라 시나리오가 다르게 나온 것이다. 최근 더 많은 종과 유전자를 비교한 결과 목련군이 쌍떡잎식물에 더 가깝게 나왔다고 해서 꼭 '외떡잎식물, 목련군/쌍떡잎식물' 시나리오가 맞는 것은 아니다. 실제로는 '목련군, 외떡잎식물/쌍떡잎식물'로 나뉜 뒤 외떡잎식물과 쌍떡잎식물이 갈라졌더라도 그 뒤 목련군과 쌍떡잎식물의 교잡이 일어났다면 유전자 비교 결과는 '외떡잎식물, 목련군/쌍떡잎식물' 시나리오로 해석될 수 있다는 말이다. 어쩌면 진실은 영원히 알 수 없을지도 모른다. 그럼에도 앞으로 나올 『캠벨 생명과학』 개정판에서는 이 부분이 '외떡잎식물, 목련군/쌍떡잎식물' 시나리오로 바뀌지 않을까.

매운맛과 톡 쏘는 향 지녀

후추는 남아시아에 자생하는 아열대성 목본 덩굴식물로 말린 열매의 이름이기도 하다. 삶거나 구운 고기는 물론 설렁탕이나 떡국처럼 고기 몇 조각이 들어 있을 뿐인 음식에도 후추를 곁들이면 풍미가 확 살아난다. 반면 비빔밥이나 특히 과일샐러드에 후추를 뿌린다면 맛을 망칠 것이다. 후추의 이런 특성은 열매에 매운맛과 알싸한 향이 나는 성분인 피페린piperine과 여러 향기 성분이 고농도로 들어 있기 때문이다.

우리가 흔히 통후추라고 부르는 말린 열매에는 피페린 함량이 무게의 5~10%나 되고 향기 성분도 많다. 조금 귀찮더라도 필요할 때 통후추를 갈아서(뚜껑을 돌리면 되는 용기가 있다) 쓰는 게 맛과 향이 풍부하고 강하다. 갈아놓은 후추는 시간이 지날수록 향기 성분이 날아가고 남아 있는 분자도 공기에 산화돼 조금씩 파괴되면서 질이 떨어진다.

후추의 휘발성분은 주로 모노테르펜류로, 탄소원자 10개가 골격을 이루는 분자다. 모노테르펜은 후추뿐 아니라 많은 식물이 만드는 이차대사물로 분자에 따라 꽃이나 과일, 솔 향기 등 다양한 냄새를 지니고 있다. 그 결과 화분매개곤충을 끌어들이거나 해충을 쫓아내는 역할을 한다. 후추에는 모노테르펜 이외에도 다양한 구조의 냄새 분자들이 미량 들어 있어 독특한 향미를 부여한다.

후추 열매에서 가장 많이 들어 있는 이차대사물인 피페린은 알칼로이드, 즉 질소원자를 포함한 분자 구조로 후추속 식물이 만들어 내는 방어물질이다. 고추의 캡사이신과 마찬가지로 후추의 피페린도 구강 피부 세포에 있는 TRPV1 수용체에 달라붙어 활성화시킨다. 원래 TRPV1은 43℃ 이상의 고온에서 활성화돼 뜨거움과 고통스러움을 느

후추의 풍미를 최대한 느끼려면 귀찮더라도 통후추를 그때그때 갈아 쓰는 게 좋다. 통후추는 덜 익은 열매를 껍질째 말린 검은후추(왼쪽)와 완전히 익은 열매의 껍질을 벗기고 말린 흰후추(오른쪽)가 있다. 검은후추는 향미가 강하고 흰후추는 섬세하다. (제공 위키피디아)

끼게 한다. 뇌는 캡사이신이나 피페린이 구강에서 일으킨 이런 감각을 매운맛으로 해석한다. 우리가 매운 음식을 먹으며 "입에 불난다"고 말하거나 영어에서 고추를 hot pepper라고 쓰기도 하는 게 단지 은유적인 표현은 아니라는 말이다.

다만 피페린의 강도는 캡사이신의 100분의 1에 불과해 매운맛 자체는 훨씬 덜하다. 대신 후추의 다양한 향기 성분이 피페린의 매운맛과 합쳐져 고추와는 격이 다른 풍미가 느껴진다. 후추 게놈 해독에서 가장 중요한 부분이 바로 피페린 생합성 유전자 네트워크의 규명이다.

전체게놈중복으로 유전자 늘어

후추 게놈 해독 결과는 2019년에야 학술지 『네이처 커뮤니케이션스』에 발표됐다. 약 7억 6,000만 염기 크기의 게놈을 지닌 이배체(2n=2x=52)임을 생각하면 좀 늦은 감이 있다. 경제 규모가 크지 않은 데다 다른 작물과는 달리 품종 개량의 요구도 크지 않은 게 이유로 보인다.

중국 농업유전체학국가중점연구실이 주축이 된 공동연구자들은 최신 분석법을 써서 게놈의 거의 전 영역을 해독해냈다. 그 결과 단백질 지정 유전자가 6만 3,000여 개로 추정돼 꽤 많았다. 이는 약 1,700만 년 전 후추속 계열에서 전체게놈중복이 일어나 사배체가 생겨난 결과로 보인다. 그 뒤 염색체 재배열이 일어나 다시 이배체로 돌아왔지만, 중복된 유전자의 상당 부분이 소실되지 않고 남아 있는 것으로 밝혀졌다. 특히 이차대사물 생합성 관련 유전자들이 많이 살아 남았다. 후추 열매가 복잡미묘한 풍미를 지니게 된 배경이다. 피페린 생합성에 관여하는 유전자들은 여기에 더해 개별 유전자 단위의 중복도 일어나 그 수가 더 많아졌다.

후추와 고추는 우리말로 이름이 비슷하고 영어로는 같은 pepper라 문맥에 따라 판단해야 할 정도이지만, 식물 분류학 관점에서 둘은 아득하게 먼 사이이다. 앞서 언급했듯이 속씨식물 진화 초기인 약 2억 년 전 목련군과 쌍떡잎식물이 공통조상에서 갈라져 각자의 길을 갔기 때문이다.

그럼에도 후추의 피페린과 고추의 캡사이신은 분자 구조의 관점에서 꽤 비슷해 둘 다 TRPV1 수용체에 달라붙는다. 생합성 과정 역시 큰 틀은 같다. 즉 작은 두 분자가 별도의 생합성 경로를 거쳐 만들어진 뒤 마지막으로 아실기전달효소acyltransferase가 분자로 합치는 반응을 촉매하기 때문이다. 다만 효소가 인식하는 기질이 다를 뿐이다. 후추의 경우 피페리딘piperidine과 피페로일코에이piperoyl-CoA에서 피페린이 만들어진다.

후추속은 1,000~2,000종으로 이뤄져 있다. 이 가운데 동남아시아에 자생하는 후추속 식물 한 종(학명 *Piper boehmeriaefolium*)의 열매는 후추보다 훨씬 더 매워 고추가 연상된다. 열매의 성분을 분석하자 놀랍게도 구조가 피페린보다 캡사이신에 더 가까운 분자가 발견됐고, 연구자들은 이를 캡2Cap2라고 이름 지었다.[86] 이 종에서는 아실기전달효소 가운데 하나가 고추의 캡사이신 생합성에 관여하는 효소와 구조가 비슷한 것으로 보인다. 그 결과 고추와는 독립적으로 비슷한 이차대사

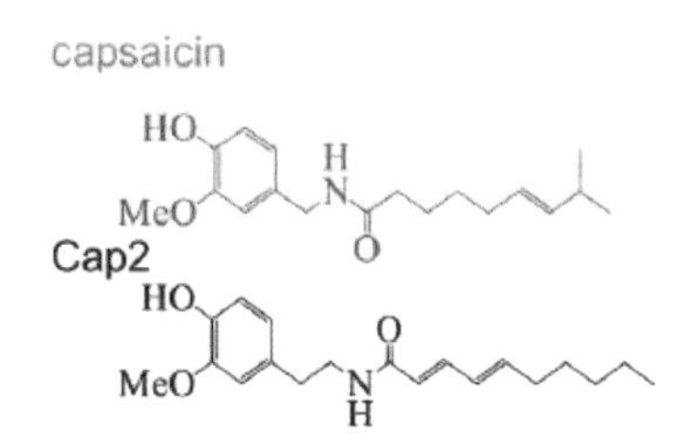

동남아시아에 자생하는 후추속 식물 한 종(학명 *Piper boehmeriaefolium*)의 열매에는 후추의 피페린보다 고추의 캡사이신(capsaicin)과 더 비슷한 구조인 분자인 캡2(cap2)가 들어 있다. 캡2의 매운맛 역시 피페린보다 훨씬 강하고 캡사이신과 비슷하다. (제공 『플로스 생물학』)

물을 만들었으니 '수렴진화'로 볼 수 있다. 고추의 캡사이신이 먼저 발견된 것이므로 이번에는 이 후추속 종이 고추의 짝퉁인 셈이다. 이래저래 고추와 후추는 서로 화끈하게 끈끈한 사이가 아닐까.

마늘,
거대한 게놈에 담긴 알싸한 맛의 비밀

마늘, 양파, 파, 부추의 공통점은 무엇일까. 이들은 알싸한 풍미를 지녀 양념 또는 채소로 쓰여 요리에 맛을 더하는 식재료이고 분류학 관점에서도 모두 부추속*Allium* 식물이다. 외떡잎식물 수선화과 가운데 부추속은 920여 종이 존재하는 큰 속으로, 이처럼 각종 요리에 널리 쓰이는 식재료의 보고이기도 하다.

수선화과 식물은 알뿌리bulb의 한 종류로, 잎의 아랫부분이 변형된 비늘줄기를 지닌 게 특징이다. 비늘줄기에 영양분을 저장해 땅속에서 겨울을 나고 이듬해 봄에 다시 싹을 틔운다. 마늘과 양파는 식용 부위인 비늘줄기가 커지는 쪽으로 작물화가 진행됐다.

마늘의 경우 꽃줄기가 올라올 무렵 '마늘쪽'이라고 부르는, 작은 비늘줄기 4~10개가 꽃줄기 주위에 생긴다. 상품上品으로 치는 '육쪽 마늘'은 작은 비늘줄기 6개로 이뤄진 마늘이다. 한편 양파는 변형된 잎이 층

마늘은 우리나라 요리에서 가장 널리 쓰이는 양념 채소다. 웬만한 반찬에는 다진 마늘이 들어 있다. (제공 위키피디아)

상으로 쌓여 부풀어 오른 비늘줄기다. 반면 파나 부추는 비늘줄기가 빈약하다.

지구촌 연간 생산량을 보면 마늘은 2,800만 톤을 수확한다(2020년). 이 가운데 중국의 생산량이 2,070만 톤으로 74%에 이르는 압도적인 1위 생산국이다. 우리나라도 36만 톤으로 4위에 올라있다. 한편 양파의 연간 생산량은 9,300만 톤인데, 역시 중국이 2,400만 톤으로 1위 생산국이고 우리나라도 130만 톤으로 16위에 올라있다.

마늘은 늦어도 5,000년 전 중앙아시아에서 작물화됐고 이어서 인근 지중해와 서아시아로 퍼져나갔다. 4,000년 전 이집트 피라미드 공사에 동원된 인부들이 마늘을 배급받았다는 기록이 있다. 『구약성경』에도 마늘과 양파를 언급한 구절이 나온다.

단군신화에 '마늘과 쑥' 얘기가 나오는 것으로 보아 한반도에도 꽤 일찌감치 전해졌을 것이다. 13세기 고려 승려인 일연이 『삼국유사』에 기록한 단군신화대로 해석한 4,000여 년 전은 아니더라도 삼국시대 사람들은 마늘을 먹지 않았을까.

어쩌다 보니 임진왜란 때 들어온 고추가 우리나라를 대표하는 양념 작물로 인식되고 있지만, 사실 우리나라 요리에는 마늘이 더 널리 쓰인다. 다진 마늘이 들어가지 않은 국이나 찌개, 반찬을 떠올리기가 어렵다. 심지어 쌈을 쌀 때 고기와 함께 쌈장을 찍은 생마늘을 같이 넣어 먹을 정도다. 그러다 보니 우리나라 사람들의 1인당 연평균 마늘 소비량은 2017년 6.2㎏으로 세계 평균의 2배 수준이다. 그나마 식생활 서구화로 2000년 9.2㎏에서 3분의 2로 줄어든 것이다.

불교에서는 '오신채五辛菜'라고 해서 매운맛이 나는 채소를 금하고 있다. 원래는 마늘, 부추, 파, 달래, 아위이지만 우리나라에서는 아위 대신 양파를 넣었다. 이런 자극적인 채소를 먹으면 정신을 혼란케 해 수행에 방해가 된다는 것이다. 아마도 이런 양념 채소들이 음식의 맛을 돋우기 때문 아닐까. 참고로 아위는 이란이 원산지인 미나리과 채소로, 우리나라에서는 자라지 않는다. 그래서 양파로 대신하다 보니 오신채는 모두 부추속 작물이 됐다!

쓰레기DNA 가장 많은 작물

지금까지 작물 100여 종의 게놈이 해독됐지만 부추속 작물 가운데는 마늘 게놈만이 해독됐다. 그것도 2020년 9월에야 학술지 『분자 식물』에 발표됐다.[87] 이렇게 지지부진한 이유는 부추속 작물의 엄청난 게놈 크기 때문이다. 마늘의 게놈은 무려 169억 염기로 추정돼 160억 염기인 빵밀 게놈보다도 약간 더 크다.

그런데 염색체 구성을 보면 마늘 게놈이 훨씬 크다고 볼 수 있다. 마늘은 이배체 식물(2n=2x=16)이지만 빵밀은 이배체 식물 세 종의 게놈이 합쳐진 육배체 식물(2n=6x=42)이기 때문이다. 소위 쓰레기DNA로 불리는 반복서열을 봐도 마늘은 게놈에서 91.3%를 차지해 지금까지 게놈이 해독된 작물 가운데서 비율이 가장 높다.

바스트파이버작물연구소Institute of Bast Fiber Crops가 주도한 중국 5개 기관

공동 연구자들은 다양한 염기서열분석법으로 추정 게놈 크기의 96.1%인 162억 염기를 해독하는 데 성공했다. 단백질을 지정한 유전자는 5만 7,561개로 추정돼 10만여 개인 밀의 절반 수준이다. 그래도 4만 개가 채 안 되는 벼보다는 더 많다.

마늘 게놈의 덩치가 이렇게 큰 데에는 두 가지 원인이 있다. 먼저 부추속 식물의 진화 과정에서 반복서열, 즉 전이인자가 급격히 늘어난 게 가장 큰 원인이다. 여기에 전체게놈중복WGD이 여러 차례 일어난 것도 기여했다.

다른 여러 외떡잎식물의 게놈과 비교한 결과 얻은 시나리오는 이렇다. 약 1억 3,000만 년 전 초기 외떡잎식물 진화 과정에서 첫 번째 전체게놈중복이 일어났다. 그 뒤 약 9,000만 년 전 비짜루(아스파라거스)과와 수선화과의 공통조상에서 두 번째 전체게놈중복이 일어났다. 그리고 1,000만 년이 지나 비짜루과와 수선화과가 갈라졌고, 수선화과 계열은 분화를 거듭해 오늘날에는 90속 1,500종에 이른다. 그런데 약 1,800만 년 전 마늘의 조상 식물에서 세 번째 전체게놈중복이 일어났다. 이 무렵이면 부추속이 확립된 뒤일 가능성이 크므로 부추속 전체 또는 마늘과 가까운 종들은 세 번의 전체게놈중복을 겪은 셈이다.

지난 1억 3,000만 년 동안 세 차례 전체게놈중복이 일어났다면 마늘의 게놈은 16배체이어야 하는데(이배체 조상×2×2×2) 왜 이배체일까. 이는 이배체화 현상 때문이다. 전체게놈중복이 일어난 뒤 염색체 일부가 떨어져 나와 다른 염색체에 붙는 전좌 같은 재배열이 일어나며 다시 이배체로 돌아가는 게 이배체화다. 마늘의 경우 전체게놈중복 사이의 간격이 충분히 커 '이배체 → 첫 번째 전체게놈중복으로 사배체 → 염색체 재배열로 이배체 → 두 번째 전체게놈중복으로 사배체 → 염색체 재배열로 이배체 → 세 번째 전체게놈중복으로 사배체 → 염색체 재배열로 이배체'가 됐다는 말이다.

한편 전체게놈중복이 일어난 뒤 염색체 재배열이 일어나는 동안 중복된 유전자도 변화를 겪는다. 즉 많은 유전자에서 여분이 소실되지만, 쓸모가 많은 유전자는 남아 있거나 일부는 변이를 일으켜 새로운 기능을 갖는 유전자가 된다. 그 결과 식물도 새로운 특성을 갖게 진화한다.

마늘의 유전자가 5만 7,000여 개로 꽤 많은 이유 가운데 하나가 세 차례 전체게놈중복으로 유전자 수가 늘어난 것이다. 마늘 계열은 1800만 년 전 세 번째 전체게놈중복 이후 염색체 재배열 과정에서 중복된 유전자 다수가 없어졌어도 남아 있는 게 꽤 된다. 반면 마늘과 첫 번째 두 번째 전체게놈중복을 공유한 아스파라거스의 유전자는 2만 7,000여 개로 절반이 채 안 된다. 9,000만 년 전 두 번째 전체게놈중복 이후 갈라져 각자 진화하면서 아스파라거스 계열에서 사라진 유전자가 더 많다는 얘기다.

복제수변이로 특정 유전자가 늘어난 것도 마늘의 유전자 수가 많은 이유일 것이다. 복제수변이Copy Number Variation, CNV란 체세포분열이나 감수분열 과정에서 염색체 재조합의 오류로 특정 유전자의 개수가 달라지는 현상이다. 마늘 유전자 가운데 10.1%인 5,828개가 CNV로 게놈에서 두 개 이상 나란히 놓여있는 상태다.

유전자 개수가 늘면 발현량도 늘 가능성이 크고 따라서 이런 유전자의 발현량이 많은 게 유리한 환경에서는 이 변이체가 선택된다. 대표적인 예가 사람의 아밀레이스 유전자로, 개인에 따라 2~14개로 큰 차이가 난다. 그런데 탄수화물을 많이 먹는 지역일수록 이를 소화하는 효소인 아밀레이스 유전자 개수가 많다. 소화 효율이 높을수록 생존과 번식 확률이 커지면서 선택된 결과다.

알리인과 분해효소 격리해 저장

그렇다면 마늘에서 WGD로 겹쳐진 뒤 솎아지지 않은 유전자와 CNV로 늘어난 유전자는 어디에 쓰일까. 게놈 분석 결과 상당수가 각종 이차대사물을 만드는 유전자 네트워크에 동원됐다. 마늘의 특징인 알싸한 맛과 향을 부여하는 알리신allicin 생합성에 관여하는 유전자들이 대표적이다. 알리신은 마늘쪽, 즉 비늘줄기에 많이 들어 있다. 마늘종으로 불리는 꽃줄기를 생으로 먹을 때도 알리신이 특유의 풍미를 부여한다.

사실 알리신은 알리인alliin의 분해산물이다. 알리인은 부추속 식물이 만드는 대표적인 유기황화합물organosulfur compounds이다. 알리인을 알리신으로 분해하는 효소가 알리이나아제alliinase다. 마늘 게놈에는 알리이나아제 계열의 유전자가 60개나 있다. 이 가운데 24개가 CNV으로 중복돼 나란히 놓여있는 상태다. 한편 같은 외떡잎식물인 벼나 쌍떡잎식물인 애기장대에는 알리이나아제 유전자가 달랑 두 개뿐이다. 마늘처럼 유기황화합물을 많이 만들 게 아니라면 두 개면 충분하다는 말이다. 알리신의 전 단계인 알리인을 만드는 것도 꽤 복잡한 과정으로 여러 효소가 관여한다.

알리인은 세포질에 녹아 있고 알리이나아제는 액포에 들어 있다. 액포는 식물세포를 이루는 구조로, 세포질과 격리돼 존재하며 효소 등 여러 생체물질이 들어 있다. 이처럼 평소에는 알리인과 알리이나아제가 서로 격리돼 있지만, 식물체가 공격을 받아 세포가 손상돼 액포가 터지면 둘이 만나 알리닌이 분해되면서 알리신이 생긴다. 이 과정은 순간적으로 일어나지만, 자세히 들여다보면 두 단계를 거친다. 먼저 알리이나아제가 알리닌을 2-프로페닐술펜산2-propenylsulfenic acid으로 바꾸는 반응이 일어난다. 이어서 2-프로페닐술펜산 두 분자가 합쳐져 알리신이 만들어진다. 뒤의 반응은 효소의 도움 없이 저절로 일어난다.

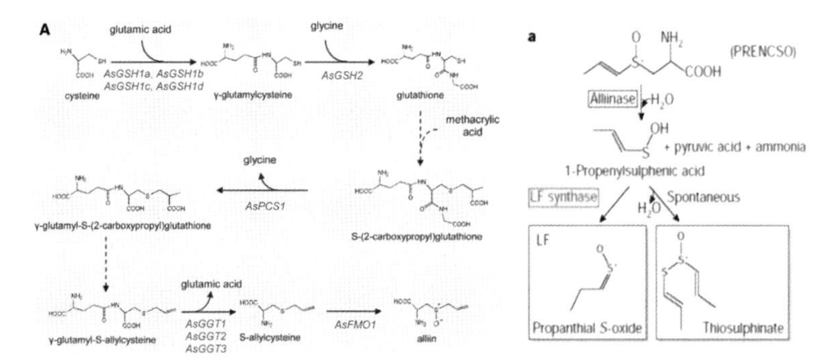

왼쪽은 마늘의 알리인(alliin) 생합성 과정으로 아미노산 시스테인(cysteine)을 출발물질로 해서 여러 단계를 거쳐 만들어진다. 알리인은 알리이나아제(alliinase)의 촉매작용으로 2-프로페닐술펜산(2-propenylsulfenic acid)으로 바뀌고 두 분자가 합쳐져(탈수중합) 알리신(allicin)이 된다. 한편 양파에서는 비슷한 과정으로 알리인과 구조가 비슷한 PRENCSO가 만들어지고 알리이나아제가 1-프로페닐술펜산으로 바꾸는 반응을 촉매한다. 1-프로페닐술펜산은 자발적으로 두 분자가 합쳐지는 대신 LF합성효소(LF synthase)의 작용으로 프로판시알 S-옥사이드(propanthial S-oxide)로 바뀐다(오른쪽). (제공 『분자 식물』/『네이처』)

이렇게 생긴 알리신의 자극적인 맛과 냄새에 깜짝 놀란 동물은 더이상 먹지 않고 자리를 뜬다. 온전한 상태의 생마늘을 입에 넣으면 별일이 안 생기지만, 씹는 순간 입 안이 얼얼했던 경험이 있을 것이다. 마늘뿐 아니라 파와 부추도 알리이나아제로 알리신을 만들지만 농도가 낮아 자극은 덜하다.

양파 역시 같은 방식으로 자극 물질이 만들지만 이를 경험하는 맥락은 약간 다르다. 주부들은 양파 껍질(엄밀히 말하면 바깥쪽 비늘)을 벗기는 게 고역인데, 이 과정에서 세포가 상처를 입으며 내놓는 휘발성이 큰 분자인 프로판시알 S-옥사이드propanthial S-oxide가 눈물샘을 자극하기 때문이다. 그런데 양파에서도 마늘처럼 알리이나아제 반응 다음에 두 분자가 합쳐지는 자발적인 이 일어난다면 알리닌과 구조가 비슷한 티오설피네이트thiosulphinate가 만들어져야 한다.

2002년 학술지 『네이처』에서 일본 과학자들은 양파에만 존재하는 LFS 효소가 알리이나아제의 산물인 1-프로페닐술펜산의 구조를 살짝 바꿔 프로판시알 S-옥사이드를 만든다는 사실을 밝혀냈다.[88] LFS 유전자가 고장난 양파를 만들면 껍질을 벗길 때 눈물이 나지 않는다는 말이다. 참고로 양파 게놈 역시 마늘과 비슷한 크기로 아직 해독되지 않은 상태다.

저장 탄수화물은 프룩탄

마늘의 영양성분을 보면 수분이 60%이고 탄수화물이 33%에 이른다. 탄수화물은 당분이 1%, 불용성 식이섬유가 2%이고 나머지 30%는 녹말이 아니라 프룩탄fructan이다. 마늘의 식감이 감자나 고구마와 다른 이유다. 참고로 양파의 영양성분을 보면 수분이 89%이고 탄수화물이 9%에 이른다. 탄수화물은 당분이 4%, 불용성 식이섬유가 2%이고 프룩탄이 3%다. 즉 부추속 작물은 고분자인 녹말 대신 올리고당인 프룩탄 형태로 탄수화물을 저장한다.

마늘의 프룩탄 생합성 관련 유전자 네트워크에서 가장 중요한 유전자는 6G-FFT다. 즉 이당류인 자당(설탕)에서 삼당류(올리고당 가운데 가장 작은 분자)인 1-케스토스1-kestose]가 만들어진 뒤 6G-FFT가 이를 네오케스토스neokestose로 바꾸는 반응을 촉매한다. 그 뒤 다른 효소의 작용으로 과당 수십 개가 더 붙은 프룩탄이 만들어진다. 단위체가 과당fructose이라서 프룩탄이라는 이름을 붙였다.

마늘 게놈에는 6G-FFT 유전자가 16개나 있지만, 프룩탄을 만들지 않는 벼나 애기장대 게놈에는 이 유전자가 하나도 없다. 6G-FFT 유전자 16개 가운데 비늘줄기가 자랄 때 많이 발현되는 4개가 프룩탄 생합성에 관여하는 것으로 보인다.

프룩탄은 소장에서 소화가 잘 안 되는 탄수화물인 가용성 식이섬유로 대장으로 넘어가서 장내미생물의 먹이가 된다. 즉 프로바이오틱스

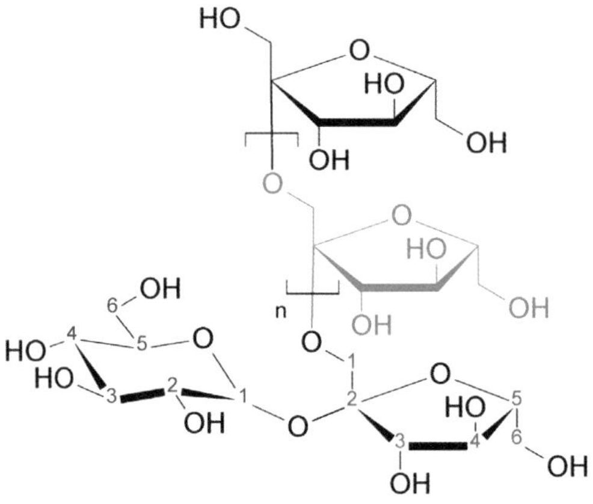

마늘에는 올리고당인 프룩탄이 많이 들어 있어 전체 무게의 30%에 이른다. 프룩탄은 물에 녹는 식이섬유로 장내미생물의 먹이가 된다. 마늘에 존재하는 프룩탄의 하나인 이눌린(inulin)의 분자 구조로 n은 50 내외다. 즉 과당 수십 개가 연결돼 있다. (제공 위키피디아)

probiotics로 장 건강에 도움이 된다. 그러나 지나치게 섭취하면 문제를 일으키기도 한다. 미생물 발효가 왕성해지면 배에 가스가 차고 복통, 설사 같은 증상이 생길 수 있다. 프룩탄을 포함해 소화가 잘 안 돼 장내미생물 발효로 문제를 일으키는 물질을 가리켜 포드맵FODMAP이라고 부른다. FODMAP은 '발효가 되는 올리고당류, 이당류, 단당류 및 폴리올fermentable oligosaccharides, disaccharides, monosaccharides, and polyols'의 머리글자다.

개인에 따라 포드맵이 소장에서 소화되는 정도와 대장에서 발효되는 정도가 다르다. 예를 들어 우유에 들어 있는 이당류 젖당(유당)도 포드맵이지만, 소장에서 젖당분해효소가 충분히 나오는 사람에게는 문제를 일으키지 않는다. 반면 효소를 전혀 만들지 못하는 사람은 우유를 조금만 마셔도 배탈이 난다.

마늘에는 프룩탄이 많이 들어 있지만, 양념으로 먹는 양으로는 별문제가 없을 것이다. 그러나 마늘이나 양파를 즐겨 먹는데 평소 속이 더

부룩하다면, 섭취를 줄일 때 속이 편해지는가를 살펴보는 게 좋다. 참고로 프룩탄은 밀에도 들어 있다. 빵이나 면 같은 밀가루 음식을 먹고 나서 속이 안 좋다면 역시 포드맵에 민감한 체질이 아닌가 의심해 볼 만하다. 한편 쌀에는 프룩탄이 없다. 그러고 보면 우리 조상들이 주식은 잘 정한 것 같다.

13

배추와 무,
우장춘도 몰랐던 둘의 관계는?

우리는 다들 자기중심적이기 마련이다. 사물의 이름을 붙이는 것도 마찬가지다. 예를 들어 배추와 양배추는 우리의 관점이다. 이를 영어로 직역하면 배추는 cabbage, 양배추는 European cabbage 정도가 될 것이다. 물론 영어에서 cabbage는 양배추를 뜻하고 배추를 가리켜서는 Chinese cabbage(직역하면 중국배추)라고 부른다.

배추와 양배추는 둘 다 배추속*Brassica*에 속하는 종으로 사촌 사이이지만 작물로서 이용도는 동서양에서 차이가 난다. 배추는 서양에서는 거의 재배하지 않지만 양배추는 동양에서도 꽤 먹는다. 어찌 보면 쌀과 밀의 관계와 비슷하다.

배추속 식물들은 채소로 널리 이용될 뿐 아니라 종자에서 기름도 얻기 때문에 중요한 작물이다. 카놀라유canola oil라고 부르는 식용유가 바로 배추속 식물의 씨앗에서 짜는 기름으로 전체 식용유의 12%를 차지한

우리나라 사람들의 배추속 작물 소비량은 세계에서 선두권이다. 김치의 주재료가 배추이기 때문이다. 아울러 김치 양념인 고추와 마늘의 소비량도 세계 평균을 훌쩍 뛰어넘는다. (제공 위키피디아)

다. 배추와 양배추를 포함해 채소로 재배하는 배추속 작물의 연간 생산량은 7,090만 톤에 이르고 이 가운데 중국이 절반 가까운 3,380만 톤을 생산한다. 우리나라도 260만 톤으로 4위에 올라있다. 1인당 생산량으로 따지면 세계 최고 수준이다. 김치의 주재료가 배추임을 생각하면 수긍이 간다. 배추속 작물은 우리에게 각별한 존재라는 말이다.

식물학의 관점에서도 마찬가지다. 거의 90년 전 우장춘 박사가 배추와 양배추 교배 실험을 통해 '종의 합성'이라는 놀라운 현상을 발견했기 때문이다. 즉 배추와 양배추처럼 서로 다른 종의 식물을 교배할 때 드물게 두 게놈이 합쳐지면서 유채라는 새로운 종이 탄생했다는 것이다. 우 박사는 추가 연구를 통해 배추와 역시 배추속 작물인 흑겨자 사이에서 갓이 나왔고 양배추와 흑겨자 사이에서 에디오피아겨자가 나왔을 거라고 추측했다. 이들 6종의 관계를 도표로 만든 게 그 유명한 '우장춘의 삼각형Triangle of U'이다.

종의 합성은 오늘날 용어로 이질배수성allopolyploidy이라고 부르는 현상으로 당시로는 충격적인 발견이었다. 앞서 3장 밀의 게놈에서 설명했듯이, 오늘날 많은 작물의 등장에는 이질배수성이 한몫했다. 엠머빌과 빵밀도 이질배수성, 즉 종의 합성으로 생겨난 작물이고 앞으로 나올 딸기와 인삼 등 많은 예가 있다.

종의 합성은 단순한 잡종과는 다른 얘기다. 배추와 양배추 사이에서 잡종이 종종 나오지만 생식력이 없다. 배추는 염색체(2n)가 20개, 양배추는 18개라 그 사이의 잡종은 염색체가 19개다. 부계 생식세포의 염색체(n) 10개(또는 9개)와 모계 생식세포에서 9개(또는 10개)가 수정돼 합쳐진 결과다. 그런데 1세대 잡종 개체가 생식세포를 만들려고 하면 짝이 안 맞아 감수분열이 제대로 일어나지 않고 따라서 불임이 된다.

그런데 드물게 감수분열 없이 염색체 19개를 지닌 상태 그대로 생식세포가 만들어질 수 있다. 우연히 이런 생식세포 둘이 만나 수정되면 염색체 38개로 이뤄진 세포를 지닌 개체가 나온다. 바로 유채다. 이 경우 배추와 양배추 염색체를 온전히 지니고 있고 감수분열의 결과인 생식세포는 염색체 19개를 갖고 있다. 배추와 양배추 두 종의 게놈이 합쳐져 새로운 종인 유채가 나왔으므로 종의 합성이라고 부른다. 우 박사는 오래전 자연에서 일어난 이 사건을 실험실에서 재현해 증명했다.

배추속 작물 가운데 배추 게놈은 2011년, 양배추와 유채 게놈은 2014년 해독됐다. 먼저 해독된 배추 게놈이 배추속 작물의 참조게놈으로 쓰이고 있다. 세 종의 게놈을 해독함으로써 실제 종의 합성이 언제

40대의 우장춘 박사. 일본 다키이 종묘회사 초대 농장장으로 근무하던 때다.

쯤 일어났는가를 알 수 있게 됐다. 자세한 설명에 앞서 식물 유전학 역사의 한 페이지를 장식한 '우의 삼각형'의 발견 과정을 소개한다.

재래종 유채 개량하다 대발견으로 이어져

1935년 우장춘 박사는 단독 저자로 학술지 『일본식물학지』에 발표한 논문에서 배추속 식물 여섯 종의 관계를 규명했다.[89]

즉 배추와 양배추, 흑겨자가 각각 삼각형의 꼭짓점에 위치하고 배추와 양배추를 잇는 변 가운데에 유채가, 양배추와 흑겨자를 잇는 변에 에디오피아겨자가, 흑겨자와 배추를 잇는 변에 갓이 놓인다. 변에 자리한 종들은 양쪽 꼭짓점에 있는 두 종이 합쳐져 나온 것이라는 뜻이다. 우장춘 박사가 배추속 여섯 종의 관계를 삼각형의 틀 안에서 명쾌하게 보여줬기 때문에 학계에서 '우(장춘)의 삼각형'이라고 부른다.

그런데 삼각형의 한 꼭짓점을 배추라고 말하는 건 부정확하고 그 학명인 브라시카 라파*Brassica rapa*(이하 라파)로 표현하는 게 맞다. 라파는 작물화 과정에서 용도에 맞게 개량이 이뤄지면서 여러 형태가 나

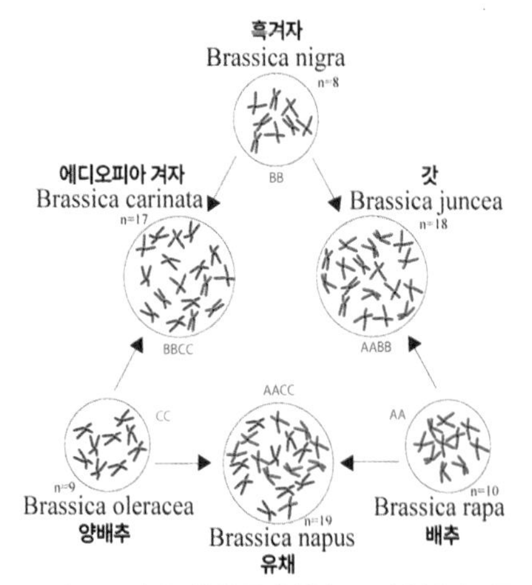

우장춘의 삼각형(triangle of U). 1935년 우장춘은 종의 합성으로 배추속(屬) 식물 여섯 종의 연관성을 밝혀 이를 도식화했다. 한글로 된 도식을 보면 학명 대신 각 종의 대표 작물 이름을 쓰고 있다. n은 반수체 염색체 개수다. (제공 위키피디아)

왔다. 배추는 그 가운데 하나로 이밖에 봄동, 청경채 등이 잎채소로 쓰이고 뿌리채소인 순무turnip도 라파다. 씨앗에서 기름을 짜내는 라파는 평지 또는 유채라고 부른다.

삼각형의 또 다른 꼭짓점인 양배추도 마찬가지로 학명인 브라시카 올레라케아*B. oleracea*(이하 올레라케아)로 써야 정확하다. 올레라케아 역시 라파처럼 다양한 작물을 포함하고 있는데, 양배추와 케일, 브로콜리, 콜리플라워, 콜라비가 다 한 종이다. 이처럼 배추속 식물의 특징 가운데 하나가 종 내에서 형태의 다양성이 꽤 크다는 것이다. 따라서 식물 형태만 보고 분류하면 같은 종을 다른 종으로 보는 오류를

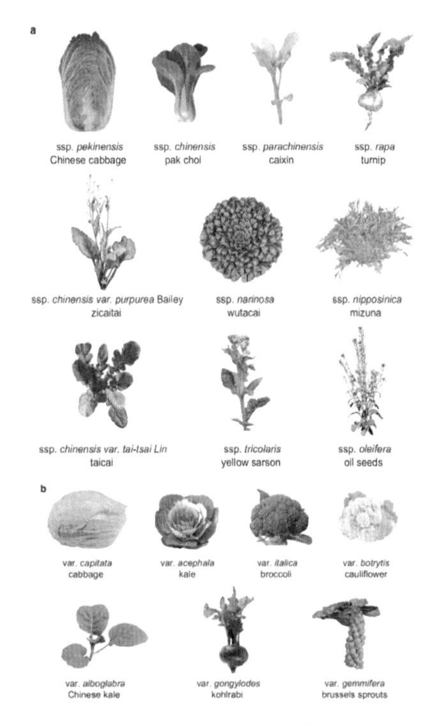

브라시카 라파는 도저히 한 종이라고 볼 수 없을 정도로 다양한 생김새의 작물을 포괄하고 있어 각각을 아종(ssp.)으로 세분했다(이름 위쪽). 따라서 우장춘의 삼각형에 배추 대신 학명을 써야 정확한 표현이다(위). 이런 다양성은 올레라케아도 마찬가지이고 각 작물을 변종(var.)으로 나누었다(이름 위쪽). 실제 4만 년 전 일어난 종의 합성은 작물인 배추나 양배추와는 전혀 다르게 생긴 야생종 사이에서 일어났다. (제공 『사이언티픽 데이터』)

범할 수 있다.

실제 분류학의 아버지 칼 린네는 일찍이 순무와 평지를 별개의 종으로 보고 각각 브라시카 라파와 브라시카 캄페스트리스*B. campestris* 라는 학명을 붙여줬다. 또 청경채에는 브라시카 키넨시스*B. chinensis* 라는 이름을 지었다. 그 뒤 교배 실험과 염색체 분석을 통해 순무와 평지, 청경채가 같은 종이라는 사실이 밝혀졌다. 학명은 먼저 붙여진 이름을 따른다는 원칙에 따라 캄페스트리스와 키넨시스는 더이상 쓰이지 않는다. 오늘날 순무와 평지, 청경채, 배추는 각각 브라시카 라파의 아종subspecies 으로 분류돼 있다.

한편 올레라케아의 다양한 작물은 변종variety 으로 분류돼 있다. 둘 다 형태가 다양한데 라파는 아종으로, 올레라케아는 그보다 한 단계 낮은 분류 단위인 변종으로 구분하는 게 좀 이상하다. 이는 분류 작업을 하던 연구자들의 주관이 개입된 것이다. 다만 최근 게놈 분석 결과 그 차이가 크지 않아 라파 작물도 변종으로 나누는 게 적절해 보인다.

종의 합성 발견은 1920년대 후반부터 일본 농사시험장에서 두 종의 유채를 교잡해 더 나은 유채 품종을 얻으려는 과정에서 나왔다. 즉 일본 재래종 유채는 빨리 수확할 수 있지만 병에 약하고 수확량이 적었다. 반면 서양유채(학명 *B. napus*. 이하 나푸스)는 병에 강하고 수확량이 많았지만 재배 기간이 길어 벼와 이모작을 할 수 없었다. 늦가을에서 이른 봄까지 놀고 있는 논을 활용할 수 없다는 말이다.

참고로 일본 재래종 유채는 배추와 같은 라파로 일본에서는 아부라나油菜 또는 나타네菜種라고 불렀고 우리나라에서는 평지라고 불렀다. 오늘날 제주도 유채밭의 유채는 평지가 아니라 들여온 서양유채다. 여기서는 서양유채를 유채, 일본 재래종 유채를 포함해 종자에서 기름을 얻는 라파를 평지로 쓰겠다.

일본 육종학자들은 둘을 교잡해 양쪽의 장점만을 취한 신품종을 개발하려고 했으나 잡종(2n=29)은 씨가 거의 맺히지 않는 치명적인 결함(씨에서 기름을 짜므로)을 보였다. 평지와 유채의 염색체 개수가 달라 잡종 개체에서는 감수분열이 제대로 일어나지 못한 것이다. 그런데 감수분열 과정에서 염색체의 움직임을 보자 흥미로운 현상이 관찰됐다. 유채에서 온 염색체 19개 가운데 10개가 평지에서 온 염색체 10개와 상동염색체처럼 쌍을 이뤘기 때문이다.

한편 양배추와 유채의 잡종(2n=28)을 만들어 감수분열 과정을 보니 이번엔 유채에서 온 염색체 19개 가운데 9개가 양배추에서 온 염색체 9개와 쌍을 이뤘다. 그러고 보니 유채의 염색체 수(2n=38)는 평지(2n=20)와 양배추(2n=18)를 합친 것과 같다.

보통 잡종은 부모 양쪽에서 염색체를 한 벌씩 받는다. 대표적인 예가 노새로 수탕나귀(DD, 2n=2x=62)와 암말(HH, 2n=2x=64)의 잡종(DH)이라 염색체가 63개(31+32)로 짝이 안 맞는다. 여기서 D와 H는 기본염색체(x)의 유형을 뜻한다(D는 당나귀donkey, H는 말horse을 뜻한다). 반면 유채는 평지(AA, 2n=2x=20)와 양배추(CC, 2n=2x=18)의 잡종(AC, 2n=2x=19)이 아니라 잡종의 감수분열 과정에서 오류가 생겨 염색체 전체가 합쳐진 사배체(4x) 식물로 보였다. 즉 A형 기본염색체 두 세트와 C형 기본염색체 두 세트 이렇게 네 세트로 이뤄져 있다(AACC, 2n=4x=38).

1919년 농업연구소에 들어가 나팔꽃과 피튜니아 육종을 연구하던 우장춘은 1930년대 들어 유채 연구에 뛰어들었고 위의 가설을 증명하기 위해 평지를 비롯한 여러 라파 품종과 몇 가지 양배추 품종을 교배해 얻은 식물에서 이런 예외를 찾았다. 그리고 마침내 배추와 방울양배추 사이 잡종의 후손에서 유채처럼 체세포의 염색체가 38개인 개체를 하나 발견했다. 약 4만 년 전(2016년 배추속 식물들의 게놈 해독 결과 추정한 시기) 자연계에서 일어난 일을 실험실에서 재현한 것이다. 바로 종의 합성이다.

우장춘은 역시 배추속 식물인 갓(학명 *B. juncea*. 이하 준케아)도 라파와 흑겨자(학명 *B. nigra*. 이하 니그라) 사이의 종의 합성 결과라고 추정했다. 갓의 염색체 수(2n=4x=36)가 라파와 니그라(2n=2x=16)를 합친 것과 같기 때문이다. 또 에티오피아겨자(학명 *B. carinata*. 이하 카리나타)는 염색체가 34개로 올레라케아와 니그라 사이의 종의 합성 결과라고 봤다(34=18+16). 이렇게 해서 우의 삼각형이 나왔다.

자연계에서 서로 다른 두 종의 게놈이 합쳐진 새로운 종이 나올 수 있다는 사실은 찰스 다윈도 미처 생각하지 못한 현상이었기 때문에 논문이 발표되자 세계적으로 주목을 받았다. 덕분에 우장춘도 이듬해 도쿄대에서 박사학위를 받았다.

전체게놈삼중복 일어나

2011년 학술지 『네이처 유전학』에는 배추속 작물 가운데 처음으로 브라시카 라파인 배추 게놈 해독 결과가 실렸다.[90] 여러 나라가 참여하는 브라시카라파게놈해독프로젝트컨소시엄의 결과물로 우리나라도 농촌진흥청에서 문정환 박사(현 명지대 생명과학정보학과 교수) 등 4명이 참여했다. 사실 배추 게놈 연구는 우리나라가 먼저 시작해 2009년 게놈 구조 분석 결과와 2010년 3번 염색체 게놈 해독 결과를 발표하기도 했지만 결국은 베이징게놈연구소[BGI]의 물량공세를 등에 업은 중국 주도의 컨소시엄에 참여하는 쪽을 택했다. 7년이 지난 2018년 라파 고품질 게놈이 나왔으므로[91] 여기서는 업데이트된 데이터를 반영한다.

라파의 게놈 크기는 4억 4,290만 염기로 추정돼 배추속 가운데서도

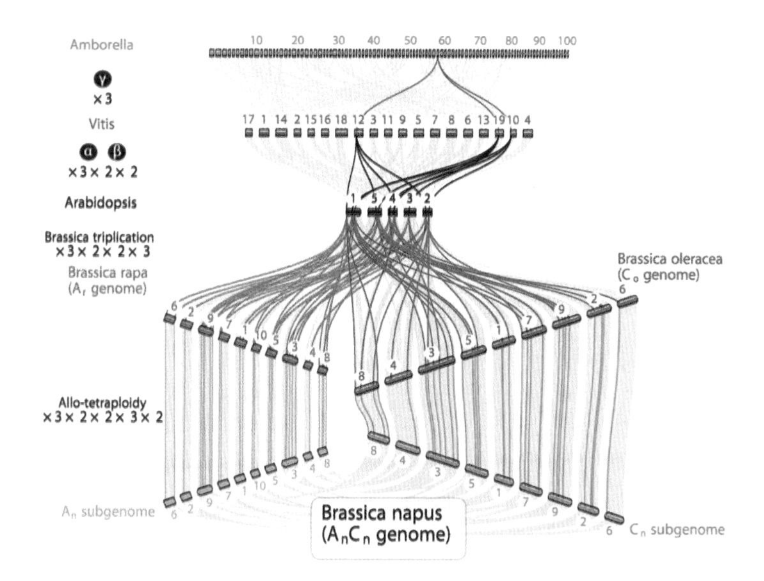

오늘날 속씨식물은 계열에 따라 전체게놈중복(WGD)과 전체게놈삼중복(WGT) 사건 회수가 다르다. 초기 속씨식물의 형태를 간직하고 있는 앰보렐라에서는 이런 일이 일어나지 않았고 포도속(Vitis)에서는 WGT를 한 차례 겪었다. 십자화과 애기장대속(Arabidopsis)에서는 추가로 두 차례 WGD가 일어났고 배추속(Brassica)에서는 여기에 더해 WGT를 한 차례 겪었다. 배추(rapa)와 양배추(oleracea) 게놈이 합쳐지면서 또 한 차례 WGD가 일어난 결과물이 바로 유채(napus)다. (제공 『사이언스』)

작은 편이다. 이 가운데 80%인 3억 5,314만 염기를 해독했다. 단백질 지정 유전자는 4만 5,985개로 추정돼 이배체로서는 꽤 많은 편이다. 이는 배추속 식물의 진화 과정에서 전체게놈삼중복Whole Genome Triplication, WGT으로 육배체가 되면서 유전자가 세 배로 늘어난 결과다. 그 뒤 염색체 재배열로 이배체로 돌아오는 과정에서 겹치는 유전자의 절반이 사라진 게 이 정도다.

오늘날 배추속 식물이 육배체의 후손이라는 사실은 애기장대의 게놈과 비교를 통해 드러났다. 2000년 식물에서 처음으로 게놈이 해독된 애기장대는 쌍떡잎식물 게놈 연구의 틀을 제공하고 있는데 특히 같은 배추과 식물인 라파의 게놈을 분석하는데 큰 도움을 줬다. 2011년 논문과 후속 연구 결과들을 토대로 배추과 게놈의 진화를 살펴보자.

2007년 포도 게놈 연구를 통해 약 1억 4,000만 년 전 초기 쌍떡잎식물에서 WGT로 육배체가 나왔고('감마 사건γ event'이라고 부른다) 오늘날 대다수 쌍떡잎식물의 조상이 됐다는 사실이 밝혀졌다.* 그 뒤 쌍떡잎식물이 장미군과 국화군으로 나뉘는 과정에서 육배체는 염색체 재배열로 이배체로 돌아왔다.

장미군은 여러 목으로 갈라졌는데, 그 가운데 하나가 십자화목(배추목)이다. 십자화목 식물 가운데 2008년 게놈이 해독된 파파야는 파파야과 식물로 배추과 식물인 애기장대 게놈과 비교한 결과 흥미로운 차이가 드러났다. 즉 파파야는 감마 사건 이후 전체게놈중복Whole Genome Duplication, WGD을 겪지 않았지만 애기장대는 두 차례 WGD를 겪은 흔적이 있었다.

십자화목에서 파파야과와 배추과가 갈라진 뒤 후자에서 두 차례 WGD가 일어났고 그 뒤 이배체로 돌아왔다. 여러 배추과 식물 게놈의 신터니synteny, 즉 상동유전자homologs 무리가 보존된 부분을 비교한 결과 이들의 공통조상은 기본염색체 7개로 이뤄진 이배체(2n=2x=14)로 밝혀졌다. 그 뒤 배추과가 분화하면서 양구슬냉이족Camelineae과 배추족이 갈라졌다(과의 식구가 많을 경우 과와 속 사이에 중단 단계인 족族, tribe을 둔다. 배추과는 52족 338속 3,700여 종으로 이뤄져 있다.) 양구슬냉이족에 속하는 애기장대는 염색체 재배열로 기본염색체가 5개가 됐다.

그런데 배추족 계열에서 WGT가 일어나 육배체 식물이 나왔고 그 뒤 염색체 재배열을 거쳐 기본염색체 9개인 이배체(2n=2x=18)로 바뀌어 오늘날 배추족 식물의 조상이 됐다. 그 뒤 여러 종으로 분화하면서 라파의 경우 염색체 재배열로 기본염색체가 10개가 됐다.

양구슬냉이족과 갈라진 뒤 배추족 계열에서 WGT가 일어났다는 건

* 감마 사건에 대한 자세한 내용은 포도 게놈을 다룬 16장 참조.

라파와 애기장대 게놈의 신터니를 비교해 보면 금방 알 수 있다. 즉 라파의 신터니와 애기장대 신터니가 3대 1의 비율을 보인다. 다만 이배체화 과정에서 유전자의 상당수가 소실돼 개별 상동유전자의 비율은 3대 1이 아니라 평균 1.5대 1 정도다.

라파의 신터니는 유전자 보존 비율에 따라 LF와 MF1, MF2로 나눈다. 애기장대의 해당 신터니와 비교해 유전자 손실이 가장 적은 게 LF[Least Fractionated]이고 중간인 게 MF1[Medium Fractionated], 가장 많이 없어진 게 MF2[Most Fractionated]다. 라파 게놈에서 LF 신터니 21개의 평균 유전자 보존율은 70%로 꽤 높지만 MF1은 46%, MF2는 36%에 불과했다.

이는 육배체 사건이 빵밀처럼 두 차례에 걸쳐 일어났음을 시사한다. 염색체 재배열이 많이 일어난 라파 게놈에서 LF와 MF1, MF2 신터니는 염색체 10개에 뒤섞여 있지만 거슬러 올라가면 각각 WGT에 참여한 세 서브게놈으로 묶일 것이다. 즉 먼저 WGD가 일어나 사배체가 나왔고 그 뒤 염색체 재배열과 유전자 소실이 일어났다. MF1 서브게놈

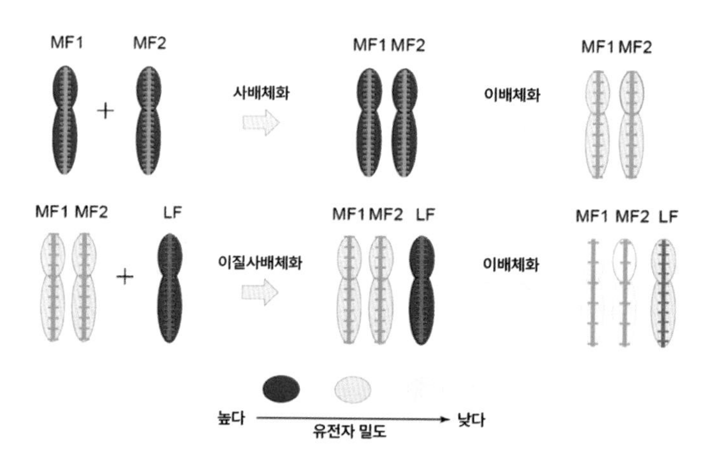

약 2,000만 년 전 일어난 배추족의 전체게놈삼중복(WGT)은 전체게놈중복(WGD)이 두 차례에 걸쳐 일어난 결과로 보인다. 먼저 MF1 서브게놈과 MF2 서브게놈의 조상이 되는 두 종(또는 한 종)에서 WGD가 일어났고 이배체화가 되는 과정에서 유전자가 꽤 소실됐다. 그 뒤 LF 서브게놈의 조상과 WGD가 일어났고 이배체화가 되는 과정에서 역시 유전자가 솎아졌다. 뒤에 참여한 LF 서브게놈의 유전자 보존율이 높은 이유다. 그림은 염색체처럼 묘사했지만 신터니로 봐야 정확하다. (제공 『원예연구』)

과 MF2 서브게놈이 겪은 일이다. 그 뒤 사배체(또는 이배체로 돌아온 상태)와 LF의 원형을 지닌 새로운 이배체 사이에서 종의 합성이 일어나 육배체(또는 사배체)가 나왔고 이배체화가 일어나는 과정에서 유전자 소실이 일어났다. 그 결과 뒤에 합류한 이배체의 유전자가 더 많이 남아 있는 것이다(LF).

한편 개별 유전자를 보면 기능에 따라 잔존율이 달랐다. 즉 외부 스트레스에 대한 반응과 호르몬 관련 유전자, 전사인자 유전자, 세포벽 관련 유전자가 상대적으로 더 많이 보존됐다. 이런 유전자들의 발현량과 식물 조직별 발현 패턴 차이로 배추속 식물의 다양한 형태가 나왔다.

배추와 양배추 차이

라파 게놈이 해독된 뒤 3년이 지난 2014년 5월 학술지 『네이처 커뮤니케이션스』에 올레라케아 게놈 해독 논문이 실렸다. 올레라케아 해독 논문에는 서울대 식물생산과학부 양태진 교수 등 국내 연구자 4명이 공동서자로 이름을 올렸다. 올레라케아로는 양배추 재배 품종을 선택했는데, 게놈 크기가 6억 3,000만 염기로 라파보다 2억 염기 가까이 더 크다. 두 종이 나뉜 뒤 올레라케아에서 전이인자가 크게 늘어난 결과다.

단백질 지정 유전자는 4만 5,758개로 라파와 비슷했지만 자세히 들여다보자 차이가 드러났다. 즉 종분화 과정에서 게놈의 염색체 재배열 패턴뿐 아니라 유전자의 소실과 생성(중복) 패턴도 달랐고 그 결과 올레라케아에만 있는 유전자가 9,832개이고 라파에만 있는 유전자가 5,735개인 것으로 밝혀졌다.

올레라케아 게놈 논문에서는 배추과 식물 특유의 이차대사물인 글루코시놀레이트glucosinolate, GSL의 생합성 및 분해 관련 유전자를 분석한 부분이 눈에 띈다. 황을 함유한 분자인 글루코시놀레이트는 포도당이 붙어 있는 배당체 상태로 세포질에 녹아 있다. 식물체가 동물의 공격을 받아 세포가 파괴되면서 서로 떨어져 있던 글루코시놀레이트와 효소인 미로시나아제myrosinase가 만난다. 미로시나아제는 글루코시놀레이트를 포도당과 아글루콘aglucone으로 분해한다. 아글루콘은 불안정한 구조라 아이소티오시아네이트isothiocyanate, 나이트릴nitrile 등 작은 분자로 쪼개지며 독성을 보인다. 앞서 마늘의 알리인이 알리이나아제의 작용으로 알리신으로 바뀌어 작용하는 것과 비슷한 메커니즘이다.

배추과 작물 대다수는 글루코시놀레이트를 덜 만들게 개량돼 많이 섭취해도 독성을 걱정할 필요는 없다. 오히려 채소에 함유된 수준의 글루코시놀레이트는 항암효과 등 몸에 유익한 작용을 하는 것으로 알려져 있다. 글루코시놀레이트는 세부 구조의 차이에 따라 130여 가지 분자가 알려져 있는데, 식물 종에 따라 만드는 종류가 다르다.

배추속 작물 가운데 소위 겨자mustard라고 부르는 종류(우의 삼각형만 봐도 흑겨자, 갓brown mustard, 에티오피아겨자가 있다)는 씨앗에 시니그린

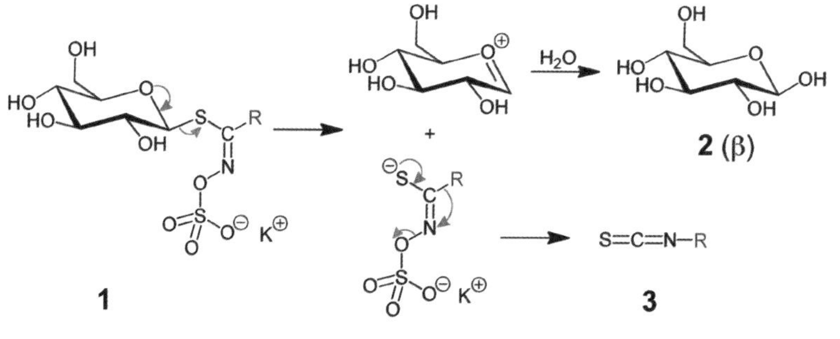

배추과 식물은 글루코시놀레이트(1)라는 배당체 형태의 이차대사물을 만든다. 세포가 손상되면 분해효소인 미로시나아제와 만나 포도당(2)과 아글루콘으로 쪼개지고 아글루콘은 아이소티오시아네이트(3)로 바뀌며 특유의 매운맛과 향을 낸다. (제공 위키피디아)

sinigrin이라는 GSL이 고농도로 존재해 이를 갈아 향신료(양념)로 쓴다. 중국 요리 양장피에 노란 겨자소스가 빠지면 맛이 밋밋할 것이다. 물론 겨자소스가 지나쳐 매운 향이 확 올라오면서 코가 얼얼하고 눈물이 맺히기도 한다. 고추냉이(와사비) 역시 배추과 작물(고추냉이속)로 뿌리에 시니그린이 많이 들어 있어 그 분해 산물인 알릴아이소티오시아네이트가 특유의 매운맛과 향을 부여한다. 알릴아이소티오시아네이트는 고추의 캡사이신에 반응하는 수용체인 TRPV1에 달라붙는다. 와사비 없는 초밥은 상상하기 어렵다.

라파와 올레라케아 게놈에는 GSL 생합성 관련 유전자가 각각 101개와 105개 있고 분해와 관련된 유전자가 각각 22개 있었다. 그러나 유전자의 발현 패턴이 달라 만드는 GSL 조성이 좀 다르다. 라파는 글루코브라시카나핀glucobrassicanapin을 좀 더 만들고 올레라케아는 글루코라파닌glucoraphanin과 시니그린을 좀 더 만든다. 배추보다 양배추나 브로콜리 같은 올레라케아 작물에서 알싸한 맛이 더 느껴지는 이유다.

우의 삼각형 6종 게놈 모두 해독

올레라케아 게놈 논문이 나오고 석달이 지난 2014년 8월 학술지 『사이언스』에 나푸스 게놈 해독 논문이 실렸다.[92] 우장춘이 세포의 염색체 차원에서 종의 합성을 증명했다면 나푸스 논문은 게놈 차원에서 증명한 것으로 우리나라에서는 충남대 임용표 교수가 공동 저자로 참여했다.

연구자들은 기름을 짜는 유채 품종을 선택했는데, 게놈 크기는 약 11억 3,000만 염기로 추정된다. 해독한 8억 4,970만 염기 가운데 라파에서 유래한 A 서브게놈이 3억 1,420만 염기이고 올레라케아에서 온 C 서브게놈이 5억 2,580만 염기다. 나머지 970만 염기는 기원을 알 수 없었다. 단백질 지정 유전자는 10만 1,040개로 추정됐고 이 가운데 9

만 1,167개가 라파와 올레라케아 게놈에도 있는 것으로 확인됐다.

라파 및 올레라케아 게놈과 염기서열을 비교한 결과 약 7,500년 전 두 종 사이에서 나푸스가 나온 것으로 나왔다. 훗날 좀 더 정밀한 연구 결과 그 시기가 4만 년 전으로 업데이트됐다. 아무튼 나푸스는 아주 최근에 생겨난 종이다.

씨앗에서 기름을 짜는 재배 품종이므로 용도에 맞게 개량된 흔적이 게놈에 남아 있었다. 즉 라파나 올레라케아에 비해 지질 생합성에 관여하는 유전자는 늘어난 반면 GSL 생합성 관련 유전자는 줄어들었다. 그 결과 씨앗에 GSL이 거의 들어 있지 않아 양질의 기름을 얻을 수 있다.

우의 삼각형의 나머지 세 자리를 차지하는 종들의 게놈도 해독됐다. 2016년 학술지 『네이처 유전학』에 갓(준케아) 게놈 해독 논문이 실렸다.[93] 2020년에는 흑겨자(니그라)의 게놈 해독 결과가 학술지 『네이처 식물』에 발표됐다.[94] 그리고 2021년 에티오피아겨자(카리나타)의 게놈도 해독돼 마침내 우의 삼각형 게놈 버전이 완성됐다.[95]

이 가운데 우의 삼각형 세 꼭지점 가운데 하나를 차지하는 이배체 니그라(흑겨자) 게놈 해독 논문이 특히 흥미롭다. 염기서열을 비교해 초기 배추속 식물이 니그라와 라파(배추)와 올레라케아(양배추)로 종분화한 과정을 재구성했기 때문이다.

앞서 말했듯이 배추과에서 양구슬냉이족과 배추족이 갈라진 뒤 후자에서만 약 2,250만 년 전 전체게놈삼중복WGT이 일어나 육배체 신종이 나왔고 그 뒤 염색체 재배열을 겪으며 이배체로 돌아왔다. 게놈 염기서열을 비교한 결과 약 1,150만 년 전 니그라 계열과 라파/올레라케아 계열이 갈라졌고 약 680만 년 전 라파와 올레라케아가 갈라진 것으로 나왔다. 게놈의 관점에서 흑겨자보다 배추와 양배추가 더 가까운 사이라는 말이다.

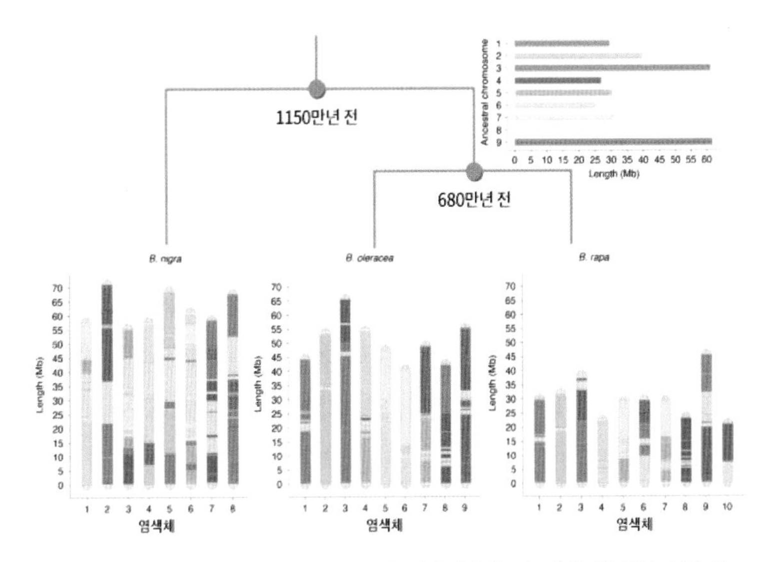

우의 삼각형 꼭지점에 놓이는 배추속 이배체 세 종의 게놈에서 신터니를 비교해 추정한 공통조상의 게놈은 3억 2,100만 염기 크기에 기본염색체 9개로 이뤄져 있다(위 오른쪽). 약 1,150만 년 전 니그라 계열과 올레라케아/라파 계열이 갈라졌고 약 680만 년 전 올레라케아와 라파가 갈라졌다. 염색체 재배열 패턴을 보면 뒤에 나뉜 올레라케아와 라파가 비슷하다. 한편 니그라와 올레라케아 계열의 진화에서 전이인자가 많이 늘어나 게놈이 꽤 커졌다. (제공 『네이처 식물』)

이렇게 계열이 갈라진 뒤에도 염색체 재배열이 일어나 오늘날 니그라는 기본염색체가 8개인 B 게놈으로 불리고 라파는 10개인 A 게놈으로, 올레라케아는 9개인 C 게놈으로 불린다. 세 게놈의 신터니를 비교해 재구성한 이배체 공통조상은 게놈 크기가 3억 2,100만 염기로 추정되고 기본염색체 9개로 이뤄져 있다. 조상 종의 기본염색체 9개를 서로 다른 색으로 표시한 뒤 이를 반영해 세 종의 염색체를 표시하면 각 계열의 진화 과정에서 염색체 재배열이 얼마나 많이 일어났는지 한눈에 볼 수 있다.

2016년 발표된 준케아(갓) 게놈 해독 논문에서는 나푸스(유채)와 준케아)가 각각 라파의 어떤 아종에서 비롯된 것인지 게놈을 비교해 추정한 부분이 흥미롭다. 참고로 갓 역시 재배 품종에 따라 잎채소로 쓰거

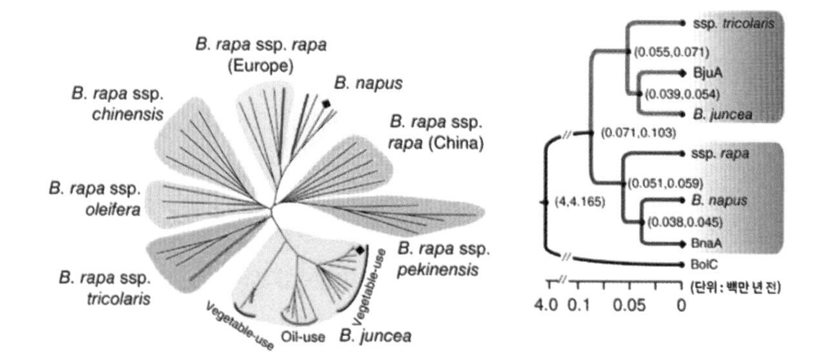

2016년 발표된 갓 게놈 해독 논문에 따르면 브라시카 라파의 아종 가운데 유채(*B. napus*)의 조상은 유럽계 순무(*B. rapa ssp. rapa*)이고 갓(*B. juncea*)의 조상은 옐로우사슨(*B. rapa ssp. tricolaris*)이다. 한편 배추(*B. rapa ssp. perkinensis*)는 중국계 순무와 가깝다. 오른쪽은 배추속 종과 브라시카 라파 아종이 갈라지고 다른 종과 교배가 일어난 시점을 추정한 계통도다. (제공 『네이처 유전학』)

나 씨에서 기름을 짠다. 전자의 대표적인 예가 '여수 돌산 갓김치'를 만드는 돌산 갓이다. 갓김치 특유의 알싸한 맛은 잎에서 GSL을 많이 만든 결과다.

세계 각지에서 채집한 라파 27가지의 게놈과 나푸스 5가지의 A게놈(라파 유래)을 비교한 결과 나푸스 5가지 모두 평지(*B. rapa ssp. oleipera*)가 아니라 유럽계 순무(*B. rapa ssp. rapa*)가 조상인 것으로 드러났다. 준케아 역시 채집한 18가지의 A게놈(라파 유래)을 분석한 결과 모두 옐로우사슨yellow sarson이라는, 인도 요리에 즐겨 쓰는 라파의 또 다른 아종(학명 *B. rapa ssp. tricolaris*)이 조상으로 밝혀졌다. 게놈 데이터에 따르면 둘 다 대략 4만 년 전에 나푸스는 유럽에서 준케아는 아시아에서 태어났다. 한편 2021년 발표된 카리나타(에티오피아겨자) 게놈 해독 결과 카리나타는 약 4만 7,000년 전 올레라케아와 니그라 사이에서 나왔다. 이배체 3종이 수백만 년 동안 따로 잘 지내다가 불과 수만 년 전 거의 비슷한 시기에 세 가지 조합으로 종의 합성이 일어나 이종사배체 3종이 생겨난 건 단지 우연일까. 아니면 그 시기 기후변화(아마도 빙하기와 간빙기의 교차 시기)에 좀 더 잘 적응한 이종사배체가 살아 남은 것인지 궁금하다.

무와 흑겨자, 알고 보니 사촌 사이?

배추와 함께 우리나라 사람들이 많이 먹는 채소가 무다. 한반도 무 재배 기록은 삼국시대로 거슬러 올라가 고려시대에 중국에서 들어온 것으로 보이는 배추보다 역사가 더 오래됐다. 2021년 국내 무 생산량은 116만 톤으로 한 사람이 1년에 22kg을 먹는 셈이다.

무는 뿌리채소(근채류)로 분류되지만 잎도 즐겨 먹는다. 어린 무를 뜻하는 열무를 통째로 쓰는 열무김치는 여름철에 특히 인기가 높다. 무청(무의 잎과 줄기)을 말린 무시래기도 삶아서 무쳐 먹거나 된장국으로 끓여 먹는다. 무의 한 종류인 총각무(알타리무)로 만드는 총각김치 역시 무청 부분이 없으면 뭔가 허전하다.

보통 요리에서 무라고 하면 뿌리 부분을 뜻하는데 쓰임새가 무척 다양하다. 깍뚝썰기를 해 담근 김치가 깍두기이고 넓적하게 썰어 담근 김치가 석박지다. 무를 통째로 소금물에 넣어 익힌 동치미는 겨울철 별미다. 생선조림을 할 때도 넓적하게 썬 무를 깔아야 맛이 나고 무가 많이 들어간 국은 소고기가 몇 점 있을 때조차 '뭇국'이라고 부른다. 일본식 메밀국수를 먹을 때는 국물에 와사비와 함께 간 무를 넣어야 제맛이 난다. 이 경우 무의 역할은 채소보다는 양념에 가깝다.

무와 순무는 얼핏 생김새가 비슷하지만 서로 다른 식물이다. 강화순무로 담근 석박지를 먹어본 적이 있는데 식감이 무 석박지와 꽤 달랐다. 앞서 봤듯이 순무는 배추와 같은 종(브라시카 라파)이다. 그렇다면 무는 라파와 어떤 관계일까.

배추과 배추족 무속*Raphanus* 식물인 무의 학명은 *R. sativus*로 1753년 분류학의 아버지 칼 린네가 지어준 이름이다. 순무는 배추속이므로 둘 사이가 생각보다 가깝지는 않은 것 같다. 그래도 족은 같으니 육촌 사이 정도라고 할까. 배추속은 30여 종으로 이뤄진 반면 무속은 재배 무와 야생 무(학명 *R. raphanistrum*) 두 종뿐이라는 점도 특이하다.

DNA염기서열을 분석하는 기술이 개발되면서 식물 형태를 바탕으로 하는 분류학이 흔들리기 시작했다. 무도 그런 경우로 엽록체 게놈의 염기서열을 비교한 결과 뜻밖에도 배추속인 흑겨자와 비슷하다는 사실이 밝혀졌다. 이를 바탕으로 무가 흑겨자와 다른 배추속 종 사이의 잡종일 수도 있다는 가설이 나왔다. 이게 사실이라면 무 역시 배추속 식물이고 따라서 린네의 분류는 틀렸다는 말이다.

2006년 농촌진흥청에 부임한 뒤 배추 게놈을 연구한 문정환 박사는 2011년 배추 게놈이 해독된 뒤 무 게놈 해독으로 주제를 바꿨다. 노하우가 있었기 때문에 최초로 무 게놈을 해독한다는 목표를 삼았지만 2014년 학술지 『DNA 연구』에 토호쿠대가 주도한 일본 공동연구팀의 무 게놈 해독 논문이 실렸다. 논문을 읽고 문 교수(2013년 명지대 생명과학정보학과로 옮겼다)는 화가 났다. 일본도 우리나라 못지않게 무를 많이 먹기 때문에 게놈 해독 경쟁에 뛰어들 걸 탓할 수는 없지만, 문제는 결과가 아직 논문으로 낼 수준은 아닌데도 '최초'라는 타이틀을 얻기 위해 서둘러 내보냈기 때문이다.

2015년 이번엔 도쿄농업대가 주축이 된 일본 공동연구팀이 다른 품종의 무 게놈을 해독해 학술지 『사이언티픽 리포트』에 발표했다.[96] 토호쿠대 게놈보다는 완성도가 높았지만 역시 논문으로 내기에는 무리였다. 게놈을 분석해 유전자 수를 추정한 수준에 그쳤고 앞의 논문과 마찬가지로 해독한 염기서열을 염색체에 배열하지 못했기 때문이다. 오히려 전사체 연구를 통해 무의 핵심인 뿌리의 성장에 관여하는 유전자를 밝힌 게 논문의 포인트다.

2016년 학술지 『이론 및 응용 유전학』에 명지대 문 교수팀을 비롯해 가톨릭대 의생명과학과 유희주 교수팀, 농촌진흥청 등 국내 기관 7곳의 연구자들이 참여한 무 게놈 해독 논문이 실렸다.[97] 이미 무 게놈 해독 논문이 나왔기 때문에 『네이처』나 『사이언스』 같은 유명 학술지에 실리지 못한 게 아쉽지만 완성도가 높고 무엇보다도 분류학의 관점에서 중요한 결과가 들어 있어 주목을 받았다.

연구자들은 5억 4,600만 염기로 추정되는 무 게놈의 78%인 4억 2,620만 염기를 해독했고 3억 4,400만 염기를 염색체 9개에 배치했다. 이를 바탕으로 기존 애기장대와 라파, 올레라케아 게놈과 신터니를 비교했다. 그 결과 무의 게놈에도 배추속 작물의 공통조상이 겪은 전체게놈삼중복의 흔적이 고스란히 남아 있었다. 유전자 염기서열을 비교해 보면 라파/올레라케아와 니그라 사이에 놓였다. 무를 배추속으로 분류해야 맞는 것 같다는 말이다.

6년이 지난 2022년 문 교수팀은 무 게놈의 개선된 버전을 같은 학술지에 발표했다.[98] 4억 3,490만 염기를 해독해 불과 1.6% 더 밝혀냈지만 중간중간 끊어진 부분이 크게 줄어들었다. 단백질 지정 유전자는 5만 2,768개로 추정돼 이배체 배추속 작물과 비슷한 수준이었다.

2020년 흑겨자(니그라) 게놈이 해독돼 이번에는 우의 삼각형 꼭짓점을 이루는 세 종의 게놈과 무 게놈을 비교할 수 있었다. 그 결과 놀라운 사실이 드러났다. 흑겨자(B게놈)가 배추(A게놈)나 양배추(C게놈)보다 무와 더 가까웠다. 염기서열을 바탕으로 종분화 시기를 추정한 결과 초기 배추속 식물에서 1,130만~1,210만 년 전 무/흑겨자 계열과 배추/양배추 계열이 먼저 나뉜 뒤 약 1,110만 년 전 무와 흑겨자가 갈라졌다. 그리고 한참 시간이 흘러 약 570만 년 전 배추와 양배추가 갈라졌다.

문 교수는 "이에 따르면 무는 배추속으로 봐야 한다"며 "조만간 이런 주장을 담은 논문을 분류학 학술지에 제출할 예정"이라고 밝혔다. 다만 270년 가까이 써온 무속*Raphanus*이 워낙 익숙해 배추속이 맞다고 인정하더라도 속명을 바꿀지는 미지수라고 한다.

무와 배추속 작물 사이에서 잡종을 만들 수 있다는 것도 이런 주장을 뒷받침한다. 특히 2000년대 초 중앙대 이수성 교수팀은 배추와 무 사이에서 종의 합성으로 사배체 신종을 만드는 데 성공했다. 배무채로 이름지은 이 작물은 얼갈이배추처럼 생겼는데 배추에 무의 단맛과 매운맛이 가미된 시원한 풍미가 특징이라고 한다. 배무채의 속명은 *xBrassicoraphanus*로, 두 속의 잡종(x)에서 비롯된 사배체라는 뜻이 담겨있다.

논문에 나오지는 않지만 문득 무 게놈을 D 게놈이라고 부르면 어떨까 하는 아이디어가 떠올랐다. 이 경우 배무채 사배체 게놈은 AADD로 나타낼 수 있다. 더 나아가 우의 삼각형에 D 게놈을 더해 '우의 사면체'로 확장할 수도 있을 것이다. 이 경우 종의 합성으로 여섯 가지 사배체조합이 나온다. 즉 기존 세 종과 배무채(AADD), 양배추와 무 사이의 사배체(CCDD), 흑겨자와 무 사이의 사배체(BBDD)다.

인터넷에서 배무채 관련 검색을 하다 우연히 2017년 이수성 전 교수(정년퇴직을 한 뒤 ㈜바이오브리딩연구소로 옮겼다)와 동료 연구자들이 학술지 『미국식물과학저널』에 발표한 논문을 발견했다.[99] 씨앗을 안정적으로 얻을 수 있는 배무채 품종을 만들었다는 내용인데, 놀랍게도 논문 말미에 우의 사면체를 위에서 내려다본 모습의 그림이 있었다!

논문에서 저자들은 무 게놈을 R 게놈이라고 나타냈다(무속*Raphanus*의 R이다). 이에 따르면 배무채 게놈은 AARR이다. 만일 자연에서

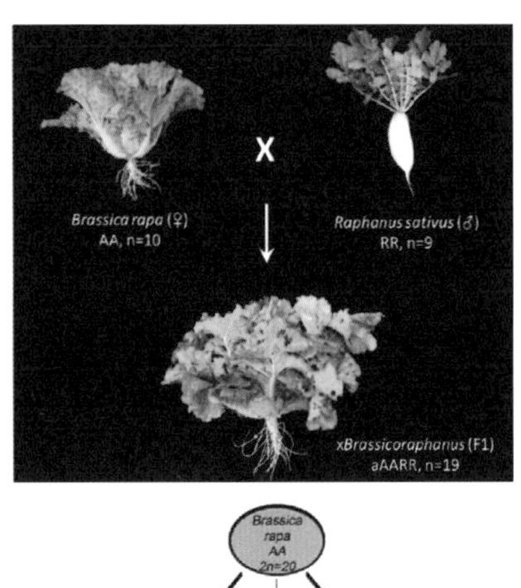

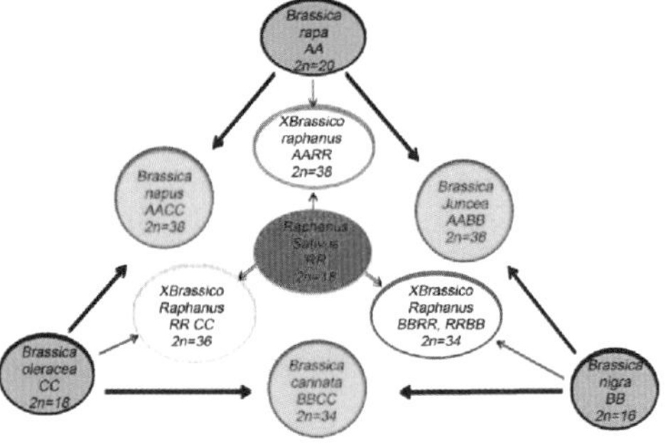

무 게놈을 해독해 배추속 식물 게놈과 비교한 결과 흑겨자는 같은 배추속인 배추나 양배추보다 무와 더 가까운 것으로 밝혀졌다. 무 역시 배추속 식물이라는 뜻이다. 2000년대 초 국내 연구진은 무와 배추 사이에서 종이 합성으로 사배체 식물 배무채를 만들었다(위쪽). 우의 삼각형에 무(RR)을 더해 사면체로 만들면 여섯 가지 사배체 종이 나올 수 있다. 이 가운데 세 종이 자연에서 생겨났고 둘(배무채와 라디콜(radicole))은 인위적으로 만들었다. 아래 그림은 사면체를 위에서 바라본 그림이다. (제공 『미국식물과학저널』)

게놈이 AARR이나 BBRR, CCRR인 사배체가 발견된다면 속명을 *xBrassicoraphanus*가 아니라 *Brassica*로 지어도 무방할 것이다. 지구 어딘가에 이런 식물체가 살고 있을지 누가 알겠는가.

종의 합성 원조는 카르페첸코?

뜻밖에도 1920년대 러시아(당시 소련) 유전학자 게오르기 카르페첸코가 무(2n=2x=18)와 양배추(2n=2x=18) 사이에서 잡종 작물을 개발하는 과정에서 우연히 사배체 식물을 얻는 데 성공했다. 원래 목표는 무의 뿌리에 양배추의 잎을 기대했지만 나온 잡종은 무의 잎에 양배추의 뿌리라 실망스러웠다. 게다가 잡종은 불임이었다. 그런데 드물게 씨앗이 맺혔고 이를 심자 좀 더 튼실한 식물체가 자랐다. 염색체를 분석한 결과 18개가 아니라 36개였다.

1927년 발표한 논문에서 카르페첸코는 이게 단순한 잡종이 아니라 두 종의 게놈이 온전히 합쳐진 이질사배체(2n=4x=36) 신종이라며 두 종의 속명을 합쳐 *Raphanobrassica*라는 속명을 붙였다.* 다만 자연계에는 이에 해당하는 종이 없어 예외적인 현상으로 간주됐다. 엄밀히 말하면 종의 합성의 원조는 우장춘이 아니라 카르페첸코다.

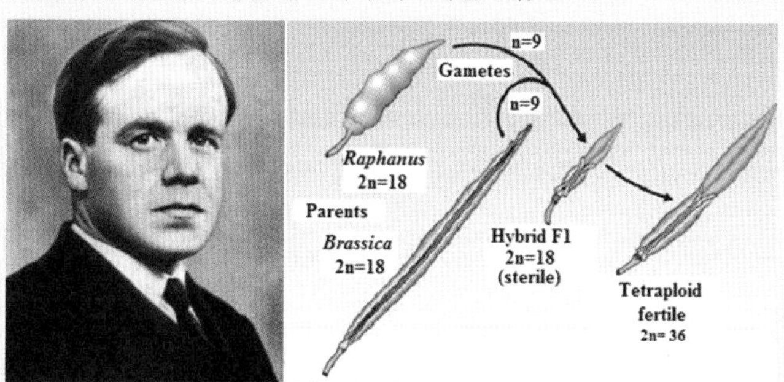

러시아의 식물학자 게오르기 카르페첸코는 1920년대 무와 양배추 사이에서 사배체 식물을 만들어 주목받았지만, 스탈린 체제에서 반동으로 몰려 1941년 42세에 숙청됐다. 오른쪽은 카르페첸코가 무와 양배추 사이에서 이질사배체를 얻은 과정을 보여주는 그림으로 각각의 열매(silique) 생김새로 묘사했다. 이배체인 1세대 잡종(hybrid F1)은 불임이지만 드물게 맺힌 씨를 심어 나온 2세대는 튼실하고 생식력 있는 사배체였다. (제공 『식물 생물학과 생명공학』)

* 무와 양배추(올레라케아)에서 얻은 사배체 식물은 영어로 radicole이라고 부르고 무와 배추(라파)에서 얻은 사배체 식물은 raparadish라고 부른다.

11

호박과 오이,
어느 쪽 게놈이 더 복잡할까

박과Cucurbitaceae 식물은 약 100속 900여 종에 이르고 이 가운데 33종이 작물화됐다. 박과 식물 대다수는 덩굴을 뻗어 자라고 암꽃과 수꽃이 따로 있다. 벌 같은 매개충이 있어야 열매를 맺는다는 말이다. 호박꽃에서 흔히 보이는 뒤영벌의 별칭이 '호박벌'이다.

박과 식물이 워낙 다양하다 보니 과와 속 사이에 족tribe을 뒀다. 15개 족 가운데 호박족Cucurbiteae과 동아족Benincaseae에 주요 작물이 들어 있다. 즉 호박족에는 호박이 있고 동아족에는 오이와 멜론(참외는 멜론의 하나다), 수박이 있다. 또 다른 동아족 작물인 동아는 중국과 남아시아에서 즐겨 먹는 채소로, 우리나라에서도 예전에 동아김치를 담그기도 했다. 박과 작물의 연간 생산량은 2억 톤이 넘는다. 채소 범주에서 가짓과 작물(감자, 토마토, 가지, 고추) 다음이다.[100]

흥미롭게도 박과 작물은 열매의 쓰임새에 따라 채소와 과일로 나뉜

호박속 식물 가운데 5종이 작물화됐고 특히 3종은 수많은 품종이 개발됐다. 서양호박과 페포호박의 다양한 품종들이다. (제공 위키피디아)

다. 즉 호박과 오이는 채소이고 멜론과 수박은 과일이다. 앞서 9장 토마토 게놈에서도 말했듯이 작물에서 채소와 과일의 구분은 식물학이 아니라 식습관에 따른 것이다. 즉 식물의 잎이나 줄기, 뿌리는 채소이고 열매는 과일이라고 보는 게 아니라 열매 가운데서도 요리의 재료로 쓰이거나 식사 때 곁들여 먹는 건 채소이고 맛과 향이 달콤해 후식이나 간식으로 따로 먹는 건 과일로 본다.

한편 분류학의 관점에서 보면 호박족인 호박과 동아족인 오이, 멜론, 수박으로 나뉜다. 흥미롭게도 오이와 멜론은 오이속*Cucumis* 작물이다. 이처럼 가까운 두 식물의 열매가 하나는 채소가 되고 하나는 과일이 된 예가 다른 작물에서는 떠오르지 않는다.

이처럼 용도와 분류의 범주가 어긋나다 보니 호박과 작물을 어떻게 다뤄야 할지 고민이 됐다. 만일 책의 제목(가제)이 '게놈으로 읽는 '식물'의 과학'이었다면 호박족에 한 장, 동아족에 한 장을 할애해 다루거나 동아족 작물을 둘로 나눠 오이속(오이와 멜론)과 수박을 따로 다뤘을 것이다. 고백하자면 막판까지도 이렇게 짰다. 즉 2부 채소 작물에서 호박을 따로 다루고 오이와 멜론을 마지막 장에 두고 3부 과일 작물의 첫 장에 수박을 넣었다.

그런데 멜론은 누가 봐도 과일이라 영 어색했다. 그렇다고 오이속 작물을 또 나눠 2부 채소 작물 끝에 오이를 두고 3부 과일 작물을 멜론으로 시작하자니 박과 작물이 네 장이나 차지해 지나친 감이 있다. 결국 식탁의 관점에 따르기로 하고 박과 작물을 채소와 과일로 나눠 호박과 오이는 2부의 마지막 장에, 멜론과 수박은 3부의 첫 장에 두기로 했다. 오이와 멜론이 헤어지며 각각 호박과 수박에 더부살이하는 모양새라 안타깝기는 하지만 두 작물에 양해를 구한다.

1만 년 전 호박 작물화

박과 작물 가운데는 2009년 오이 게놈이 가장 먼저 해독됐다. 이어서 2012년 멜론 게놈이 해독됐고 2013년 수박 게놈이 해독됐다. 이처럼 동아족 주요 작물 게놈이 다 해독되고도 한참이 지난 2017년에야 호박 게놈이 해독됐다. 호박이 작물로서 중요도가 밀려서라기보다는 호박 게놈이 동아족 작물의 게놈보다 구성이 다소 복잡하기 때문이다. 게놈 해독 연구 초창기에는 시간과 비용이 많이 들었기 때문에 박과 식물의 참조게놈이 될 첫 작물 게놈은 크기가 작고 구성이 단순한 게놈을 지닌 작물을 골라야 했다. 오이가 선정된 이유다. 그러나 박과 작물 게놈을 전체적으로 조망하는 데는 호박 게놈부터 설명하는 게 좋다. 따라서 여기서는 호박 게놈부터 시작한다.

우리가 호박이라고 부르는 작물은 한 종이 아니라 호박속*Cucurbita* 식물 가운데 작물화된 여러 종을 가리킨다. 호박속 식물은 분류학자에 따라 적게는 13종에서 많게는 30종까지 나누는데, 이 가운데 5종이 작물화됐고 호박(학명 *C. moschata*), 서양호박(학명 *C. maxima*), 페포호박(*C. pepo*)이 널리 재배되고 있다. 앞으로 문맥에 따라 호박이 호박속 작물을 통칭하기도 하고 한 종(*C. moschata*)을 뜻하기도 한다. 호박의 생산량은 2,290만 톤에 이른다(2019년).

우리가 익숙한 조선호박과 애호박, 맷돌호박(늙은호박)이 호박 품종들이고 단호박이 서양호박의 한 종류다. 애호박보다 껍질의 녹색이 짙고 맛은 다소 싱거운 주키니호박이 페포호박의 한 종류다. 애호박이나 주키니호박처럼 덜 여물었을 때 따서 껍질째 먹는 호박을 '여름호박'이라고 부른다. 반면 맷돌호박처럼 완전히 여물었을 때 먹는 호박은 '겨울호박'으로 껍질은 딱딱해 못 먹지만 대신 여문 씨를 먹거나 기름을 짤 수 있다.

호박속 식물 가운데는 페포호박이 약 1만 년 전 중미(멕시코)에서 가장 먼저 작물화됐다. 옥수수와 고추보다도 이른 시기다. 다음으로 약 4,000년 전 남미 페루 연안에서 서양호박이 작물화됐다. 호박(*C. moschata*)의 작물화 장소와 시기는 아직 밝혀지지 않았다. 고고학 증거가 나오지 않았을 뿐 아니라 야생 선조의 후손도 멸종됐는지 보이지 않기 때문이다. 대체로 야생 선조의 후손들이 자생하는 지역이 작물화가 일어난 곳일 가능성이 크다.

참고로 서양호박이라는 이름은 북미에서 널리 재배되기 때문에 붙여졌다. 할로윈데이를 상징하는 호박도 서양호박의 한 재배종이다. 가끔 외신에 나오는 거대한 호박 역시 서양호박이다. 최대 기록은 2020년 출품된 호박으로, 무게가 무려 1,190kg에 이른다. 구대륙으로 건너간 서양호박은 인도와 미얀마에서 두 번째 작물화가 일어났다고 할 정도로 다양한 품종이 개발됐다.

한편 호박(*C. moschata*)은 아메리카에서 유럽을 통해 동아시아로 전파된 뒤 다양한 품종이 나왔기 때문에 동양계 호박이라고도 부른다. 우

우리나라에는 임진왜란 때 호박이 들어와 토착화됐다. 대표적인 재래종인 조선호박으로 현대 상업 품종인 애호박에 비해 모양이 둥글다. (제공 위키피디아)

리나라에는 임진왜란 때 명나라에서 호박이 전해졌고, 수백 년에 걸쳐 우리 기후에 맞는 개체가 선별되면서 조선호박과 멧돌호박 같은 재래종이 나왔다.

두 종이 합쳐진 조상의 후손들

앞서 말했듯이 호박 게놈은 오이나 멜론, 수박에 비해 좀 복잡하다. 호박은 기본염색체(x)가 20개인 반면 오이는 7개, 멜론은 12개, 수박은 11개다. 그런데 염색체를 분석해 보니 단순히 재배열로 쪼개져 20개가 된 게 아니었다. 염색체 대부분이 구조가 비슷한 쌍으로 존재했다. 예를 들어 1번과 9번 염색체, 2번과 20번 염색체가 비슷하다.

앞서 배추속 식물에서 유채는 전체 염색체가 38개인 사배체 식물(2n=4x=38)이고 이는 전체 염색체가 18개인 이배체 식물(2n=2x=18)인 배추와 20개인 이배체 식물(2n=2x=20)인 양배추의 게놈이 합쳐진 결과(종의 합성)라고 설명했다(엄밀하게 표현하려면 작물 이름이 아니라 학명을 써야 한다). 즉 유채 게놈은 기본염색체 네 세트로 이뤄져 있다. 그렇다면 호박도 사배체 식물일까.

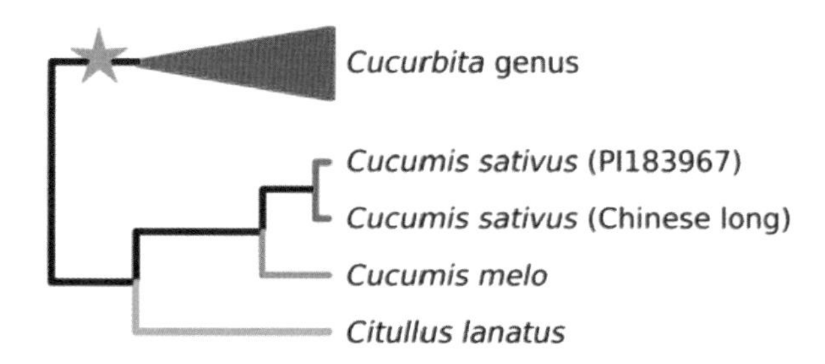

박과 작물의 관계를 보여주는 계통도다. 약 3,300만 년 전 호박족과 동아족이 갈라진 뒤 호박족 계열에서 약 3,000만 년 전 종의 합성이 일어나(주황색 별) 사배체가 나왔고 다양한 호박속(*Cucurbita*) 종들로 분화했다. 한편 동아족 계열에서는 약 2,000만 년 전 오이속(*Cucumis*)와 수박속(*Citullus*)이 갈라졌고 오이속의 종분화로 약 900만 년 전 오이(*C. sativus*)와 멜론(*C. melo*)이 확립됐다. (제공 『식물바이오테크놀로지저널』)

염색체 대부분은 구조가 비슷한 상대가 있지만, 유채처럼 깔끔하게 기본염색체 네 벌로 나눠지지는 않았다. 즉 과거 두 종의 게놈이 합쳐져 나온 이종사배체가 진화 과정에서 염색체 재배열을 거쳐 이배체화된 상태라는 말이다. 그럼에도 게놈이 여전히 사배체의 모습을 많이 지니고 있어 '고사배체paleotetraploid'라고 부른다. 그 결과 게놈에서 염기서열이나 유전자 배열 패턴이 겹치는 부분이 많아 해독한 부분의 염색체 자리를 결정하기가 어렵다.

베이징농업임업과학회와 코넬대가 주축이 된 중국과 미국 공동연구자들은 2017년 호박과 서양호박의 게놈을 해독해 진화 과정을 좀 더 명쾌하게 밝혀냈다.[101] 이에 따르면 수백만 년 전 공통조상에서 갈라져 호박과 서양호박으로 종분화가 일어났고 훗날 각각 작물화됐다. 1년 뒤 스페인과 미국의 공동연구자들은 페포호박의 게놈을 해독했다.[102] 2019년에는 앞의 세 종만큼 널리 재배되지는 않는 녹조종호박*C. argyrosperma*의 게놈이 해독됐다.[103] 네 종의 게놈 서열을 비교하면 서양호박 계열이 먼저 갈라졌고 그 뒤 페포호박 계열이 떨어져 나갔고 약 400만 년 전 호박과 녹조종호박이 갈라진 것으로 나온다.

세 논문의 내용을 바탕으로 호박속 식물의 진화 과정을 재구성하면 이렇다. 약 3,300만 년 전 박과 식물 한 종에서 종분화가 일어났다. 이들을 각각 B와 C라고 하자. C는 오늘날 오이속과 수박속 식물의 조상이 됐다.

약 300만 년이 흐른 3,000만 년 전 B의 후손과 또 다른 박과 식물 종인 A 사이에서 종의 합성이 일어나 이종사배체가 생겨났다. 바로 오늘날 호박속 식물의 조상이다. 그 뒤 시간이 흐르며 염색체 재배열이 일어나면서 이배체로 돌아가는 과정에서 종분화가 일어나 호박속 식물 여러 종이 나왔을 것이다. 실제 호박속 12종의 유전자 40개를 분석한 결과 모두 같은 이종사배체의 후손임이 밝혀졌다.

두 이배체 조상은 멸종한 듯

호박 게놈 데이터에서 이런 흥미로운 시나리오를 써낼 수 있었던 건 2009년 해독돼 박과 식물의 참조게놈이 된 오이 게놈 덕분이다. 호박에서 쌍으로 존재하는 염색체 부분 가운데 오이 염색체와 염기서열이 더 가까운 부분을 모아보니 기본 염색체 20개 가운데 11개와 4번 염색체의 일부였다. 연구자들은 여기에 '서브게놈 B subgenome B'라는 이름을 붙였다. 나머지 염색체 8개와 4번 염색체의 나머지 부분이 '서브게놈 A'다.

약 3,000만 전 서브게놈 A의 원형을 지닌 종(A)과 서브게놈 B의 원형을 지닌 종(B)이 만나 이종사배체가 생겨났고 여기서 호박속 식물이 진화했다. 앞서 언급했듯이 약 3,300만 년 전 B와 갈라진 C는 독자적으로 진화해 오늘날 오이속과 수박속 식물이 됐다. 따라서 C의 후손인 오이 게놈의 염기서열은 호박의 두 서브게놈 가운데 B의 후손인 서브게놈 B와 더 가깝다.

한편 서브게놈 B의 원형을 지닌 B 계열은 그 뒤 멸종한 것으로 보인

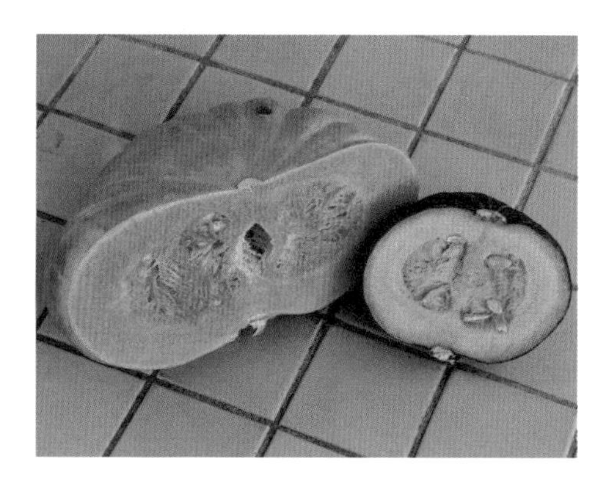

사배체 호박속 조상이 이배체화되는 과정에서 종분화가 일어나며 종마다 중복된 유전자의 소실과 잔존 패턴이 달랐다. 예를 들어 카로티노이드 생합성 네트워크의 차이로 (동양)호박은 카로틴 비율이 높아 주황색이고 서양호박은 루테인 비율이 높아 짙은 노란색이다. 호박 품종인 멧돌호박(왼쪽)과 서양호박 품종인 단호박의 단면이다. (제공 강석기)

다. 서브게놈 A의 원형을 지닌 종(A) 역시 그 뒤 멸종했는지 찾지 못했다. 둘이 합쳐져 생겨난 신종만이 살아 남았다는 말이다. 어쩌면 A와 B의 직계 후손이 아메리카 대륙 어딘가에 살고 있을지도 모른다.

호박과 서양호박 게놈은 비슷하므로 여기서는 우리나라 사람들이 친숙한 호박을 위주로 얘기한다. 호박 게놈 크기는 3억 7,200만 염기로 추정된다. 이 가운데 73%인 2억 6,990만 염기를 해독했다. 단백질을 지정하는 유전자는 3만 2,000여 개로 2만 6,000여 개인 오이보다 약 6,000개 더 많다.

A의 게놈과 B의 게놈이 합쳐졌음에도 유전자 수가 오이의 두 배에 한참 못 미치는 건 3,000만 년이라는 시간이 지나면서 두 게놈에서 기능이 중복되는 유전자의 상당 부분이 소실됐기 때문이다. 호박 게놈에서 서브게놈 A의 유전자가 1만 5,136개이고 서브게놈 B의 유전자가 1만 6,473개다. 종의 합성이 일어났을 당시 B 게놈의 유전자 개수가 오이와 비슷하다고 보면 대략 1만 개가 사라진 셈이다. A 게놈의 유전자도 대략 그만큼 사라졌을 것이다.

호박과 서양호박 모두 선별과 육종을 통해 워낙 다양한 품종이 나왔기 때문에 "각각의 특성이 이러이러하다"라고 단정적으로 말할 수는 없지만 대체로 서양호박이 당도가 높고 향이나 식감이 낫다. 대신 호박은 질병이나 환경 스트레스에 좀 더 강해 특히 덥고 습한 기후에서도 자랄 수 있다. 이런 차이는 이종사배체가 이배체로 바뀌는 과정에서 종분화가 일어나며 유전자의 소실과 잔존 패턴이 달랐기 때문일 것이다.

실제 잔존 유전자 가운데 새로운 기능을 획득해 생존에 도움이 된 양성선택positive selection이 확실해 보이는 것을 서양호박과 호박에서 각각 49개 찾았다. 그런데 이 가운데 겹치는 건 23개에 불과했다. 즉 서양호박의 양성선택 26개와 호박의 양성선택 26개는 서로 다른 유전자들이다.

남아 있는 유전자 수가 같더라도 종에 따라 발현되는 양이나 패턴이 달라 표현형에 영향을 미치기도 한다. 예를 들어 호박에 비해 서양호박이 대체로 카로티노이드 함량이 더 높다. 그런데 단순히 양만 많은 게 아니라 성분도 다소 차이가 난다. 즉 호박은 카로틴carotene 비율이 높고 서양호박은 루테인lutein 비율이 높다. 그 결과 호박의 속살은 주황색인 반면 서양호박은 짙은 노란색이다. 맷돌(늙은)호박과 단호박의 속살을 떠올리면 감이 올 것이다.

이는 카로틴을 루테인으로 바꿔주는 효소인 CHYB의 발현량 차이 때문이다. 호박에서는 이 효소가 적게 발현돼 카로틴이 더 많고 서양호박에서는 많이 발현돼 루테인이 더 많다. 눈 건강을 위해 루테인을 섭취하고 싶은 사람은 단호박을 먹는 게 나을 것이다.

호박속 작물의 게놈이 해독된 지 아직 얼마 되지 않았기 때문에 작물화 과정의 변이 등에 대한 깊이 있는 연구는 이제 시작 단계다. 반면 2009년 게놈이 해독된 오이에서는 이를 바탕으로 다양한 후속 연구가 진행돼 많은 결과가 나왔다. 이제 오이 게놈으로 넘어가 보자.

박과 식물의 참조 게놈

동양의 음양陰陽사상은 음식에도 영향을 미쳤다. 일본 면역학자 아보 도오루安保徹는 2005년 펴낸 책 『면역력을 높이는 밥상』에서 음식을 음양에 따라 다섯 가지로 나눠 설명했다. 음은 정도에 따라 서늘한 양涼과 차가운 한寒으로 나뉘고 양은 정도에 따라 따뜻한 온溫과 뜨거운 열熱로 나뉜다. 그 중간이 평平이다.

쌀이나 콩(대두) 같은 평한 음식을 주로 먹고 필요에 따라 양이나 한, 온이나 열인 음식을 곁들이면 음양의 균형을 유지해 건강을 지킬 수 있다는 것이다. 쌀밥과 콩 기반 식재료(된장, 간장, 두부, 콩나물)로 만든 음식을 주로 먹는 우리 전통 식단을 현대 과학이 건강식이라고 부르는 걸 보면 조상들의 지혜라는 생각이 든다.

오이속 작물인 오이와 참외는 음 가운데서도 한寒에 속하는 음식이다. 수박 역시 음의 음식으로 양涼에 속한다. 그런데 이 세 작물은 한의학의 분류가 아니더라도 시원한 맛과 향에서 음의 성질이 뚜렷하게 느껴진다. 그래서인지 다들 여름에 즐겨 먹는 음식이다.

앞에서 설명했듯이 약 3,300만 년 전 한 종이 B와 C로 갈라졌고 약 3,000만 년 전 B와 또 다른 종인 A 사이에서 종의 합성이 일어나 호박속 식물로 진화했다. 다른 하나인 C는 약 2,000만 년 전 수박속 계열과 오이속 계열로 갈라졌다. 그리고 약 900만 년 전 오이와 멜론이 갈라졌다. 수박과 오이, 참외가 음의 음식인 건 C게놈이 음의 기운을 지니고 있기 때문 아닐까. 반면 A게놈은 양의 기운을 지닌 듯하다. C게놈와 가까운 B게놈과 합쳐진 호박이 평한 음식으로 분류되기 때문이다. 물론 나의 의견일 뿐 과학에 기반한 사실은 전혀 아니다.

오이는 연간 생산량이 약 9,130만 톤인 중요한 채소 작물이다(2020년). 보통은 덜 성숙한 열매를 따서 통째로 먹지만(애호박처럼) 가끔은 완전히 성숙한 오이(늙은 오이 또는 노각이라고 부른다)의 과육을 무치거나 장아찌로 만들어 먹기도 한다.

오이는 기본염색체(x)가 7개인 이배체 식물로(2n=2x=14) 게놈 크기는 3억 5,000만 염기로 추정된다. 오이 게놈은 박과 식물의 참조 게놈으로서 멜론과 수박, 호박 같은 다른 박과 식물의 게놈을 해독하는 데 큰 도움을 줬다.

중국 채소화훼연구소를 비롯한 다국적 공동연구팀은 현대 오이 육종에 널리 쓰이는 순계 품종인 '차이니즈 롱Chinese long'의 게놈을 분석해 2009년 학술지 『네이처 유전학』에 발표했다.[104] 해독한 길이는 2억 4,350만 염기로 전체의 70% 수준이지만 나머지 30%는 대부분 반복서열일 것이므로 전체 유전자의 90% 이상이 해독됐을 것이다. 단백질을 지정한 유전자는 2만 6,000여 개로 추정됐다.

작물화로 쓴맛이 많이 지워졌지만…

가끔 오이를 먹다가 특히 꼭지 쪽에서 꽤 쓴맛을 느껴본 적이 있을 것이다. 눈치를 보는 자리가 아니라면 씹던 음식을 뱉어낼 정도다. 예전에 참외를 먹다가도 이런 '쓴맛'을 본 적이 있다. 오이나 참외뿐 아니라 박과 식물에는 공통으로 이처럼 쓴맛이 강하게 나는 물질인 큐커비타신cucurbitacin이 들어 있다. 분자 이름도 박과Cucurbitaceae에서 따왔다. 큐커비타신은 탄소원자 30개로 이뤄진 트리테르펜triterpene으로 몇 가지 종류가 있다. 오이는 큐커비타신C, 멜론은 큐커비타신B, 수박은 큐커비타신E를 지니고 있다.

쓴맛이 나는 다른 피토케미컬과 마찬가지로 큐커비타신은 동물을 쫓아내는 방어물질이다. 대부분의 식물에서는 씨앗이 여물면 열매가 익으면서 쓴맛이나 신맛이 나는 물질은 사라지고 대신 조직이 물러지고

멜론과 수박, 오이는 대표적인 동아족 작물로 야생 선조로 여겨지는 식물이 알려져 있다. 위는 야생 멜론(왼쪽)과 작물 멜론(오른쪽)이고 가운데는 야생 코르도판수박과(왼쪽)과 작물 수박(오른쪽)이고 아래는 야생 오이(왼쪽)과 작물 오이(오른쪽)다. (제공 『뉴 파이톨로지스트』)

단맛이 올라가지만 박과 식물의 열매는 익어도 쓴맛이 남아 있다. 이는 쓴맛에 둔감한 대형 포유류만을 끌어들이기 위함으로 보인다. 열매를 대충 씹어 넘기면 손상되지 않은 씨앗이 장을 통과해 똥에 섞여 빠져나와 발아할 수 있기 때문이다.

따라서 박과 식물의 작물화 과정에서 중요한 개량 포인트가 바로 열매에서 큐커비타신의 쓴맛을 최대한 줄이는 것으로, 수박에서는 완전히 성공했지만 오이속 작물인 오이와 참외에서는 완벽하게 없애지 못했다. 최근 당뇨에 좋은 걸로 알려져 찾는 사람이 늘고 있는 여주(학명 *Momordica charantia*)는 예외인데, 작물화됐음에도 여전히 쓴맛을 꽤 지닌 채 몇몇 요리에 식재료로 쓰이거나 술을 담글 때 들어간다.

후앙산웬 박사*가 이끈 공동연구팀은 오이 게놈 정보를 바탕으로 오이의 쓴맛을 부여하는 이차대사물인 큐커비타신C의 생합성에 관여하는 유전자를 밝혀 2014년 학술지 『사이언스』에 발표했다.[105]

이에 따르면 오이에서 큐커비타신C 생합성에 관여하는 유전자는 9개다. 이 가운데 5개가 6번 염색체의 특정 자리에 몰려 있었다. 나머지 3개는 3번 염색체에 1개는 1번 염색체에 자리했다. 이들 가운데 생합성 초기 단계인 옥시도스쿠알렌oxidosqualene을 큐커비타디에놀cucurbitadienol로 바꿔주는 효소인 OSC를 지정하는 Bi유전자가 가장 중요하다.

한편 5번 염색체에 있는 Bl유전자와 Bt유전자는 각각 잎과 열매에서 Bi 유전자의 발현을 조절하는 전사인자라는 사실이 밝혀졌다. 전사인자는 표적 유전자의 프로모터promotor 영역에 달라붙어 유전자 발현을 촉진하거나 억제하는 단백질이다.

야생 오이와 작물 오이의 게놈을 비교한 결과 작물에서 Bi유전자에 변이가 일어나 OSC 효소의 393번째 아미노산이 시스테인(C)에서 타이로신(Y)으로 바뀌었다. 그 결과 효소의 구조가 바뀌어 활성이 크게 떨어졌다. 한편 열매에서 Bi유전자의 발현을 유발하는 전사인자를 지정

* 후앙산웬 박사는 최근 잡종 감자를 개발하기도 했다(158쪽 참조).

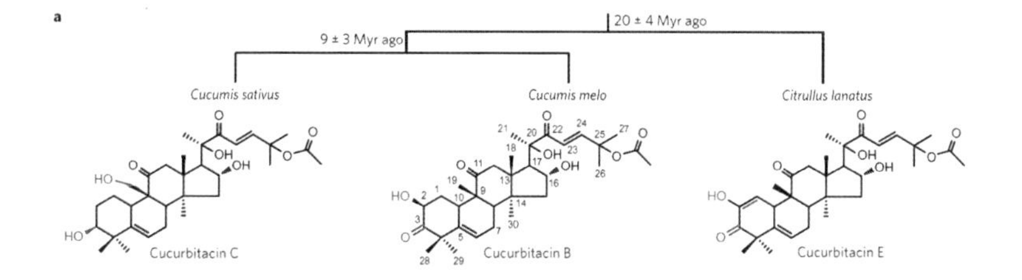

박과 식물은 쓴맛이 나는 물질인 큐커비타신을 만들어 동물로부터 씨앗을 지킨다. 종에 따라 큐커비타신의 구조가 약간 다르다. 왼쪽부터 오이의 큐커비타신C, 멜론의 큐커비타신B, 수박의 큐커비타신E다. 작물화 과정에서 큐커비타신 생합성 네트워크가 부실해져 오이나 참외 꼭지 근처에서 가끔 쓴맛이 나는 경우를 빼면 쓴맛이 사라졌다. (제공 『네이처 식물』)

하는 Bt 유전자 역시 작물 오이에서 변이가 일어났다. 그 결과 Bt가 잘 만들어지지 않아 안 그래도 부실한 변이 OSC 효소를 덜 만들어냈다. 이런 효과가 합쳐져 작물 오이의 쓴맛이 사라졌다. 그럼에도 가뭄 같은 스트레스 환경에 놓이면 큐커비타신C의 생합성이 늘어나 드물게 오이를 먹다가 꼭지 부근에서 쓴맛을 보기도 한다.

오이와 멜론은 같은 속임에도 기본염색체(x)는 각각 7개와 12개로 꽤 차이가 난다. 둘은 약 900만 년 전 갈라진 것으로 보이는데, 공통조상의 기본염색체는 몇 개였을까? 오이속은 50여 종으로 구성돼 있는데 대다수는 기본염색체가 12개다. 따라서 오이로 진화하는 과정에서 염색체 재배열로 합쳐져 개수가 줄어든 것이다. 초기 오이속 조상의 게놈 구조를 간직한 멜론으로 넘어가자.

3부

과일 작물

지난 한 세대 동안 우리나라 사람들의 식단 변화를 살펴보면 뜨는 작물과 지는 작물을 알 수 있다. 예를 들어 이 사이 1인당 소비량이 급감한 쌀이나 배추(김치의 주재료)처럼 전통적인 식량 작물과 채소 작물은 대체로 하향세다. 반면 육류와 함께 소비량이 크게 늘어난 게 바로 과일 작물이다.

사과나 귤 같은 대표 과일은 2000년대 들어 소비량이 정체됐지만 더이상 계절과일이 아닌 딸기와 포도의 소비량은 크게 늘었고 오렌지, 키위, 블루베리 같은 수입 과일의 소비도 급증했다. 여기에 멜론, 망고 같은 이국적인 과일을 재배하는 농가가 늘면서 마트에서 쉽게 볼 수 있다.

과일은 다들 달콤한 맛과 향을 지니고 있지만 당분 때문에 과일을 주식으로 삼는 경우는 거의 없다. 예외적으로 바나나의 일종인 플랜틴은 아프리카와 아시아 여러 지역에서 주요 식량 작물이지만 당분의 함량이 낮고 녹말 함량이 높다. 한마디로 과일은 맛이 있어서 먹는다는 말이다. 따라서 국민 소득이 올라가면 어느 수준까지는 고기와 함께 과일의 소비량도 따라서 늘기 마련이다.

그런데 과일은 맛과 향만 좋은 게 아니다. 과일에는 각종 비타민과 미네랄이 풍부하게 들어 있고 여러 생리활성을 보이는 피토케미컬도 들어 있다. 다만 요즘 과일들은 단맛이 강한 쪽으로 개량돼 너무 많이 먹으면 비만이나 당뇨병 위험성이 커지는 역효과가 날 수도 있다.

이 책에서는 8개 장에서 10여 가지 과일 작물을 다룬다. 2부 채소 작물에 6개 장을 할애한 것에 비해 좀 지나친 면이 없지도 않지만 내가 과일을 워낙 좋아하다 보니 균형감을 좀 잃은 결과다. 그렇지만 과일 하나하나가 다들 뚜렷한 개성을 지니고 있어 내용이 겹치는 느낌은 없을 것이다.

멜론과 수박,
어떻게 과일이 되었나

오이와 참외, 멜론을 놓고 두 그룹으로 나누라면 아마도 적지 않은 사람들이 오이와 참외를 한 그룹으로 묶고 멜론을 따로 둘 것이다. 이름을 봐도 참외는 '오이(외) 가운데 최고'라는 뜻이다. 오이에는 없는 달콤한 맛과 향 덕분이다.

참외와 우리가 멜론이라고 알고 있는 과일(마트에 있는 머스크멜론)은 서로 꽤 다르다. 껍질이 얇아 먹을 수도 있는 참외는 오히려 오이와 더 가깝다. 반면 그물망이 싸고 있는 것 같은 멜론의 껍질은 두껍고 딱딱해 굳이 비교하자면 늙은호박이나 수박에 더 가깝다. 과육도 참외는 단맛만 빼면 흰색에 단단한 식감이 늙은오이, 즉 노각과 비슷하다(특히 맛이 싱거울 경우). 반면 멜론은 연두색에서 노란색으로 이어지는 두껍고 부드러운 과육과 굉장히 진한 향과 단맛을 지니고 있다. 쓴맛도 그렇다. 참외는 오이와 마찬가지로 재배 환경에 따라 큐커비타신이 만들어져 간혹 과육에서 쓴맛이 나기도 하지만 멜론은 수박처럼 그런 일이 없다.

그러나 14장에서 잠깐 언급했듯이 참외는 멜론의 일종으로 영어사전을 봐도 'oriental melon'이라고 나온다. 참외는 오이와는 같은 속이지만 멜론과는 같은 종이므로 두 그룹으로 나눈다면 오이를 따로 두고 참외와 멜론이 묶여야 한다. 그런데 아무리 봐도 참외와 멜론이 같은 종이라는 게 의아하다.

우리 조상 눈엔 참외, 분류학자 눈엔 개멜론

흥미롭게도 이런 상식적인 판단이 멜론의 학명에도 어느 정도 반영돼 있다. 즉 우리가 멜론이라고 부르는 과일과 참외는 식물학의 종으로서 멜론의 두 아종이다. 즉 전자는 학명이 *Cucumis melo ssp. melo*이고 참외는 *C. melo ssp. agrestis*다. 여기서 ssp.는 subspecis(아종)의 약자다. 앞서 1장에서 벼가 자포니카와 인디카 두 아종으로 나뉘는 것과 같은 맥락이다. 따라서 우리식으로 참외와 멜론으로 나눠 부르는 건 틀린 표현이다. 따라서 앞으로 종을 가리킬 때 '멜론'을 쓰고 우리가 익숙한 참외와 멜론은 각각 아종명인 '아그레스티스'와 '멜로'로 쓴다.

흥미롭게도 학명의 뜻을 풀이하면 멜로는 참멜론이고(melo 중의 melo이므로) 참외는 들멜론이나 개멜론(아종명 agrestis는 '시골, 들'을 뜻하는 라틴어다) 정도로 번역할 수 있다. 오이와 묶였을 때는 '참'외이지만 멜로와 함께 하니 '개'멜론이 되는 셈이다.

내가 어릴 때만 해도 아그레스티스(참외)만 있었고 지금도 참외가 더 많으므로 얼핏 생각하면 참외가 주류이고 멜로는 소량 생산되는 고급 품종으로 느껴지지만 실상은 그렇지 않다. 참외 재배지는 동아시아에 국한된 반면 멜로는 세계 곳곳에서 재배되고 있다. 멜론 생산량은 2,740만 톤에 이른다(2020년).

멜론은 멜로와 아그레스티스 두 아종으로 나뉜다. 2012년 멜로인 피엘드사포(왼쪽)과 아그레스티스인 성환참외(오른쪽) 사이에서 얻은 잡종의 이중일배체 게놈을 분석해 멜론의 참조게놈으로 삼았다. 우리가 익숙한 머스크멜론과 노란 참외 사이와는 달리 겉모습에서 큰 차이가 느껴지지 않는다. (제공 셔터스탁 / 위키피디아)

지난 2012년 바르셀로나대가 주도한 스페인 공동연구팀은 멜론 게놈을 해독해 학술지 『미국립과학원회보』에 발표했다.[106] 그런데 선택한 멜론이 좀 특별하다. 우리나라 재래종인 성환참외(일명 개구리참외)와 스페인의 '피엘드사포Piel de Sapo('두꺼비 피부'라는 뜻)'라는 품종의 멜론(일명 '산타클로스 멜론')을 교잡한 잡종에서 얻은 이중일배체다.* 두 아종의 모자이크인 참조 게놈을 만들기 위해서다.

연구자들은 4억 5,000만 염기로 추정되는 게놈의 83.3%인 3억 7,500만 염기를 해독했다. 단백질 지정 유전자는 2만 7,427개로 추정된다. 같은 속 작물인 오이와 비교하면 멜론 게놈이 1억 염기나 더 크지만 유전자 개수는 약간 더 많은 수준이다. 이는 두 종이 약 900만 년 전 갈라진 뒤 게놈 진화가 다른 길을 걸은 결과다.

앞장 끝에서 잠깐 언급했듯이 공통조상의 기본염색체는 12개였을 것이고 오이 계열이 진화하면서 염색체 재배열로 합쳐져 개수가 7개로 줄어들었다. 이 과정에서 소실된 부분이 꽤 됐던 것으로 보이는데, 대부분은 유전자가 띄엄띄엄 있는 서열이었을 것이다. 여기에 멜론 계열

* 이중일배체에 대한 설명은 155쪽 참조.

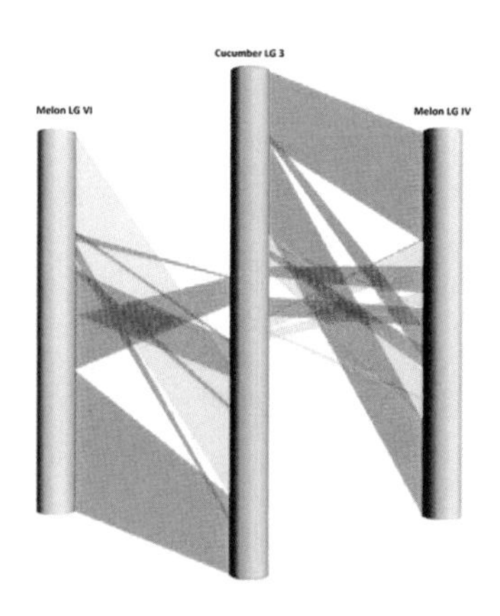

멜론과 오이는 같은 속임에도 기본염색체 개수가 각각 12개와 7개로 꽤 차이가 난다. 이는 오이에서 염색체가 합쳐진 결과다. 예를 들어 오이의 3번 염색체(가운데)는 참외의 6번 염색체(왼쪽)와 4번 염색체(오른쪽)에 대응한다. 염색체에서 같은 방향으로 놓인 신터니(상동유전자 무리)는 빨간색, 역위가 일어나 반대 방향으로 놓인 신터니는 녹색으로 나타냈다. (제공 『미국립과학원회보』)

에서는 상대적으로 전이인자의 증식이 활발해(약 200만 년 전에 최대) 게놈 크기의 차이가 벌어졌다. 아무튼 멜론의 게놈은 오이속 식물의 원형을 잘 간직하고 있는 셈이다.

오이와 달리 멜론이 과일의 범주에 들어온 건 달콤한 맛과 향을 지닌 덕분이다. 아마 야생에서부터 이런 차이가 있었을 것이고 작물화를 거치며 강화됐을 것이다. 멜론 게놈 분석 결과 당 대사와 관련된 것으로 보이는 유전자 63개를 찾았다. 이 가운데 몇몇은 멜론 계열에서만 유전자중복이 일어나 수가 늘어났다. 그리고 관련 유전자의 발현이 높아지는 쪽으로 선택이 일어났을 것이다. 그 결과 멜론 과육의 당 농도가 올라가며 점점 더 달아졌다.

세 차례 작물화 일어나

벼가 자포니카와 인디카 두 아종으로 나뉘듯이 멜론도 멜로와 아그레스티스 두 아종으로 나뉜다. 벼의 작물화는 자포니카에서 일어났고 그 뒤 야생 인디카에 유입돼 작물 인디카가 나왔다. 그렇다면 멜론도 먼저 멜로에서 작물화가 일어났고 그 영향으로 아그레스티스도 작물화된 걸까(또는 그 반대 방향).

2019년 학술지 『네이처 유전학』에는 멜론의 작물화 과정을 밝힌 중국 정저우과일연구소를 비롯한 다국적 공동연구팀의 논문이 실렸다.[107] 이에 따르면 벼와는 달리 멜론은 작물화가 세 차례 독립적으로 일어났다. 즉 인도에서 멜로와 아그레스티스가 따로 작물화됐고, 아프리카에서 다른 계열의 멜론이 작물화됐다.

연구자들은 아시아와 유럽, 아프리카에서 채집한 멜론 유전자원 1,175개의 게놈을 분석해 비교했다. 이 가운데 야생 멜론이 134개이고 재배 멜론이 1,041개다. 아종으로 나누면 멜로가 667개이고 아그레스티스가 508개다.

분석 결과 이들은 크게 세 분지군clade으로 나뉘었다. 즉 아프리카와 멜로, 아그레스티스다. 아프리카에서 채집한 유전자원은 분석에 앞서 일단 아그레스트스로 봤지만, 이번 결과로 별개의 아종으로 분류해야 할 것으로 보인다. 다만 아직은 분석한 유전자원이 10개에 불과해 앞으로 더 많은 유전자원을 채집해 분석해야 결론을 내릴 수 있을 것이다.

세 분지군 모두 다시 두 그룹으로 나뉘는데, 각각 야생 멜론과 재배 멜론이 차지했다. 세 분지군에서 따로 작물화가 일어났음을 보여주는 패턴이다. 작물화 관련 게놈 변이를 분석한 결과도 이를 뒷받침했다.

작물 게놈에서 작물화 관련 선택이 일어난 영역은 다른 영역에 비해 염기 다양성(단일염기다형성 빈도)이 낮다. 야생 식물의 게놈에서는 이 영역이라고 특별할 건 없으므로 염기 다양성이 비슷하다. 앞서 벼의 경우 자포니카와 인디카는 게놈에서 염기의 다양성이 낮은 영역이 많이 겹쳤다. 자포니카에서 작물화가 일어났고 이게 인디카로 전해졌으니 말이 된다.

그런데 멜론에서 멜로와 아그레스티스를 비교하자 다른 패턴이 드러났다. 멜로 게놈에서 염기 다양성이 낮은 영역이 148곳으로 전체 게놈 크기의 6.28%이고 여기에 유전자가 1481개 들어있다. 아그레스티스 게놈에서는 185곳 7.23%에 유전자가 1710개다. 그런데 둘 사이에 겹치는 건 게놈의 0.66%에 유전자는 143개에 불과했다. 즉 열매가 커지고 단맛이 늘고 신맛이 줄고 쓴맛이 사라진 것 같은 작물화의 방향은 같아도 두 아종에서 일어난 유전 변이는 다르다는 말이다.

예를 들어 쓴맛을 보면 멜로는 큐커비타신C 생합성 과정에서 가장 중요한 Bi유전자가 완전히 고장나 있다. 그 결과 재배 환경과 관계없이 쓴맛이 나는 경우가 없다. 뒤에 나오는 수박도 마찬가지다. 반면 아그레스티스는 열매에서 큐커비타신C 생합성 과정을 촉매하는 효소 유전자의 발현을 조절하는 전사인자인 Bt유전자가 고장난 상태다. 따라서

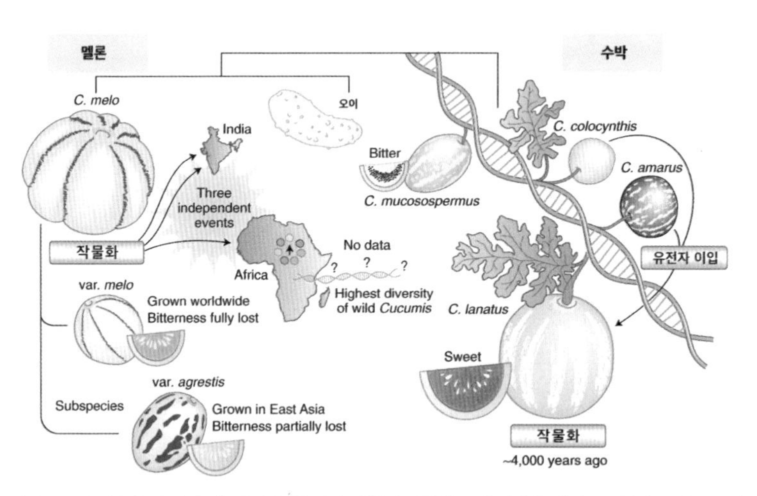

세계 곳곳의 멜론을 채집해 게놈을 분석한 결과 멜론의 작물화는 세 차례 독립적으로 일어난 것으로 밝혀졌다. 즉 남아시아에서 멜로(melo) 아종과 아그레스티스(agretis) 아종이 각각 작물화됐고 아프리카에서 다른 계열이 작물화됐다(왼쪽). 수박(*C. lanatus*)은 약 4,000년 전 동북아프리카에서 작물화됐는데, 게놈 분석 결과 병해충 저항성 등을 위해 다른 종들과 교배해 관련 유전자가 이입된 것으로 밝혀졌다(오른쪽). (제공 『네이처 유전학』)

평소에는 쓴맛이 없지만 가뭄 같은 스트레스 조건에서는 다른 전사인자의 작용으로 큐커비타신C 생합성 경로가 약하게 켜지면서 큐커비타신C가 소량 만들어져 열매꼭지 부근에서 꽤 쓴맛이 난다. 참외를 개멜론이라고 불러도 별수 없다는 생각이 든다.

수박 기원 관련 논란 정리

수박은 넓게는 수박속屬에 속하는 7종을 뜻하고 좁게는 우리가 먹는 한 종(학명 시트룰루스 라나투스*Citrullus lanatus*)을 가리킨다. 우리가 먹는 종은 '달콤한 수박sweet watermelon'이라고도 불린다. 세계 수박 생산량은 1억 160만 톤(2020년)으로 과일에서는 바나나 다음이다.

2013년 중국 국립채소공학연구센터를 주축으로 한 다국적 연구팀은 전형적인 재배 품종(97103)을 대상으로 수박 게놈을 해독해 『네이처 유전학』에 발표했다.[108] 달콤한 수박은 염색체 11개가 한 벌인 이배체(2n=2x=22)로 게놈 크기가 4억 2,500만 염기에 유전자가 2만 3,000여 개로 밝혀졌다.

6년이 지난 2019년 역시 중국 국립채소공학연구센터가 주도한 공동연구팀이 다시 한번 수박 게놈 해독 논문을 같은 학술지에 발표했다.[109] 2013년 논문에서는 수박 한 품종의 게놈을 해독해 '수박 참조 게놈'을 만든 결과를 소개했고, 2019년 논문에서는 이를 바탕으로 수박속 식물 7종을 포함해 세계 각지에서 수집한 414개 유전자원의 게놈을 해독해 달콤한 수박의 작물화 과정을 재구성했다.

아프리카 곳곳에 수박속 식물 7종이 자생하고 있지만, 이 가운데 작물화가 일어난 건 3종이다. 달콤한 수박은 늦어도 4,000년 전 북아프리카에서 작물화된 것으로 보인다. 실제 고대 이집트 벽화에도 수박이 그려져 있는데, 쟁반 위에 놓인 수박도 있어 지금처럼 과일로 먹은 것으로 보인다. 달콤한 수박은 7세기 무렵 인도에 이르렀고 10세기가 돼서야 중국에 소개됐다고 한다. 우리나라는 12세기 초 고려 시대에 들어온 것으로 보이는데, '서과西瓜'라고 기술돼 있다.

서아프리카에서 작물화가 이뤄진 또 다른 수박인 에구시수박egusi melon(학명 시트룰루스 무코소스퍼무스*C. mucosospermus*)은 과육이 아니라 씨앗을 먹는다.* 이곳 사람들은 호박씨나 에구시수박씨를 갈아 죽을 끓여 먹는다. 에구시수박의 단면을 보면 속이 허예 별맛이 없어 보인다. 논문에서는 에구시수박 19가지 유전자원의 게놈을 해독했는데, 4가지는 정말 싱거운 맛이다. 나머지는 맛이 써서 먹을 수도 없다.

북아프리카에서 재배되는 시트론수박citron melon(학명 시트룰루스 아마루스*C. amarus*)은 얼핏 우리가 먹는 수박처럼 보인다. 그러나 과육을 그대로 먹지는 않고 잼을 만들거나 동물 사료, 수분 섭취용으로 쓴다. 최근까지 시트론수박은 달콤한 수박과 같은 종의 한 아종subspecies으로 분류되기도 했다. 참고로 수박속 식물들은 종이 달라도 교배가 이뤄지기 때문에 분류하기가 어렵다.

그러나 이번에 시트론수박 31가지 유전자원의 게놈을 분석해 비교한 결과 독립된 종으로 분류하는 게 맞고 그나마 진화과정에서 에구시수박보다도 더 먼저 공통조상에서 갈라졌다는 사실이 밝혀졌다. 달콤한 수박이 사람이라면 에구시수박이 침팬지, 시트론수박이 고릴라인 셈이다.

작물화가 이뤄지지 않은 나머지 4종 역시 모두 속살이 희고 맛이 쓰다. 결국 맛이 쓰지 않으면서 달고 예쁜 빨간색 속살까지 지닌 수박은 우리가 먹는 한 종뿐이다. 그런데 논문에 따르면 우리가 먹는 수박에는 나머지 6종 가운데 에구시수박과 시트론수박, 쓴사과수박bitter apple melon(학명 시트룰루스 콜로신시스*C. colocynthis*)의 흔적이 남아있다. 마치 현생인류의

* 영어 이름 그대로 에구시멜론이라고 쓰기도 하지만 혼동을 피하려고 에구시수박이라고 번역했다. 다음에 나오는 시트론수박과 쓴사과수박, 코르도판수박도 마찬가지다.

게놈에 네안데르탈인과 데니소바인의 피가 섞여 있는 것처럼 말이다.

색이 선명할수록 더 단 이유

게놈 데이터를 바탕으로 수박속 식물의 종분화 과정을 역추적해보면 공통조상은 쓴사과수박과 비슷했을 것으로 보인다. 즉 크기가 참외만 하고 맛이 쓴 열매가 열리는 덩굴식물이었다. 그런데 종분화가 일어나고 작물화가 진행되면서 오늘날 수박만한 크기의 시트론수박이 나왔고 그보다는 크지 않지만 씨앗이 먹을 게 많은 에구시수박이 나왔다.

흥미롭게도 이집트 남쪽에 위치한 수단에 속이 하얀 야생 달콤한 수박이 자생하고 있고 논문에서도 두 개체의 게놈을 해독했다. 따라서 늦어도 4,000년 전 수단이나 이집트 지역에서 이들 야생 수박을 대상으로 작물화가 시도됐을 것이다. 다만 논문의 그림에서는 에구시수박에서 종분화가 일어나 우리가 먹는 수박이 나온 것으로 묘사돼 있다(267쪽 그림). 그만큼 에구시수박과 달콤한 수박의 게놈이 비슷하다는 말이다.

연구자들이 분석한 달콤한 수박은 345가지로, 이 가운데 각 지역에서 오래전부터 재배돼 온 재래종landraces이 87가지이고 육종학자들이 만든 상업 품종cultivars이 258가지다. 게놈 비교 분석을 통해 모두 43곳에서 작물화와 관련된 변이를 찾았다. 먼저 단맛을 살펴보자.

각 종의 단맛을 보면 수박속의 조상과 가까울 것으로 보이는 쓴사과수박은 평균 1.6브릭스에 불과하지만 에구시수박은 평균 3.4브릭스로 두 배 이상 높아졌다.* 그럼에도 여전히 쓰거나 싱거운 맛이다. 반면 달콤한 수박 재래종은 평균 8.3브릭스이고 상업 품종은 평균 10.1브릭스다.

이런 극적인 변화는 2번 염색체에 있는 당운반 유전자 TST2와 10번 염색체에 있는 자당(설탕)합성효소 유전자, 라피노스합성효소 유전자

* 브릭스(brix)는 액체 100g에 있는 당의 g 수다. 과일의 당도는 과즙의 브릭스로 나타낸다.

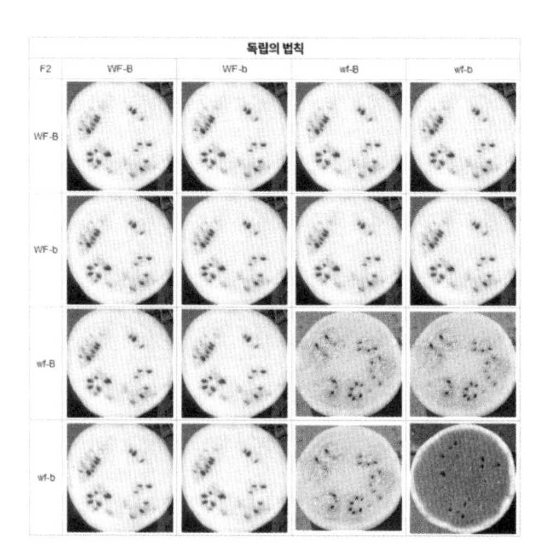

야생 수박의 속은 흰색이다. 야생종과 교배를 통해 얻은 속이 흰 수박(WFWFBB)과 속이 빨간 수박(wfwfbb)을 교배하면 1세대는 모두 속이 흰 수박(WFwfBb)이 나온다. 1세대끼리 교배해 얻은 2세대는 흰색(WF——)과 노란색(wfwfB–), 빨간색(wfwfbb)이 12:3:1로 나온다. 이는 멘델의 유전 법칙을 따르는 것으로 두 가상 유전자(WF와 B)가 상위성 효과(epistatic effect)로 상호작용한 결과다. 최근 연구에 따르면 간접적으로 카로티노이드 생합성을 조절하는 TST2와 라이코펜을 베타카로틴으로 바꾸는 LCYB가 바로 이런 관계다. (제공 Andreo)

의 변이가 주도한 것으로 나타났다. 라피노스raffinose는 자당에 갈락토스가 붙어 있는 삼당류도, 단맛은 자당의 절반 수준이다.

달콤한 수박 겉껍질의 짙은 녹색과 선명한 보색대비를 이루는 붉은 속살의 탄생에는 4번 염색체에 있는 LCYB 유전자의 변이가 가장 큰 역할을 한 것으로 나타났다. 수박 과육의 색은 카로티노이드의 종류와 양에 따라 정해진다. LCYB는 붉은색을 띠는 카로티노이드 분자인 라이코펜을 주황색을 띠는 카로티노이드 분자인 베타카로틴으로 바꾸는 효소다. 즉 속이 붉은 전형적인 달콤한 수박은 LCYB 유전자가 고장나 과육에 라이코펜이 축적된 결과다.

또 하나 흥미로운 사실은 단맛에 관련된 2번 염색체에 있는 당운반 유전자 TST2가 과육 색에도 관련돼 있다는 것이다. 정확한 메커니즘은 밝히지 못했지만, 이 유전자가 활성화되면 카로티노이드 생합성 경로도 동시에 활성화되는 것으로 밝혀졌다. 속의 빨간색이 연한 수박이 덜 단 이유다. 수박 과육 색에는 이 밖에도 많은 유전자가 관여하고 있지만, 주역인 두 유전자의 변이로 색의 변화를 재구성해 보자.

먼저 속살이 흰 에구시수박(또는 야생 달콤한 수박)에서 TST2 유전자 발현 조절 부위에 변이가 생겨 당운반 단백질이 많이 만들어져 과육의 단맛이 높아지면서 케로티노이드도 많이 만들어져 과육이 노란색 또는 주황색을 띠게 됐을 것이다. 그 뒤 LCYB 유전자가 고장나면서 라이코펜이 축적돼 과육이 빨간 품종이 등장했다. 실제 달콤한 수박 재배 품종 가운데 속이 빨간색인 것들은 모두 LCYB 유전자가 기능을 잃은 변이형이고, 노란색인 20가지와 주황색인 14가지 모두 기능을 하는 야생형인 것으로 밝혀졌다.

쓴맛은 완전히 사라져

박과 식물이 동물로부터 자신을 보호하기 위해 만드는 분자인 큐커비타신cucurbitacin은 미량 존재해도 과육이 굉장히 쓰다. 따라서 작물화 과정에서 큐커비타신 생합성을 억제하는 쪽으로 선별이 일어나기 마련인데, 오이와 참외에서는 여전히 불완전하다. 반면 수박을 먹다가 쓴맛을 느낀 적은 없을 것이다. 큐커비타신 생합성 경로가 완전히 막혀있기 때문이다.

게놈 분석 결과 이런 변화는 에구시수박에서 처음 나타났다. 이번에 분석한 16개 유전자원 가운데 12가지에서 쓴맛이 없었는데, 큐커비타신 생합성 경로를 조절하는 Bt 유전자에 변이가 일어난 것으로 나타났다. 그리고 달콤한 수박의 경우 전부 변이형 Bt 유전자였다. 작물화 초기 일찌감치 쓴맛이 없는 형질이 고정됐다는 말이다.

작물화 과정에서 열매가 커지고 방어물질이 줄어들거나 없어지면 식물은 각종 병충해에 취약해지기 마련이다. 수박도 예외는 아니어서 덩굴쪼김병(곰팡이), 흰가루병(곰팡이)이나 선충의 공격에 시달린다. 또 가뭄 같은 스트레스에도 취약하다.

육종학자들은 이런 문제를 해결하기 위해 야생 식물의 유전자를 이입introgression하는 전략을 즐겨 쓴다. 달콤한 수박 역시 이 목적으로 쓴사과수박이나 시트론수박과 교잡을 한 흔적이 이번 게놈 분석을 통해 드러났다(267쪽 그림). 즉 이들 종에서 여러 스트레스 저항 유전자들이 이입된 것이다.

수단에 자생하는 코르도판수박이 조상?

에구시수박이 작물 수박의 야생 조상일 거라는 논문이 나오고 2년이 지난 2021년 6월 학술지 『미국립과학원회보』에는 이와는 다른 주장을 담은 독일 뮌헨대 연구자들의 논문이 실렸다.[110] 즉 에구시수박보다 작물 수박과 더 가까운 야생 수박이 수단 남부 코르도판 지역에 자생하고 있다는 것이다. 연구자들은 이 야생 수박을 코르도판수박Kordofan melon이라고 불렀다.

흥미롭게도 2019년 논문에서도 작물 수박의 재래종 87가지 가운데 코로도판수박 두 가지가 포함돼 있다. 게놈 분석 결과 달콤한 수박의 야생 조상이라고 해석할 수도 있었으나 당시 연구자들은 그럴 가능성을 살짝 언급했을 뿐 재래종으로 분류했다.

독일 연구자들은 2019년 중국 연구자들이 해독한 코로도판수박 두 가지에 더해 야생 코로도판수박을 채집해 게놈을 추가로 해독했다. 이렇게 얻은 코로도판수박 게놈 세 가지의 데이터를 비교분석한 결과 달콤한 수박 재래종이나 상업 품종보다 유전자 다양성이 큰 것으로 나타났다. 이는 작물의 야생 조상 식물에서 나타나는 현상이다. 반면 특정 지역 특정 시기에 야생 조상 식물에서 작물화가 일어나기 때문에 작물은 유전자 다양성이 떨어진다.

뮌헨대 연구팀이 제시한 수박 작물화 시나리오는 이렇다. 수박속이 확립된 뒤 종분화가 일어나면서 5종이 떨어져 나갔고 에구시수박과 코르도판수박의 공통조상이 남았다. 이들 가운데 일부에서 Bt 유전자 변이가 일어나 큐커비타신을 만들지 못하게 됐다. 이런 변이체의 한 계열이 동북아프리카에서 자생하며 코르도판수박으로 종분화했고 그 결과 코르도판수박은 쓴맛이 없다. 반면 서아프리카에 자생하는 에구시수박은 정상 Bt 유전자와 변이 Bt 유전자를 지닌 개체가 섞인 채 진화해 오늘에 이르고 있다.

동북아프리카 지역에 살던 사람들은 코르도판수박을 재배하기 시작했고 이 과정에서 라이코펜을 베타카로틴으로 바꾸는 LCYB 유전자가 변이로 고장나면서 속이 빨간 수박이 나왔을 것이다. 아울러 열매가 커

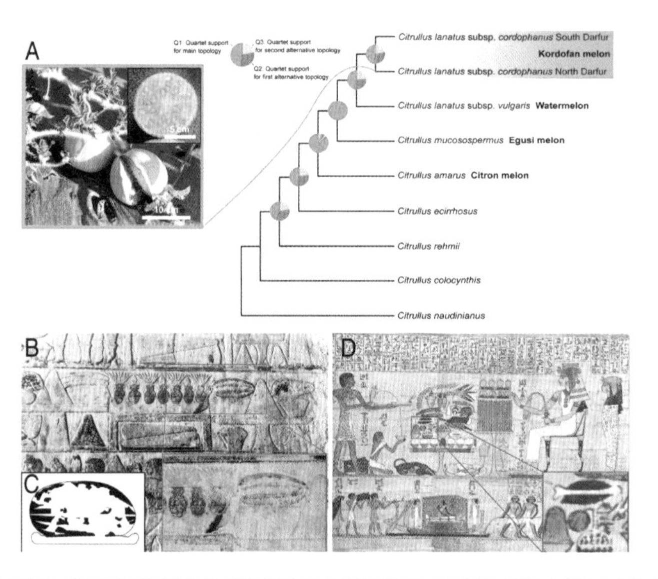

수박속 7종의 계통도(위 오른쪽)로 맨 위의 둘은 코르도판수박이고 세 번째는 작물 수박이다. 2021년 발표된 논문에 따르면 수박은 동북아프리카에 자생하는 코르도판수박(위 왼쪽)을 작물화한 것이다. 고대 이집트 벽화에는 수박이 등장해 인류가 늦어도 4,000년 전에는 수박을 작물화해 과일로 먹었음을 시사한다. 이집트 북부 사카라의 4,350년 전 무덤 '첨호텝(Chnumhotep) 내부 벽에 그려진 그림(아래 왼쪽)과 약 3,000년 전 이집트 제21왕조 시대 만들어진 파피루스(아래 오른쪽에 수박이 정교하게 묘사돼 있다. (제공 『미국립과학원회보』)

지는 등 작물화 과정 변이가 축적되면서 우리가 익숙한 '달콤한 수박'이 나왔다는 것이다.

흥미롭게도 이집트 북부 사카라의 4,350년 전 무덤 '첨호텝Chnumhotep' 내부 벽에 그려진 그림에 수박이 등장한다. 타원형에 짙은 녹색 줄무늬가 있어 한 순에 수박임을 알 수 있다. 옆에 포도도 그려진 것으로 보아 당시 수박이 이미 후식용 과일이었음을 짐작할 수 있다. 이집트 중부 아슈트 북서쪽에서 발굴된 거의 비슷한 시기 무덤의 벽화에서도 비슷한 생김새의 수박이 보인다.

한편 약 3,000년 전 이집트 제21왕조 시대 만들어진 파피루스에도 수박이 정교하게 묘사돼 있다. 흥미롭게도 잎도 그려져 있어 이를 바탕으로 수박 크기를 추측해 보면 오늘날 전형적인 수박보다는 작다. 1960년대 러시아 육종학자 터-아바네시안은 수단 남부 코르도판에서 야생 수박 씨앗을 구해 심었는데 크기가 평균 23.5×21cm으로 작고 달콤한 향이 나는 흰 속살에 쓴맛은 없었다. 1966년 발표한 논문에서 터-아바네시안은 이 수박을 작물 수박과 같은 종의 다른 아종으로 분

약 400년 전에도 수박의 속살은 지금만큼 선명한 붉은색은 아니었던 것으로 보인다. 17세기 작품 「수박과 파인애플이 있는 정물」. (제공 위키피디아)

류하고 *C. lanatus ssp. cordophanus*이라는 학명을 붙였다. 사진에 실린 수박의 껍질 무늬를 보면 파피루스 속 수박 무늬와 비슷하다. 따라서 터-아바네시안은 코르도판 지역의 야생 수박이 현대 수박의 조상이라고 주장했다. 그의 목소리와 함께 코로도판의 야생 수박은 반세기 동안 잊혔다가 최근 게놈 비교 연구 붐이 일면서 재발견된 셈이다.

고게놈학 연구도 이 관점을 뒷받침하고 있다. 뮌헨 연구자들은 2019년 5월 생물학분야 아카이브인 'bioRxiv'에 공개한 논문에서 3500년 전 이집트 미라가 들어 있는 관에 깔았던 수박 잎의 게놈을 해독했다. 그 결과 당시 사람들이 먹었던 수박의 맛과 색을 추측할 수 있었다. 먼저 예상대로 이 수박 역시 Bt 유전자에 변이가 일어나 작동하지 않았다. 즉 쓴맛이 사라진 것이다. 그리고 라이코펜을 베타카로틴으로 바꾸는 LCYB 유전자도 오늘날 달콤한 수박과 같은 변이형이었다. 당시 이미 속이 빨간 수박을 먹었다는 말이다. 즉 코르도판수박에서 달콤한 수박으로 넘어가는 과도기 형태라는 말이다.

그럼에도 오늘날 우리가 익숙한, 속이 전반적으로 선명하게 빨간 수박이 등장한 건 그리 오래 되지 않았을 가능성이 높다. 수백 년 전 화가들이 남긴 수박 그림들이 증거다. 예를 들어 17세기 네덜란드 화가 알베르트 엑호트의 작품인 「수박과 파인애플이 있는 정물」을 보면 수박 속껍질이 두껍고 속살의 붉은색이 연하고 균일하지 않다.

우리가 자연스럽다고 느끼는 수박의 모습은 사실 최근에 인간의 손으로 만든 결과물이다. 이런 생각을 하니 그동안 마트에서 가끔 보이는 속이 노란 수박을 부자연스럽다며 외면한 건 나의 오해였다. 이번 여름에는 속이 노란 수박을 한번 맛봐야겠다.

포도,
와인의 맛과 향이 다양한 이유

내 고장 칠월은

청포도가 익어가는 시절

1939년 일제강점기에 발표한 이육사의 시 「청포도」는 이렇게 시작한다. 그 뒤 반세기가 지나도 상황은 마찬가지여서 늦여름이 돼야 포도가 나오기 시작했다. 청포도가 없는 건 아니었지만 주로 보라색 포도에 거봉과 머루포도가 있는 정도였고 가을 중반까지 두 달 정도 맛보는 계절 과일이었다. 그런데 2000년대 들어 수입 과일이 들어오면서 이제는 사시사철 먹을 수 있게 됐다. 그럼에도 왠지 수입 포도는 사 먹기가 꺼려진다는 사람이 많다. 그래서인지 포도는 그다지 비중이 큰 과일은 아니었다.

그런데 최근 수년 사이 포도가 뜨고 있다. 샤인머스캣Shine Muscat이라는, 향이 고급스럽고 당도가 높은 신품종 청포도가 등장하면서 추석 과

최근 수년 사이 맛과 향이 뛰어난 청포도 품종 샤인머스캣이 선풍적인 인기를 끌면서 국내 과일 시장에서 포도의 비중이 크게 올라갔다. 샤인머스캣은 포도(비니페라) 품종과 미국포도 품종을 교배해 얻은 잡종이다. (제공 위키피디아)

일선물세트가 사과와 배에서 포도(물론 샤인머스캣)로 바뀌고 있을 정도다. 온실 재배로 시장에 나와 있는 기간도 길다. 그래서인지 대형마트 과일 매출에서 포도는 2018년 4위에서 2020년 1위에 올랐고 2021년에도 독주는 계속됐다. 다만 샤인머스캣이 워낙 비싸다 보니 양으로는 사과나 귤 같은 국민 과일에 못 미친다.

그런데 지구촌 규모에서는 포도가 양으로도 과일 가운데 5위로 연간 생산량이 7,800만 톤(2020년)에 이른다. 포도의 생산량이 이렇게 엄청난 건 맥주와 함께 비증류주의 쌍두마차인 와인의 재료이기 때문이다. 여기에 건포도로 만들어지는 양도 꽤 된다.

2000년대 들어 외국 와인이 본격적으로 들어오면서 이제 우리나라 사람들도 와인을 즐겨 마시고 있다. 특히 코로나19로 집에서 술을 마시는 상황이 되다 보니 와인의 판매가 급증해 대형마트 주류 매출 1위에 올랐다. 생과와 술 양쪽에서 포도가 챔피언이 된 셈이다.

지금은 지구촌 사람들이 즐기는 술이 됐지만, 와인은 수천 년 동안 서구 문화를 상징하는 술이고 지금도 유럽이 생산량과 소비량에서 단연 앞서고 있다. 특히 와인하면 프랑스의 양대 산지인 보르도와 부르고뉴가 떠오른다. 따라서 포도 게놈도 프랑스 과학자들이 해독했을 것 같다. 과연 그럴까.

상동염색체 염기서열 차이 커

2007년 학술지 『네이처』에는 포도의 게놈을 해독한 논문이 실렸다.[111] 2000년 애기장대 게놈이 해독된 뒤 식물로는 네 번째, 농작물로는 벼(2002년)에 이어 두 번째, 나무로도 포플러(2006년)에 이어 두 번째, 과일 작물로는 최초다.

논문 저자는 '포도 게놈 해독을 위한 프랑스-이탈리아 공동 컨소시움'이다. 당시만 해도 게놈 해독은 많은 연구비와 인력이 필요한 연구여서 이들 두 나라의 여러 연구소가 힘을 합쳐 도전한 대형 프로젝트였다. 와인 하면 프랑스가 떠오르지만, 연간 생산량 1위 국가는 이탈리아로 49억 리터(2020년)에 이른다. 프랑스는 46억 리터로 2위이고 스페인이 40억 리터로 3위다. 서유럽 세 나라를 합치면 세계 생산량(260억 리터)의 절반이다.

그런데 들여다보면 포도 게놈 해독이 그렇게 순탄한 과정은 아니었다. 벼 게놈 해독 과정이 연상되는 우여곡절이 있었다. 1990년대 중반부터 포도 게놈을 해독해 보자는 말이 나왔는데, 미국 데이비스 캘리포니아대 캐럴 머레디스 교수가 군불을 지폈다. 머레디스 교수는 DNA 마커로 와인용 포도 품종을 구분하는 연구를 한 유전학자다(DNA 검사로 친자 확인을 하는 것도 이 방법이다). 그런데 미국 정부가 포도 게놈 해독에 전혀 관심이 없다는 게 문제였다. 대공황 때 금주령을 내렸을 정도로 청교도 정신이 남아 있는 미국에서 술의 재료인 과일의 게놈 해독에 국민 세금을 지원한다는 건 내키지 않는 일이었기 때문이다.

2001년 이탈리아 피사의 산트아니고등교육대 엔리코 페 교수는 와인 생산량 1위 국가인 이탈리아에서 포도 게놈을 해독하자고 나섰지만 연구비를 대줄 기관을 찾지 못해 좌절하다가 결국 프랑스와 손을 잡고 2005년 공동 컨소시움을 구성했다. 그런데 어떤 품종으로 게놈을 해독

할지 정하는 문제에서 약간의 갈등이 있었다.

포도속*Vitis* 식물은 60여 종으로 이뤄져 있는데 와인은 거의 포도(학명 *Vitis vinifera*. 이하 비니페라)로 만든다. 참고로 한반도에 자생하는 종은 머루*V. coignetiae*, 왕머루*V. amurensis*, 까마귀머루*V. ficifolia*, 새머루*V. flexuosa*가 있다. 머루와인 같은 지역 특산물은 재료의 관점에서 예외적인 와인인 셈이다.

와인의 역사가 수천 년에 이르다 보니 세계 각지에서 재배되는 포도(비니페라)의 품종이 7,000가지에 이른다. 비록 한 종이지만 수천 년, 수백 년 동안 따로 재배된 결과 서로 게놈이 꽤 다르다. 최초로 해독되는 품종이 포도 참조 게놈이 될 것이므로 신중히 선택해야 한다.

여기서 대표적인 와인용 포도 품종을 잠깐 살펴보자. 앞서 언급했듯이 프랑스 서남부의 보르도 지방과 중북부의 부르고뉴는 자웅을 겨루는 와인 산지다. 보르도를 대표하는 적포도주 품종인 카베르네소비뇽Cabernet Sauvignon은 독특하고 강한 향과 짙은 색, 타닌의 떫은맛이 조화된 남성적인 와인을 만든다. 와인용 포도의 왕이라고 할 만하다.

반면 부르고뉴 일대에서 재배되는 피노누아Pinot Noir는 화사한 꽃이 연상되는 향과 투명한 붉은색으로 우아한 여왕이 떠오른다. 타닌도 적어 어찌 보면 레드와인과 화이트와인을 블렌딩한 것 같다. 그런데 실제는 그 반대다. 카베르네소비뇽은 떫은맛이 강해 향이 풍부하면서도 타닌이 적은 메를로Merlot 품종과 종종 블렌딩하지만, 피노누아는 너무 섬세해 다른 품종이 섞이면 균형이 무너지기 때문에 100% 피노누아로 술을 빚는다.

카베르네소비뇽 와인은 저가에서도 잘 고르면 꽤 괜찮은 맛을 찾을 수 있지만 피노누아는 싼 게 없을뿐더러 고가 제품에서야 제대로 된 맛과 향을 느낄 수 있다고 알려져 있다. 수년 전 신세계 정용진 부회장이 3만 원대 피노누아 제품을 극찬해 화제가 된 것도 이런 이유에서다. 피

섬세한 향으로 유명한 프랑스 부르고뉴 지방의 레드와인은 100% 피노누아 품종으로 빚는다. 2005년 프랑스와 이탈리아 공동연구팀은 피노누아를 선택해 게놈 해독에 뛰어들었다. (제공 위키피디아)

노누아의 우아한 향과 색을 사랑하는 나는 정 부회장이 추천한 와인을 비롯해 몇몇 중가 제품을 가끔 사서 마시곤 한다.

다시 게놈 얘기로 돌아가서 프로젝트를 먼저 제안한 이탈리아 사람들은 자국에서 널리 재배하는 품종인 산지오베제Sangiovese를 추천했지만, 지명도에서 워낙 밀리다 보니 차선책으로 프랑스 부르고뉴 지방의 피노누아를 밀었다. 그런데 정작 프랑스 사람들은 프랑스 와인의 대표 산지인 보르도의 주력 품종이자 세계적으로도 가장 많이 생산되는 카베르네소비뇽을 고집했다.

논의 끝에 게놈 분석이 좀 더 쉬운 쪽으로 하기로 했고 결국 피노누아를 택했다. 포도는 부계와 모계 상동염색체의 염기서열이 꽤 달라(이를 이형접합성heterozygosity이 크다고 한다) 당시 기술로는 게놈 해독에 꽤 애를 먹을 것 같았다.* 상업 재배하는 피노누아의 경우 염기서열이 13%나 다르다. 그런데 마침 연구를 위해 피노누아를 여러 세대에 거쳐 자가수분한 식물체가 있었다. 그 결과 부계와 모계 상동염색체 염기서

* 이형접합성에 대한 설명은 147쪽 참조.

열 차이가 7%로 줄었다. 컨소시움은 PN40024로 이름 지은 이 식물체의 게놈을 해독하기로 했다.

포도의 경우 조상인 야생 포도는 은행나무처럼 암수가 따로 존재했다. 그러나 작물화 초기에 수나무에서 돌연변이가 일어나 수꽃이 양성화로 바뀌었다. 그 결과 자가수분도 가능해졌지만 애초에 상동염색체가 너무 달라 씨를 심어도 특성이 제각각인 개체가 자랐다. 결국 농부들은 씨를 심는 대신 꺾꽂이 등 영양생식법으로 열매의 특성을 유지하는 방법을 선호했다. 그 결과 오늘날에도 작물 포도는 상동염색체의 이질접합성이 크다.

초기 쌍떡잎식물 게놈 구조 드러나

얼핏 생각하면 일년생에 구조도 단순해 보이는 풀인 벼과 작물보다 다년생에 나무인 과일 작물들의 게놈이 더 크고 복잡할 것 같지만 실제는 그 반대인 경우가 많다. 포도 게놈은 5억~6억 염기로(품종에 따라 차이가 크다) 그래도 벼 게놈보다는 크지만 50억 염기인 보리나 160억 염기인 밀에는 비교가 안 된다. 18장의 주인공인 복숭아는 3억 염기도 안 돼 이 책에 소개된 작물 가운데 가장 작고 19장의 사과 게놈이 과일나무 가운데는 그나마 큰 편이지만 7억 염기가 조금 넘는 수준이다. 20장의 오렌지 게놈 역시 4억 염기가 채 안 된다. 이들의 진화 과정에서 전이인자의 활동이 상대적으로 적었다는 말이다.

2007년 피노누아의 게놈이 해독된 뒤 두 차례에 걸쳐 완성도를 높인 게놈이 발표됐으므로 여기서는 최종 결과를 기준으로 설명한다. 이에 따르면 피노누아의 게놈 크기는 5억 염기 가까이 되고 단백질 지정 유전자는 4만 1,000여 개로 추정된다. 전이인자는 전체 게놈의 47%를 차지한다.

앞서 얘기했듯이 2007년 포도 게놈 해독은 식물 게놈 가운데 네 번째이자 과일 작물 가운데 처음이다. 포도 게놈을 앞서 해독된 애기장대와 벼, 포플러의 게놈과 비교하자 놀라운 비밀이 밝혀졌다. 포도와 애기장대, 포플러가 속하는 쌍떡잎식물의 초기 진화 과정에서 전체게놈삼중복whole genome triplication, WGT이 일어나 육배체가 나온 것이다. 구체적인 과정을 밝히지는 못했지만, 빵밀처럼 이배체인 식물 세 종의 게놈이 합쳐진 것일 수도 있다. 이 육배체가 오늘날 거의 모든 쌍떡잎식물의 조상이다. 그런데 이 사실을 어떻게 알았을까.

기본염색체(x) 19개로 이뤄진 포도 게놈의 구조를 분석하자 비슷한 유전자 배열이 여럿 있는 덩어리인 신터니synteny 7가지가 드러났다. 그 가운데 6가지는 각각 세 개씩, 하나는 네 개 존재했다. 즉 기본염색체가 7개인 이배체 식물(2n=2x=14)(한 종일 수도 있고 두 종 또는 세 종일 수도 있다)이 전체게놈삼중복으로 육배체(2n=6x=42)가 된 뒤 다양한 계열로 진화했다. 그 가운데 하나가 염색체 재배열과 이배체화가 일어나 기본염색체가 19개인 이배체(2n=2x=38)가 된 오늘날의 포도라는 말이다.

포플러나 애기장대에서는 한참 뒤에 또 전체게놈중복이 일어났고(포플러는 한 차례, 애기장대는 두 차례) 염색체 재배열이 이어지면서 과거 육배체 골격이 조각조각 나 게놈을 해독하고도 눈치채지 못했다. 반면 포도 진화 과정에서는 추가로 전체게놈중복이 일어나지 않아 염색체에 육배체 조상의 구조가 많이 남아 있었다. 실제 포도 게놈에서 특정 유전자들이 몰려 있는 영역이 포플러에서는 두 곳, 애기장대에서는 네 곳 존재했다. 다만 개별 유전자는 중복으로 일부가 소멸된 게 많아 이런 비율을 보이지 않는다. 반면 외떡잎식물인 벼 게놈과 비교하면 이런 관계가 보이지 않았다.

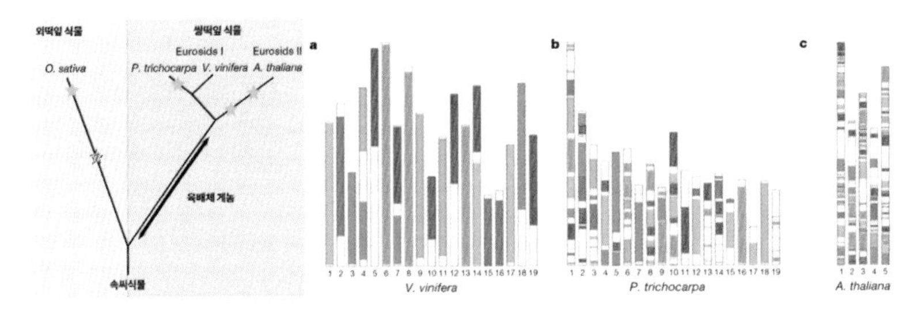

식물에서 네 번째, 쌍떡잎식물에서 세 번째 해독된 포도 게놈을 분석한 결과 외떡잎식물과 갈라진 뒤 초기 쌍떡잎식물에서 전체게놈삼중복이 일어나 나온 육배체 식물이 오늘날 쌍떡잎식물의 조상으로 드러났다. 당시는 정확한 연대를 추정하지 못해 검은 화살표로 범위를 나타냈다(왼쪽). 포도(*V. vinifera*) 계열은 그 뒤 전체게놈중복이 일어나지 않아 염색체에 과거 육배체의 흔적이 남아 있어 비슷한 유전자 배열이 있는 덩어리(같은 색으로 표시)가 3개씩 존재한다. 반면 진화 과정에서 전체게놈중복이 한두 차례 더 있었던 포플러(*P. trichocarpa*)나 애기장대(*A. thaliana*)에서는 염색체 재배열이 너무 많이 일어나 과거 육배체의 흔적을 찾기 어렵다(오른쪽). (제공 『사이언스』)

2007년 포도 게놈 해독에서 가장 큰 성과는 속씨식물 진화 과정의 재구성이라는 말이다. 논문 제목이 '포도 게놈 서열은 속씨식물의 주된 문(쌍떡잎식물)의 조상에서 육배체화가 있었음을 시사한다'일 정도다. 즉 약 1억 4,000만 년 전 외떡잎식물과 갈라진 쌍떡잎식물 가운데 기본염색체가 7개인 이배체 식물 1~3종이 전체게놈삼중복으로 육배체 식물이 됐고, 오늘날 대다수 쌍떡잎식물의 조상이 됐다. 훗날 이를 '감마 사건γ event'라고 이름 지었다.

향에 관여하는 유전자 많아

과일이 다 그렇지만 포도는 특히 향이 풍부하다. 다른 술에 비해 와인에서 향을 중요시하는 것도 원재료 덕분이다. 냄새 분자는 종류도 많고 구조도 다양하지만 꽃이나 과일 향기의 많은 부분은 모노테르펜monoterpene이라는, 탄소원자 10개를 기본골격으로 하는 분자들이 기여한다. 포도의 경우 장미가 연상되는 꽃향기가 나는 제라니올과 리날롤을 비롯해 시네올, 알파-테르피네올 등이 주성분이다.

포도 게놈에는 테르펜합성효소TPS 유전자가 89개로 30~40개 수준인 애기장대나 벼, 포플러보다 두 배 이상 많다. 이 가운데 모노테르펜합성효소가 40%나 돼 15%에 불과한 애기장대의 대여섯 배에 이른다. 참고로 분자 골격이 탄소원자 10개 단위인 화합물을 테르펜이라고 부른다. 10개는 모노테르펜(1×10), 20개는 디테르펜diterpene(2×10), 30개는 트리테르펜triterpene(3×10)이다.

한편 프랑스 사람들이 비슷한 식단인 영미권에 비해 심혈관계질환에 덜 걸리는 게 와인에 들어 있는 레스베라트롤resveratrol 때문이라는 얘기가 널리 알려져 있다. 포도 껍질에 많이 들어 있는 레스베라트롤은 폴리페놀의 일종인 스틸벤stilbene이라는 기본 구조를 지닌 분자로 항산화 효과가 뛰어나다.

포도 게놈에는 스틸벤합성효소STS 유전자가 43개나 있다. 물론 사람 건강에 좋으라고 포도가 레스베라트롤을 만드는 건 아니다. 흥미롭게도 포도에 노균병을 일으키는 난균류를 감염시키면 STS 유전자 20개가 발현된다는, 게놈 해독 이전의 연구 결과가 있다. 즉 레스베라트롤은 병원체가 침입했을 때 방어물질 역할을 한다.

품종 절반은 청포도

최근 우리나라에서 돌풍을 일으키고 있는 샤인머스캣은 청포도다. 이전에도 청포도가 있기는 했지만 그다지 많이 찾지는 않았다. 와인으로 넘어오면 청포도 품종이 여럿 보인다. 백포도주를 만드는 청포도로는 '샴페인'의 재료인 프랑스의 샤르도네Chardonnay와 깔끔한 맛인 독일의 리슬링Riesling, 향이 풍부한 이탈리아의 모스카토Moscato(영어로 머스캣Muscat)가 떠오른다.

"적포도주는 색으로 마시고 백포도주는 향으로 마신다." "적포도주

는 육류와, 백포도주는 생선과 어울린다."

와인과 관련된 이런 말을 보면 적포도주와 백포도주를 만드는 재료인 적포도와 청포도 역시 '포도'라는 이름만 함께할 뿐 서로 상당히 떨어진 과일처럼 느껴진다. 과연 그럴까? 포도나무에 대한 분자유전학 연구 결과에 따르면 청포도는 적포도의 돌연변이체다.

야생의 포도는 모두 흑자색이나 보라색을 띠고 있다. 포도 껍질의 색은 안토시아닌anthocyanin이라는 색소의 종류와 양에 따라 결정된다. 안토시아닌은 안토시아니딘anthocyanidin에 당이 붙은 배당체로, 세부 구조에 따라 빨간색–자주색–보라색 범위의 색을 낸다. 열매가 익으면 껍질에 안토시아닌이 많아지며 잎의 녹색과 선명히 대비돼 동물들을 끌어들여 씨앗을 퍼뜨린다.

따라서 포도 껍질에 안토시아닌을 만들지 못하는 돌연변이체는 야생이라면 곧 사라질 것이다. 그러나 야생 또는 재배 포도에서 우연히 이런 돌연변이체를 발견한 누군가가 흥미를 느껴 정성을 들여 키웠고 그 결과 지금처럼 널리 퍼졌을 것이다. 현재 포도 품종은 7,000가지가 넘는데, 그 가운데 절반이 청포도다.

흥미롭게도 포도 품종의 염기서열을 비교해 계통도를 만들어보면 먼저 적포도와 청포도로 나뉜 뒤 각각에서 세분되는 게 아니라 둘이 섞여 있다. 예를 들어 피노누아는 같은 적포도인 카베르네소비뇽보다는 청포도인 샤르도네와 더 가깝다. 청포도가 되는 돌연변이가 여러 계열에서 독립적으로 일어났다는 말이다.

지난 2004년 학술지 『사이언스』에 청포도가 나오게 된 돌연변이를 밝힌 연구 결과가 처음 발표된 이래 최근까지도 연구가 이어지고 있다.[112] 그 결과 껍질의 색을 잃는 변이가 한 가지가 아니라는 사실이 드러났다. 변이가 여러 계열에서 따로 일어났다는 계통 분류 연구 결과와도 맥이 통하는 결과다. 2004년 논문에서는 전이인자가 주인공이다. 앞서 옥수수 게놈을 다룬 5장에서 유전자 발현 조절 부위에 전이인자가 끼어들어 발현량이 많아지며 작물 표현형이 나온 예를 소개했는데 비슷한 맥락이다.

국립과수과학연구소 등 일본 세 기관의 연구자들은 과피색이 붉은 루비오쿠야마Ruby Okuyama와 플레임머스캣Flame Muscat 품종에 주목했다. 각각 청포도인 이탈리아Italia와 알렉산드리아머스캣Muscat of Alexandria 식물체의 눈돌연변이bud mutation로 얻은 변이체이기 때문이다. 새 가지가 될 체세포가 분열할 때 돌연변이가 일어난 것이다. 그런데 안토시아닌을 못 만드는 변이체에서 다시 만들 수 있는 변이체가 나왔으니 어찌 된 일일까.

포도에서 안토시아닌 생합성에 관여하는 유전자들 가운데 핵심이 mybA1 유전자이다. 그 산물인 MYBA1 단백질은 전사인자로, 생합성 관련 여러 유전자들의 발현을 조절한다. 게놈에서 mybA1 자리를 조사하자 흥미로운 결과가 나왔다. 이탈리아와 알렉산드리아머스캣의 경우

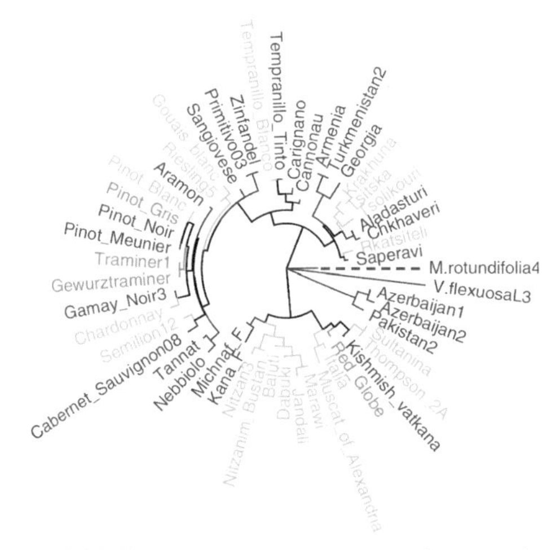

대표적인 포도 품종의 염기서열을 비교해 계통도를 그려보면 적포도(보라색 글씨)와 청포도(녹색 글씨)가 섞여 있음을 알 수 있다. 즉 적포도와 청포도가 나뉜 뒤 각각 여러 품종이 나온 게 아니라 적포도가 여러 품종으로 나뉜 뒤 각각 변이가 일어나 청포도가 나온 것이다. 분류학의 관점에서 껍질 색은 주요 기준이 아니라는 말이다. (제공 『네이처 식물』)

mybA1 유전자의 프로모터 자리에 레트로트랜스포존 하나가 끼어 들어가 있었다. 그 결과 프로모터가 기능을 잃어 유전자가 발현하지 못해 안토시아닌 합성이 일어나지 않은 것이다. 그런데 루비오쿠야마와 플레임머스캣의 해당 자리를 보니 레트로트랜스포존이 빠져나가고 흔적만 남아있었다. 체세포 복제 과정에서 이런 일이 일어났고 그 결과 프로모터가 기능을 어느 정도 회복하면서 유전자가 발현돼 색소 합성이 일어난 것이다. 이처럼 전이인자가 끼어 들어가 생긴 변이체에서 전이인자가 빠져나가 야생형으로 돌아온 경우를 복귀돌연변이체revertant라고 부른다.

그렇다면 인류는 언제부터 청포도를 재배했을까? 포도는 와인의 재료이므로 고고학 유물에서 발굴된 와인의 흔적에서 그 실마리를 찾을 수 있다. 1922년 고대 이집트 왕 투탕카멘의 무덤이 도굴되지 않은 상태에서 발굴돼 엄청난 부장품이 나왔다. 기원전 1333년 9살에 왕위에 올라 18세에 요절한 그의 무덤 속 부장품에는 암포라 26개가 들어 있었다. 암포라는 손잡이가 둘 달린 항아리다. 이집트인들은 상형문자로 암포라에 담겨진 내용물을 적었는데, 해독 결과 여섯 단지가 와인을 담고 있었다.

스페인 바르셀로나대 로자 라무엘라-라벤토스 교수팀은 암포라 6개에 남아 있는 잔여물을 채취해 그 성분을 분석했다. 진짜 와인이라면 포도의 주성분인 타타르산이 검출돼야 한다. 분석 결과 모두 타타르산이 확인됐다. 그렇다면 적포도주 색소 성분인 말비딘-3-글루코시드의 대사산물인 시린지산은 어떨까. 분석 결과 암포라 하나의 시료에서만 시린지산이 검출됐다. 시린지산이 나오지 않은 나머지 다섯은 화이트와인일 가능성이 크다. 라무엘라-라벤토스 교수는 "청포도가 언급된 최초의 기록은 기원전 1세기 고대 로마의 시인 버질이 이집트 마리

우트산 청포도를 예찬한 문헌"이라며 "이번 발견으로 청포도의 재배역사가 그보다 훨씬 오래됐음을 알 수 있다"고 말했다.

품종에 따라 게놈 차이 커

2007년 피노누아의 게놈이 해독된 이후 카베르네소비뇽, 샤르도네 등 다른 품종의 게놈도 해독됐다. 그 사이 게놈 해독 기술이 발달해 상동염색체의 이형접합성이 큰 재배 품종을 그대로 해독해 그 차이를 규명할 수 있게 됐다.[113] 그 결과 놀라운 사실이 밝혀졌다.

샤르도네의 경우 게놈 크기가 약 6억 염기쌍에 유전자는 3만 8,020개로 추정됐다. 그런데 이 가운데 무려 5,546개가 상동염색체 가운데

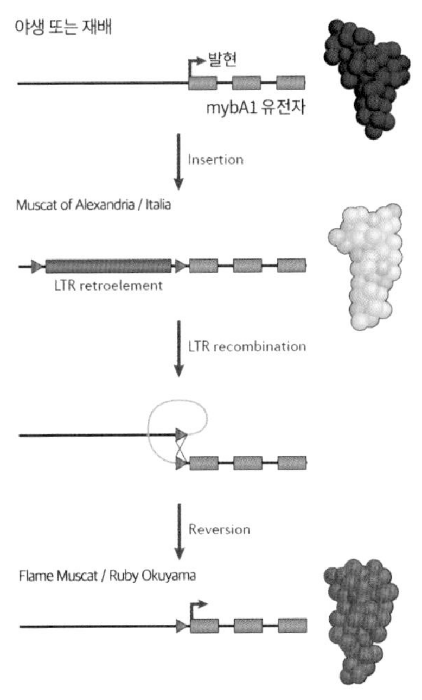

야생 포도와 적포도에서는 안토시아닌 생합성에 관여하는 mybA1 유전자의 프로모터 영역이 온전해 유전자 발현이 돼 색소가 만들어진다(위). 청포도 품종인 알렉산드리아머스캣과 이탈리아에서는 프로모터 자리에 전이인자(LTR retroelement)가 끼어 들어가 유전자 발현이 안 돼 색소가 만들어지지 않는다(가운데). 그런데 이들 청포도에서 눈돌연변이로 얻은 옅은 색 적포도 품종인 플레임머스캣과 루비오쿠야마는 프로모터 자리의 전이인자가 빠져나가 유전자가 발현돼 색소를 만들 수 있는 것으로 밝혀졌다(아래). (제공 『네이처 리뷰 유전학』)

하나에만 존재하는 것으로 밝혀졌다. 즉 유전자 7개 가운데 하나꼴로 짝이 없다는 말이다. 상동염색체에서 한쪽에만 있는 부분을 반접합체 DNA hemizygous DNA라고 부른다.

이배체에서는 모든 유전자가 쌍으로 존재하고 염기서열만 다를 수 있다(단일염기다형성)고 생각하기 쉽지만, 실상은 상동염색체의 한쪽에서 DNA 가닥의 상당한 길이가 아예 빠져 그 안에 있던 유전자들까지 사라진 경우가 종종 있다.

이를 포함해 염색체에서 50염기 이상 되는 길이에서 일어난 결손이나 역위 같은 큰 차이를 구조변이 structural variation라고 부른다. 꺾꽂이 같은 영양생식으로 증식한 작물 포도의 게놈에서는 특히 구조변이가 많아 샤르도네는 전체 게놈 크기에서 15.1%나 됐다. 상동염색체 쌍의 염기서열을 나란히 놓았을 때 짝이 안 맞는 부분이 15.1%나 된다는 말이다. 이런 패턴은 카베르네소비뇽도 마찬가지였다.

게다가 샤르도네 게놈과 카베르네소비뇽 게놈을 비교하면 같은 품종의 상동염색체를 비교했을때에 비해 구조변이 개수가 3배나 됐다. 또 배수성이 다른 유전자가 9,330개나 됐다. 이 가운데 두 품종 가운에 한쪽에는 아예 없는 유전자도 2,217개나 됐다. 같은 종임에도 품종에 따라 게놈이 이처럼 크게 다르다는 건 뜻밖의 발견이다. 품종에 따라 와인의 맛과 향이 꽤 다른 이유다.

10여 년 전 모스카도 다스티라는 이탈리아 반semi발포성 와인이 국내에서 유행한 적이 있다. 맛과 향이 달콤하고 알코올 도수가 낮아 연인들의 와인으로 알려졌다. 이탈리아 와인들은 대체로 향이 좋은데, 이 와인은 특히 더 그렇다. 그래서 난 가족 생일에 케이크와 함께 디저트 와인으로 모스카토 다스티를 준비한다.

이탈리아어 모스카도 다스티 Moscato d'Asti는 '아스티 Asti의 모스카도'라는 뜻이다. 즉 아스티 지방에서 재배한 모스카토 품종의 청포도로 만든 와인이다. 이탈리아어 모스카토의 영어는 머스캣으로 지금 우리나라에서 생과로 대유행하고 있는 샤인머스캣의 할머니다!

1980년대 일본에서 머스캣을 재배하려고 했지만, 기후가 안 맞고 병충해에 약해 실패했다. 일본 히로시마현 소재 농업연구소는 머스캣을 미국포도(학명 *V. labrusca*)의 한 품종으로 당도가 높은 스튜벤Steuben과 교배했다. 미국포도는 향이 거슬리고 식감도 떨어지지만 일본 기후에서도 잘 자라고 병충해에 강하다. 이렇게 얻은 잡종에서 선별한 포도 '아키스 21호'는 다 좋은데 향이 문제였다. 미국포도의 향이 느껴졌기 때문이다.

연구자들은 포기하지 않고 1988년 아키스 21호를 하쿠난Hakunan이라는 포도 품종과 다시 교배해 씨앗을 얻은 뒤 심어 머스캣의 향이 잘 재현된 포도가 열린 개체를 선별해 2003년 '포도 농림21호'로 등록했다. 바로 샤인머스캣이다. 샤인머스캣을 처음 먹었을 때 향이 익숙하게 느껴진 이유다. 연인과의 소중한 자리에서 모스카토다스티 와인과 함께 샤인머스캣 생과도 준비해서 이런 얘기를 들려준다면 분위기가 한층 더 무르익지 않을까.

딸기,
지구를 한 바퀴 돌아 태어난 작물

고등학교 1학년 담임이셨던 국어 선생님은 점잖은 중년 남성이었는데 하루는 수업 시간에 이상한 말씀을 하셔서 지금도 기억이 생생하다. 선생님은 과일을 거의 안 드신다며 다 큰 어른들이 과일을 먹는 걸 보면 좀 이상하다는 것이다. 특히 딸기를 좋아하는 건 이해가 안 된다고 덧붙였다.

어릴 때부터 과일을 무척 좋아한 나는 이 말에 깊은 인상을 받았다. 게다가 딸기는 과일 가운데서도 손에 꼽는 거라 더 의아했다. 단어로 표현할 수 없는 고유의 향과 새콤달콤한 맛, 부드러운 식감, 과육(엄밀히 말하면 부푼 꽃턱으로 위과僞果라고 부른다) 표면의 빨간색과 아래 꽃받침의 녹색이 보여주는 선명한 보색대비까지 오감에서 청각을 뺀 '사감四感'을 즐겁게 하는 과일이 바로 딸기 아닌가. 게다가 당시만 해도 봄철에만 맛볼 수 있는 과일이니 더 소중했다. 선생님 얘기를 듣고 나

딸기는 많은 이들의 '최애' 과일이지만, 우리가 즐겨 먹는 딸기가 세상에 나온 건 길어야 300년이고 본격적으로 재배된 건 250년에 불과하다.

이가 들면 이런 과일도 맛없게 느끼는 걸까 생각하니 약간 슬펐다.

어느새 내 나이가 당시 담임 선생님 나이가 됐다. 그럼에도 나는 여전히 과일을 좋아하고 딸기 역시 '최애' 과일 자리를 지키고 있다. 2000년대 들어 거의 온실 재배로 딸기가 생산되면서 이제는 사철 딸기를 먹을 수 있게 됐다. 그럼에도 딸기가 많이 나오는 '딸기철'은 있는데, 과거 노지 재배 시절이 봄이었다면 지금은 한겨울이다.

딸기는 주로 그 자체로 먹지만 생과일주스나 케이크 토핑으로도 인기가 높다. 크라스마스 이브 분위기를 느끼려면 빨간 딸기가 올라간 하얀 생크림 케익에 초 하나를 꽂고 불을 켜야 할 것 같다. 그래서인지 연초 딸기가 한창일 때는 대형마트 과일 매출 1위에 오르기도 한다.

재배 역사 250년 내외

어릴 때부터 먹어와서 그런지 딸기는 사과나 귤처럼 오래전에 작물화된 과일처럼 느껴진다. 그러나 뜻밖에도 오늘날 우리가 먹는 딸기가 나온 건 250여 년에 불과하다. 거의 모든 작물이 익명의 수많은 아마추어 육종학자, 즉 농부들의 손에서 짧게는 수백 년에서 길게는 수천 년에 걸쳐 작물화된 결과물인 것에 비해 오늘날 딸기가 태어난 시기와 장소는 구체적으로 알려져 있다. 따라서 딸기 작물화 과정을 담은 드라마의 대본을 쓴다면 이렇게 시작할 수도 있겠다.

"이게 정녕 딸기란 말이냐?"

"예, 전하."

"어찌 이리 크고 탐스러운가. 도대체 이 딸기가 어디서 났느냐?"

"칠레에서 가져온 딸기의 꽃에 사향딸기 꽃가루를 묻혀 얻은 것이옵니다."

"대단하구나. 앞으로도 딸기 연구에 매진하도록 하라."

"성은이 망극하옵니다."

1764년 7월 6일 프랑스 베르사유 궁전 접견실에서 루이 15세와 식물학자 앙투안느 니콜라 뒤셴Antoine Nicholas Duchesne이 나눴을 대화다. 루이 15세는, 열일곱 살로 아직 소년티를 벗지 못한 뒤셴이 가져온 딸기를 보고 깜짝 놀랐다. 평소 즐겨 먹던 숲딸기나 사향딸기와는 비교가 안 될 정도로 컸기 때문이다.

왕의 칭찬에 힘을 얻은 뒤셴은 본격적으로 딸기 연구에 뛰어들었고 십수 년 전부터 프랑스 서부 브르타뉴 지역에서 자신이 만든 딸기만큼 크면서도 특히 향이 뛰어난 딸기를 재배하고 있다는 사실을 알게 됐다. 뒤셴은 이 딸기가 18세기 초 칠레에서 들여온 딸기(자신이 육종에 쓴)와 16세기 북미에서 들여온 버지니아딸기를 교잡해 나온 것이라는 사실을 알아냈다.

그는 이 딸기에 '프라가리아 x 아나나싸*Fragaria x ananassa*'라는 학명을 붙여줬다. 학명 가운데 x는 잡종을 가리키고 ananassa는 파인애플을 뜻한다. 과일 생김새가 파인애플을 연상시킬 뿐 아니라 향도 이국적이었기 때문이다.

이보다 한 세대 앞서 현대 분류학 체계를 만든 스웨덴의 식물학자 칼

1764년 프랑스의 식물학자 앙투안느 니콜라 뒤센은 자웅이체로 암그루만 있어 열매를 맺지 못하는 칠레딸기의 꽃 암술에 사향딸기의 꽃가루를 묻혀 열매를 얻는 데 성공했다. 당시 뒤센이 직접 그린 그림으로 오른쪽 아래 큼직한 딸기가 보인다.

린네는 딸기에 프라가리아라는 예쁜 속명屬名을 지어줬다. Fragaria는 '달콤한 향기'를 뜻하는 라틴어 'fragrans'에서 만들었다. 당시 린네가 학명을 지어준 딸기는 유럽에 자생하는 숲딸기(*F. vesca*. 이하 속명을 약자(F.)로 표기한다)로 14세기 이래 재배되고 있었다. 종소명 vesca는 야생을 뜻하는 라틴어다. 산딸기만한 숲딸기는 작고 과육이 물렀지만 향은 좋았다. 참고로 산딸기는 야생 딸기의 하나가 아니라 산딸기속*Rubus* 식물이다. 우리나라에 자생하는 복분자딸기도 산딸기속(학명 *R. coreanus*)이다.

파인애플딸기가 본격적으로 재배되기 시작하면서 숲딸기와 사향딸기는 시장에서 자취를 감췄다. 우리가 즐겨 먹는 딸기가 세상에 나온 건 길어야 300년이고 본격적으로 재배된 건 250년에 불과하다는 말이다.

2011년 숲딸기 게놈 해독

딸기가 속하는 장미과는 91속 4,800여 종으로 이뤄져 있다. 장미과에는 여러 작물, 특히 과일 작물이 많이 포함돼 있다. 다음에 이어서 나올 복숭아(18장)와 사과(19장)를 비롯해 배, 자두, 살구, 체리가 여기에 속한다. 만일 장미과가 진화하지 않았다면 아름다운 장미꽃을 볼 수 없었을 뿐 아니라 이 향기로운 과일들도 맛볼 수 없었을 것이다.

분류학의 관점에서 딸기는 이들 과일 작물보다는 장미에 더 가깝다. 하얀 딸기꽃을 자세히 보면 야생 장미인 찔레꽃과 꽤 비슷함을 알 수 있다. 장미과 식물의 주요 특징 가운데 하나가 꽃잎이 다섯 장인 향기로운 꽃이 핀다는 것이다.

20세기 들어 유전학 시대가 열리면서 많은 식물학자들이 딸기 연구에 뛰어들었다. 그러나 딸기 게놈이 무척 복잡하다는 사실에 경악했다. 딸기속 식물 20여 종의 염색체 숫자가 제각각이어서 적게는 14개에서 많게는 70개까지 종잡을 수 없었다. 우리가 먹는 딸기는 56개였다. 이는 파인애플딸기가 팔배체(2n=8x=56)라는 말이고 최대 4종의 이배체(2n=2x=14) 딸기가 조상일 수 있다는 뜻이다. 예를 들어 육배체인 빵밀은 이배체 밀과 염소풀 3종이 조상이다.*

2011년 미국 북텍사스대를 비롯한 세계 여러 나라의 공동연구자들은 숲딸기의 게놈을 해독해 학술지 『네이처 유전학』에 발표했다.[114] 팔배체인 파인애플딸기의 게놈은 너무 복잡해 먼저 참조할 게놈으로 이배체 종들 가운데 딸기 조상 종의 직계 후손이 확실시되는 숲딸기를 선택한 것이다. 숲딸기는 유럽에서 수백 년 동안 재배했지만, 야생에 비해 작물로서 큰 진전은 없었다.

숲딸기 게놈은 2억 4,000만 염기로 작지만(사람은 31억 염기다), 단백질 유전자가 3만 3,000여 개로 추정돼 전형적인 식물의 범위에 들었다. 이 가운데 상당수가 향기 분자를 만드는 데 관여하는 유전자로 밝혀졌다.

* 배수성에 대해서는 3장 밀 게놈에서 자세히 다뤘다.

숲딸기는 네 아종으로 나뉘는데, 유라시아에 자생하는 아종인 알프스딸기는 수백년 전 작물화돼 유럽에서 재배됐다. 손가락을 보면 숲딸기가 얼마나 작은지 짐작할 수 있다. 2011년 이배체인 알프스딸기의 게놈이 해독돼 딸기속 식물의 참조게놈이 됐다. (제공 위키피디아)

2014년 일본과 중국의 공동연구자들은 파인애플딸기의 게놈을 해독해 학술지 『DNA 연구』에 발표했다.[115] 연구자들은 이배체 야생 딸기 네 종의 게놈도 해독해 앞서 숲딸기 게놈과 함께 비교했다. 그 결과 숲딸기의 직계 조상과 함께 일본의 한 고유종(학명 *F. iinumae*)의 직계 조상이 파인애플딸기 게놈에 기여했다는 사실을 밝혀냈다. 다만 8억 염기가 넘는 게놈에서 6억 6,000만 염기만 해독했고 품질도 좋지 않아 나머지 두 이배체 조상의 실체는 알아내지 못했다.

동아시아에서 여정 시작

5년이 지난 2019년 학술지 『네이처 유전학』에는 파인애플딸기의 고품질 게놈을 해독해 그 기원을 밝힌 논문이 실렸다.[116] 미시간주립대를 비롯한 미국의 공동연구자들은 최신 분석기술을 써서 딸기 게놈의 99%인 8억 548만 염기를 해독했다. 그 결과 팔배체 게놈에 기여한 이배체 네 종을 모두 밝혀냈을 뿐 아니라 그 과정을 재구성하는 데도 성공했다.

한반도와 일본에 자생하는 흰땃딸기다. 최근 게놈 해독 결과 오늘날 재배하는 딸기의 먼 조상의 직계후손으로 밝혀졌다. 꽃잎이 다섯 장인 꽃과 테두리가 톱니 같은 잎의 생김새는 전형적인 장미과 식물의 특징이다. (제공 위키피디아)

수백만 년 전 동아시아에 자생하던 두 이배체, 즉 *F. iinumae*(이하 직계 조상을 의미)와 흰땃딸기*F. nipponica* 사이에서 사배체 딸기가 나왔다. 밀로 치면 엠머밀에 해당한다. 아쉽게도 오늘날 이 사배체 딸기의 직계 후손은 없다(엄밀히 말하면 찾지 못했다). 참고로 흰땃딸기는 한반도와 일본에 분포하는 야생 딸기로, 등산하다 보면 가끔 눈에 띈다.

그 뒤 이 사배체 딸기가 유라시아에 자생하는 이배체 딸기(학명 *F. viridis*)와 만나 육배체 자손인 사향딸기(학명 *F. moschata*)가 나왔다. 밀로 치면 빵밀에 해당한다. 육배체 딸기는 베링해를 건너(당시는 육지로 연결돼 있었다) 북미에 자생하는 숲딸기를 만났고 여기서 팔배체 딸기가 나왔다. 이게 100만 년도 더 된 시기의 일이다.

숲딸기는 유라시아와 북미에 걸쳐 폭넓게 분포하는데, 지역에 따라 특성이 꽤 달라 네 개의 아종subspecies, 약자로 ssp.으로 분류한다. 2011년 게놈을 해독한 숲딸기는 유라시아에 자생하는 아종(*F. vesca ssp. vesca*)으로 일명 알프스딸기로 불린다.

그런데 파인애플딸기 게놈을 정밀하게 분석해 보니 알프스딸기의 직계 조상이 아니라 북미에 자생하는 아종(*F. vesca ssp. bracheata*)의 직계 조상이 게놈을 물려준 것으로 드러났다. 이미 지난 얘기지만 딸기의 이배체 참조게놈으로 이 아종을 선택했다면 더 좋았을 것이다.

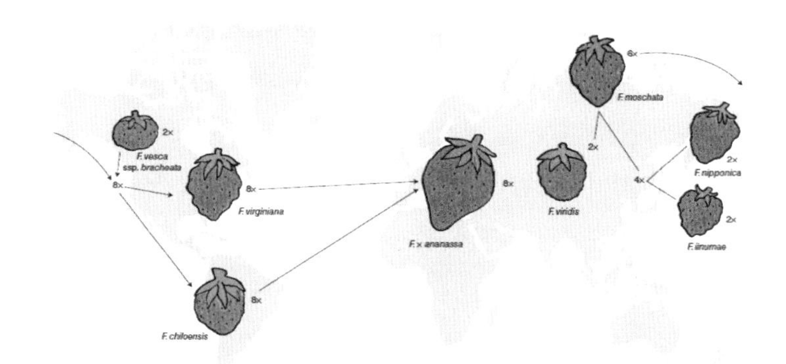

딸기의 여정을 지도 한 장에 담았다. 수백만 년 전 동아시아에서 이배체(2x)인 흰땃딸기(*F. nipponica*. 이하 직계조상을 의미)와 *F.iinumae* 사이에서 사배체(4x) 자손이 나왔다. 그 뒤 이 사배체와 이배체인 *F.viridis* 사이에서 육배체(6x) 자손(사향딸기(*F. moschata*))이 나왔다. 북미로 건너간 사향딸기가 이배체인 숲딸기(*F. vesca ssp. bracheata*)를 만나 팔배체(8x) 자손이 나왔고 북미 동부의 버지니아딸기(*F. virginiana*)와 남미의 칠레딸기(*F. chiloensis*)로 진화했다. 각각 16세기와 18세기 유럽으로 건너간 두 종으로 프랑스 육종가들이 만든 파인애플딸기(*F. x ananassa*)는 100여 년 전 우리나라에 소개돼 오늘에 이르고 있다. (제공 『네이처 유전학』)

늦어도 100만 년 전에 등장한 팔배체 딸기는 이후 북미 동부에 자리 잡은 버지니아딸기[*F. virginiana*]와 남미에 진출한 칠레딸기[*F. chiloensis*]로 종분화했다. 버지니아딸기는 향이 뛰어나고 칠레딸기는 과실(위과[僞果])이 크다. 그리고 수십만 년이 지나 유럽인이 아메리카에 진출하면서 각각 16세기와 18세기 유럽으로 가져갔고 18세기 초중반 프랑스에서 이들을 부모로 해서 둘의 장점을 물려받은 파인애플딸기[*F. x ananassa*]가 태어난 것이다.

파인애플딸기가 우리나라에 소개된 건 100여 년 전이다. 수백만 년 전 동아시아에 자생하던 작은 야생 딸기(흰땃딸기의 직계 조상)가 시작한 여정이 수많은 세대를 거치며 지구를 한 바퀴 돌아 큼직한 재배 딸기가 돼 먼 조상의 고향으로 돌아온 셈이다.

숲딸기 게놈이 우세

흥미롭게도 이배체 딸기 네 종의 게놈이 팔배체인 파인애플딸기의 게놈에 동등하게 기여한 게 아니라는 사실이 밝혀졌다. 이 가운데 마지막으로 합류한 북미 숲딸기의 유전자가 다른 종들에 비해 20%쯤 더 많았다. 특히 과일의 향기와 맛, 색에 관여하는 유전자를 지배했다.

주요 향기 분자인 제라닐아세테이트geranyl acetate 생합성에 관여하는 유전자의 89%, 달콤한 과당 생합성에 관여하는 유전자의 95%, 빨간색을 내는 안토시아닌 생합성에 관여하는 유전자의 89%를 숲딸기 게놈이 맡았다.

한편 루이 15세를 깜짝 놀라게 했던 큼직한 크기를 부여한 칠레딸기, 즉 18세기 초 칠레에서 프랑스로 가져간 딸기는 야생이 아니라 현지인들이 재배한 딸기로 보인다. 수백 년에 걸쳐 과실이 커지게 품종을 개량했다

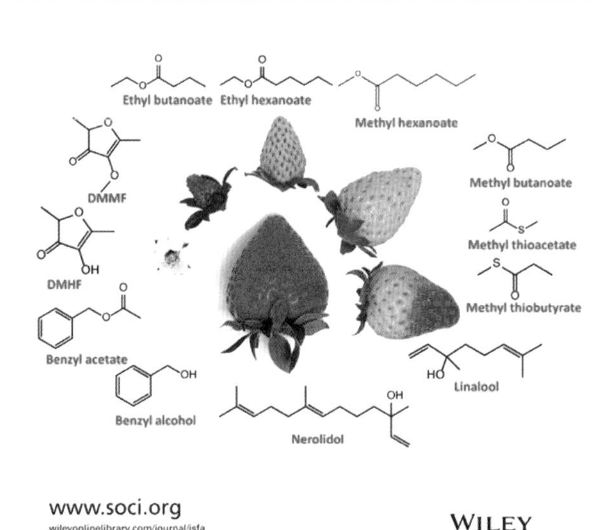

딸기 유전자 가운데 상당수가 향기 분자를 만드는 데 관여하는 것으로 밝혀졌다. 학술지 『식품 및 농업 과학 저널』 2018년 9월호 표지로, 360가지가 넘는 딸기 향기 분자 가운데 일부를 보여준다. (제공 『식품 및 농업 과학 저널』)

수많은 딸기 품종 가운데는 과일의 빨간색이 연하거나(가운데) 거의 없는(왼쪽) 종류도 있다. 이는 빨간 색소인 안토시아닌 합성에 관여하는 유전자의 돌연변이 때문으로 밝혀졌다. (제공 『사이언티픽 리포트』)

는 말이다. 남미에서는 유럽인이 들어오기 수백 년 전부터 흰딸기도 재배했다고 한다. 2018년 학술지 『사이언티픽 리포트』에는 흰딸기 품종이 안토시아닌 색소를 합성하는 유전자에 돌연변이가 생긴 결과임을 밝힌 논문이 실렸다.[117]

고1 담임 선생님의 취향과는 달리 지난 한 세대 동안 우리나라 사람들의 과일 소비량은 꾸준히 늘었다. 최근에는 이색적인 맛과 향이나 색을 지닌 과일 품종이 시장에 나와 화제가 되기도 한다. 딸기도 예외는 아니어서 2021년 크리스마스 시즌을 맞아 한 대형마트는 '하얀 딸기'를 선보였다. 일본 육종학자들이 개발한 품종이라고 하는데, 거슬러 올라가면 수백 년 전 남미인들이 우연히 발견해 재배한 흰딸기에 이르지 않을까 하는 생각이 들었다. 언제 마트에서 흰딸기를 보게 된다면 한번 사서 맛보고 싶다.

복숭아,
아몬드와 사촌인 이상향의 과일

무릉군에 고기 잡는 일을 하는 사람이 있었다. 그는 시내를 따라가다가 길을 잃어버렸다. 문득 복숭아꽃이 활짝 핀 숲에 도달했는데, 좁은 물가에 수백 보 길이로 다른 나무는 하나도 없이 신선한 향초들이 아름답게 피어 있고, 꽃잎이 분분히 떨어졌다.

— 도연명, 『도화원기桃花源記』에서

요즘은 하우스 재배에 수입산까지 가세해 사시사철 다양한 과일이 넘쳐나지만, 여전히 나에게 최고의 과일은 여름 한 철 맛볼 수 있는 복숭아다. 무더위가 한창일 때 잘 익은 복숭아 과육을 한 입 그득 머금을 때 입안 가득 채우는 맛과 향은 황홀하기까지 하다. 동양의 이상향이 무릉도원武陵桃源이라고 불리는 이유를 알 것 같다.

한자 복숭아 도桃에서 조兆는 옛날 중국에서 거북 등껍질로 점을 칠

복숭아를 비롯해 장미과 벚나무속 식물의 열매는 단단한 내과피가 씨(인)를 보호하고 있는 핵과다. 독성 물질인 아미그달린을 함유한 씨는 독특한 냄새를 풍겨 동물들이 먹지 않도록 경고한다. (제공 위키피디아)

때 갈라진 금을 본떠 만든 글자라고 한다. 즉 씨가 두 쪽으로 갈라지는 나무木라서 '도桃'라는 한자어를 만든 것이다. 그런데 둘로 쪼개지는 건 엄밀히 말하면 씨가 아니라 내과피이다. 즉 복숭아 열매는 바깥쪽에서부터 안쪽으로 외과피(껍질), 중과피(과육), 내과피(심)로 이뤄져 있고 내과피 안에 인kernel이라고도 부르는 씨가 들어 있다. 이처럼 속에 단단한 내과피, 즉 핵을 지닌 열매를 핵과核果, drupe라고 부른다.

핵과는 장미과 벚나무속*Prunus* 식물의 특성이다. 벚나무속은 무려 430여 종으로 이뤄져 있다. 이 가운데 복숭아나무(학명 *Prunus persica*), 자두나무(*P. salicina*), 살구나무(*P. armeniaca*), 벚나무(버찌 또는 체리cherry, *P. serrulata*), 앵두나무(*P. tomentosa*)의 열매를 과일로 먹고 있고 매실(매화)나무(*P. mume*)의 열매는 설탕에 재워 매실청이나 장아찌를 만들어 먹는다. 역시 벚나무속으로 복숭아와 아주 가까운 아몬드(*P. dulcis*)는 과육 대신 씨(인)를 먹는다.

게놈 크기 가장 작은 작물

벚나무속 작물을 대표하는 복숭아는 맛과 영양에서 손색이 없는 과일이다. 복숭아의 연간 생산량은 2,457만 톤으로, 이 가운데 61%인 1,500만 톤이 원산지인 중국에서 생산된다(2020년). 복숭아에는 각종 비타민과 미네랄뿐 아니라 식이섬유도 많아 장 건강에 좋다. 또 폴리페놀을 비롯해 식물의 이차대사산물이 다양하고 밝혀진 향기 성분만 110가지나 된다. 예전에 화장품 회사를 다닐 때 복숭아 향을 모방한 조합향 시료를 여럿 맡아봤지만 다들 진짜 향에는 명함도 못 내미는 수준이었다. 잘 익은 복숭아만이 줄 수 있는 향기라는 말이다.

복숭아는 늦어도 4,000년 전 중국에서 작물화된 것으로 보인다. 우연한 변이체 발견과 의도적인 육종을 통해 더 크고 더 달고 더 향기로운 열매가 열리는 쪽으로 작물화가 진행됐을 것이다.

복숭아 게놈은 이배체(2n=2x=16)로 다른 장미과 식물들처럼 크기가 작아 2억 6,500만 염기에 불과한 것으로 추정된다. 이 책에 등장한 작물 가운데 가장 작다. 국제복숭아게놈계획은 복숭아 가운데 황도 계열인 로벨Lovell 품종의 게놈을 해독해 2013년 학술지 『네이처 유전학』에 발표했다.[118] 뜻밖에도 국제 연구를 이끈 나라는 원산지인 중국이 아니라 이탈리아이고 미국, 프랑스 등 주로 서구 나라들이 참여했다. 사실 이탈리아는 중국과 스페인 다음으로 복숭아를 많이 생산하는 나라다. 다만 생산량은 102만 톤으로 중국과 비교가 안 된다.

이들이 해독한 길이는 2억 2,460만 염기로 전체의 85%에 해당한다. 나머지 해독하지 못한 부분은 대부분 반복서열일 것이므로 유전자를 지닌 영역

한반도를 포함해 동북아시아에 자생하는 개복숭아(학명 *Prunus davidiana*)는 게놈 분석 결과 작물 복숭아의 조상이 아닌 것으로 드러났다. 개복숭아 열매는 작고 맛이 텁텁해 과일로서는 가치가 낮지만, 천식과 기관지염에 효과가 있어 약용으로 쓰인다. (제공 위키피디아)

은 거의 밝힌 셈이다. 분석 결과 단백질을 지정하는 유전자는 2만 7,852개로 추정됐다. 2만여 개인 사람보다는 꽤 많지만 식물에서는 적은 편이다.

이 가운데 672개 유전자가 과일의 특성에 관련된 것으로 보인다. 예를 들어 복숭아를 포함해 사과, 딸기 등 장미과 작물은 폴리올 생합성이 왕성한 게 특징이다. 폴리올polyol은 수산기(-OH)를 두 개 이상 지닌 분자다. 참고로 에탄올은 수산기가 하나뿐이라 폴리올이 아니다. 잎에서 광합성으로 포도당이 만들어지면 폴리올인 솔비톨sorbitol로 환원돼 저장되거나 열매로 이동한다.

과육에서 솔비톨은 다시 포도당이나 과당으로 바뀌고 일부는 남아 있다. 사실 솔비톨도 당도가 설탕의 60%로 단맛이 꽤 나는 분자다. 열량은 1g에 2.6칼로리로 4칼로리인 설탕보다 낮다. 복숭아 게놈에는 솔비톨 운반에 관여하는 SOT 유전자 수가 늘어나 있는 것으로 밝혀졌다.

작물화 과정 재구성

정밀한 게놈 해독을 통해 얻은 로벨 품종의 데이터를 참조게놈으로 삼아 연구자들은 다른 10가지 품종과 야생 복숭아 네 종의 게놈을 분석해 비교했다. 복숭아의 작물화 과정을 유추하기 위해서다. 야생 네 종은 신장복숭아와 간쑤복숭아, 개복숭아, 티베트복숭아다. 이 가운데 개복숭아는 우리나라에도 자생한다.

분석 결과 신장복숭아와 작물 복숭아의 게놈이 전체적으로 구분할 수 없을 정도라는 사실이 밝혀졌다. 복숭아 작물화는 중국 북서부, 즉 곤륜산맥과 타림분지 사이에서 일어난 것으로 추정된다. 그런데 신장복숭아의 자생지가 바로 타림분지 서쪽인 페르가나 분지Fergana Valley다. 신장복숭아의 학명이 *Prunus ferganensis*인 이유다.

야생 복숭아 네 종 가운데 신장복숭아만 열매가 먹을 만하다. 다만 신장복숭아는 열매가 70~80g으로 작고 껍질에 붉은색 기운이 없다. 따라서 신장복숭아의 이런 특성이 개선되는 수준에서 작물화된 복숭아가 나온 것으로 보인다. 연구자들은 게놈 염기서열 비교를 통해 신장복숭아와 작물화된 복숭아가 사실상 같은 종이라고 주장했다. 그리고 신장복숭아도 작물화가 약간 진행된 상태일 수도 있다고 봤다.

그런데 이듬해 학술지 『게놈 생물학』에 이와는 좀 다른 주장을 담은 중국 연구자들의 논문이 실렸다.[119] 이들은 작물 복숭아(로벨 품종)의 고품질 게놈을 참조게놈으로 해서 84가지 복숭아의 게놈을 해독해 비교했다. 즉 야생 복숭아 10가지와 작물 복숭아 74가지다. 흥미롭게도 신장복숭아 4가지는 야생이 아니라 재래종landrace으로 분류했다.

단일염기다형성 자리를 비교한 결과 신장복숭아는 작물 복숭아 74가지 가운데 일부와 하나로 묶였다. 그리고 중국 다른 지역의 몇몇 재래종 복숭아의 게놈은 오히려 다른 야생종에 더 가까웠다. 신장복숭아가 작물 복숭아의 조상이 아니라는 말이다.

연구자들은 중국 북서부가 자생지인 간쑤복숭아*Prunus kansuensis*가 작물

복숭아의 조상이라는 가설을 지지했다. 참고로 간쑤성은 신장복숭아의 자생지인 신장위구루자치구보다는 훨씬 동쪽이다. 간쑤복숭아 두 개체의 게놈을 분석한 결과 야생종 가운데 재배 복숭아와 가장 가까웠다. 열매의 특징, 잎과 꽃의 형태 등도 가장 닮았다.

백도와 황도, 누가 원조?

과일에 관심이 없는 사람들도 복숭아가 과육 색에 따라 백도와 황도로 나뉘는 건 알고 있다. 백도와 황도는 맛과 향도 좀 다른 것 같다. 백도는 우아한 꽃향기가 강하고 황도는 맛이 좀 더 새콤달콤한 느낌이다. 그렇다면 둘 가운데 어느 쪽이 야생형일까. 참고로 백도에 비해 황도에 카로티노이드 색소가 훨씬 많이 들어있다. 얼핏 생각하면 카로티노이드를 만드는 데 관여하는 유전자에 변이가 일어나 과육 색이 옅어진 게 백도이고 따라서 황도가 야생형일 것 같다. 물론 실상은 그 반대이므로 이런 질문을 던진 것이다.

탄소원자 40개로 이뤄진 골격을 지닌 분자인 카로티노이드는 노란색에서 빨간색 범위의 색소로 강한 빛에서 식물을 보호하는 역할을 하고 꽃이나 열매의 짙은 색으로 동물을 끌어들이기도 한다. 일찍이 유전학자들은 백도와 황도의 비밀을 밝히는데 관심이 있었고, 1920년 교배 실험을 통해 유전자 하나가 관여함을 밝혀냈다. 즉 황도는 이 유전자 쌍 모두 열성이다. 따라서 이 유전자는 카로티노이드의 합성을 억제하거나 파괴하는 작용을 할 것이다. 그 뒤 여러 식물에서 카로티노이드 대사 관련 유전자를 밝히는 연구가 진행됐고 이를 바탕으로 2011년 이 유전자가 CCD4일 것이라는 제안이 나왔다. CCD4는 베타카로틴을 베타이오논β-ionone으로 바꾸는 데 관여하는 효소다. 베타이오논은 제비꽃 향이 나는 분자로 백도의 향기에 우아함을 부여한다. 복숭아 열매에서

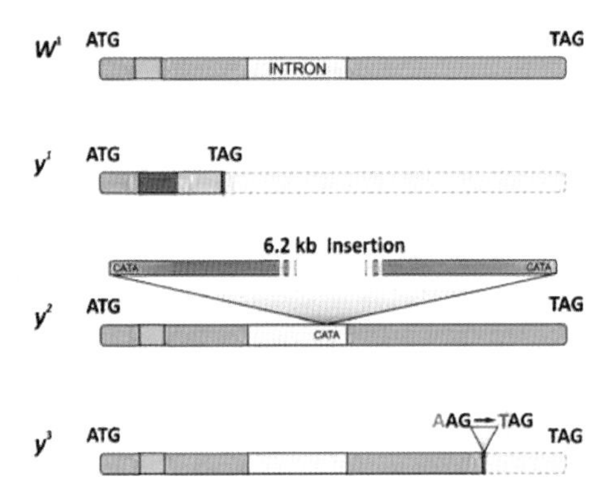

황도의 과육 색은 카로티노이드 색소를 분해하는 효소인 CCD4 유전자의 변이 때문으로 세 가지가 따로 일어났다. 백도는 우성인 정상 유전자(W¹)를 하나 이상 지니고 있다. 반면 황도는 대립유전자 모두 반복 서열 횟수가 늘어 일찍 종결코돈이 나오거나(y¹) 인트론에 전이인자가 끼어들어갔거나(y²) 두 번째 엑손에서 점돌연변이가 생겨 종결코돈이 나온(y³) 변이형을 지니고 있다. (제공 『식물분자생물학리포터』)

는 과육의 카로티노이드를 분해해 향기 분자를 만드는 것이므로, 과피색과 함께 강한 향기로도 씨를 퍼뜨릴 동물을 유혹하는 이중전략을 진화시킨 셈이다. 복숭아 껍질의 짙은 붉은색은 안토시아닌에서 온다.

2013년 복숭아 게놈이 해독되면서 연구자들은 복숭아 37개 품종과 야생 복숭아 친척 3종의 CCD4 유전자 염기서열을 분석해 비교했다. 그 결과 이 유전자가 고장난 변이형이 세 가지라는 뜻밖의 사실이 밝혀졌다.[120] 즉 과거 어느 시점에서 한 복숭아나무에서 눈돌연변이로 변이지 bud sport mutant가 생겨났다. 즉 체세포 돌연변이가 일어나 대립유전자 가운데 하나가 변이형이 됐다. 다만 열성이라 이런 체세포로 이뤄진 열매는 여전히 백도였다.

그런데 훗날 이들 복숭아 사이에서 교배가 일어나 부모 양쪽에서 변이형을 받은 씨앗이 생겨났고 이게 싹터 자란 나무에서 열린 복숭아는 황도였다. 수천 년 전 우연히 이런 복숭아나무를 발견한 농부가 애지중지 돌보면서 황도가 재배되기 시작했을 것이다. 이런 일이 적어도 세 차례 일어났다는 말이다.

먼저 CCD4 유전자의 첫 번째 엑손에 있는 'TC' 서열의 반복 횟수의 변이다. 이런 짧은 반복서열을 미세부수체microsatellite라고 부르는데, 변이는 복제나 감수분열 염색체 재조합 과정에서 오류가 일어난 결과다. 야생형은 7회 반복(따라서 염기 14개)인데 참조 게놈으로 쓰인 황도인 로벨 품종의 경우 8회(염기 16개)다. 따라서 이어지는 염기가 둘씩 밀리며 바로 종결 코돈이 와 기능을 잃은 작은 단백질 조각이 만들어진다. 온전한 CCD4는 아미노산 593개로 이뤄진 단백질이다.

한편 페르가나 분지의 황도 재래종은 CCD4 유전자의 인트론에 전이인자가 끼어 들어간 것으로 밝혀졌다. 아미노산을 지정하는 엑손은 온전하므로 문제가 없을 것 같지만, 전이인자의 존재로 인트론의 구조가 바뀌면서 전사체가 mRNA로 제대로 가공되지 못하고 파괴돼 결국 단백질이 거의 만들어지지 않는다.

끝으로 이탈리아 시칠리아의 황도 재래종인 레온포르테1Leonforte1은 두 번째 엑손에 있는 1519번째 염기가 A에서 T로 바뀌면서 종결코돈이 됐다. 그래도 아미노산 506개인 단백질이 만들어지지만, 뒤쪽 91개 아미노산이 없어 아쉽게도 기능을 하지 못한다.

흥미롭게도 몇몇 황도 품종은 서로 다른 변이형을 지닌 것으로 드러났다. 예를 들어 미국에서 개발된 황도 품종인 레드헤이븐Redhaven의 대립유전자는 각각 TC 반복서열 8회 변이형과 전이인자가 끼어 들어간 변이형이다. 아마도 서로 다른 변이형인 황도 사이나 황도와 변이형을 하나 지닌 백도 사이에서 교배해 나온 품종일 것이다.

그런데 레드헤이븐 나무의 한 가지에서 백도가 열렸다. 즉 체세포 돌연변이가 일어난 변이지로, 여기서 얻은 품종이 레드헤이븐 비앙카Redhaven Bianca다. 비앙카는 이탈리아어로 희다는 뜻이다. 염기서열 분석 결과 인트론에 끼어 들어간 전이인자가 빠져나가면서 정상 유전자로

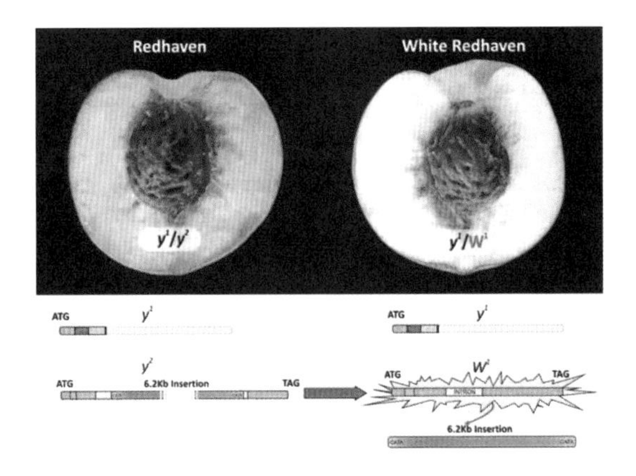

황도 품종인 레드헤이븐(Redhaven)은 CDD4 유전자가 각각 반복서열 횟수 변이(y^1)와 전이인자 삽입 변이(y^2)로 기능을 잃은 결과다(왼쪽). 레드헤이븐 나무에서 우연히 발견한 변이지인 백도 레드헤이븐 비앙카(영어로는 White Redhaven)는 CDD4 유전자 하나에서 전이인자가 빠져나가 정상(W^1)으로 돌아온 결과다(오른쪽). (제공 『식물분자생물학리포터』)

돌아가 CCD4 단백질이 제대로 만들어진 것으로 밝혀졌다.* '백도 → 황도(레드헤이븐) → 백도(레드헤이븐 비앙카)'라는 말이다.

천도복숭아=복숭아+자두?

복숭아의 맛과 향이 뛰어남에도 꺼리는 사람들이 있다. 과피에 까끌까끌한 솜털이 나 있기 때문이다. 과피에서 떨어진 솜털이 몸에 묻거나 제대로 씻지 않은 복숭아를 껍질째 먹으면 피부가 벌겋게 되거나 입술이 부풀어 오르는 알레르기 반응이 생기기도 한다.

복숭아 과피의 솜털은 전문용어로 트리콤trichome이라고 부르는데, 표피세포가 변형된 구조로 외부 스트레스에서 식물을 보호하는 역할을 한다. 보통 트리콤은 잎 표면에 많은데, 특이하게도 복숭아는 과피에도 존재한다. 일부 사람들에게 복숭아 트리콤에 있는 단백질이 항원으로 작용해 알레르기 반응을 일으킨다.

* 이와 같은 경우를 복귀돌연변이체라고 한다. 복귀돌연변이체에 대한 자세한 내용은 288쪽 참조.

이런 사람들이나 솜털이 난 복숭아가 먹기 번거로운 사람들이 찾는 게 바로 천도복숭아로 과피에 솜털이 없다. 그뿐 아니라 맛과 향도 다소 달라 천도복숭아는 백도나 황도와는 다른 종인 것처럼 느껴진다. 실제 영어로 천도복숭아는 nectarine으로 복숭아peach와 전혀 다른 이름으로 불리고 있다. 어떻게 보면 복숭아와 자두 사이의 잡종 같기도 하다.

그러나 천도복숭아는 복숭아의 한 종류일 뿐으로 자두와는 관계가 없다. 교배 실험을 통해 천도복숭아가 솜털이 없게 한 유전자 변이는 열성으로 밝혀졌다. 즉 대립유전자 둘 다 변이형이어야 과피에서 트리콤이 생기지 않는다. 천도복숭아는 2천여 년 전 이미 중국에서 알려져 있었는데, 앞의 황도처럼 변이지, 즉 체세포 돌연변이로 생겨났을 것이다. 참고로 천도복숭아도 과육 색에 따라 백도와 황도로 나눌 수 있다.

지난 2014년 학술지 『플로스원』에는 천도복숭아를 탄생시킨 변이 유전자의 실체를 밝힌 연구 결과가 실렸다.[121] 기존 연구에 따르면 5번 염색체의 63만여 염기 길이 영역에 변이 유전자가 존재한다. 한편 쌍떡잎식물의 모델인 애기장대 연구 결과 R2R3-MYB 계열의 유전자가 트리콤 생성에 관여하는 것으로 알려져 있다. R2R3-MYB는 전사인자로 표적 유전자의 발현을 조절한다.

복숭아 게놈 프로젝트를 이끈 이탈리아 과일재배연구소 이그나지오 베르데 박사와 동료 연구자들은 이 영역의 염기서열을 들여다봤고 이 계열의 유전자를 찾아냈다(PpeMYB25로 명명). 연구자들은 천도복숭아 11개 품종에서 이 유전자 염기서열을 분석한 결과 모두 같은 변이를 지니고 있음을 발견했다. 즉 세 번째 엑손에 전이인자가 들어가 유전자가 고장난 것이다. 그 결과 천도복숭아에서는 중간이 잘려 아미노산 112개로 이뤄진 단백질 조각이 만들어져 제대로 기능하지 못해 트

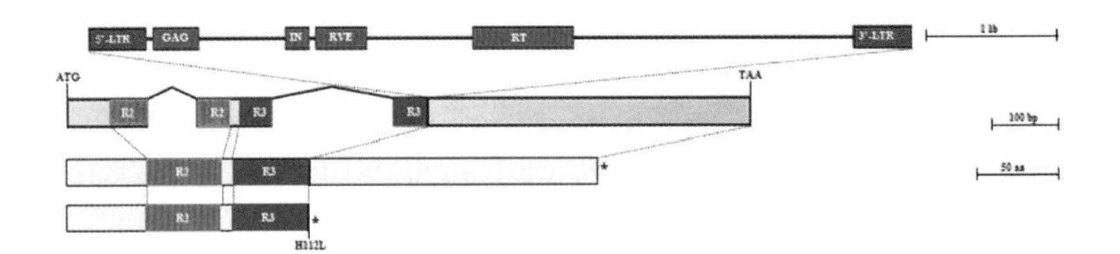

복숭아 과피에서 솜털(트리콤)이 만들어지는 데 PpeMYB25 유전자가 관여한다. 이 유전자의 세 번째 엑손에 전이인자가 끼어 들어가면 일찌감치 종결코돈이 생겨 아미노산 112개인 단백질 조각(맨 아래)이 만들어져 기능을 잃는다. 트리콤이 없어 과피가 매끄러운 천도복숭아는 대립유전자 모두 변이형이다. (제공 『플로스 원』)

리콤이 생기지 않은 것이다. 한편 다양한 일반 복숭아 품종을 조사한 결과 상당수가 대립유전자의 하나는 변이형인 것으로 드러났다.

세 가지 변이가 있는 황도와는 달리 천도복숭아 품종은 모두 과거 한 차례 일어난 변이에 기원하고 있다. 아무튼 청포도와 마찬가지로 황도 일부와 천도복숭아에서도 전이인자가 산파 역할을 한 셈이다.

아몬드 탄생의 달콤한 비밀

인내심을 갖고 껍질을 다 벗겨낸 뒤 복숭아를 쥐고 있는 손 위로 과즙을 줄줄 흘려가며 과육을 게걸스럽게 먹다 보면 힘을 받아서인지 어느 순간 내과피가 쪼개지며 안에서 투명한 점액 같은 게 흘러나올 뿐 아니라 독특하지만 유쾌하지는 않은 냄새까지 풍긴다. 아까운 마음에 내과피 바깥에 붙어 있는 과육을 먹는 데까지는 먹어보지만 이미 입맛은 망친 상태다.

쪼개진 내과피 안에는 아몬드처럼 생긴 씨가 들어있는데 아몬드와는 달리 독특한 냄새가 강해 먹어볼 생각이 들지 않는다. 물론 먹어서도 안 되는데 여기에는 아미그달린amygdalin이라는 독성 물질이 다량 들어있기 때문이다. 독특한 냄새는 아미그달린의 분해산물인 벤즈알데하이드benzaldehyde에서 온다.

열매의 내과피 안, 특히 씨에 아미그달린이 고농도로 들어 있는 건 벚나무속 작물의 특성이다. 복숭아나무뿐 아니라 자두나무, 매실(매화)나무, 살구나무, 벚나무, 앵두나무의 내과피 안이 다 그렇다. 다만 복숭아를 빼면 다들 내과피가 단단히 붙어 있어 쪼개질 걱정은 안 해도 된다. 매실청을 담글 때 매실을 통째로 써도 되는 이유다.

복숭아를 비롯한 벚나무속 작물들은 열매에서 과육(중과피)을 껍질(외과피)째 또는 껍질을 벗기고 먹지만 특이하게 씨(인)를 먹는 종류가 있다. 바로 아몬드다. 아몬드는 분류학상으로 벚나무속 식물들 가운데서도 복숭아나무와 가깝지만(그래서 이들을 묶어 복숭아아속亞屬 Amygdalus으로 따로 놓기도 한다) 우리가 먹는 부위는 전혀 다르다는 말이다. 앞서 벚나무속 식물의 인에는 맛이 쓴 독성 물질인 아미그달린이 들어 있다고 말했다. 그런데 우리는 어떻게 아몬드(씨)를 먹을 때 고소할 뿐 전혀 쓴맛을 느끼지 못하는 걸까. 그리고 아몬드를 잔뜩 먹어도 독에 중독되지 않는 걸까(다만 알레르기 반응이 생길 수는 있다).

2019년 학술지 『사이언스』에는 아몬드 게놈을 해독해 그 비밀을 밝힌 연구 결과가 실렸다.[122] 스페인과 덴마크, 이탈리아의 공동연구자들은 아몬드의 게놈을 해독해 참조 게놈인 복숭아 게놈과 비교한 결과 아몬드

아몬드는 복숭아와 마찬가지로 열매 안쪽에 리그닌이 주성분인 두껍고 단단한 내과피(심)를 지니고 있다(위). 내과피를 쪼개면 안에 씨(인)가 들어 있다(아래). (제공 위키피디아)

게놈에서 아미그달린 생합성에 관련한 효소 유전자 발현에 영향을 미치는 전사인자 유전자에서 변이를 찾아냈다. 그 결과 효소 유전자가 제대로 발현하지 못해 아미그달린이 거의 만들어지지 않았다는 것이다.

사실 야생 아몬드는 복숭아 씨와 마찬가지로 아미그달린이 포함돼 있다. 이를 '비터 아몬드bitter almond'라고 부르는 이유다. 우리가 먹는 재배종 아몬드에는 아미그달린이 거의 들어 있지 않고 따라서 '스위트 아몬드sweet almond'라고 부른다. 아몬드는 늦어도 4,000년 전 오늘날 이란 지역에서 작물화된 것으로 추정된다. 아마도 쓴맛이 나지 않는 아몬드가 열리는 돌연변이 야생 나무를 우연히 발견해 재배하기 시작한 것으로 보인다.

과학자들은 아몬드에서 아미그달린 생합성 경로를 규명했다. 그 결과 씨의 껍질에서 아미노산 페닐알라닌phenylalanine을 출발물질로 해서 네 단계를 거쳐 아미그달린이 만들어진 뒤 떡잎에 축적되는 것으로 밝혀

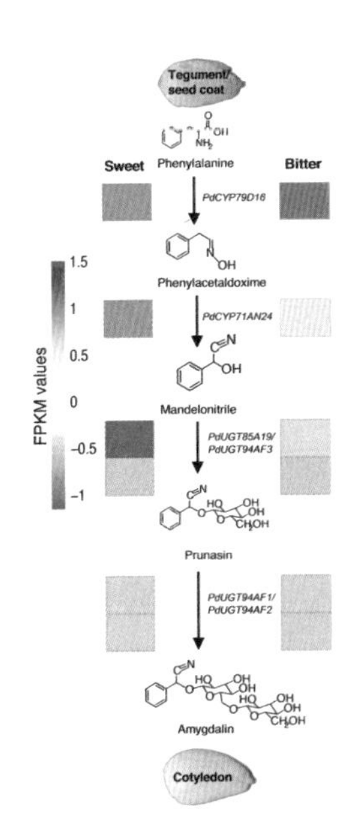

아몬드 씨에서 아미그달린이 만들어지는 생합성 과정을 단계별로 보여주는 도식이다. 왼쪽은 스위트 아몬드이고 오른쪽은 비터 아몬드다. 스위트 아몬드는 첫 번째 반응을 촉매하는 효소(PdCYP79D16)의 발현량(FPKM values. 빨간색이 짙을수록 많고 파란색이 짙을수록 적다)이 미미해 결과적으로 씨 떡잎(cotyledon)에 아미그달린이 거의 없어 먹었을 때 쓰지 않고 고소하다. 최근 아몬드 게놈을 분석해 이 효소의 발현량을 조절하는 전사인자의 돌연변이가 원인임을 밝혔다. (제공 『사이언스』)

졌다. 이 과정에 모두 여섯 가지 효소가 관여한다.

두 유형의 아몬드에서 효소 유전자들의 발현량을 비교한 결과 생합성 과정의 첫 단계인 페닐알라닌을 페닐아세트알독심phenylacetaldoxime으로 바꿔주는 효소인 PdCYP79D16에서 큰 차이가 났다. 반면 효소 유전자 자체는 변이가 없었다. 즉 스위트 아몬드의 PdCYP79D16 유전자는 멀쩡하지만 거의 발현되지 않아 효소가 미량 만들어져 생합성 과정이 출발부터 삐걱거린다는 말이다.

따라서 효소 PdCYP79D16의 유전자 발현을 조절하는 전자인자가 열쇠를 쥐고 있을 가능성이 큰데 지금까지 그 실체를 모르고 있었다. 그런데 게놈을 해독해 분석한 결과 bHLH2가 찾고 있던 전사인자이고 스위트 아몬드에서 bHLH2의 아미노산 하나가 바뀌면서 기능을 잃어 표적인 PdCYP79D16 유전자의 발현이 크게 떨어졌다는 사실이 밝혀진 것이다.

즉 346번째 아미노산이 류신에서 페닐알라닌으로 바뀌면서(L346F) 전사인자 bHLH2가 PdCYP79D16 유전자의 표적 DNA 영역에 달라붙

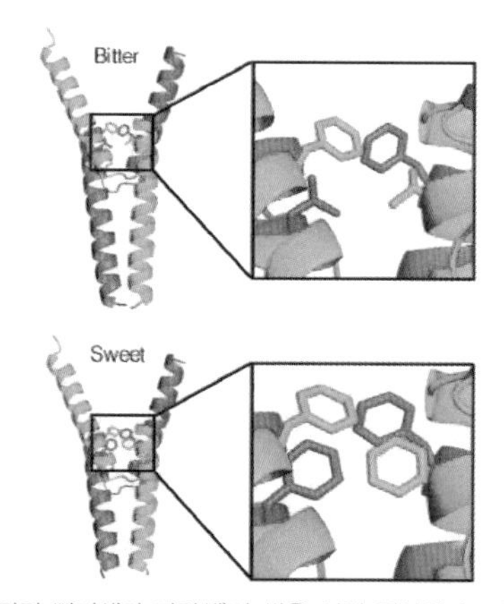

bHLH2 단백질은 두 분자(각각 빨간색과 파란색)가 쌍을 이뤄 전사인자로 작용한다. 비터 아몬드의 bHLH2는 346번째 아미노산이 류신이다(위). 반면 스위트 아몬드에서는 페닐알라닌으로 쌍을 이룰 때 구조가 바뀌면서 bHLH2가 PdCYP79D16 유전자의 표적 DNA 영역에 제대로 달라붙지 못한다(아래). (제공 『사이언스』)

지 못하게 된 것이다. 이를 시각적으로 보여주는 그림을 보면 '과연 '분자'생물학이구나'라는 생각이 절로 든다.

사실 아미그달린 자체가 독성분자는 아니다. 벚나무속 식물의 씨에는 아미그달린과 함께 이를 분해하는 효소인 베타-글루코시다제beta-glucosidase가 공간적으로 분리돼 축적돼 있다. 그런데 씨를 입에 넣어 씹으면 떡잎이 으깨지면서 둘이 섞여 효소가 아미그달린을 두 분자로 분해하고 이 가운데 하나가 최종적으로 벤즈알데하이드와 시안화수소hydrogen cyanide로 분해된다. 온전한 씨에서도 이 반응이 약간 일어나기 때문에 벤즈알데하이드 냄새가 느껴지는 것이다. 앞서 12장 마늘에서 알리인과 분해효소가 격리돼 있다가 세포가 손상돼 서로 만나 알리신이 생겨나는 것과 같은 메커니즘이다.

시안화수소는 강력한 독소로 치사량이 몸무게 1kg에 0.6~1.5mg 수준이다. 만일 실수로 스위트 아몬드가 아니라 비터 아몬드를 먹으면 어른은 50알, 아이들은 5~10알만 먹어도 사망할 수 있다. 물론 전적으로 수입에 의존하는 우리나라에서는 비터 아몬드를 볼 기회가 없을 것이므로 걱정하지 않아도 된다.

학명을 바꿀 수 있다면…

복숭아와 아몬드의 학명을 보면 잘못된 작명일 뿐 아니라 둘이 바뀌었으면 좋았을 것이라는 아쉬움마저 든다. 먼저 복숭아 학명인 *Prunus persica*의 'persica'는 이 식물의 원산지가 페르시아, 즉 오늘날 이란 지역임을 반영한 결과다. 로마 시대에 페르시아에서 복숭아를 들여온 유럽인들은 페르시아가 원산지라고 생각하고 이런 학명을 지었다.

그러나 이란 지역에는 야생 복숭아가 없고 훗날 알아보니 중국 서북부 지역이 원산지라는 사실이 밝혀졌다. 앞서 언급했듯이 서북부 가운데서 더 서쪽에 자생하는 신장복숭아가 조상이라는 설과 그보다 동쪽에 자생하는 간쑤복숭아가 조상이라는 설이 있고 연구 결과 간쑤복숭아일 가능성이 크다. 따라서 원산지를 나타내는 학명을 짓는다면 복숭아는 *Prunus chinensis*여야 한다.

한편 아몬드의 학명은 *Prunus dulcis*인데 'dulcis'는 달콤하다는 뜻이다. 즉 스위트 아몬드에만 해당된다. 작명을 할 때 씨의 쓴맛이 없는 게 다른 벚나무속 식물과 가장 큰 차이라는 걸 강조하다 보니 비터 아몬드의 존재를 깜빡한 것일까. 물론 비터 아몬드는 스위트 아몬드의 야생형으로 같은 종이므로 학명 역시 *Prunus dulcis*라 특성과 맞지 않는다.

그런데 아몬드의 원산지는 이란 지역이다. 따라서 원산지를 부각해 학명을 짓는다면 복숭아의 학명인 *Prunus persica*를 아몬드의 학명으로 써야 할 것이다. 한편 복숭아 과육은 꽤 달콤하기 때문에 맛에 주안점을 두고 학명을 짓는다면 아몬드의 학명인 *Prunus dulcis*가 안성맞춤이다. 내가 둘의 학명이 바뀌었으면 좋았을 거라고 말한 이유다. 아쉽게도 학명이 일단 정해지면 웬만해서는 바꿀 수 없다.

16세기 페르시아 세밀화로 아몬드 수확 장면이 잘 묘사돼 있다. 비터 아몬드와 스위트 아몬드는 한 종이므로 맛이 아니라 원산지를 따라 아몬드의 학명을 *Prunus persica*라고 지었으면 좋았을 것이다.

사과,
과일의 대명사로 등극하게 된 사연

사과는 우리나라 사람들이 가장 많이 먹는 과일이다(수년 전부터는 1위 자리를 두고 귤과 엎치락뒤치락한다). 과일 종류가 많지 않았던 어린 시절에는 더 그랬던 것 같다. 그래서인지 '과일 중의 과일' 또는 '가장 전형적인 과일'을 꼽으라면 나는 선뜻 사과라고 말하겠다.

지구촌 사람들의 입맛도 비슷하다. 사과의 연간 생산량은 8,640만 톤(2020년)으로 과일 가운데 바나나, 수박 다음이다. 다만 오렌지와 귤, 레몬 등을 다 합친 감귤류로 집계하면 밀려서 4위다. 사과는 오렌지나 포도에 비해 주스나 술의 재료로 쓰이는 비율이 훨씬 낮을 것이므로 한 사람이 1년에 생과로 10kg 가까이 먹을 것이다.

그래서인지 지난 2019년 번역 출간된 영국의 생물인류학자 앨리스 로버츠의 『세상을 바꾼 길들임의 역사』에서도 사과는 특별 대우를 받았다. 이 책에 소개된 작물 다섯 종 가운데 네 종이 식량 작물이고(밀, 옥

사과는 작물로서 드물게 일반인들이 여러 품종의 이름과 형태에 익숙한 과일이다. 한 세대 전에는 꽤 먹었지만 지금은 다른 품종에 밀려 소량 생산되는 홍옥은 특유의 광택과 새콤달콤한 맛과 향을 지니고 있어 이를 기억하는 사람들이 찾고 있다. (제공 강석기)

수수, 감자, 쌀) 나머지 하나가 과일 작물인 사과다.

특이하게도 사과는 다른 과일과 달리 사람들이 여러 품종 이름에 꽤 익숙하고 시장에 가보면 사과 더미에 품종 푯말이 꽂혀 있기도 하다. 앞서 복숭아의 경우 백도, 황도, 천도복숭아 정도이지만 사과는 어릴 때 먹던 홍옥, 국광, 인도, 골덴(골든딜리셔스)에 그 뒤 등장해 이들 품종을 쫓아낸 부사富士(또는 일본어 발음 그대로 후지), 홍로, 양광, 시나노골드까지 다양하다. 일반인들이 이처럼 많은 품종 이름에 익숙한 작물은 과일뿐 아니라 다른 범주에서도 없는 것 같다.

골든딜리셔스 게놈 해독

장미과에 속하는 사과는 작물 가운데 배와 가장 가깝다. 딱 봐도 그럴 것 같다. 둘은 사과나무족Maleae에 속하는데*, 꽃턱이 부풀어 과육을 이룬 인과仁果, pome가 열리는 게 특징이다. 딸기와 마찬가지로 헛열매(위과僞果)이지만 씨앗이 겉이 아닌 안에 있다는 게 다르다. 배 다음으로는 복

* 장미과는 워낙 커 과와 속 사이에 아과(subfamily)와 족(tribe)을 둬 세분한다.

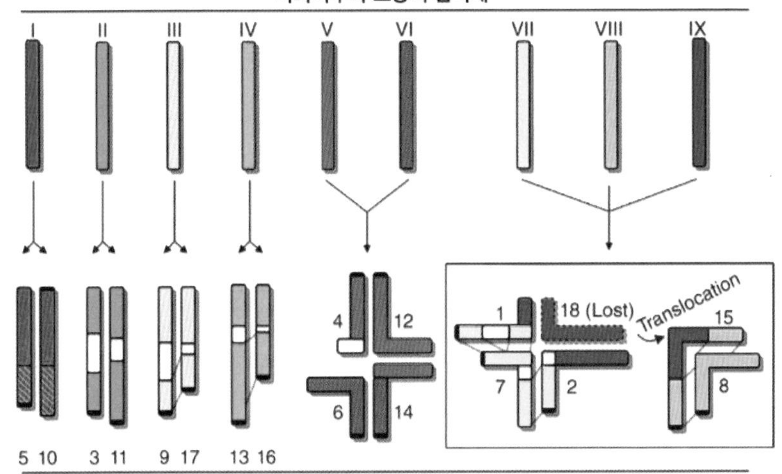

사과 게놈을 분석한 결과 약 5,000만 년 전 기본염색체가 9개인 이배체 식물에서 전체게놈중복이 일어나 사배체가 나왔고 염색체가 재배열되면서 이배체화된 것으로 드러났다. 지금도 사배체의 흔적이 남아 있어 5번과 10번, 3번과 11번, 9번과 17번, 13번과 16번 염색체는 많은 부분이 겹친다. 나머지 10개 염색체는 재배열돼 9개 염색체에 자리하고 있다. (제공 『네이처』)

숭아와 가깝고 딸기와는 좀 떨어져 있다. 역시 직관적으로 수긍이 간다.

그런데 게놈 구조의 관점에서는 사과가 좀 별나다. 기본염색체(x)를 보면 복숭아가 8개이고 딸기가 7개인 반면 사과는 17개나 되기 때문이다(2n=2x=34). 장미과 식물 진화 과정에서 사과 계열(사과나무족)이 확립된 뒤 염색체가 쪼개지는 일이 반복된 결과일 수도 있지만, 게놈 크기도 두세 배라 그런 것 같지는 않다. 이 경우 사과의 조상에서 전체게놈중복이 일어나 사배체가 된 뒤 염색체 재배열을 거쳐 다시 이배체로 돌아온 결과일 가능성이 크다. 실제 염색체 구조를 분석한 결과 그런 것으로 밝혀졌다.

이처럼 게놈이 다소 복잡함에도 과일을 대표하는 상징성이 있어서인지 지난 2010년 장미과 작물 가운데 가장 먼저 게놈이 해독돼 논문이 학술지 『네이처 유전학』에 실렸다.[123] 과일 작물에서는 포도와 파파야(아쉽게도 이 책에서는 다루지 않았다) 다음이다. 이탈리아 산미켈레 농경대 리카르도 벨라스코Riccardo Velasco 교수가 이끄는 다국적 공동연구팀은 수많은 사과 품종 가운데 골든딜리셔스Golden Delicious를 골랐다. 유럽과 북미에서는 여전히 인기 품종인데다 사과 육종 역사에서 중요한 위치를 차지하고 있기 때문이다.

1900년대 초 미국 웨스트버지니아주 클레이 카운티의 한 과수원에서 우연히 발견된 골든딜리셔스는 1914년 시장에 나와 큰 인기를 끌었다. 여기서 '발견'이라고 쓴 이유를 이해하려면 사과의 번식에 대해 좀 알아야 한다.

많은 작물이 자가수분을 하지만 사과는 타가수분만 가능하다. 맛있는 사과의 씨앗을 심어 키운 나무에서 열리는 사과의 맛이 같거나 적어도 비슷해야 하는데 이를 장담할 수 없다는 말이다. 상업 작물로서는 치명적인 단점이다. 다행히 수천 년 전 무성생식으로 개체 수를 늘리는 방법이 개발됐는데 바로 접붙이기다. 즉 재배하는 사과나무의 가지를 꺾어 대목에 연결하면 한 개체로 자라며 가지가 속했던 나무의 열매와 같은 특성을 지닌 열매가 열린다.

과수원의 사과꽃은 주변 사과나무의 꽃가루로 수분하지만 가끔은 벌이 멀리 있는 다른 품종의 사과 꽃가루를 가져와 수분이 일어날 수도 있다. 어찌 되었건 식물체의 체세포로 이뤄진 꽃턱이 부푼 열매는 꽃가루 게놈의 영향을 받지 않는다.

1891년 어느 날 밭일을 나갔던 15살 소년 J. M. 뮬린스Mullins는 들판에서 자라는 작은 사과나무를 발견해 애지중지 키웠고 마침내 사과가 열렸다. 사과는 무척 향기롭고 달았는데, 소문을 듣고 찾아온 묘목업자가 나무를 50달러에 사 갔다. 껍질이 노랗고 맛이 달콤한 이 사과에 '골든딜리셔스'라는 품종 이름을 붙여 시장에 내놓았다.[124] 나 역시 어릴 적 먹은 골덴 사과의 향과 맛이 꽤 부드럽고 달콤했던 것으로 기억한다.

훗날 유전형 분석을 한 결과 골든딜리셔스는 그라임스골든Grimes Golden과 골든레네트Golden Reinette 품종 사이에서 태어난 것으로 추측됐다. 참고로 최근 국내에서 찾는 사람이 늘고 있는 시나노골드Sinano Gold는 1983년 일본 나가노현 과수시험장에서 골든딜리셔스와 센슈千秋를 교배해 얻은 품종으로 1999년 등록됐다.

아무튼 재배 사과는 무성생식으로 증식하기 때문에 상동염색체의 이형접합성heterozygosity이 크다. 즉 대립유전자allele 쌍의 염기서열이 서로 다를 가능성이 클 뿐 아니라 염색체 구조변이도 커 상동염색체 가운데 한 쪽에만 있는 부분, 즉 반접합체 DNAhemizygous DNA도 적지 않다. 참고로 작물의 이형접합성은 무성생식, 타가수분, 자가수분 순으로 줄어든다.

사과 게놈 크기는 약 7억 4,000만 염기로 그리 큰 편은 아님에도 유전자 수는 무려 5만 7,000여 개로 추정돼 2010년까지 해독된 식물 10여 종 가운데 가장 많았다. 사배체가 이배체화 되면서 겹치는 유전자를 따로 센 결과다. 실제 염색체의 구조를 보면 과거 사배체의 흔적이 고스란히 남아 있다. 대략 5,000만 년 전 기본염색체가 9개인 이배체 식물에서 전체게놈중복이 일어났다. 지금도 5번과 10번, 3번과 11번, 9번과 17번, 13번과 16번 염색체는 많은 부분이 겹친다. 나머지 10개 염색체는 재배열돼 9개 염색체에 자리하고 있다. 이렇게 생겨난 기본염색체 17개인 이배체에서 오늘날 사과나무족 종들이 분화했다.

실크로드 따라 퍼져

논문 제목을 보면 사과의 학명 가운데 'x'가 있다(*Malus x domestica*). 즉 재배 사과는 잡종이라는 뜻이다. 이를 이해하려면 재배 사과의 기원을 알아야 한다. 사과속*Malus* 식물은 유라시아와 아메리카에 널리 분포한다. 이 가운데 재배 사과의 원종은 중앙아시아 톈산 산맥 일대에 자생하는 말루스 시에베르시*Malus sieversii*이다. 보통 야생 사과는 작고 신맛이 강하다. 그런데 시에베르시는 상대적으로 알이 굵고(최대 지름 7cm까지 자란다) 신맛이 덜하고 단맛은 더하다. 다른 야생 사과 종들의 열매는 사과처럼 보이지 않지만 시에베르시의 열매는 누가 봐도 사과다.

1만~4,000년 전 이를 눈여겨본 현지인들이 사과나무를 재배하기 시작하면서 서서히 작물화된 것으로 보인다. 그럼에도 접붙이기 같은 무성생식법으로 계통을 유지하는 방법을 찾기 전에는 타가수분으로 맺어진 씨앗에서 자란 나무라 사과 품질이 들쑥날쑥해 큰 진전은 없었을 것이다.

공교롭게도 톈산 산맥은 과거 실크로드의 길목이었고 이 길을 따라 사과도 전파됐다. 이 가운데 서쪽으로 간 시에베르시는 서아시아에서 코카서스사과(학명 *M. orientalis*)와 접촉했고 유럽에서 유럽꽃사과

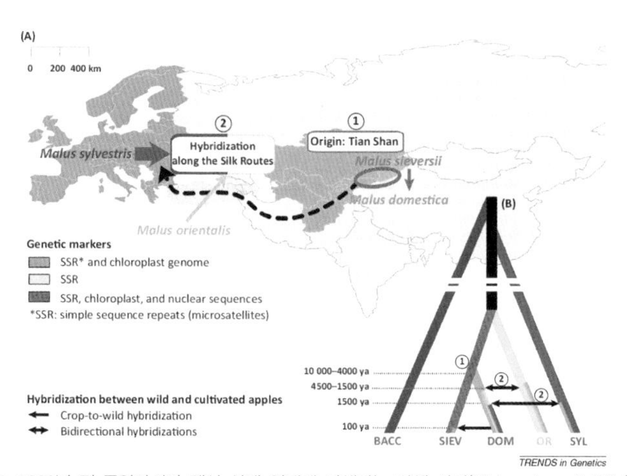

늦어도 4,000년 전 중앙아시아 톈산 산맥 일대에 자생하는 야생 사과(*Malus sieversii*, SIEV)를 재배하기 시작했다. 그 뒤 실크로드를 따라 서쪽으로 이동하며 서아시아에서 코카서스사과(*M. orientalis*, OR)를 만났고 유럽에서 유럽꽃사과(*M. sylvestris*, SYL)와 섞였다. 그 결과 오늘날 작물 사과(*M. domestica*, DOM)는 이들 사이의 잡종이지만, 시에비르시의 기여가 가장 크다. 오른쪽 계통도의 BACC는 야광나무(*M. baccata*)다. (제공 『유전학 경향』)

European crabapple(학명 *M. sylvestris*)를 만났다. 아마도 사람은 개입하지 않은 타가수분을 통해 이들의 게놈이 유입됐을 것이다.

그런데 재배 사과의 다양한 품종과 시에비르시, 유럽꽃사과의 23개 유전자의 DNA 염기서열을 비교한 결과 재배 사과 품종 사이는 염기 1,000개 당 4.8개가 달랐고 골든딜리셔스(재배 사과)와 시에비르시 사이는 5.7개가 달랐다. 반면 골든딜리셔스와 유럽꽃사과 사이는 9.6개가 달랐다. 이에 대해 연구자들은 작물 사과와 시에비르시가 사실상 같은 종이라고 평가했다. 작물 사과는 잡종이지만 게놈에서 시에비르시의 기여도가 높다는 말이다.

그럼에도 재배 사과는 이들 야생 사과의 단순한 잡종은 아니다. 작물화 과정에서 과일 품질을 높이는 변이가 선택됐기 때문이다. 즉 열매의 크기가 더 커지고 과육이 단단해지고 신맛은 줄고 단맛은 느는 방향의 변화가 일어났다. 이 과정은 골든딜리셔스처럼 자연의 작품, 즉 우연일 수도 있고 의도적인 육종으로 만든 작품일 수도 있다.

탐스러운 사과는 곰의 작품?

사과속 50여 종의 열매는 체리나 살구 크기에 시큼한 맛이지만 유독 시에비르시만은 자그마한 사과 크기까지 자라고 단맛이 강한 이유는 무엇일까. 시에비르시의 자생지에 그 답이 있다. 우즈베키스탄과 중국의 국경지대에는 동서로 텐산산맥이 펼쳐져 있는데, 지형적인 영향으로 토지가 비옥하고 수량도 충분해 각종 동식물이 서식하고 있다. 특히 과일나무가 많은데 사과만 해도 여러 야생종이 자생한다. 이들은 크기도 제각각이고 맛도 차이가 많다.

이들 사과의 유전자 염기서열을 분석한 결과 흥미로운 사실이 밝혀졌다. 큼직하고 달콤한 종, 즉 재배사과의 조상인 시에비르시와 체리만한

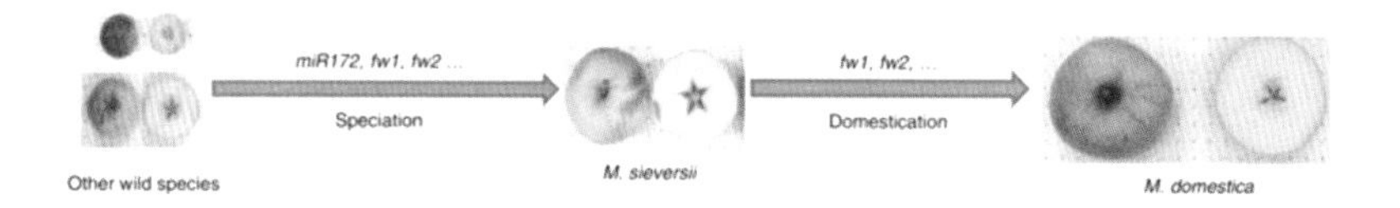

사과나무속 50여 종의 열매는 대부분 체리나 살구 크기다(왼쪽). 그런데 중앙아시아 톈산 산맥 일대에서 불곰이 열매를 먹고 씨앗을 퍼뜨리며 열매가 커지는 쪽으로 진화한 종(*M. sieversii*)이 나왔다(가운데). 그 뒤 사람이 이 종을 재배하며 열매가 더 커지게 개량하면서 오늘날 사과가 됐다(오른쪽). 이 과정에서 열매 크기와 관련된 몇몇 유전자(miR172, fw1, fw2)의 변이형이 선택됐다. (제공 『네이처 커뮤니케이션스』)

사과가 열리는 다른 야생종의 유전자가 매우 비슷했던 것이다. 이들의 관계를 연구하자 이 일대에 사는 불곰이 중요한 역할을 했음이 밝혀졌다.

불곰은 나무에 올라가 달린 열매를 먹거나 땅에 떨어진 열매를 갈퀴 같은 발톱으로 긁어모아 먹는다. 원래 육식성이었다가 잡식성으로 진화한 불곰의 턱은 과일을 씹기에는 여전히 비효율적인 구조다. 대충 어석어석 씹어 삼킨 사과는 위 소장 대장을 거쳐 과육은 소화되고 씨는 배설물과 함께 땅에 뿌려졌을 것이다. 이 과정에서 크기가 작은 사과는 제대로 안 씹혀 거의 온전한 채 배설된다. 사과를 비롯해 많은 열매에는 씨앗이 붙어 있는 자리인 태좌에 씨가 발아하는 것을 억제하는 물질이 함유돼 있다. 따라서 온전한 채 배설된 사과에서는 씨가 발아하지 않는다. 한편 체리나 살구만한 열매는 주로 새나 작은 포유류가 먹고 씨를 퍼뜨리므로 발아에 문제가 없다.

불곰이 먹을 때는 열매가 클수록 제대로 씹혀 과육과 태좌가 소화되면서 씨가 노출돼 배설된 곳에 싹을 틔웠다. 이런 식으로 열매가 큰 사과의 씨가 발아될 확률이 높았으므로 점차 알이 굵어졌다. 한편 곰은 단것을 무척 좋아해 배가 어느 정도 채워지면 달콤한 열매가 열리는 사과나무만 골라 공략했을 것이다. 결국 곰이 많이 사는 이 일대에서 오랜 세월에 걸쳐 열매가 크고 달콤한 사과나무가 진화했다. 오늘날 볼 수 있는 다양한 품종의 사과는 사람들이 재배하며 우연히 발견했거나 육종한 결과지만 그 출발점은 곰의 노력 덕분이다.

한국 능금의 씁쓸한 역사

한반도에 자생하는 사과속 식물은 2종으로 야광나무(학명 *M. baccata*)와 능금나무(학명 *M. asiatica*)다. 이 가운데 능금은 달콤하고 살구 크기라 먹을 만했다. 그래서 조상들은 오래전부터 능금나무를 재배했다.

그러다 17세기 후반 중국에서 빈과蘋果로 불리는 사과가 한반도에 소개됐다. 숙종은 북악산 뒤 자하문 밖 일대에 빈과나무를 심게 했고 다른 곳에서도 재배되기 시작했다. 구한말 자하문 밖 과수원에 봄이 오면 빈과나무 20만 그루에서 핀 사과꽃으로 장관을 이뤘다고 한다. 그렇다면 빈과의 실체는 무엇일까.

앞서 말했듯이 재배 사과는 톈산산맥 일대에 자생하는 시에베르시와 서아시아의 코카서스사과, 유럽의 유럽꽃사과 사이에 태어난 잡종이다. 그런데 실크로드를 따라 톈산산맥 동쪽으로 간 시에베르시는 중국 각지에 분포한 야광나무와 만났고 잡종이 태어났다. 대략 2,000년 전 중국인들이 이 잡종을 재배하기 시작했다. 바로 빈과다. 즉 유럽에서 완성된 재배 사과와 마찬가지로 중국 재배 사과 역시 시에베르시의 후손들이다.

과일의 관점에서 빈과가 능금보다는 나았지만 오늘날 상업 품종의 수준은 아니었기 때문에 우리 조상 대다수는 여전히 능금을 재배하고 즐겨 먹었다. 그런데 19세기 후반 서양 선교사들이 서구의 개량 품종을 하나둘 들여오고 1905년 을사조약 이후 일본 농민들이 한반도에 본격적으로 진출하면서 서구의 재배 사과를 도입했다. 그 결과 빈과와 능

살구만한 열매가 열리는 능금나무는 중국 문헌에도 발해와 한반도가 원산지라고 나와 있다. 19세기 말 선교사를 통해 사과가 소개되고 20세기 들어 일본인들이 본격적으로 사과 재배에 뛰어들면서 능금은 시장에서 사라졌다. (제공 위키피디아)

금 재배는 몰락의 길을 걸었고 마침내 사라졌다.

이때 일본 사람들이 들여온 사과 품종들 가운데 대표적인 게 바로 홍옥紅玉과 국광國光이다. 그리고 이들 역시 부사에 밀려 지금을 볼 수 없거나 가을에 잠깐 시장에서 볼 수 있을 뿐이다. 처음에는 후지라는 일본 이름으로 더 알려졌던 부사富士는 국광과 레드딜리셔스Red Delicious라는 품종을 교배해 얻어진 품종이다.

1930년대 말 일본 아오모리현 후지사키의 농림수산성 과수시험장에서 만든 후지는 1962년 시장에 나왔고 그 뒤 승승장구해 오늘날 '사과의 왕'이 됐다. 레드딜리셔스를 먹어보지는 않았지만 아마도 국광(물이 많아 시원하다)과 레드딜리셔스(달콤한 맛과 향)의 장점만이 발현된 품종이 부사인 것 같다. 국광의 경우처럼 더 뛰어난 개량 품종에 밀려 사라지는 건 과일뿐 아니라 작물의 숙명 아닐까.

한편 국광은 일본 품종이 아니라 원래 이름은 '랠스제넷Ralls Genet'이고 미국이 기원으로 18세기 후반으로 거슬러 올라간다. 프랑스인 에드몽 제넷이 토머스 제퍼슨에게 묘목을 줬고 제퍼슨이 다시 버지니아주의 묘목업자 캘렙 랠스에게 건네 이를 심은 게 시초다. 그리고 이 품종에 두 사람의 성을 따 랠스제넷이라고 이름을 지었다.

얼굴을 찡그릴 정도로 새콤달콤하고 향이 매력적이어서 10월에 반짝 나올 때 꼭 챙겨 먹는 추억의 사과 홍옥 역시 일본이 아니라 미국에서 개발된 품종이다. 원래 이름은 '조나단Jonathan'으로 그 기원에 대해서는 다음의 설이 유력하다. 레이첼 히글리라는 여성이 미국 코네티컷주의 한 지역에서 사과 씨를 모았는데, 1804년 이를 심어 자란 나무 가운데 하나에서 열린 사과가 독특한 풍미를 지녀 이를 남편의 이름을 붙여 조나단이라고 불렀다는 것이다. 홍옥은 골든딜리셔스처럼 자연에서 우연히 얻은 품종이다. 19세기 조나단이 일본으로 건너가 홍옥이라는 이름을 얻었고 20세기 초 한반도로 넘어온 것이다.

경북대 농업경제학과 이호철 교수는 저서 『한국 능금의 역사, 그 기원과 발전』에서 원래 능금이 널리 쓰이는 용어였는데 1960년대를 지나며 역전이 돼 사과라는 이름이 쓰이고 능금은 우리 재래종을 지칭하는 말로 축소돼 굳어졌다고 설명했다. 책 제목에 우리가 익숙한 사과 대신 능금을 쓴 건 저자의 의도라는 말이다.

상업 재배의 영역에서는 밀려났지만 접붙이기의 대목으로서 능금나무는 여전히 쓰이고 있다. 한반도의 흙에는 낯선 재배 사과나무보다는 오랜 세월을 함께 한 능금나무의 뿌리가 궁합이 더 잘 맞을 것이다. 능금 열매는 어떤 맛과 향일까 궁금하다.

귤,
그 많은 감귤류는 다 어디서 왔을까

감귤은 참으로 풍부하다. 끊임없이 새로운 품종을 만들어 낸다.

피에르 라즐로, 『감귤 이야기』에서

국내 과일 가운데 우리나라 사람들이 많이 먹는다는 '6대 과일'이 있다. 복숭아, 포도, 사과, 배, 감, 귤이다. 딸기와 수박, 참외는 과채로 분류해 포함하지 않은 것 같다. 2000년대 들어 농산물 시장이 개방되면서 수입 과일이 밀려들면서 6대 과일의 1인당 연간 소비량이 2000년 47.7㎏에서 2016년 41.6㎏으로 다소 줄었다. 물론 전체 과일 소비량은 2000년 58.4㎏에서 2016년 65.8㎏으로 꽤 늘었다. 그렇다면 우리나라 사람들이 어떤 과일을 가장 많이 먹을까.

얼핏 생각하면 보존성이 좋아 사계절 먹을 수 있는 사과 소비량이 단연 높을 것 같지만 실상은 사과와 귤이 각각 10㎏ 내외로 엎치락뒤치

2014년 학술지 『네이처 생명공학』에 실린 논문에 등장하는 감귤류다. 포멜로(1, 2), 만다린(3~7), 만다린 과육(9,11), 스위트오렌지(8,10), 덜 자란 광귤(12) (제공 『네이처 생명공학』)

락하고 있다. 귤은 늦가을과 겨울에만 먹을 수 있는 걸 생각하면 뜻밖이다. 한 자리에서 귤 서너 개는 까먹는 게 보통이니 그럴 수 있을 것도 같다.

한 세대 전만 해도 감귤류라면 겨울철 귤과 유자뿐이었고 오렌지는 주스로나 접할 수 있었다. 그런데 외국 과일이 들어오기 시작하면서 마트에는 사시사철 오렌지와 그레이프프루트(자몽)가 쌓여있고 요리나 칵테일에 들어가는 레몬과 라임도 자리를 차지하고 있다. 언제부터인가 제주도에서도 한라봉, 천혜향, 레드향 같은 '고급스런' 감귤류가 나온다. 이런 감귤류를 다 더한다면 소비량이 사과를 훌쩍 뛰어넘을 것이다.

지구촌 규모에서도 감귤류는 바나나 다음으로 사람들이 많이 먹는 과일로 연간 생산량이 1억 2,000만 톤을 넘는다. 이 가운데 오렌지가 절반을 약간 넘고 만다린(귤은 여기에 들어간다)이 20% 내외다. 요리에 즐겨 쓰는 레몬과 라임이 합쳐 10%이고 나머지는 기타 감귤류다.

귤은 사람으로 치면 아시아인이나 유럽인

이렇게 종류가 많은 것 같아도 감귤류는 생김새(구조)나 맛, 향에서 공통되는 특징이 있다. 다들 귤속Citrus에 속하는 식물이니 어찌 보면 당연하다. 그렇다면 이들 감귤류의 족보는 어떻게 되는 걸까.

흥미롭게도 이 질문에 대해서 감귤류 전문가들 사이에 의견이 엇갈리고 있다. 다만 만다린mandarin과 포멜로pomelo 또는 pummelo, 시트론citron 세 원종에서 다양한 감귤류가 나왔을 거라고 보고 있다. 여기에 금귤kumquat과 파페다papeda라는 두 원종이 더해져 감귤류가 더 다채로워졌다.

만다린(학명 *C. retiulata*)은 귤이 속한 감귤류로 크기가 작고 껍질이 얇고 잘 벗겨져 먹기 편하다. 포멜로(학명 *C. maxima*)는 감귤류 가운데 가장 크고 껍질이 두꺼운데 맛은 싱겁다. 시트론(학명 *C. medica*)은 향이 강하지만 과육은 상당히 신 감귤류다. 금귤(학명 *C. japonica*)은 작은 감귤류로 한때 '낑깡'으로 불리며 나름 인기가 있었는데 요즘은 잘 안 보인다. 파페다는 열대 아시아를 원산지로 하는 감귤류로 네 종으로 나뉘고 맛이 워낙 시어 과육 그대로 먹기는 어렵다.

동남아시아가 원산지인 감귤류는 늦어도 4,000년 전부터 재배된 것으로 보이지만 구체적인 작물화 과정은 미스터리로 남아 있다. 감귤류 가운데 생산량이 가장 많은 스위트오렌지sweet orange(마트에서 보는 오렌지다)조차 그 정확한 기원은 미스터리다. 심지어 감귤류의 원산지가 동남아시아가 아니라 호주라고 주장하는 사람들도 있다. 그러나 최근 수년 사이 감귤류의 게놈이 해독되면서 이런 논란이 정리되고 족보가 서서히 모습을 드러내고 있다.

감귤류 가운데 생산량이 가장 많은 스위트오렌지(이하 오렌지) 게놈이 처음 해독됐다. 중국 원예식물생물학 국가중점연구소가 주도한 다국적 공동 연구팀은 대표적인 오렌지 품종인 발렌시아Valencia의 게놈을 해독해 지난 2013년 1월 학술지『네이처 유전학』에 발표했다.[125] 19세기 중반 미국 캘리포니아에서 육종된 발렌시아는 생과뿐 아니라 주스를 만드는데도 널리 쓰이고 있다.

오렌지의 게놈은 3억 6,700염기 크기로 작은 편이다. 이 가운데 87.3%인 3억 2,000만 염기를 해독했다. 게놈이 작은 이유 가운데 하나는 전이인자가 적기 때문으로 전체 게놈의 20%에 불과했다. 역시 게놈이 작은 벼와 비슷한 수준이다. 단백질을 지정한 유전자는 2만 9,000여 개로 추정됐다.

앞서 오렌지의 기원을 잘 모른다고 말했지만 20여 년 전 감귤류의 특정 유전자를 비교한 결과 잡종이라는 게 드러났다. 즉 만다린의 꽃가루가 포멜로의 암술에 닿아 오렌지가 태어난 것이다. 부모의 성별을 아는 건 모계로 이어지는 염색체의 게놈을 분석한 결과 오렌지와 포멜로가 가까웠기 때문이다.

연구자들은 오렌지 게놈에서 단일염기다형성을 보이는 202곳을 골라 만다린과 포멜로 게놈에서 해당 위치의 서열을 분석해 비교했다. 그 결과 55곳이 포멜로와 147곳이 만다린과 같았다. 즉 포멜로와 만다린의 기여도가 1:1이 아니라 1:3에 가깝다는 말이다. 이에 대해 연구자들은 두 차례에 걸친 교배의 결과라고 해석했다. 즉 처음 포멜로와 만다린 사이에서 나온 잡종 식물(1:1)의 암술에 만다린의 꽃가루에 붙어 나온 게 오렌지라는 말이다. 즉 게놈의 관점에서 오렌지는 포멜로보다 만다린에 가까운 감귤류로, 생김새를 비교해 봐도 그런 것 같다.

오렌지 게놈 가운데에서는 아무래도 비타민C 생합성에 관여하는 유전자에 관심이 간다. 감귤류 가운데서도 신맛이 강한 레몬에 비타민C가 가장 많이 들어있을 것 같지만 같은 무게일 때 오렌지에도 비슷하게 들어있다(100g당 53㎎으로 하루 권장량의 64%). 보통 크기 오렌지 한 개를 먹으면 비타민C는 충분하다는 말이다.

반면 만다린에는 비타민C가 오렌지의 절반 수준이다. 귤은 크기가 작으므로 하루 권장량을 섭취하려면 네다섯 개는 먹어야 한다. 뜻밖에도 맛이 싱거운 포멜로에 오렌지보다 비타민C가 약간 더 많이 들어 있다. 오렌지의 비타민C 함량은 포멜로 덕분이라는 말이다. 사실 신맛은 과육에 있는 구연산 같은 유기산 때문이지 비타민C 때문이 아니다.

식물은 여러 경로를 통해 비타민C, 즉 아스코르브산ascorbic acid을 만든다. 오렌지 열매에서는 이 가운데 갈락투론산 경로galacturonate pathway를 통해 생합성되는 것으로 밝혀졌다. 이 경로의 합성 속도를 결정하는 효소는 갈락투론산을 갈락톤산galactonic acid로 바꿔주는 갈락투론산환원효소GalUR다.

오렌지 게놈 분석 결과 GalUR 유전자가 18개 있는 것으로 밝혀져 그때까지 알려진 작물 가운데 가장 많았다. 사과와 포도가 17개, 딸기가 15개, 파파야가 13개로 과일 작물이 많이 지니고 있다. 반면 벼와 밀, 코코아는 12개이고 쌍떡잎식물의 모델인 애기장대는 7개에 불과하다. 조직별 유전자 발현 패턴을 분석한 결과 오렌지 열매에서 비타민C 생합성이 일어날 때 GalUR-12의 발현이 유독 높다는 사실이 밝혀졌다. 그런데 식물은 왜 비타민C를 만드는 데 이렇게 게놈 자원을 투자할까.

비타민C를 만들지 못하는 동물인 사람이 비타민C가 결핍되면 괴혈병 같은 치명적인 질병에 걸려 죽을 수도 있듯이 식물의 생존에도 비타민C가 중요하다. 비타민C는 수용성 항산화제로 광합성 과정에서 일어난 손상(산화)을 복구시켜 식물을 보호한다. 또 항산화 작용을 한 뒤 산화된 다른 항산화제를 환원시켜 다시 쓸 수 있게 한다. 이밖에도 세포분열과 성장, 신호 전달 등 여러 생리 활성에 관여한다.[126]

순종 만다린은 어디에…

스위트오렌지 게놈 해독이 발표되고 1년 반이 지난 2014년 7월 학술지 『네이처 생명공학』에는 만다린의 대표 품종인 클레멘틴Clementine의 게놈 해독 결과가 실렸다.[127] 미국 에너지부 조인트게놈연구소 알버트 우 박사팀을 비롯한 다국적 공동연구자들은 클레멘틴을 참조게놈으로 해서 만다린 네 종류와 포멜로 두 종류, 오렌지 두 종류의 게놈을 추가로 해독해 비교분석했다. 앞서 연구에서 오렌지가 만다린과 포멜로의 교잡종인 게 확인됐지만, 여전히 상세한 족보는 밝혀지지 않았다.

만다린과 포멜로의 게놈을 비교한 결과 두 종이 160만~320만 년 전 공통조상에서 갈라진 것으로 나왔다. 그런데 뜻밖에도 클레멘틴뿐 아니라 게놈을 분석한 다른 만다린 네 종류 모두 순종이 아닌 것으로 드러났다. 다들 포멜로 게놈이 약간씩 섞여 있었다. 다섯 종류 가운데 아시아에서 널리 재배하는 폰칸만다린Ponkan mandarin과 주로 미국에서 재배하는 머코트만다린W. Murcott mandarin은 순종 만다린으로 알려져 있었는데 그게 아니었다. 순종 만다린이 호모 사피엔스이고 포멜로가 네안데르탈인이라면 이들 다섯 종류는 네안데르탈인의 피가 섞인 호모 사피엔스, 즉 아시아인이나 유럽인인 셈이다.

그럼에도 저자들은 순종 만다린이 어딘가에 있거나 있었다고 주장했는데, 오렌지의 하나인 광귤sour orange 또는 bitter orange(과육이 매우 시지만 향이 뛰어나 껍질을 짜 얻는 기름인 정유essential oil가 향료로 널리 쓰인다)의 게놈을 분석해 보면 포멜로의 기여도가 딱 절반이기 때문이다. 한편 광귤의 엽록체 게놈은 포멜로 유형으로 밝혀져 포멜로 암술에 순종 만다린의 꽃가루가 수분해 나온 잡종으로 밝혀졌다(엽록체는 난자에만 존재). 2013년 오렌지 게놈 해독 논문에서 추정한 첫 번째 잡종이 광귤로 밝혀진 것이다. 그렇다면 스위트오렌지는 광귤과 만다린 사이의 잡종일까.

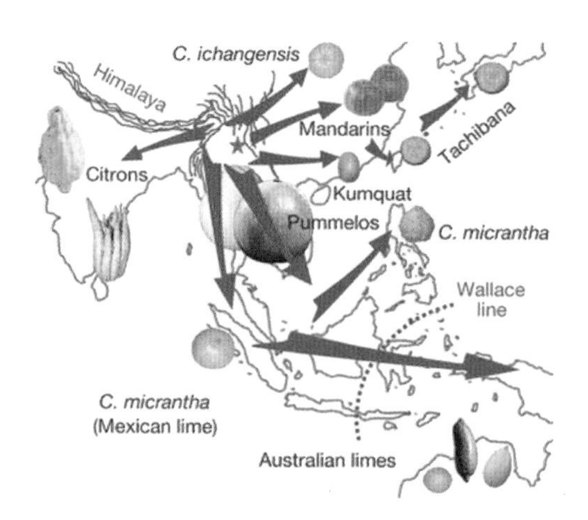

감귤류 58가지의 게놈을 토대로 추정한 감귤류의 기원과 분화, 전파경로를 보여주는 지도다. 이에 따르면 중국 남서부와 미얀마, 히말라야 동부(빨간 별)가 출발점이다. (제공 『네이처』)

게놈 전체 서열을 비교한 결과 그렇지 않은 것으로 나왔다. 즉 스위트오렌지 게놈에서 만다린의 기여도는 포멜로보다 컸지만 3배까지는 아니었다. 그리고 뜻밖에도 폰칸만다린과 스위트오렌지가 게놈의 거의 4분의 3을 공유하는 것으로 드러났다.

연구자들은 스위트오렌지가 여러 차례 교배가 일어난 결과라고 해석했다. 즉 스위트오렌지의 부계가 폰칸만다린과 가까운 만다린이고 모계는 포멜로(P)와 만다린(M) 잡종에 다시 포멜로가 교배돼 나온 잡종, 즉 (P×M)×P일 거라고 추정했다.

동남아시아에서 퍼져나가

2014년 논문이 나가고 3년 7개월이 지난 2018년 2월 연구자들은 후속 연구 결과를 학술지 『네이처』에 발표했다.[128] 기존에 게놈 서열이 알려진 감귤류 28가지에 새로 30가지의 게놈을 해독해 감귤류의 가계도를 거의 완성한 것이다.

게놈을 비교해 감귤류의 기원을 추정한 결과 중국 남서부의 윈난성과 동남아시아의 미얀마, 인도 북동부 히말라야 일대로 나타났다. 여기서 동쪽으로 만다린이, 남쪽으로 포멜로가, 서쪽으로 시트론이 진화했다. 실제로 윈난성에서 800만 년 전 감귤류 화석이 발견되기도 했다. 호주에 자생하는 독특한 감귤류인 호주 라임 세 종류는 게놈 분석 결과 금귤과 가까운 것으로 나타나 호주가 감귤류의 원산지라는 가설을 일축했다. 감귤류 식물은 대략 400만 년 전 호주로 들어간 것으로 보인다.

지난번에 순종 만다린이 없어 당황했던 연구자들은 이번에 중국 곳곳에서 만다린을 수집했고 그 결과 게놈을 해독한 만다린이 28가지나 됐다. 그 가운데 5가지가 포멜로의 유전자 유입이 없는 순종 만다린으로 확인됐다. 사람으로 치면 네안데르탈인의 피가 섞이지 않은 아프리카인인 셈이다. 연구자들은 순종 만다린을 '유형1'로 분류했다. 그리고 게놈에 포멜로의 유전자가 1~10% 섞여 있는 16가지를 유형2 만다린으로, 포멜로의 유전자가 12~38% 섞여 있는 7가지를 유형3 만다린으로 불렀다. 유형3 7가지 가운데 사추마만다린Satsuma mandarin이 우리가 익숙한 귤(온주밀감)인데, 포멜로의 기여도가 20% 내외다.

이를 토대로 스위트오렌지의 게놈을 들여다본 결과 앞서 예측한 대로 순종 만다린과 포멜로의 잡종인 광귤에서 출발해 여기에 포멜로가 교배되고 다시 유형2 만다린의 유전자가 섞인 결과라는 사실이 확실해졌다. 한편 유형2 만다린에 포멜로나 스위트오렌지의 유전자가 유입되면서 유형3 만다린이 나왔다. 서로 복잡하게 영향을 주고받았다는 말이다.

알려진 대로 그레이프프루트는 포멜로 암술에 스위트오렌지 꽃가루가 수분해 나온 교잡종으로 확인됐다. 그리고 레몬은 광귤 암술에 시트론 꽃가루가 수분해 나온 교잡종으로 밝혀졌다. 요리나 칵테일에 쓰이는 라임의 경우 시트론과 파페다의 일종인 미크란타micrantha 사이에 생긴

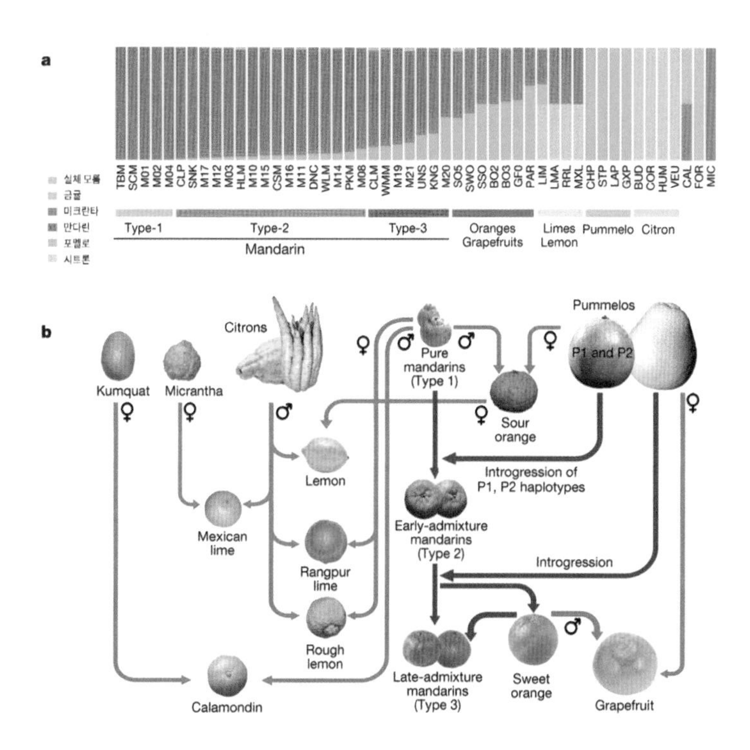

감귤류 58가지의 게놈을 토대로 구성한 가계도다. 만다린(pure mandarins)이 중심에 있지만 포멜로(pummelos)가 약방의 감초 역할을 했음을 알 수 있다. 위 그래프는 감귤류 각각의 게놈에서 원종 기여도를 보여준다. 만다린 유형3(Type-3)의 UNS가 귤(온주밀감)이다. (제공 『네이처』)

자손이다. 감귤류 가계도를 보면 이런 관계들이 좀 복잡하지만 일목요연하게 정리돼 있다.

한편 논문에는 나오지 않지만 겨울철 차로 즐겨 마시는 유자는 파페다의 일종으로, 중국에 자생하는 이창파페다Ichang papeda와 만다린의 한 종류가 야생에서 자연 교배해 나온 것으로 보인다. 유자는 원산지로 여겨지는 중국 중부와 티벳에 지금도 자생하고 있다. 유자는 당나라 때 한국과 일본으로 전해졌고 오늘날은 두 나라에서 주로 재배된다.

유형2 만다린까지는 다양한 품종이 어떻게 나왔는지를 기록한 문헌이 거의 없지만 유형3 만다린의 몇 가지는 20세기 들어 원예학자들이 교배를 통해 만든 것이라 계보가 잘 정리돼 있다. 이번 연구 결과는 물론 이를 잘 뒷받침한다.

두 논문을 읽으며 문득 한라봉과 천혜향의 족보가 궁금해져 알아봤는데 실망스럽게도 둘 다 우리나라에서 만든 게 아니었다. 한라봉은 1972년 일본에서 키요미만다린와 폰칸만다린을 교배해 만든 품종이다. 폰칸은 2014년 논문에서 분석한 유형2 만다린이다. 혹시나 해서 2018년 논문에서 키요미를 찾아보니 다행히 유형3에 있었는데, 게놈을 분석한 28가지 만다린 가운데 포멜로의 기여도가 38%로 가장 높다.

알고 보니 키요미kiyomi, 清見(きよみ)는 굉장히 유명한 품종으로, 1949년 일본에서 귤(온주밀감)과 스위트오렌지를 교배해 얻은 만다린이다. 포멜로의 기여도가 높은 이유다. 그 뒤 키요미를 기본으로 해서 다양한 품종이 나왔는데, 그 가운데 하나가 폰칸과 교배해 얻은 시라누이不知火(シラヌヒ)로 1990년대 우리나라에 들여오면서 한라봉이라는 한국식 이름을 붙였다.

한편 천혜향 역시 1984년 일본에서 개발한 품종이다. 키요미를 앙코르만디린Encore mandarin과 교배하고 이를 다시 머코트만다린(유형3)과 교배해 얻은 품종으로 일본 이름은 세토카瀬戸香(せとか)다. 따라서 한라봉과 천혜향 둘 다 키요미의 자손들이고 유형3 만다린으로 분류될 것이다.

감귤류 성공의 숨은 공신 포멜로

『네이처』 논문에서 저자들은 오늘날 만다린을 비롯한 여러 감귤류가 사람들의 사랑을 받으며 널리 재배되는 데 포멜로의 공이 컸다고 주장했다. 즉 열매가 작고 시큼한 순종 만다린이 포멜로와 만나 크기가 커지고 달콤새콤한 과일이 된 것이다. 오늘날 과수로 성공한 만다린 품종 대다수는 순종 만다린과 포멜로의 잡종이 그 뒤 여러 차례 만다린과 교배

스위트오렌지(왼쪽)와 포멜로의 잡종인 전형적인 그레이프프루트(가운데)에 비해 추가로 포멜로와 교잡해 얻은 멜로골드그레이프프루트(오른쪽)는 크기도 더 크고 생김새도 포멜로에 더 가깝다. (제공 강석기)

해 나온 것으로 여전히 포멜로의 영향력이 남아 있다. 스위트오렌지와 그레이프프루트에 대한 포멜로의 기여는 말할 것도 없고 레몬도 엄마가 광귤이므로 외할머니가 포멜로다(외할아버지는 만다린).

그레이프프루트의 독특한 쓴맛을 좋아하는 나는 주스로는 성에 안 차 가끔 생과를 사다 먹는데 기후가 안 좋았는지 한동안 맛이 예전만 못했다. 그런데 하루는 마트에서 전형적인 그레이프프루트보다 좀 더 크고 껍질이 옅은 노란색인 과일이 있어 살펴보니 그레이프프루트라고 적혀 있어서 하나 사봤다(약간 더 비쌌다). 잘라보니 과피가 꽤 두껍고 과육색도 옅어서 '이건 아니다' 싶었는데 막상 먹어보니 향이 뛰어나고 단맛과 신맛과 쓴맛이 잘 조화된 부드러운 그레이프프루트 맛이었다.

그 뒤 종종 이 그레이프프루트를 사 먹는데 논문과 관련 자료를 읽다 보니 이게 포멜로가 아닐까 하는 생각이 들었다. 그런데 포멜로가 이렇게 맛있을 것 같지는 않다. 자료를 좀 더 살펴보니 그레이프프루트를 포멜로와 교배해 얻은 오로블랑코Oroblanco와 멜로골드Melogold라는 그레이프프루트 품종이 있다. 아마도 이 그레이프프루트가 그런 종류가 아닐까. 마트에 가서 확인해 보니 '멜로골드그레이프프루트'다!

바나나,
소비량 1위 과일에 올랐지만…

2000년대 들어 농산물 수입이 자유화되면서 수입 과일 비중도 꾸준히 늘고 있다. 수입 과일 가운데서도 단연 1위는 바나나로 2020년 수입량이 35만 톤에 이른다. 한 사람이 1년에 바나나 7㎏을 먹는다는 말이다. 이는 포도와 비슷한 양으로 둘이 국내 과일 소비량 3위 자리를 두고 경쟁하고 있다.

세계로 눈을 넓히면 바나나는 사람들이 가장 많이 먹는 과일이다. 바나나의 연간 생산량은 1억 6,000만 톤이 넘어 1인당 소비량이 20㎏이나 된다. 특히 더운 지방에서는 수백㎏에 이르는 곳도 많다. 실제 지구촌에서 4억 명이 바나나를 주식으로 삼고 있다. 과일을 어떻게 밥으로 먹는지 의아할 수도 있는데, 우리가 먹는 바나나가 바나나의 전부는 아니다.

바나나는 먹는 방식에 따라 두 종류로 나눌 수 있는데, 하나는 디저

우리나라 마트에서 볼 수 있는 바나나는 거의 캐번디시(맨 오른쪽)이지만 원산지에서는 다양한 바나나를 재배해 먹고 있다. 사진 왼쪽에서 두 번째가 레드바나나이고 그 오른쪽은 애플바나나다. 한편 요리용 바나나는 플랜틴이라고 부르는데, 열매가 크고 녹말 함량이 높다(맨 왼쪽). (제공 위키피디아)

트 바나나이고 다른 하나는 요리용 바나나다. 보통 바나나는 과일로 생식하는 디저트 바나나를 뜻하고 요리용 바나나는 플랜틴plantain이라는 이름으로 부른다. 플랜틴은 디저트 바나나에 비해 당 함량이 낮고 녹말 함량이 높다. 따라서 생으로 먹기에는 다소 부담스러워 쪄먹거나 요리 재료로 쓴다.

연간 생산량을 나누면 디저트 바나나가 1억 1,983만 톤이고, 플랜틴이 4,312만 톤이다(2020년). 플랜틴의 주요 생산국은 콩고민주공화국, 카메룬, 가나, 우간다, 나이지리아 등 사하라사막 이남 아프리카 나라들이다. 이 지역에서는 플랜틴이 주식, 즉 식량 작물이라는 말이다.

사실 바나나와 플랜틴의 경계는 뚜렷하지 않다. 생김새는 둘 다 바나나로, 다만 플랜틴이 좀 더 크고 생김새가 각진 경향이 있다. 당도와 녹말 함량이 어중간한 경우 바나나로 부르건 플랜틴으로 부르건 관계없이 생으로 먹기도 하고 요리해서 먹기도 한다. 식물 분류학의 관점에서는 디저트 바나나 사이의 다양성이 오히려 더 크다. 즉 플랜틴은 바나나의 몇몇 계열에서 나온 저당 고녹말 품종들의 별칭이다.

린네가 붙인 학명 철회돼

아이러니하게도 '식물학의 아버지' 칼 린네는 1750년 열매 생김새와 당/녹말 비율에 따른 용도 차이에 기반해 바나나를 두 종으로 나눠 각각 학명을 부여했다. 즉 (디저트) 바나나에는 무사 사펜티움*Musa sapentium*, 플랜틴에는 무사 파라디시아카*M. paradisiaca*라는 이름을 지었다. 속명 Musa의 뜻은 두 가지 설이 있다.

하나는 로마 아우구스트 황제의 시의였던 안토니우스 무사Antonius Musa를 기리기 위함이라는 설이 있고 다른 하나는 바나나를 뜻하는 아랍어 마우즈Mauz에서 따왔다는 설이다. 어원에 대한 린네의 언급이 없어 두 가설이 나온 것 같은데, 아마 후자가 맞지 않을까. 한편 종소명 사펜티움은 '지혜'를 뜻하는 라틴어이고 파라디시아카는 '천국'을 뜻하는 라틴어다. 린네가 얼마나 바나나를 좋게 봤는지 알 수 있는 대목이다.

그런데 20세기 들어 식물학자들이 바나나를 좀 더 자세히 살펴보면서 린네의 학명에 문제가 있다는 사실이 드러났다. 린네는 몇몇 재배 품종을 보고 두 종으로 나눈 것이기 때문이다. 그런데 여러 야생 바나나의 존재가 밝혀지고 유전학이 발전하며 염색체를 분석할 수 있게 되면서 학명을 대대적으로 손질하는 게 불가피해졌다.

이야기를 이어 나가기 전에 먼저 고백을 하나 해야겠다. 십수 년 전까지 난 바나나가 아프리카 과일인 줄 알고 있었다. 어릴 적 TV에서 본 외국 드라마 '타잔'에 등장하는 반려 침팬지 '치타'가 바나나를 먹는 장면이 인상에 남아서일까. 문제를 해결하러 떠나며 타잔이 "가자, 치타!"라고 말하던 장면이 지금도 눈에 선하다.

물론 마트의 바나나는 십중팔구 필리핀산이지만 커피가 그런 것처럼 서구 제국주의 시절 동남아와 중남미로 퍼져 플랜테이션(대규모 농장) 경작이 이뤄졌을 것이고 우리나라는 운반 거리가 가까운 필리핀에서 바나나를 수입한다고 생각했다. 그런데 십수 년 전 바나나에 대한 책*을 읽으며 '어디 가서 바나나가 아프리카 과일이라는 말을 하거나 쓴 적이 있나…'하고 기억을 더듬어봤다. 그런 일은 없는 것 같아 안심했다. 바나나의 원산지이자 7,000년 전 작물화가 일어난 곳은 동남아시아이기 때문이다.

바나나는 외떡잎식물로 생강목 파초과 파초속*Musa* 식물 가운데 달콤한 열매가 열리는 몇몇 종을 가리킨다. 바나나 식물체는 최대 10m까지 자라지만 나무가 아니라 풀이다. 잎과 비슷한 구조가 여러 겹으로 이뤄진 헛줄기가 식물체를 지탱하고 있다.

야생 바나나 가운데 두 종이 작물화됐다. 즉 무사 아쿠미나타*M. acuminata*와 무사 발비시아나*M. balbisiana*다. 린네가 학명을 붙인 두 종은 알고 보니 아쿠미나타 아종 사이 또는 아쿠미나타와 발비시아나 사이의 잡종 품종들이었다. 따라서 린네의 학명은 철회됐다.

아쿠미나타와 발비시아나 모두 기본염색체(x) 11개로 이뤄진 이배체 식물이다(2n=2x=22). 아쿠미나타 게놈의 기본염색체 한 세트를 A, 발비시아나는 B로 표시한다. 야생 및 작물 바나나의 염색체를 분석한 결과 그 구성이 꽤 복잡하다는 사실이 밝혀졌다.

즉 야생 바나나 두 종은 이배체이지만(각각 AA, BB), 재배 바나나는 이배체뿐 아니라 삼배체(각각 AAA, BBB)도 있고 두 종의 잡종(AB)과 잡종의 삼배체(AAB와 ABB)와 사배체(AAAB, AABB, ABBB)도 존재한다. 이 가운데 우리나라 사람들이 먹는 캐번디시Cavendish 바나나는 아쿠미나타 게놈의 삼배체(AAA)다. 그리고 마트에서 가끔 보이는 미니 바나나(영어로는 baby banana)는 이배체(AA)이다. 한편 플랜틴은 대부분 잡종 삼배체(AAB)다.

---

* 『바나나』, 댄 쾨펠, 김세진, 이마고(2010). 당시 2008년 나온 원서를 읽었다.

밀과 감자, 딸기 등 많은 작물이 다배체 식물이지만 삼배체인 바나나처럼 홀수인 경우는 드물다. 기본염색체 세트가 홀수일 경우 감수분열 과정에서 문제가 생겨 제대로 된 성세포가 나오기 어렵고 따라서 수정이 일어나 씨가 맺힐 가능성이 거의 없다. 우연히 삼배체 식물이 나오더라도 자손을 보지 못해 사라진다는 말이다.

다만 유성생식과 함께 무성생식 수단을 진화시킨 식물에서는 삼배체로 유성생식이 사실상 불가능해지더라도 무성생식, 즉 복제 식물체인 클론clone으로 삶을 이어갈 수 있다. 바나나도 이런 경우로, 땅속에 저장조직인 알줄기corm가 있고 여기에서 흡근sucker이라고 불리는 새순이 나온다. 바나나 농사는 이 새순을 베어내 옮겨심는 방식으로 이어 나간다.

아종 사이 잡종 재배

2011년 학술지 『미국립과학원회보』에는 여러 야생 및 재배 바나나의 유전자 400여 개의 염기서열을 비교해 작물화 과정을 재구성한 논문이 실렸다.[129] 이에 따르면 아쿠미나타의 자생지는 동남아 전역에 걸쳐 퍼져있고 대략 8개의 아종으로 나뉠 정도로 다양성이 크다. 반면 발비시아나는 남아시아와 남중국을 포함한 동남아시아 북쪽에 분포하고 아종으로 나뉘지 않았다.

야생 이배체 바나나 열매는 크기가 작을 뿐 아니라 속에 씨가 잔뜩 들어

야생 바나나 열매는 크기가 작고 안에 씨앗이 잔뜩 들어 있어 먹기에 불편하다. (제공 위키피디아)

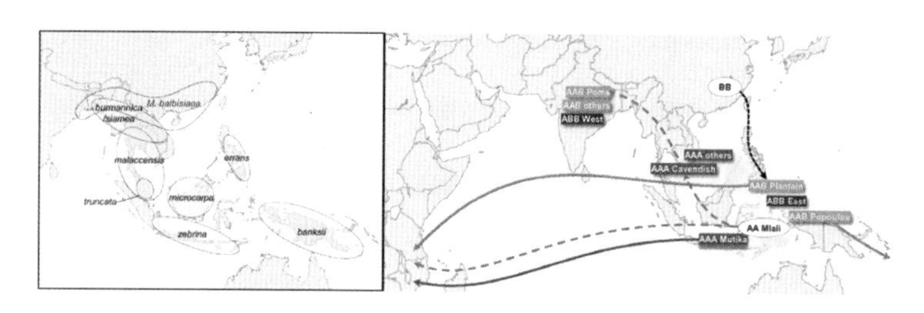

왼쪽 지도는 야생 바나나 두 종의 자생지를 나타낸다. 아쿠미나타 8개 아종은 동남아 전역에 걸쳐 있고 (노란색). 발비시아나는 남아시아와 동남아시아 북부와 분포한다(점선). 사람들의 이주로 이들 아종과 종이 만나 씨앗 없는 열매가 열리는 다양한 잡종이 나오면서 본격적으로 재배가 시작됐다. 오른쪽 지도는 오늘날 널리 재배되는 품종이 나온 지역을 나타낸다. (제공『미국립과학원회보』)

있어 작물로서 가치가 떨어진다. 그럼에도 먹을 게 마땅하지 않을 때는 요긴하고 가축 먹이로도 적합하다. 따라서 거주지 주변에 야생 바나나를 재배했을 것이고 사람들이 이주함에 따라 바나나도 자생지를 벗어났다.

그러다가 아쿠미나타 두 아종이 만나는 일이 일어났고, 그 사이에서 잡종이 나왔다. 비록 같은 종으로 분류했지만 지리적 격리로 차이가 꽤 나 잡종은 생식력이 크게 떨어졌다. 그 결과 열매에서 씨가 제대로 발달하지 못하거나 아예 없는 열매가 열렸다. 참고로 수정 과정 없이 열매를 맺는 현상을 단위결실parthenocarpy이라고 부른다.

씨가 퇴화했거나 없는 바나나는 먹기에 좋았기 때문에 본격적으로 재배가 시작된 것으로 보인다. 동남아 전역에 걸쳐 다양한 아종 사이의 잡종에서 이런 현상이 일어났고 독특한 재배 바나나가 등장했다. 예를 들어 뉴기니에 자생하는 뱅크시banksii 아종과 인도네시아 자바에 자생하는 제브리나zebrina 아종 사이에서 잡종 이배체인 믈랄리Mlali 계열이 나왔다. 한편 말레이반도에 자생하는 말라센시스malaccensis 아종이 작물화돼 카이Khai 계열이 나왔다.

오늘날 세계인들이 먹는 캐번디시 바나나는 믈랄리 계열과 카이 계열 사이에서 나온 잡종 삼배체로 밝혀졌다. 즉 믈랄리에서 감수분열 오류로 이배체 성세포(AA)가 나와 카이의 성세포(A)와 만나 삼배체(AAA)가 나온 것이다. 제대로 된 씨를 맺기도 어려운 이배체 잡종 식물체에서 온전한 삼배체 씨가 만들어졌으니(이게 싹이 터 삼배체 식물체가 나온 것이므로) 꽤 드문 사건이었을 것이다. 아무튼 이렇게 나온 삼배체 바나나의 열매는 큼직했고 맛과 향도 좋아 널리 재배됐고 지역에 적응하며 여러 재래종이 나왔고 이 가운데 하나가 남중국에서 재배된 캐번디시 계열이다.

캐번디시 삼배체 게놈의 기본염색체 3세트는 모두 A형이지만 그 기원이 각각 뱅크시 아종, 제브리나 아종, 말라센시스 아종이라 서로 꽤 다르다. 따라서 온전한 게놈 정보를 얻으려면 3세트 모두를 해독해야 하는데 무척 어렵고 시간과 비용이 많이 드는 일이다. 따라서 연구자들은 일단 이 가운데 하나만 해독해 바나나 참조 게놈으로 삼기로 하고 말라센시스 아종으로 1940년 후반 말레이시아 파항주에서 채집한 야생 바나나인 파항Pahang의 게놈을 해독하는 전략을 택했다.

과거 파항의 유전자를 분석한 결과 오늘날 작물 바나나의 A게놈 하나와 밀접한 관련이 있는 것으로 밝혀졌다. 따라서 많은 연구가 진행됐고 반수체인 생식세포에 약물을 처리해 이배체로 만들어 발생시킨 이중일배체double monopoloid도 있다. 무성생식을 즐겨 쓰는 식물은 염색체의 이형접합성이 크므로 게놈을 해독하기가 어렵다. 반면 이중일배체는 이배체임에도 기본염색체 두 세트가 동일하므로 일이 훨씬 쉬워진다. 앞서 8장 감자에서도 이배체 재래종의 이중일배체 게놈을 해독했다.

전체게놈중복 세 차례 일어나

2012년 학술지 『네이처』에는 프랑스 국제개발농업연구센터CIRAD가 주축이 된 다국적 공동연구팀이 파항 이중일배체의 게놈을 해독한 연구결과가 실렸다. 벼목이 아닌 외떡잎식물 가운데서 최초다. 바나나 게놈 크기는 5억 2,300만 염기로 추정되는데, 이 가운데 90%인 4억 7,220만 염기를 해독했다. 다만 11개 염색체에 자리를 찾은 건 해독된 서열의 70%인 3억 3,200만 염기에 그쳐 게놈 초안으로 본다.

단백질 지정 유전자는 3만 6,542개로 추정돼 벼와 비슷했다. 그럼에도 게놈의 진화 과정을 보면 둘 사이에 큰 차이가 난다. 약 1억 1,600만 년 전 벼목과 생강목이 갈라지고 나서 생강목 초기 조상에서 바나나가 나올 때까지 세 차례 전체게놈중복[WGD]이 일어난 것으로 드러났다. 한편 벼목 초기 조상에서 벼가 진화할 때까지는 두 차례 WGD가 일어났다. WGD 사건 뒤 염색체 재배열로 이배체화가 일어나는 과정에서 중복된 유전자 상당수가 없어지는 걸 감안해도, 세 차례 WGD를 겪은 바나나의 유전자 수가 두 차례 겪은 벼와 비슷한 건 좀 뜻밖이다.

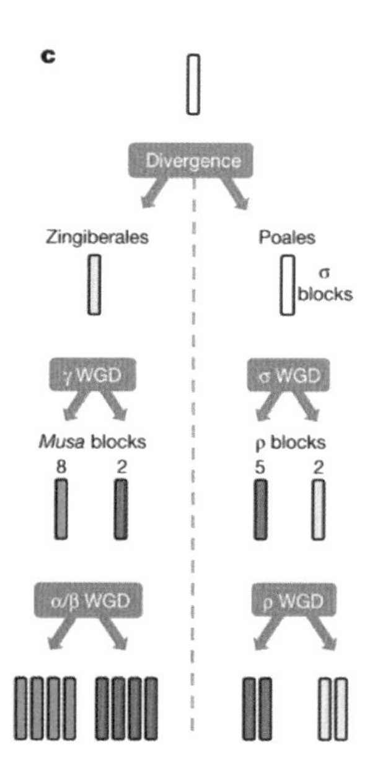

바나나 게놈과 벼 게놈을 해독해 비교한 결과 약 1억 1,600만 년 전 생강목(Zingibrales)과 벼목(Poales)이 갈라진 뒤 독립적으로 전체게놈중복(WGD)이 일어난 것으로 밝혀졌다. 즉 바나나계열은 세 차례, 벼계열은 두 차례 WGD를 겪었다. (제공 『네이처』)

분석 결과 첫 번째 WGD는 약 1억 년 전 일어났고 두 번째와 세 번째는 6,600만 년 전 백악기-팔레오기 경계에서 일어난 것으로 보인다. 즉 소행성 충돌로 공룡이 멸종할 정도의 급격한 환경 변화 속에서 WGD가 일어나 적응한 식물 개체들이 살아 남은 것이다. 벼목 계열에서도 비슷한 패턴을 보이는데, 다만 백악기-팔레오기 경계에 한 차례 WGD가 일어났다.

두 번째와 세 번째 WGD만 고려해 유전자를 분석해 보면 10%만이 두 차례 중복으로 네 개가 된 유전자가 모두 온전한 상태다. 반면 유전자의 65.4%는 셋이 사라져 평범한 이배체처럼 하나만 남아 있다. 마지막 WGD도 6,000만 년이 넘는 까마득한 과거의 일이라 겹치는 유전자를 솎아내는 시간이 충분했던 것 같다.

WGD로 중복된 유전자 가운데 살아 남은 비율이 높은 것들 가운데는 전사인자와 방어 관련 단백질, 세포벽 생합성 효소, 이차대사물 생합성 효소의 유전자가 많았다. 바나나 게놈에서 전사인자 유전자는 전체 유전자의 8.6%인 3,155개로 당시까지 게놈이 해독된 식물 가운데 가장 많았다.

바나나 게놈에서 가장 관심이 많은 건 병해충 방어 관련 유전자와 숙성 과정과 관련한 유전자로 각각 바나나 재배와 유통에서 중요한 변수다. 숙성 관련 유전자를 먼저 살펴보자. 산지인 열대 또는 아열대 지역에서는 수많은 종류의 바나나가 재배되고 있지만 세계 각지로 수출되는 바나나는 거의 캐번디시 계열로 전체 바나나 생산량의 40%가 넘는다. 캐번디시의 대성공은 과일에서 중요한 요소인 맛과 향이 좋아서라기보다는 오랜 운송 기간을 버텨내고 일정 수준 이상의 품질이 유지될 수 있기 때문이다.

실제 수출용 바나나는 껍질이 녹색인 덜 익은 상태에서 수확해 운

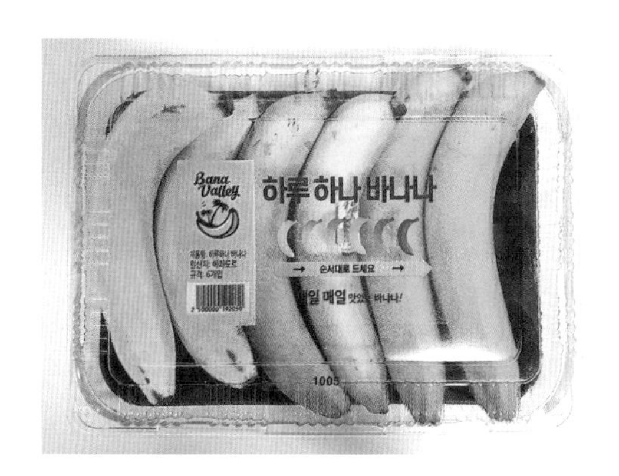

후숙 과일인 바나나는 한 송이에 달린 개별 열매가 비슷한 속도로 숙성해 1인 가구에서는 사 먹기가 부담스럽다. 국내 한 마트는 숙성 단계가 다른 열매를 한 세트로 포장해 이 문제를 해결한 아이디어 상품을 내 히트하면서 외국 언론에까지 소개되기도 했다. (제공 이마트)

송된 뒤 식물 호르몬인 에틸렌을 처리해 어느 정도 숙성시켜 밝은 노란색으로 바뀐 상태(끝에 연둣빛이 여전히 남아 있다)에서 마트에 오른다. 이때 바로 바나나를 먹으면 당도가 덜하고 약간 떫은맛도 느껴지며 과육이 다소 단단하다. 일단 숙성이 시작되면 과일 스스로 에틸렌을 만들어 숙성 속도가 빨라진다. 그 결과 며칠 지나면 식탁에 둔 바나나가 샛노랗게 바뀌고 군데군데 짙은 갈색 점인 소위 '슈가 스팟 sugar spot'이 보인다. 이때가 바나나를 먹기에 최적인 상태로, 달콤한 맛과 향에 부드러운 식감이 일품이다. 이처럼 바나나는 후숙, 즉 덜 익은 상태에서 수확한 뒤 익어가는 과일로 이 과정의 유전자 네트워크를 이해하면 맛과 향은 뛰어나지만 숙성 속도 조절이 어려워 운송과 유통을 버티지 못하는 다른 여러 품종의 저장성을 개선하는 데도 도움이 될 것이다.

숙성 과정에 따른 유전자 발현 패턴, 즉 전사체를 분석한 결과 597개 유전자의 발현량이 바뀌었다. 세포벽을 허무는 효소의 발현이 크게 늘어났고(그 결과 육질이 부드럽게 된다) 녹말 합성효소 유전자 발현은 줄고 녹말을 당으로 분해하는 효소인 아밀레이스 유전자의 발현은 늘었다. 식탁 위의 바나나가 시간이 지날수록 더 달콤해지는 이유다.

바나나가 식탁에서 사라진다?

병해충에 시달리는 건 작물의 숙명이지만 농부들의 골칫거리이지 일반인들은 잘 모른다. 그런데 몇몇 작물 감염병은 워낙 악명이 높아 대중들도 낯설지 않다. 앞서 8장에서 언급한 감자마름병이 대표적인 예로, 1840년대 감자를 주식으로 삼던 아일랜드를 강타해 인구의 8분의 1인 100만 명이 굶어 죽는 대참사가 일어났고 수백만 명이 미국으로 이민을 가면서 인구가 반토막 났다.

바나나 파나마병 역시 악명높은 감염병으로 오늘날 우리가 캐번디시 바나나를 먹고 있는 것도 파나마병 때문이다. 캐번디시 이전의 수출 품종은 그로미셸[Gros Michel]로, 캐번디시보다 크고 껍질이 두꺼워 운송과 유통이 쉬운데다가 식감도 좋고 맛과 향도 뛰어났다. 그런데 20세기 들어 파나마병이 번지기 시작하면서 바나나 농장이 속수무책으로 황폐해졌다.

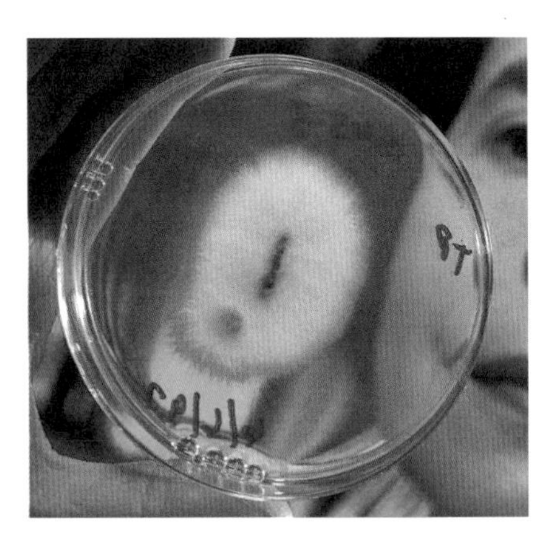

토양 곰팡이 푸사리움 옥시스포룸(사진)은 균주에 따라 바나나, 토마토, 멜론 등 많은 농작물에 감염해 푸사리움 시들음병을 일으킨다. (제공 위키피디아)

파나마병은 토양 균류(곰팡이)인 푸사리움 옥시스포룸*Fusarium oxysporum* 가운데 바나나를 숙주로 삼는 종류가 일으키는 전염병으로, 뿌리를 통해 감염된 식물체는 알줄기와 헛줄기가 괴사해 시들면서 얼마 못 가 죽는다. 파나마병을 퇴치할 농약도 없고 병이 휩쓸고 간 뒤에도 곰팡이 포자가 토양에 남아 수십 년은 가므로 농장 문을 닫을 수밖에 없다. 1903년 중미 파나마에서 처음 보고되면서 파나마병이라는 이름이 붙었지만 사실 1900년 인도네시아에서 처음 나타났다. 병원체 학명과 증상을 보고 붙인 이름인 '푸사리움 시들음병Fusarium wilt'을 쓰는 게 낫겠지만 파나마병이 입에 붙었다.

참고로 푸사리움 시들음병은 바나나뿐 아니라 토마토, 멜론, 딸기 등 많은 농작물을 괴롭히는 전염병이다. 그렇다고 바나나를 공격한 곰팡이가 토마토까지 감염하는 건 아니다. 푸사리움 옥시스포룸의 숙주는 100가지가 넘는데, 각각에 대해서는 특정한 유형만이 감염력이 있다. 따라서 학명 뒤에 숙주를 알 수 있게 하는 정보를 덧붙이는데, 이를 분화형forma speciales(약자로 f. sp.)이라고 부른다. 바나나의 경우 f. sp. cubense이고 토마토는 f. sp. lycopersici다.

한편 어떤 종을 숙주로 삼는 분화형이라도 그 종 전체를 감염시키지는 못한다. 숙주의 유전적 다양성으로 저항성에 차이가 있기 때문이다. 코로나19 팬데믹을 봐도 어떤 사람들은 아예 감염되지 않고 감염된 경우도 무증상, 경증, 중증 등 제각각이다. 식물도 마찬가지로 야생은 물론이고 작물도 품종에 따라 차이를 보인다.

그런데 바나나는 무성생식으로 재배하므로 특정 품종의 모든 개체가 클론, 즉 복제 식물체다. 게다가 대규모 상업 재배는 주로 그로미셸 한 품종이고 특히 수출용은 99%를 차지했다. 따라서 그로미셸에 치명적인 병원체가 등장하면 세계 바나나 산업 자체가 휘청거릴 위험성이 있

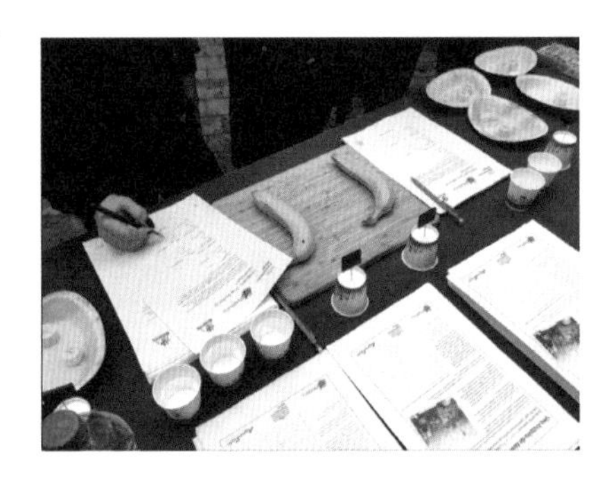

파나마병의 창궐로 바나나 수출 시장에서 사라진 그로미셸을 아쉬워하는 사람들이 많다. 바나나를 다룬 기사나 책에서 맛과 향, 식감이 캐번디시보다 뛰어나다고 쓰고 있기 때문이다. 그런데 지난 2018년 코스타리카의 한 농장에서 재배한 두 품종을 가져와 벨기에 일반인 113명을 대상으로 시식 평가(1~5점)를 한 결과 46%가 캐번디시에게 더 높은 점수를 준 반면 그로미셸은 38%에 그쳤다. 나머지 16%는 점수가 같았다. 어쩌면 잃어버린 것에 대한 아쉬움으로 그로미셸이 과대평가되고 있는 것인지도 모른다. (제공 ProMusa)

다. 20세기 들어 파나마병이 등장하면서 이런 우려가 현실이 됐다.

당시 중남미에서 바나나 농장을 운영하던 미국 기업들은 파나마병이 생긴 농장을 폐쇄하고 숲을 개간해 새 농장을 여는 방식으로 수십 년 동안 대응했지만, 범위가 점점 넓어지며 한계에 이르렀다. 결국 파나마병에 저항성이 있는 기존 품종을 찾거나 새 품종을 개발하는 수밖에 없었다. 지역 재래종 가운데는 저항성을 보이는 종류가 꽤 있었지만, 수출용으로 적합한 특성도 지녀야 했고 그 결과 찾은 게 캐번디시다.

캐번디시 역시 그로미셸에 비해서는 상품성이 떨어졌지만 대안이 없었다. 1953년 스탠더드프루트(1964년 돌Doll로 사명을 바꿨다)가 캐번디시를 본격적으로 심기 시작했고 1970년이 되자 수출용 바나나 농장은 거의 모두 캐번디시를 심었다. 오늘날은 몇몇 지역에서만 그로미셸이 재배되고 있다. 만일 파나마병이 창궐하지 않았다면 우리는 여전히 그로미셸을 먹고 있을 것이다.

그런데 지금 한가롭게 그로미셸을 아쉬워할 때가 아니다. 꿩 대신 닭이라고 생각하며 먹는 캐번디시 역시 파나마병으로 위험한 상태이기 때문이다. 그로미셸을 공격한 건 푸사리움 옥시스포룸 쿠벤스 가운데 열대종1Tropical Race1(이하 TR1)이고 이에 대해서는 캐번디시가 저항성이 있다. 그런데 1990년대 초 동남아시아에서 캐번디시를 비롯해 TR1 저항성이 있는 여러 품종을 공략할 수 있는 새로운 변종인 열대종4TR4가 등장한 것이다.

동남아시아 여러 나라와 호주, 서아시아, 아프리카 모잠비크까지 퍼진 TR4는 2019년 마침내 남미 콜롬비아에 상륙했다. 중남미는 캐번디시 최대 생산지로 수출 바나나의 85%를 차지한다. TR4 역시 마땅한 농약이 없어 농장마다 철저한 격리와 검역을 통해 확산 속도를 늦추는 식으로 대응하고 있지만 언젠가는 캐번디시도 그로미셸처럼 사라질지 모른다. 그 전에 TR4에 저항성을 띠는 대안을 찾아야 바나나가 세계인의 과일로 남을 수 있다.

유전자변형 바나나 만들어

다행히 바나나 아종 가운데 말라센시스가 TR4에 저항성을 보인다. 게놈 해독에 쓰인 파항이 바로 말라센시스다. 파항 게놈(이중일배체)에는 NB-LRR 계열의 질병 저항 관련 유전자가 89개 있는데, 이 가운데 RGA2가 저항성에 결정적인 역할을 하는 것으로 밝혀졌다. 그런데 캐번디시 게놈에도 RGA2에 대응하는 유전자가 세 개나 있다. 삼배체로 기본염색체가 세 세트이므로 그럴 수 있다. 그런데 왜 캐번디시는 TR4에 당할까.

먼저 발현량이 적다. 캐번디시는 RGA2에 해당하는 유전자가 세 개임에도 발현량은 이배체로 유전자가 두 개(한 쌍)인 말라센시스의 5분의 1에도 못 미친다. 다음으로 단백질의 기능에 차이가 있을 수 있다. 아미노산 서열을 말라센시스의 RGA2와 비교해 보면 28~32개가 달라 그 결과 TR4에 대한 저항성이 덜할 수 있다. 아니면 양과 질 모두 떨어진 결과일지도 모른다. 캐번디시의 이배체 조상들 때부터 이런 상태였는지 아니면 삼배체가 된 뒤 게놈 사이의 균형을 맞추는 과정에서 이렇게 됐는지는 모르지만, 아무튼 TR4를 만나기 전까지는 별문제가 없었으므로 지금까지 살아 남은 것이다.

2017년 퀸즈랜드공대 제임스 데일 교수팀이 이끄는 호주와 네덜란드 공동연구팀은 캐번디시에 말라센시스의 RGA2 유전자를 집어넣어 TR4에 저항성을 보이는 유전자변형 바나나를 만들었다고 학술지 『네이처 커뮤니케이션스』에 발표했다.[130] 이렇게 얻은 바나나의 RGA2 유전자 발현량은 기존 캐번디시의 10배가 넘었다. 3년에 걸친 소규모 시험 재배 결과 유전자변형 캐번디시 바나나는 TR4에 확실한 저항성을 보였다. 논문 발표 뒤 연구자들은 TR4 창궐로 바나나 농사를 접은 북호주의 한 농장에서 본격적인 시험 재배에 들어갔고 중간 결과 역시 긍

1990년대 푸사리움 TR4가 등장하면서 캐번디시 바나나도 파나마병에 취약해졌다(왼쪽). 지난 2017년 호주 연구자들은 TR4에 저항성이 있는 야생 바나나의 RGA2 유전자를 도입한 유전자변형 캐번디시 바나나를 만들었다. GM 바나나(RGA2-3)는 TR4로 초토화된 농장에 심어도 멀쩡하다(오른쪽). 아래 헛줄기 단면을 비교했다. (제공 『네이처 커뮤니케이션스』)

정적이다. 2021년 연말 연구가 종료되면 호주 당국에 재배 허가를 요청할 예정이다. 그러나 GMO에 대한 거부감을 극복할 수 있을지는 미지수다.

따라서 데일 교수팀은 게놈편집으로 TR4 저항성을 보이는 캐번디시를 만드는 연구도 진행하고 있다. 발현을 조절하는 부위나 단백질에서 저항성에 중요한 아미노산을 지정하는 염기를 말라센시스 유형으로 바꾼다는 전략이다. 이 경우 '흔적'이 남지 않아 GMO의 멍에를 벗어날 수 있다. 다만 게놈편집 바나나가 성공할 수 있을지는 아직 미지수다.

100여 년 전 파나마병이 본격적으로 확산되면서 위기에 몰린 그로미셸은 결국 해결책을 찾지 못하고 역사의 뒤안길로 사라졌다. 지금 캐번디시를 대상으로 시도하고 있는 게놈편집 기술을 그로미셸에도 적용한다면 TR1과 TR4 모두에 저항성이 있게 만들 수 있지 않을까. 캐번디시와 비교가 안 될 정도로 맛있다는 그로미셸 바나나가 마트에 수북이 쌓여있는 모습을 그리며 입맛을 다셔본다. 어쩌면 지금 세계 어딘가에서 이런 연구를 하는 과학자들이 있지 않을까.

키위,
뉴질랜드로 건너가 과일의 왕이 되다

2000년대 들어 시장에 나온 과일의 종류가 꽤 많아졌지만, 우리나라 사람들은 여전히 사과와 귤을 가장 많이 먹고 있다. 나 역시 그랬지만 최근에는 좀 바뀌었다. 언제부터인가 내가 가장 좋아하게 됐고 블루베리, 바나나와 함께 거의 매일 먹는 과일은 키위다. 위 건강을 위해 매일 아침 마 주스를 만들 때 이들 세 과일을 함께 넣기 때문이다. 숙면에 좋다는 말도 있어 저녁에도 키위를 즐겨 먹는다. 어쩌면 내가 가장 많이 먹는 과일이 키위일지도 모르겠다.

생김새는 볼품없지만 맛과 향, 영양만큼은 뛰어난 게 키위다. 사과와 귤, 파인애플 등 여러 과일이 연상되는 복합적인 맛과 향을 지니고 있을 뿐 아니라 100g 기준 키위의 식이섬유 함량은 2.3g으로 2.4g인 사과 수준이고 비타민C는 88mg으로 27mg인 귤의 세 배가 넘는다(제스프리 그린 기준). 중간 크기 그린키위 하나를 먹으면 비타민C 하루 권장량인 100mg을 거의 채울 수 있다.

동아시아가 원산지

키위하면 떠오르는 나라는 뉴질랜드다. 키위kiwifruit 또는 줄여서 kiwi라는 이름도 과일 생김새가 뉴질랜드의 새 키위의 몸통이 떠올라 붙여졌다고 한다. 국내 시장에 수입 과일이 개방되면서 처음 한동안은 그린키위가 들어왔고 따라서 녹색 과육에 새콤달콤한 맛이 키위의 정체성으로 각인됐다. 그 뒤 신맛은 덜하고 단맛은 더하면서 열대과일 향이 강한 골든키위가 등장해 소비자의 눈길을 사로잡았다. 값이 더 비싼에도 사람들이 점점 더 많이 찾는 것 같다. 골든키위는 덜 시고 더 달아 비타민C 함량이 낮을 것 같지만 100g 기준 152mg으로(제스프리썬골드 기준) 그린키위의 1.7배다. 한 개만 먹어도 하루 권장량을 훌쩍 뛰어넘는다는 말이다.

사실 키위의 원산지는 중국을 중심으로 한 동아시아 일대다. 이 지역에는 다래속Actinidia 식물 50여 종이 자생하고 있는데, 마트에 있는 그린키위와 골든키위는 그 가운데 한 종(학명 *A. chinensis*)이 작물화된 것이다. 학명을 봐도 중국 원산임을 알 수 있다. 우리나라 산지 곳곳에 자생하는 다래(학명 *A. arguta*)는 영어로 hardy kiwi(직역하면 단단한 키위)다. 과일 크기가 훨씬 작고 껍질이 녹색이지만 맛을 보면 같은 계열임을 금방 알 수 있다. 다래속 식물의 상위 분류는 진달래목 다래나무과로, 이 책에 소개된 작물 가운데서는 25장의 차나무(진달래목 차나무과)가 가장 가깝다.

키위를 우리 이름으로 참다래 또는 양다래라고 부르는데 둘 다 부적절한 이름 같다. 우리 땅에 자생하는 다래속 식물로 다래가 있는데 외국 작물에 진짜 또는 좋은 품질을 뜻하는 '참'이라는 순우리말 접두사를

인류는 다래속 식물 50여 종 가운데 몇 가지를 채집하거나 재배해 먹었지만 본격적인 작물로 개량하기 시작한 건 100년도 안 된다. 우리나라에도 자생하는 다래(앞)는 참다래(그린키위)에 비해 훨씬 작지만 열매의 구조와 맛이 서로 가까운 사이임을 알 수 있다. (제공 위키피디아)

붙여주는 건 틀린 말은 아니라고 해도 좀 그렇다. 양다래는 뉴질랜드 과일로 인식되면서 붙은 이름으로 보이는데, 원산지가 중국임을 생각하면 '(서)양'이란 접두사도 아닌 것 같다. 따라서 여기서는 그냥 키위라고 부른다.

키위는 작물화의 역사가 무척 짧아 채 100년이 되지 않는다. 이 과정에는 중국 원나라에 갔다가 목화씨를 가져온 고려의 문익점이 떠오르는 일화가 있다. 바로 뉴질랜드 왕가누이여대 학장 이사벨 프레이저Isabel Fraser다.

1904년 중국의 자매학교를 방문하게 된 프레이저는 처음 본 야생 과일인 그린키위를 맛본 뒤 깊은 인상을 받고 씨를 챙겨 가져왔다. 대학의 정원사 알랙산더 앨리슨이 씨를 받아 대학 정원에 심었고 1910년 첫 수확을 했다. 그 뒤 뉴질랜드의 원예학자들이 육종을 시도했고 1924년 무렵 헤이워드 라이트가 처음 그럴듯한 그린키위 품종을 만들었다. 훗날 그의 이름을 따 헤이워드Hayward라고 부르는 품종으로, 오늘날 마트에서 만나는 뉴질랜드 제스프리의 그린키위다. 우리나라 농가도 제스프리의 라이센스를 받아 헤이워드를 재배하고 있다.

뉴질랜드에서 키위가 알려지고 사람들의 반응이 좋자 1952년 처음 미국으로 수출을 시도했다. 생김새만 보고 시큰둥했던 사람들도 막상 맛을 보면 평가가 달라졌고 오래지 않아 세계로 퍼져나갔다. 그 사이 과일 이름도 바뀌었다. 처음에는 중국 이름 그대로 발음해 '양타오揚桃'로 부르다가('양쯔강의 복숭아'란 뜻) 의미 전달이 안 돼 '중국 구즈베리 chinese gooseberry'로 바꿨다가 수출이 본격화된 1959년 오늘날 키위로 개명했다. 당시 미국의 수입업자가 중국 구즈베리라는 이름 때문에 미국 내 판매가 저조한 것 같다며 꼬마멜론melonettes이라고 부르자는 제안을 해왔다. 참고로 구즈베리는 장미목 범의귀과 나무의 열매로, 분류학 관점에서도 부적절한 이름이다.

뉴질랜드 수출업자들은 미국 수입업자의 불만을 이해하면서도 그들이 제안한 꼬마멜론이 마음에 들지 않아 고심하다가 과일 생김새가 뉴질랜드를 상징하는 새인 키위의 몸통과 닮았다는데 착안해 키위프루트 kiwifruit이라는 이름을 지었다. 미국의 수입업자는 이 이름에 만족했고 이후 키위프루트 또는 줄여서 키위라는 이름이 세계에 퍼졌다. 이렇게 해서 중국 과일이 뉴질랜드 과일로 탈바꿈을 했고 오늘날 많은 사람들이 그렇게 알고 있다.

키위의 연간 생산량은 441만 톤으로(2020년) 전체 과일 생산량 8억 8,700만 톤의 0.5%에 불과하다. 그러나 2011년 144만 톤에서 9년 만에 세 배가 됐을 정도로 인지도가 올라가고 있어 한두 세대 뒤에는 생산량에서도 왕좌에 오를지 모른다. 참고로 2011년 전체 과일 생산량은 7억 6,600만 톤으로 9년 사이 16% 늘어났다. 키위의 국가별 생산량을 보면 중국이 절반을 차지해 압도적인 1위이고 뉴질랜드는 10%에 불과해 이탈리아에 이어 3위에 올라있다. 그럼에도 여전히 뉴질랜드의 과일로 인식되고 있으니 이름의 힘이 큰 것 같다.

골든키위에서 그린키위 나와

국내 시장에 소개된 순서 때문일까. 왠지 그린키위가 야생에 더 가까워 보인다. 즉 야생 그린키위가 먼저 작물화됐고 여기서 품종 개량을 통해 골든키위가 나왔을 것 같다. 제스프리썬골드를 보면 껍질에 털이 없는 데다 단맛은 더하고 신맛은 덜해 더 그런 생각이 든다. 그런데 게놈 구조에 따르면 골든키위(물론 야생)가 그린키위의 조상이다.

골든키위는 기본적으로 이배체 식물이지만(품종에 따라 사배체도 있다) 그린키위는 육배체 식물이다. 그린키위는 이배체 또는 사배체 골든키위와 다른 다래속 식물 사이에서 '종의 합성'이 일어난 결과로 보인다(아마도 자연에서). 문헌에 따라서 그린키위를 별도의 종으로 분류하기도 하는 이유다(이 경우 학명은 *A. deliciosa*).

2013년 학술지 『네이처 커뮤니케이션스』에는 이배체 골든키위의 게놈을 해독한 중국 연구자들의 논문이 실렸다.[131] 중국에서 인기가 많은 홍양紅陽 품종으로, 과육이 전체적으로 노랗지만 씨 주변은 붉은 게 특징이다. 홍양은 중국 중부의 한 지역에서 자생하는 야생 키위를 가져다

2013년 이배체 골든키위 '홍양(紅陽)'의 게놈이 해독됐다. 노란 과육에서 씨가 박혀 있는 부분만 붉은색이라 이런 이름이 붙었다. 홍양은 중국 중부 한 지역에 자생하는 야생 키위를 재배한 것으로 육종 품종인 제스프리 썬골드에 비해 열매가 작다. (제공 알리바바)

재배한 품종으로, 추가적인 선별이나 육종을 거치지 않았다. 재배 작물이지만 작물화되지는 않은 상태다.

홍양은 국내 농가에서도 재배하는데 레드키위red kiwi로 불린다. 궁금해서 인터넷으로 주문해 먹어봤다(마트에는 안 보였다). 과일 중간을 잘라단면을 보면 가운데 씨앗이 있는 부분 주위로 붉은색이 돈다. 마트에 있는 골든키위와 비교하면 크기가 너무 작았고 맛과 향도 꽤 달랐다.

마트에 있는 골든키위는 뉴질랜드 제스프리에서 개발해 2012년에 내놓은 썬골드SunGold 품종이다. 정확한 과정을 알 수 없지만 육종에 쓰인 야생 키위들은 홍양과 종만 같을 뿐 특성은 꽤 다른 유전자원일 것이다.

참고로 뉴질랜드의 육종가들은 1970년대 중국 각지에서 키위 유전자원을 수집해간 뒤 육종을 통해 골든키위 품종을 개발해 1990년대 '제스프리골드'라는 이름으로 시장에 내놓았다. 그런데 2010년 치명적인 박테리아 질병이 돌면서 불과 이삼 년 사이 과수원이 초토화되자 개발해 둔 다른 골든키위 가운데 저항성이 있는 걸 골라 내놓은 게 바로 제스프리썬골드다. 썬골드 역시 맛과 향이 뛰어나 그린보다 비싸지만 전작인 골드만은 못하다고 한다(예전에 골드를 먹어봤을 텐데, 맛과 향이 썬골드와 달랐다는 기억은 물론 없다). 앞서 21장 바나나에서 파나마병으로 그로미셸이 초토화되자 품질은 다소 떨어지지만 저항성이 있는 캐번디시가 대타로 나선 것과 같은 맥락이다.

2013년 홍양 게놈 초안을 해독한 연구자들은 2019년 고품질 게놈 해독 결과를 발표했다.[132] 따라서 이 결과를 기준으로 설명한다. 골든키위의 게놈 크기는 약 7억 5,800만 염기로 이 가운데 86%인 6억 5,300만 염기를 해독했다. 단백질을 지정하는 유전자는 4만 464개로 추정돼 이배체 식물치고는 많은 편이다.

분석 결과 다른 많은 작물처럼 키위도 과거 여러 차례 전체게놈중복

WGD 사건을 겪었고 그 뒤 이배체로 돌아간 상태로 밝혀졌다. 앞서 16장 포도 게놈에서 언급했듯이 과거 외떡잎식물과 갈라진 직후 초기 쌍떡잎식물에서 약 1억 4,000만 년 전 전체게놈삼중복WGT이 일어나 육배체가 나왔고 오늘날 거의 모든 쌍떡잎식물의 조상이 됐다. 그 뒤 이배체로 돌아와 여러 계열로 분화해 진화하는 과정에서 계열에 따라 추가로 WGD가 일어났다.

키위의 경우 국화군에서 가지목 계열과 진달래목 계열이 갈라진 뒤 두 차례 WGD가 일어난 것으로 밝혀졌다. 첫 번째는 6,600만 년 전 백악기-팔레오기 경계에서 일어난 것으로 보인다. 앞장의 바나나 조상을 비롯해 많은 계열에서 소행성 충돌로 급변한 환경에서 WGD로 게놈 융통성이 커진 식물들이 살아 남았다. 25장에 나오는 차나무 게놈에도 이 WGD의 흔적이 남아 있다. 차나무과와 다래나무과가 나뉘어지기 전 공통조상에서 일어난 사건이라는 말이다.

그 뒤 차나무과와 진달래과, 다래나무과가 갈라졌고 약 2,000만 년 전 다래나무과 계열에서 두 번째 WGD가 일어났다. 그 뒤 염색체 재배열을 겪으며 다시 이배체가 됐지만 게놈에는 두 번째 WGD의 흔적이 많이 남아 있다. 기본염색체 개수(x)를 봐도 키위는 29개로 15개인 차나무나 13개인 진달래의 두 배 수준이다.

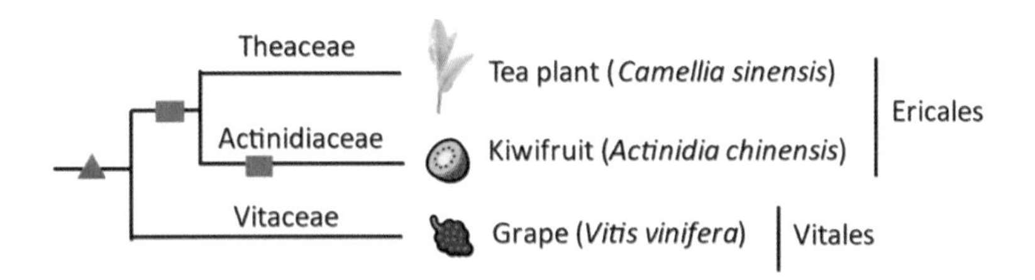

포도와 키위, 차나무 게놈 해독 결과 계열에 따라 전체게놈(삼)중복 횟수가 달랐다. 약 1억 4,000만 년 전 초기 쌍떡잎식물에서 일어난 WGT(▲)는 공유했지만, 그 뒤 포도목(Vitales) 계열에서는 WGD가 없었다. 한편 초기 진달래목(Ericales)에서 WGD(■)가 일어났고 그 뒤 차나무과(Theaceae)와 다래나무과(Actinidiaceae)로 나뉜 뒤 후자에서만 또 한 차례 WGD(■)가 일어났다. (제공 『원예 연구』)

WGD로 중복된 유전자의 상당수는 시간이 지나면서 솎아져 다시 하나가 되지만 키위의 경우 두 번째 WGD가 일어나고 시간이 많이 흐르지 않아 여전히 꽤 남아 있는 것으로 밝혀졌다. 전체 유전자의 56%인 2만 2,165개가 게놈 어딘가에 중복된 짝이 있다. 이들 가운데는 운 좋게 살아 남은 게 아니라 산물인 단백질을 많이 만들 필요가 있거나 변이를 통해 새로운 기능을 갖게 선택돼 그 식물 종의 특성을 부여하기도 한다. 키위의 경우 비타민C와 플라보노이드, 카로티노이드 같은 이차대사물의 대사 관련 유전자들이 많이 살아 남았다. 키위가 과일의 왕인 된 건 두 차례 WGD 덕분인 셈이다.

비타민C 대사를 보면 키위에서는 여러 생합성 경로에 관여하는 유전자들이 존재해 다양한 방식으로 비타민C를 만들 수 있다. 아울러 항산화제로 작용한 뒤 산화된 비타민C를 환원시켜 재활용하는 데 관여하는 유전자도 많았다. 이처럼 키위는 비타민C를 많이 만들고 재활용하는 시스템까지 갖추고 있어 다른 과일에 비해 비타민C 함량이 훨씬 많다.

카로티노이드와 플라보노이드, 엽록소 대사 관련 유전자도 마찬가지다. 카로티노이드는 골든키위 과육의 노란색을 부여하고 그린키위의 녹색은 과육에 엽록소가 많이 남아 있는 덕분이다. 그리고 홍양의 경우 플라보노이드 화합물인 안토시아닌이 많이 만들어져 과육 중심의 붉은 색을 이룬다.

화이트키위도 있다?

최근 골든키위가 인기라지만 그린키위가 여전히 전체 키위 생산량의 80%를 차지하고 있다. 저장성이 좋고 값도 싸기 때문이다. 그럼에도 육배체라서 그런지 아직 게놈 해독 소식은 들리지 않는다. 염색체 분석 결과 육배체 게놈에 기여한 조상으로 이배체(또는 사배체)

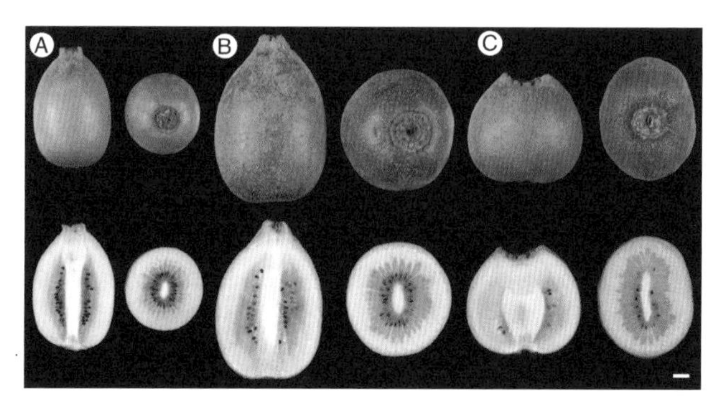

이배체인 골든키위는 육배체인 그린키위보다 작다. '제스프리 골드'라는 상품명으로 더 알려진 'Hort16A' 품종(A)에 세포분열을 교란하는 약물을 처리해 사배체로 만들면 그린키위 크기로 커진다. 사배체 식물의 73%에서는 이배체의 형태가 유지되면서 무게가 평균 50% 더 나가는 열매가 열렸지만(B) 27%에서는 납작한 열매가 열렸고 무게도 8% 더 나가는 데 그쳤다(C). (제공 『식물학 연보』)

골든키위는 확실하지만 나머지 사배체(또는 이배체)가 어디서 왔는지는 아직 밝히지 못했다. 이는 7장에 나오는 고구마와 비슷한 상황이다. 그린키위는 골든키위보다 대체로 열매가 큰데, 이 역시 다배체 식물이 보이는 전형적인 특징이다. 실제 이배체 골든키위 체세포에 콜키신이라는 약물을 처리해 사배체로 만든 뒤 배양해 얻은 식물체는 열매가 크다.[133]

2013년 골든키위 게놈 해독에 이어 2019년 화이트키위의 게놈이 해독됐다.[134] '화이트키위도 있나?'라고 반문할 독자도 있을텐데, '화이트 White'란 품종의 게놈을 해독한 것이다. 그런데 화이트는 골든키위나 그린키위가 아니라 중국에 자생하는 다른 야생종(학명 *A. eriantha*)을 개량한 것이다. 종소명 eriantha는 라틴어로 달콤하다는 뜻이다. 중국에서는 이 종을 마오후아미호우타오毛花猕猴桃라고 부르지만, 아직 영어 이름은 없어 여기서는 화이트키위라고 부르겠다.

게놈 해독에 쓰인 품종인 화이트는 열매가 크고 맛과 향이 뛰어난데다 제스프리골드를 초토화시킨 박테리아에도 저항성이 커 중국에

2019년 다래속 종 가운데 두 번째로 *A. eriantha*의 게놈이 해독됐다. 분석 결과 골든키위와 330만 년 전 갈라진 것으로 추정됐다. 게놈 해독에 쓰인 품종 '화이트'는 과피의 솜털이 흰색이고 열매가 길쭉하다. (제공 『기가 사이언스』)

서 널리 재배되고 있다. 안후이농대가 주축이 된 중국과 미국의 공동 연구자들은 7억 4,530만 크기로 추정되는 화이트키위 게놈의 93%인 6억 9,060만 염기를 해독했다. 염기서열 가운데 99%가 염색체 29개에 자리를 잡은 고품질 게놈이다. 단백질 지정 유전자는 4만 2,988개로 추정돼 골든키위보다 2,000여 개 더 많았다. 다만 실제 유전자가 더 많은 게 아니라 골든키위 게놈 해독에서 제대로 밝히지 못한 결과일 수도 있다.

염기서열을 비교한 결과 두 종은 약 330만 년 전 공통조상에서 갈라진 것으로 나온다. 서로 꽤 가까운 사이라는 말로 둘 사이는 교배가 된다. 1984년 화이트키위의 암술에 골든키위 꽃가루를 묻혀 나온 잡종 품종인 '진옌Jinyan'이 중국에서 널리 재배되고 있다. 진옌의 과육은 골든키위인 홍양보다도 더 선명한 노란색이라 골든키위로 보기도 한다.

키위 장을 준비하면서 혹시나 하는 마음에 인터넷에서 화이트와 진옌을 검색해 봤는데 레드키위라는 이름으로 판매되는 홍양과는 달리 국내에서 재배하지 않는 것 같다. 혹시 중국에 갈 일이 있으면 둘을 비롯해 다양한 키위를 맛봐야겠다.

4부

특용 작물

지금까지 식량 작물과 채소/양념 작물, 과일 작물을 소개했다. 그런데 작물 가운데 상당수는 이 세 범주에 포함되지 않는다. 즉 기름을 짜거나 의약품 원료로 쓰거나 심지어 중독성을 지녀 사람들이 찾기 때문에 재배하는 작물들이 있다. 이들을 묶어 특용 작물이라고 부른다.

사실 앞의 세 범주에 들어 있는 작물 가운데도 때로 특용 작물로 봐야 하는 경우가 있다. 예를 들어 대두의 주요 쓰임새 가운데 하나가 콩기름을 만드는 것이다. 앞서 채소 작물의 배추/무 장에서 소개하기는 했지만 유채는 사실 특용 작물로 봐야 한다. 유채 재배의 주목적은 기름, 즉 카놀라유를 얻는 것이기 때문이다. 이들 외에도 주요 유지 작물oilseed crop로는 참깨와 들깨, 올리브 등이 있지만 아쉽게도 이 책에서는 건너뛴다.

규모 면에서 중요한 특용 작물로 설탕을 생산하는 사탕수수와 사탕무가 있다. 특히 사탕수수는 전체 작물 가운데 생산량 1위를 차지하고 있다. 만일 사탕수수가 없었다면 오늘날 지구촌의 식단은 지금과 전혀 다른 모습이었을 것이고 식품업계의 규모 역시 지금보다 훨씬 작을 것이다. 따라서 4부는 사탕수수 게놈으로 시작한다.

특용 작물의 또 다른 중요한 하위 범주가 약용 작물이다. 오늘날 의약품의 60%가 식물 성분 또는 이를 변형한 분자다. 이들 대다수는 화학적으로 합성하지만 여전히 상당수는 관련 식물을 재배해 성분을 추출한다. 꼭 약이 아니라도 건강 증진을 위해 먹는 농산물도 많다. 이 책에서는 대표적인 약용 작물이자 건강식품으로 손꼽는 인삼의 게놈을 다룬다.

사람에 따라서는 특용 작물에서 가장 중요한 하위 범주가 바로 기호 작물로 커피나무와 차나무, 카카오가 삼두마차다. 만일 커피나무가 멸종해 더이상 커피를 마실 수 없다면 수많은 사람들이 삶의 큰 즐거움을 잃었다며 망연자

실할 것이다. 물론 커피를 마시지 않는 사람들은 그러려니 할 것이다. 이처럼 기호 작물은 말 그대로 기호, 즉 개인의 선호도에 따라 중요도가 극단을 오간다. 이 책은 지구촌의 수많은 사람이 즐기는 세 가지 기호 작물의 게놈으로 마무리한다.

사탕수수,
가장 복잡한 게놈을 지닌 친환경 작물

2009년 가을 월간지 『과학동아』 기자였던 나는 정부출연연구소들이 지원한 해외 취재 프로그램 가운데 하나로 남태평양의 섬나라 피지를 가게 됐다. 피지 수바항에 며칠 정박하는 해양탐사선 온누리호를 찾아 연구원들이 각종 탐사장비를 설치하고 성능을 시험하며 탐사를 준비하는 과정을 취재하기 위해서다.

먼 바다로 나가 해저자원을 탐사하는 현장을 동행 취재하는 것도 아니고 입항에 닻을 내린 배에 올라 장비를 구경하고 소개하는 일이니 다소 맥이 빠졌다. 게다가 출장으로 일주일이 사라지니 다음 호의 기사 할당량을 채우기가 버거울 것 같았다. 그래서 피지에서 다른 취재 거리가 없을까 찾아보기로 했다.

피지 하면 에메랄드빛 바다와 야자수가 군데군데 솟아 있는 해변이 떠오른다. 실제 국제공항이 있는 난디를 중심으로 그림 같은 해변이 펼쳐져 있고 관광은 이 나라의 중요한 산업이다. 그런데 아무리 아이디어를 짜도 피지 관광지를 배경으로 과학동아에 실을 만한 글감을 찾지 못했다.

알고 보니 피지에서 관광만큼 중요한 산업이 있었다. 사탕수수 재배와 제당 산업이다. 피지는 1874년부터 1970년까지 96년 동안 영국의 식민지였다. 영국인들은 1년 내내 온화하고 낮에 햇빛이 강한 피지의 자연환경이 사탕수수 재배에 적합하다고 보고 역시 식민지였던 인도에서 노동자들을 대거 이주시켜 사탕수수 농장을 일궜다. 피지의 사탕수수밭과 제당공장을 취재하기로 마음먹고 피지에서 가장 큰 제당공장이 있는 라우토카에서 여행사를 운영하고 있는 분에게 연락을 취해 일정을 잡았다.

해변은 구경도 못했지만…

일요일 저녁 비행기를 타고 10시간을 날아 월요일 오전 피지 난다공항에 도착해 비포장도로를 4시간 달려 수도 수바에 도착했다. 호텔에 짐을 풀고 잠시 쉬다 저녁에 입항하는 온누리호를 맞아 밤늦도록 취재했다. 화요일과 수요일 이틀은 꼬빡 배에서 연구원들을 따라다니며 각종 장비에 대한 설명을 듣느라 머리가 지끈지끈했다.

목요일 아침 탐사를 위해 출항하는 연구원들을 배웅하고 부랴부랴 수바공항으로 가서 소형 프로펠러기를 타고 한 시간을 날아 난다공항에 내렸다. 마중나온 여행사 강진일 사장의 차를 타고 라우토카 가는 길에 있는 한 사탕수수 농장을 둘러보고 오후에 제당공장을 방문했다. 그리고 다음 날 귀국 비행기에 올랐다. 결국 피지에서 5일을 머물렀지만 해변은 구경도 못했다.

13년이 지난 지금 3박 4일 취재한 온누리호에 대한 기억은 거의 없

피지의 한 사탕수수 농장의 주인인 라오 씨가 낫으로 사탕수수의 잎을 쳐내고 수숫대를 얻는 장면이다. 라오 씨는 수숫대의 껍질을 벗겨 맛보라며 속을 건네줬다. 수숫대 속살은 달콤한 수액을 잔뜩 머금고 있다. (제공 강석기 / 위키피디아)

지만 하루 일정의 사탕수수밭과 제당공장 방문은 여전히 생생하게 떠오른다. 사탕수수는 키가 3~4m에 이르는데 얼핏 보면 키가 큰 옥수수 같다. 둘 다 나도솔새족에 속하는 식물이니 말이 된다.* 우리가 찾은 농장의 주인 사텐 라오 씨는 인도 이민자의 후손으로 9만㎡의 사탕수수밭을 경작해 연간 500~600톤을 수확한다고 말했다.

라오 씨가 케인 나이프cane knife(사탕수수 칼)라고 부르는 일종의 낫을 들고 밭으로 들어가 몇 번 휘두르니 어느새 수숫대가 눈앞에 있다. 그리고 휙휙 날렵한 낫질로 껍질을 벗기자 연한 노란색 속살이 드러난다.

라오 씨가 건네주는 수숫대를 받아 속을 한 입 베어 물자 입 안에 단물이 확 퍼졌다. 단순히 설탕물이 아니라 뭔가 더 유쾌한 단맛으로 기억한다. 우적우적 씹어 단물을 빨아 먹은 뒤 남은 섬유질 속은 뱉어냈다.

* 옥수수와 사탕수수의 분류학적 관계에 대해서는 95쪽 참조.

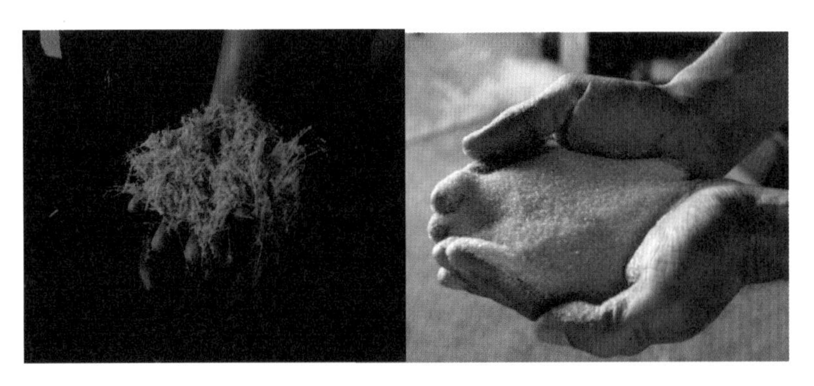

사탕수숫대는 파쇄기에서 잘게 부서져 축축한 섬유질 덩어리로 바뀐다(왼쪽). 이것을 압착기에 넣고 짜내 즙과 찌꺼기로 분리한다. 즙에서 수분을 날리고 결정화해 갈색 설탕을 얻고(오른쪽) 찌꺼기는 태워 연료로 쓴다. (제공 강석기)

농장을 뒤로하고 라우토카 시내의 작은 인도 식당에서 점심을 먹은 뒤 오후에 피지설탕사Fiji Sugar Corporation, FSC의 제당공장을 찾았다. 공장 마당은 주변 농장에서 거둬들인 사탕수수가 잔뜩 쌓여있고 벨트로 운반돼 파쇄기에서 잘게 분쇄한 뒤 압착해 즙을 얻는다. 사탕수숫대에는 수분(설탕물)이 많아 무게로 치면 즙이 86% 정도이고 찌꺼기가 14%다. 찌꺼기(섬유질)는 보일러로 옮겨 연료로 쓰니 사탕수수는 버릴 게 없다.

즙을 끓여 수분을 날리면 점차 걸쭉해지면서 갈색 시럽이 된다. 여기에 실험실에서 만든 작은 설탕입자, 즉 핵을 분사하면 설탕 결정이 자란다. 균일한 크기의 설탕 결정을 얻는 방법이다. 결정이 충분히 형성되면 시럽을 원심분리기에 넣어 설탕 결정과 시럽 찌꺼기를 분리한다.

이렇게 얻은 갈색 설탕brown sugar에는 자당sucrose이 90% 넘게 들어 있지만 색소와 당밀, 사탕수수 고유의 향기를 지닌 냄새분자, 그 밖의 여러 미량성분이 포함돼 있다. 갈색 설탕을 녹여 이런 성분들을 없앤 뒤 다시 결정으로 만든 게 백설탕이다. 사탕수숫대 9톤에서 설탕 1톤이 나온다. 한편 원심분리기를 빠져 나간 시럽 찌꺼기(폐당밀)에도 채 결정화되지 않은 당분이 있어 발효시켜 에탄올을 얻는다.

재배 사탕수수는 잡종

사탕수수는 넓게는 개사탕수수속Saccharum에 속하는 몇몇 종을 가리키고 좁게는 이 가운데 한 종인 사카룸 오피시나룸S. officinarum을 뜻한다. 사카룸은 설탕이라는 뜻하는 라틴어이고 오피시나룸은 약제사를 뜻하는 라틴어다. 18세기 분류학자 칼 린네가 사탕수수에 '약제사의 설탕'이라는 학명을 붙인 건 당시에도 설탕이 비쌌지만 과거에는 너무 귀해 약으로 쓰였기 때문이다.

사탕수수는 유럽 제국주의 식민지 플랜테이션을 상징하는 작물이지만 원산지는 동남아시아로 무려 8,000년 전 뉴기니에서 처음 작물화된 것으로 보인다. 원래는 돼지 사료로 쓰였으나 야생 사탕수수(학명 *S. robustum*. 억센 사탕수수라는 뜻)의 수숫대의 달짝지근한 맛을 본 사람들이 재배하면서 당도가 높은 쪽으로 개량해 작물 사탕수수(*S. officinarum*)가 생겨난 것으로 보인다.

작물 사탕수수는 중국과 인도로 전파되는 과정에서 야생 식물인 개사탕수수(학명 *S. spontaneum*. 저절로 자라는(야생) 사탕수수라는 뜻)과 교잡하며 현지화됐다. 과거에는 이 사실을 몰랐기 때문에 중국에서 재배하는 사탕수수에 *S. sinense*(중국 사탕수수라는 뜻), 인도에서 재배하는 사탕수수에 *S. barberi*(짧은 사탕수수라는 뜻)라는 학명을 붙였다. 그러나 염색체 분석을 통해 잡종이라는 게 밝혀지면서 지금은 독립된 종으로 인정받지 못한다.

여기서 주의할 점은 사탕수수 재배의 역사가 곧 설탕의 역사는 아니라는 것이다. 즉 8,000년 전 사탕수수를 재배한 이후에도 사람들은 수천 년 동안 수숫대를 씹어 단물을 빼먹거나 즙을 짜서 먹었다. 즙을 증발시켜 설탕 덩어리를 얻는 기술은 이보다 한참 뒤인 대략 3,000년 전 인도에서 개발된 것으로 보인다. 설탕을 뜻하는 라틴어 Saccharum도

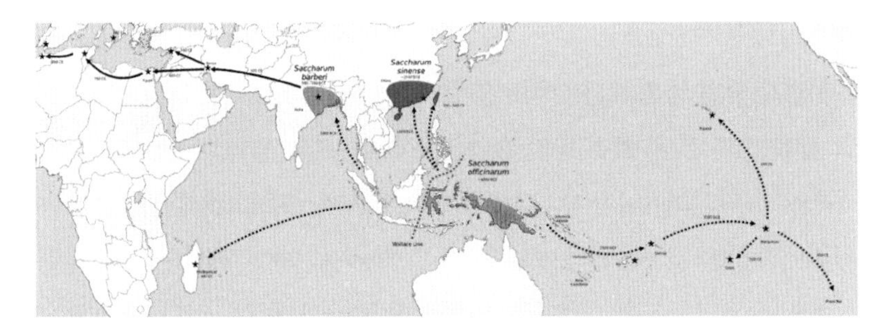

사탕수수는 약 8000년 전 뉴기니에서 처음 작물화된 뒤 중국과 인도로 퍼지며 현지의 가까운 종과 교잡이 일어났다. 오늘날 널리 재배되는 사탕수수 역시 뉴기니의 순종과 다른 종을 교배해 얻은 품종들이다. (제공 위키피디아)

기원은 산스크리트어 शर्करा(śarkarā)다. 그 뒤 페르시아(오늘날 이란) 사람들도 설탕을 만드는 기술을 익혔다.

7세기 아랍인들이 북아프리카와 스페인을 점령하며 이 지역에서도 사탕수수를 재배하고 설탕을 만들었지만 (아)열대 식물인 사탕수수가 자라는데 썩 좋은 기후가 아닌데다 노동력도 많이 필요해 규모는 크지 않았다. 16세기 식민지 개척이 시작되면서 곳곳에 대규모 사탕수수 농장과 제당 공장이 세워진 뒤에야 설탕은 귀중품에서 일상품으로 바뀌었다.[135]

동남아에서 재배되던 순종 사탕수수, 즉 오피시나룸은 중국이나 인도에서 재배되던 잡종에 비해 설탕을 많이 얻을 수 있어 '귀한 사탕수수noble cane'라고도 불렸다. 그럼에도 병충해나 가뭄 등 각종 스트레스에 취약하다. 따라서 100여 년 전부터 육종학자들은 품종 개량을 시도했고 이 과정에서 스트레스에 강한 개사탕수수와 교배하기 시작했다. 수천 년 전 사탕수수가 전파되는 과정에서 일어났던 일을 재현한 셈이다.

물론 사람(육종학자)은 자연보다 훨씬 집요해서, 식물체는 튼튼해졌지만 설탕 함량은 떨어진 1세대 잡종에 만족하지 못하고 여교배를 통해 스트레스 저항성은 유지하면서도 설탕 함량은 올라간 개체를 선별했다. 즉 잡종과 순종 사탕수수를 교배하는 과정을 수차례 반복해 얻은 결과물이다. 그 결과 오늘날 재배하는 사탕수수 품종 대다수는 게놈에서 순종(오피시나룸)의 기여도가 80%를 넘는다.

사탕수수는 생산량 1위 작물로서 연간 수확량이 18억 6,970만 톤에 이른다(2020년). 2위인 옥수수가 11억 톤이니 큰 차이다. 물론 사탕수수 생산량은 수숫대 무게이므로 산물인 설탕으로 따지면 옥수수는 물론 쌀과 밀에도 밀린다. 설탕의 연간 생산량은 1억 8,500만 톤(2017년)으로 이 가운데 80%를 사탕수수에서 만들고 나머지는 사탕무, 단수수 등에서 얻는다.

최근 화석연료가 고갈되고 이산화탄소 배출로 지구온난화가 심각해지면서 사탕수수가 재생가능 에너지원으로 주목받고 있다. 사탕수수 수액을 발효시켜 만든 에탄올이 휘발유를 대신할 수 있기 때문이다. 실제 오늘날 바이오에탄올의 40%를 사탕수수 발효에서 얻는다. 사탕수수 연간 생산량이 7억 5,710만 톤으로 세계 1위인 브라질에서 에탄올 자동차 보급률이 높은 이유다.

품종에 따라 차이는 있지만 설탕 1톤을 얻으려면 대략 수숫대 9톤이 있어야 한다. 만일 사탕수수가 좀 더 빨리 자라고 더 높은 농도로 수액을 저장할 수 있다면 재생가능 에너지원으로서의 가치는 좀 더 올라갈 것이다.

게놈 해독 아직 진행 중

사탕수수는 볏과에 속하는 작물로 분류상 수수, 옥수수와 가깝다(다들 기장아과 나도솔새족에 속한다). 작물 중요도를 고려하면 나도솔새족에서 옥수수 다음으로 사탕수수 게놈이 해독됐을 것 같다. 그런데 정작 가장 먼저 게놈이 해독된 건 수수로 2009년 1월 학술지 『네이처』에 논문을 발표했다. 옥수수 게놈 논문은 열 달 뒤인 같은 해 11월 학술지

『사이언스』에 실렸다.

수수는 보리, 밀과 함께 일찌감치 재배된 작물이기는 하지만 오늘날 경작 규모를 놓고 보면 첫 번째라는 게 뜻밖이다. 그 이유는 게놈 크기와 복잡성에 있다. 옥수수 게놈은 23억 염기로 8억 염기인 수수의 3배나 된다. 둘은 약 1,200만 년 전 공통조상에서 갈라진 것으로 보이는데 그뒤 옥수수에서만 전체게놈중복WGD이 일어나 사배체가 됐다. 그 뒤 염색체가 재배열되면서 이배체로 돌아왔지만 대신 전이인자가 많이 늘어 게놈 구조가 더 복잡해졌다. 옥수수 게놈 해독 프로젝트가 먼저 시작됐지만, 완성은 열 달 늦은 이유다.

뜻밖에도 '작물' 사탕수수 게놈 해독 소식은 이 글의 교정을 보는 2022년 6월에도 아직 들리지 않는다. 지난 20년 사이 게놈 해독 기술이 눈부시게 발전했음에도 사탕수수 게놈 해독은 여전히 진행 중이다. 여기에는 두 가지 이유가 있다.

먼저 밀이나 옥수수와는 달리 사탕수수는 (아)열대 작물로 서구 나라들이 재배하는 작물이 아니다. 오늘날 사탕수수 생산량 1위인 브라질이나 2위인 인도는 아무래도 연구비나 연구인력이 딸려 속도를 내기가 쉽지 않다. 그러나 진짜 이유는 사탕수수 게놈이 너무 복잡하다는 데 있다. 이 책에서 소개한 30여 가지 작물 가운데 게놈 복잡도는 사탕수수가 단연 1위다.

반수체(n)가 169억 염기나 돼 반복서열이 90%가 넘는 마늘이나 반수체 크기가 160억 염기에 육배체로 비슷비슷한 서열이 많은 빵밀이 가장 고난도일 것 같지만 사탕수수의 복잡성에는 못 미친다. 오늘날 재배되는 사탕수수는 잡종인데다 품종에 따라 염색체 수가 적게는 100개에서 많게는 130개에 이른다. 게다가 이수성이 심해 몇 배체라고 콕 집어 말할 수도 없다.

이수성aneuploidy은 염색체의 수가 일배성monoploidy, 즉 기본염색체(x)의 정수배가 아닌 상태다. 예를 들어 다운증후군인 사람은 21번 염색체가 3개인 이수성 게놈을 지니고 있다. 이 경우 기본염색체 23개 가운데 하나만 개수가 3개로 다르므로 이배체에서 이상이 생긴 것이라고 볼 수 있지만 사탕수수는 이런 수준이 아니다.

먼저 잡종 사탕수수의 모계인 순종 사탕수수와 부계인 개사탕수수부터 기본염색체 수가 다르다. 즉 순종 사탕수수는 10개인 반면 개사탕수수는 8개다. 사탕수수와 가까운 수수가 10개이므로 개사탕수수에서 염색체 재배열(융합)이 일어난 결과다.

한편 약 1,000만 년 전 수수새속*Sorghum*과 공통조상에서 갈라진 뒤 개사탕수수속 진화 과정에서 전체게놈중복이 두 차례 일어났다. 그 결과 순종 사탕수수는 팔배체 식물이 됐다(2n=8x=80). 반면 개사탕수수는 게놈 불안정성이 커서 주로 팔배체이기는 하지만 서식지에 따라 오배체에서 십육배체까지 폭넓은 변이를 보인다(2n=5x=40 ~ 2n=16x=128). 오배체처럼 홀수가 되면 감수분열이 제대로 일어나지 못해 불임이 되기 쉽다. 실제 오배체 개사탕수수는 과거 채집한 견본만 있을 뿐 지금은 살아 있는 개체를 볼 수 없다.

100여 년 전 네덜란드 육종가들이 식민지인 인도네시아에서 순종 사탕수수(모계)와 개사탕수수(부계)를 교배했을 때 1세대 잡종은 적어도 이수성을 보이지는 않았을 것이다. 예를 들어 팔배체 개사탕수수였다면 염색체가 72개인 잡종이 태어났을 것이다(2n=8x=72, 모계에서 40개(n=4x=40), 부계에서 32개(n=4x=32)).

그런데 여교배를 하면서 잡종에서 감수분열로 생식세포가 만들어질 때 모계와 부계의 염색체들이 재조합으로 뒤섞이기도 하고 이수성도 나타났다. 육종가들은 이렇게 얻은 씨앗을 뿌려 작물로서 더 나은 특성

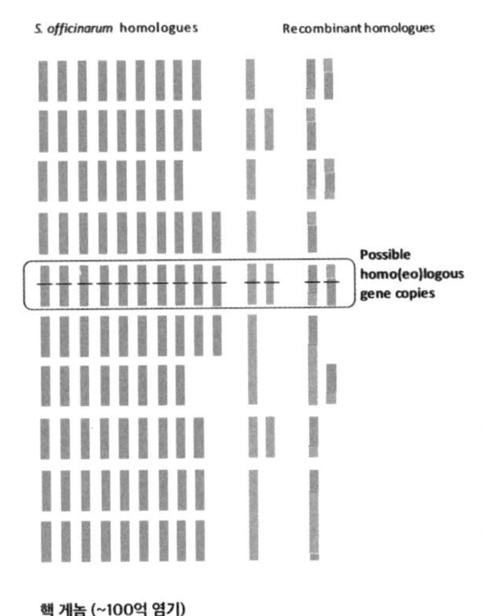

작물 사탕수수는 잡종인데다 품종에 따라 염색체 개수가 100~130개에 이르는 복잡한 게놈을 지니고 있다. 염색체 구성을 보면 사탕수수(*S. officinarum*)에서 온 게 80% 내외이고(주황색) 개사탕수수(*S. spontaneum*)가 10~15%(녹색), 둘 사이의 재조합이 일어난 염색체가 5~10%를 차지한다. (제공 『식물과학의 경계』)

을 보이는 개체를 선별하는 데만 관심이 있었다. 원하는 개체를 얻으면 씨가 아니라 싹을 포함한 줄기를 잘라 심는 영양생식으로 번식시키므로(클론clone, 즉 복제 개체다) 작물 특성이 유지되기 때문이다. 게놈의 불안정성은 문제가 되지 않았고 그런 줄도 몰랐을 것이다.

현재 널리 재배되는 사탕수수의 게놈을 이루는 염색체 100~130개 가운데 순종 사탕수수의 비율이 80% 내외이고 개사탕수수의 비율이 10~15%이고 둘 사이의 재조합이 일어난 염색체가 5~10% 정도를 차지한다. 게다가 이수성도 커 염색체에 따라 적게는 10개에서 많게는 15개에 이른다. 따라서 재배 사탕수수를 '몇 배체 식물'이라는 식으로 말할 수가 없다. 다른 작물과는 달리 반수체(n)를 참조 게놈으로 쓸 수도 없다. 체세포 염색체를 정확히 반으로 나눌 수가 없기 때문이다.

결국 사탕수수는 전체 게놈(2n)을 다 해독해야 하는데 덩치가 대략 100억 염기로 꽤 클 뿐 아니라 비슷비슷한 유전자가 많아(최대 15개에 이른다) 자리를 찾기 어렵다. 그래서 생각해낸 전략이 수수 게놈을 참조하는 것이다. 사탕수수와 달리 수수는 공통조상에서 갈라진 뒤에도 전체게놈중복이 일어나지 않아 게놈 구조가 크게 바뀌지 않았다(2n=2x=20). 따라서 사탕수수 게놈에서 해독한 부분을 수수 게놈과 비교해 상응하는 부분을 찾으면 일단 그 위치를 지정한다. 이렇게 데이터가 쌓이다 보면 좀 더 정확한 게놈 지도를 그릴 수 있을 것이다. 여기서 2009년 1월 볏과의 PACMAD 분지군 작물로는 처음 게놈 해독 논문이 발표된 수수에 대해 잠깐 살펴보자.[136]

C4 광합성 모델 식물

수수는 아프리카가 원산지인 작물로 가뭄에 강하고 척박한 토양에서도 잘 자란다. 밀과 벼가 널리 재배되면서 식량 작물로서 위상은 많이 떨어졌지만 여전히 적지 않은 사람들의 주식이다. 연간 생산량은 6,000만 톤으로 곡류 가운데는 보리에 이어 5위이지만 식량으로는 4위다.

수수 게놈 해독이 중요한 건 볏과의 PACMAD 분지군의 참조 게놈이 될 수 있고(벼 게놈은 볏과 BOP 분지군의 참조 게놈이다) 무엇보다도 C4 광합성을 이해하는 데 큰 도움이 될 수 있기 때문이다. 앞서 4장의 주인공인 기장과 조뿐 아니라 옥수수와 수수도 벼나 밀에 비해 더위나 가뭄에 강하고 생산성이 높은 건 C4 광합성 때문이다.

C4 광합성은 C3 광합성에 비해 공기 중 이산화탄소를 효율적으로 이용할 수 있고 수분 손실이 적어 특히 덥고 건조한 기후에서 유리하다. 오늘날 C4 광합성을 하는 식물은 전체 식물 종의 3%에 생체량은 5%에 불과하지만 이들이 광합성으로 고정하는 이산화탄소의 양은 23%에 이른다. 흥미롭게도 C4 광합성은 1960년대 사탕수수 광합성

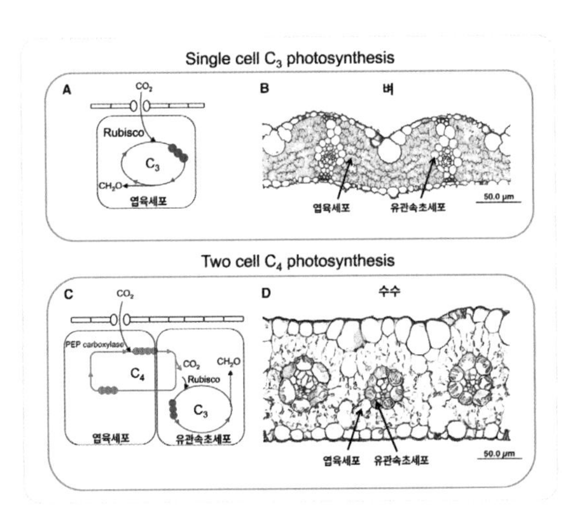

광합성은 이산화탄소를 고정하는 방식에 따라 C3 광합성과 C4 광합성 두 가지가 있다. 둘 가운데 원조인 C3 광합성은 여전히 벼를 비롯해 속씨식물의 97%가 채택하고 있다(위). 기후변화로 약 3,000만 년 전 등장한 C4 광합성은 별도의 세포에서 이산화탄소를 고정해 효율을 높였다(아래). 작물 가운데는 수수와 사탕수수, 옥수수 등이 C4 광합성을 한다. (제공 『사이언스』)

과정을 연구하다 발견했다.*

C4와 C3의 의미를 이해하려면 광합성 과정을 알아야 한다. 광합성의 핵심인 캘빈 회로를 보면 세포 안으로 들어간 이산화탄소가 리불로오스-1,5-이인산이라는 탄소 5개짜리 분자와 결합해 3-포스포글리세르산이라는 탄소 3개짜리 분자 두 개로 바뀐다. 즉 탄소만 보면 '1+5→3+3'인 셈이다. 그 뒤 복잡한 과정을 거쳐 탄소 6개짜리인 포도당이 만들어진다.

이처럼 이산화탄소가 처음 결합해 만들어지는 분자(3-포스포글리세르산)가 탄소 3개로 이뤄져 있어 이를 'C3 광합성'이라고 부른다. 그리고 이 반응을 촉매하는 효소가 루비스코Rubisco로 지구에서 가장 많이 존재하는 단백질이다. 볏과 작물에서는 벼와 보리, 밀이 C3 광합성을 한다.

* C4 광합성 발견 과정에 대해서는 『과학의 위안』(강석기, MID, 2017) 226쪽 '아세요? 사탕수수가 벼보다 광합성 효율이 높다는 사실을…' 참조.

C3 광합성을 하는 식물은 엽육세포 안에서 이산화탄소를 고정해 탄소 3개짜리 분자를 만들고 바로 캘빈 회로가 돌아간다. 반면 C4 광합성을 하는 식물은 엽육세포 안에서 이산화탄소를 고정해 탄소 4개짜리 분자를 만든 뒤 이 분자를 인접한 유관속초세포로 넘긴다. 여기서 분자가 분해돼 다시 이산화탄소가 나온 뒤 C3 광합성의 과정이 시작된다. 그런데 이렇게 번거로운 C4 광합성이 왜 존재할까.

이런 의문에 답을 하는 과정에서 과학자들은 지구의 대기조성과 기후변화가 식물의 진화에 미치는 영향을 알게 됐다. 즉 대략 30억 년 전 미생물이 광합성을 하기 시작했을 때 대기는 이산화탄소가 많았고 산소는 별로 없었다. 따라서 이산화탄소를 붙잡는 루비스코 단백질은 구조가 정교할 필요가 없었고 따라서 산소도 붙잡게 됐다.

그런데 대기 중의 산소가 늘어나고 이산화탄소가 줄기 시작하면서 문제가 생겼다. 즉 이산화탄소 대신 산소를 붙잡는 비율이 높아지면서 광합성 효율이 떨어졌기 때문이다. 게다가 기온이 올라가고 대기가 건조해지면 수분의 증발을 막기 위해 기공을 닫아야 해 세포 내 이산화탄소 농도가 더 낮아진다.

이런 기후변화는 신생대, 특히 대략 2,650만 년 전인 올리고세 후기에 들어 본격적으로 시작됐고 이 무렵 C4 광합성을 하는 식물이 등장했다. 즉 이산화탄소를 붙잡는 세포와 캘빈 회로가 돌아가는 세포를 분리함으로써 대기 중 이산화탄소 농도 감소와 고온, 대기 건조라는 광합성에 불리한 조건을 극복하게 진화한 것이다.[137] 그리고 숲이 광범위하게 사바나(초원)로 바뀌는 1,000만~600만 년 전 C4 식물들이 폭발적으로 늘어났다. 침팬지와 공통조상에서 인류가 진화를 시작한 시점과 비슷하다. C3 식물이 유인원들이라면 C4 식물은 사람인 셈이다.

놀랍게도 이렇게 C4 광합성을 '발명'한 식물은 무려 61가지 계열에 이른다. 즉 새로운 환경에 적응하기 위해 수십 차례나 서로 독립적인 '수렴진화'가 일어났다는 말이다. 이 가운데 하나가 옥수수, 수수, 사탕수수가 포함된 나도솔새족이다.

미국 조지아대 앤드류 패터슨 교수팀이 주도한 다국적 공동연구팀이 수수 게놈 해독에 뛰어들었다. 수수는 게놈 크기가 7억 3,000만 염기쌍으로 추정돼 벼 게놈보다 75% 정도 더 크다. 벼 게놈보다 전이인자가 좀 더 많기 때문이다. 수수 게놈의 단백질 유전자 수는 3만 4,000여 개로 추정돼 벼와 비슷했다. 연구자들은 C4 광합성 진화에 관련된 유전자도 여럿 찾았다. 사탕수수 게놈은 너무 복잡해서 앞으로도 수수 게놈을 기반으로 C4 광합성에 대한 깊이 있는 연구가 진행될 것이다.

개사탕수수 게놈은 해독 진행중

수수 게놈이 해독되고 9년이 지난 2018년 7월 사탕수수 게놈 해독의 첫발을 내디딘 연구 결과가 학술지 『네이처 커뮤니케이션스』에 실렸다.[138] 프랑스 국제개발농업연구소CIRAD 안젤리크 돈트 박사가 이끄는 다국적 공동연구팀은 잡종 사탕수수 재배 품종인 R570의 모자이크 일배체(x) 염기서열을 제시했다.

앞서 얘기한 대로 잡종 사탕수수의 게놈은 꽤 복잡해 R570도 염색체 수가 115개이고 이 가운데 80%가 순종 사탕수수, 10%가 개사탕수수, 10%가 둘의 재조합 상태다. 잡종 사탕수수의 게놈 크기(이 경우 2n)는 100억 염기 내외이고 일배체의 크기는 8~9억 염기로 7억 5,000만 염기인 수수와 비슷하다.

처음부터 이 모두를 해독할 수는 없어 대신 보유하고 있는 R570의 BAC(박테리아인공염색체), 즉 대장균에 집어넣은 사탕수수 게놈 조각 4,660개를 해독해 수수 게놈을 참고로 해서 염색체 일배체 서열로 재구성하기로 했다. 수수 게놈의 염색체 개수인 10개로 이뤄져 얼핏 순종 사탕수수의 일배체인 것 같지만 실제 BAC 조각들은 염색체 115개에서 임의로 온 것이다. 이 데이터를 수수에 맞춰 염색체 10개로 이뤄진 일배체로 짜깁기했기 때문에 '모자이크'라고 부른 것이다.

이렇게 재구성한 일배체 크기는 3억 8,200만 염기로 전체 크기의 절반이 안 된다. 단백질 유전자는 2만 5,000여 개로 추정됐다. 수수의 유전자가 3만 4,000여 개이므로 1만 개 정도는 빠진 셈이다. 한 마디로 사탕수수 게놈 해독을 시도했다는 데 의미가 있는 결과다.

4개월이 지난 11월 학술지 『네이처 유전학』에는 개사탕수수 게놈 해독 결과를 실은 논문이 실렸다.[139] 중국 국립사탕수수개량기술연구센터 레이 밍 교수가 이끄는 다국적 공동연구팀은 팔배체인 개사탕수수의 반수체(n), 즉 생식세포를 배양해 게놈을 해독했다. 생식세포는 사배체로 염색체 32개로 이뤄져 있다(n=4x=32). 팔배체인 체세포 게놈으로 해독하면 상동염색체 쌍이라 염기서열 해독이 복잡해진다(물론 게놈의 온전한 정보를 얻을 수 있으므로 완성도는 높다).

반수체의 게놈 크기는 33억 6,000만 염기로 추정되는데, 연구자들은 93%인 31억 3,000만 염기를 해독했다. 앞서 말했듯이 팔배체인 순종 사탕수수는 수수와 갈라진 뒤 전체게놈중복이 두 차례 일어난 결과다. 그런데 데이터를 분석한 결과 팔배체 개사탕수수의 경우 이배체 조상에서 먼저 염색체 재배열로 10개 한 세트가 8개 한 세트로 줄어든 뒤 두 차례 전체게놈중복이 일어난 것으로 밝혀졌다(2n=2x=20 → 2n=2x=16 → 2n=4x=32 → 2n=8x=64). 즉 순종 사탕수수와 개사탕수수는 서로 갈라진 뒤 따로 전체게놈중복이 일어난 것이다.

분석 결과 팔배체 개사탕수수는 동질배수성autoploidy, 즉 같은 종의 게놈이 합쳐진 것으로 밝혀졌다. 이 경우 반수체에서 상동유전자가 4개가 되어야 하지만 전체게놈중복이 일어난 뒤 중복된 유전자가 소실되기 마련이라 팔배체라도 4개 다 유지하는 게 얼마 안 된다. 개사탕수수의 단백질 지정 유전자는 3만 5,525개로 추정됐다.* 이 가운데 4개 모두 존재하는 건 4,289개로 12.7%에 불과했다. 3개가 있는 게 9,792개(27.6%), 2개가 있는 게 1만 4,797개(41.7%), 심지어 하나만 남은, 즉 이배체처럼 된 것도 6,647개(18.7%)나 됐다. 평균 2.3개이니 팔배체가 돼도 얼마 안 가 유전자 한두 개는 잃어버린다는 말이다.

C4 광합성 관련 유전자 종류는 수수와 비슷했고 옥수수와는 약간 달랐다. 분류학의 관점에서 예상한 결과다. 게놈이 단순한 수수를 놔두고 굳이 사탕수수로 C4 광합성을 연구할 필요는 없다는 말이다.

개사탕수수는 수숫대에 저장하는 설탕이 얼마 되지 않지만, 아무튼 설탕 운송 및 저장에 관여하는 유전자도 분석했다. 나중에 순종 사탕수수의 설탕 관련 유전자를 분석해 비교하면 둘의 차이를 설명할 수 있을 것이기 때문이다. 그런데 사탕수수는 어떻게 설탕을 저장하는 것일까.

다른 식물과 마찬가지로 사탕수수 역시 광합성은 잎에서 일어난다. 즉 잎 세포의 엽록체에서 빛 에너지로 물과 이산화탄소에서 포도당이 만들어지고 산소가 나온다. 포도당은 탄소원자가 6개인 단당류(육탄당)로 구조가 약간 바뀌면 역시 육탄당인 과당이 된다. 두 분자가 합쳐져 나온 게 바로 설탕, 즉 자당sucrose으로 이당류다.

잎에서 만들어진 자당은 체관을 통해 식물 전체로 이동한다. 당은 세포호흡 등 생리활동의 에너지원으로 쓰이거나 식물체 성장의 재료, 즉 세포벽을 이루는 셀룰로오스 같은 고분자로 바뀐다. 여분의 당은 녹말 같은 고분자로 바뀌어 저장되거나 자당의 형태로 세포 내 액포에 저장된다.

사탕수수 성장기에는 자당이 세포벽 재료로 소진되지만 어느 정도

* 동질팔배체이므로 상동유전자는 최대 4개이지만 하나로 계산한다.

자라면 수숫대의 유세포에 저장된다. 작물화 과정에서 설탕 함량이 높은 개체가 선별되면서 세포 내 액포뿐 아니라 세포 밖 공간에도 자당이 고농도로 녹아 있는 상태가 됐다.

자당의 이동과 저장에는 많은 효소가 관여한다. 자당 이동에는 액포막자당수송체TST가 가장 중요하다. 자당 그대로 저장하느냐 고분자로 바꾸느냐를 결정하는 세 효소도 중요하다. SPS와 SPP가 많으면 자당으로 저장하는 쪽이 되고 SuSy가 많으면 셀룰로오스 같은 고분자로 바뀌는 쪽으로 기운다. 이 가운데 SPS의 활성이 자당 함량과 밀접한 관련이 있어 수율이 높은 품종일수록 SPS 발현량이 높다. 한편 SuSy 활성은 성장이 왕성한 어린 개체에서 높다.

수수는 TST 유전자가 3개인 반면 개사탕수수는 4개로 하나가 늘었다. 게다가 팔배체라서 유전자가 4개가 아니라 13개나 된다(그나마 16개에서 3개는 사라진 결과다). TST를 포함해 개사탕수수의 당수송체 유전자는 9종류에 123개나 됐다.

육종가들이 설탕 함량이 높은 순종 사탕수수를 굳이 개사탕수수와 교배한 이유는 스트레스에 강한 품종을 얻기 위해서다. 질병저항성도 그 가운데 하나로 개사탕수수 게놈을 해독한 결과 NBS 유전자가 361개나 되는 것으로 추정돼 274개인 수수보다 30% 이상 많았다. 이는 개사탕수수 진화 과정에서 NBS 유전자의 순차중복tandem duplication이 많이 일어난 결과로 보인다.** 그 결과 다양한 병원체에 대응하는 능력이 커졌을 것이다.

개사탕수수 게놈이 해독되고 1년이 지난 2019년 12월 학술지 『기가사이언스』에는 잡종 사탕수수의 게놈에서 유전자 부분을 해독한 논문이 실렸다.[140] 사탕수수 1위 생산국인 브라질의 과학자들이 주도한 다국

** 순차중복 개념은 28쪽 그림 참조.

적 공동연구팀은 널리 재배되는 품종인 SP80-3280의 게놈에서 190억 염기 데이터를 얻었다. 이는 전체 게놈의 1.9배에 이르는 양이지만 게놈 해독을 위해서는 최소한 10배의 데이터는 얻어야 하므로 턱없이 적은 양이다.

연구자들은 전체 게놈을 해독하는 대신 이 가운데 유전자 공간, 즉 유전자와 조절영역(프로모터)에 해당하는 서열만 골라 분석해 42억 6,000만 염기를 해독했다. 그 결과 잡종 사탕수수의 유전자 수는 무려 37만여 개로 추정됐다. 다만 이는 게놈 전체의 유전자 모두를 더한 값이다. 보통 이배체는 반수체(n)의 유전자 수를 해당 식물의 유전자 수로 정의한다. 예를 들어 수수의 유전자가 3만 4,000여 개라고 말하지만 실제 게놈 전체(2n)에 있는 유전자를 세어보면 그 두 배인 6만 8,000여 개다.

동질배수성 식물 게놈의 경우 반수체(n) 유전자 수에서 중복된 상동 유전자를 뺀 값이다. 앞서 팔배체인 개사탕수수 유전자 수 3만 5,525개는 반수체인 사배체(4x)의 일배체 네 가지의 유전자를 더한 값인 8만 2,773개에서 겹치는 유전자(상동유전자 개수에 따라 1~3개씩)를 뺀 결과다. 따라서 게놈 전체(2n)의 유전자 수는 16만여 개일 것이다. 따라서 잡종 사탕수수 게놈 전체의 유전자 수가 37만여 개나 된다는 것은 잡종이 10~13배체라는 걸 고려해도 너무 많다. 아마도 데이터를 분석하는 과정에서 오류가 생긴 것 같다.

잡종 사탕수수의 유전자 공간을 개사탕수수와 비교한 결과 자당 합성과 관련해 염기서열의 차이가 유전자에서는 작았지만 프로모터에서는 컸다. 둘 사이의 유전자 발현 패턴 차이로 설탕 함량 차이를 설명할 수 있다는 말이다. 머지 않아 잡종 사탕수수의 완전한 게놈이 해독되지 않을까.

오늘날 사탕수수의 생산성은 헥타르 당 84톤으로 이론 한계값인 381톤의 22% 수준이다. 전통 육종법으로는 생산성을 1년에 1% 수준으로 올리는 게 고작이다. 게놈 정보에 기반한 분자육종이 시급한 이유다.

불과 수백 년 전까지만 해도 약으로나 쓸 정도로 귀했던 설탕은 이제 비만과 대사질환의 주범으로 전락했다. 이와 함께 추락하던 사탕수수의 위상이 최근 재평가되고 있다. 석유를 대신할 바이오에너지의 상당 부분을 사탕수수에서 얻을 수 있기 때문이다. 한 보고서의 예측에 따르면 2060년까지 바이오에너지가 전체 에너지의 17%인 170EJ(엑사줄. 엑사exa는 10의 18승)을 공급하면 온실가스 배출량을 18% 줄이는 효과가 있다. 이 목표를 이루는 데 사탕수수 게놈 해독 연구가 큰 역할을 하지 않을까.

인삼,
기후변화가 탄생시킨 약초의 왕

"무슨 차인지 아시겠어요?"

"맛이 알싸한 게… 혹시 인삼 씨앗인가요?"

"맞습니다. 허허"

2021년 가을 어느 날, 인삼 게놈 취재차 서울대 식물생산과학부 양태진 교수 연구실을 찾았다. 양 교수는 지난 2018년 학술지 『식물바이오테크놀로지저널』에 발표된 인삼 게놈 해독 연구를 이끌었다.[141] 인터뷰는 예상한 한 시간을 훌쩍 넘어 두 시간 가까이 진행됐다. 알고 보니 양 교수는 인삼 게놈 연구에 앞서 벼 게놈과 배추속 작물 게놈 해독 연구를 해왔고 따라서 할 얘기가 많아졌다. 우리나라를 대표하는 작물 게놈 연구자를 만난 것이다.

'만병통치약'이 학명

예로부터 동양 전통의학에서 거의 만병통치약처럼 높이 평가해 온 인삼은 이제 세계에서 약효를 인정받으며 '약초의 왕'으로 군림하고 있다. 실제 칼 린네는 미국삼(화기삼)American ginseng의 학명을 *Panax quinquefolius*라고 지었는데, 속명 Panax는 만병통치약을 뜻하는 그리스어 Panakos에서 따왔다. 18세기에 이미 인삼이 뛰어난 약초라는 걸 알고 있었다는 말이다. 종소명 quinquefolius은 잎이 다섯 장이라는 뜻으로, 잎자루에 작은 잎 다섯 장이 달린 모습에서 작명했다. 참고로 미국삼은 고려인삼과 가장 가까운 종이다.

인삼은 미나리목 두릅나무과 인삼속 식물 17종을 통칭하기도 하고 그 가운데 한 종인 고려인삼(학명 *Panax ginseng*)을 뜻하기도 한다. 예로부터 한반도에서 나는 인삼이 유명하다 보니 중국인들이 고려인삼이라고 불렀고 영어에서 Korean ginseng으로 번역했다. 여기서는 맥락에 따라 병용한다. 참고로 영어 ginseng이 한자 人蔘의 일본어 발음을 표기한 것으로 알고 있는 사람들이 많은데 사실이 아니다. 인삼의 중국 옛 이름 상삼祥蔘의 중국어 발음 xiangshen이 바뀐 것이다. 일본에서는 인삼을 닌징にんじん이라고 부른다.[142]

사람들이 인삼을 약재로 쓴 역사는 수천 년에 이르지만 산에 자생하는 야생 인삼인 산삼山蔘을 채취한 것이므로 작물은 아니다. 실제 인삼 재배 역사는 수백 년에 불과하다. 중국 옛 문헌에 산삼 씨앗을 받아 재배했다는 기록이 다수 남아 있지만 관상용으로 기른 것이지 작물로 재배한 것은 아니다.

우리나라의 경우 조선 중종 36년(1541년) 경북 풍기군수로 부임한 주세붕이 중국에 보낼 산삼 채취에 동원돼 농부들이 농사를 짓지 못할 지경이 되자 씨를 뿌려 재배를 시도했다는 기록이 있지만 1700년대 들

사람들이 인삼을 약재로 쓴 역사는 수천 년에 이르지만 산에 자생하는 야생 인삼인 산삼을 채취한 것이므로 작물은 아니다. 실제 인삼 재배 역사는 수백 년에 불과하다.

어서야 본격적인 재배가 시작된 것으로 보인다. 처음에는 가삼家蔘이라고 불렀지만, 재배 인삼이 주종이 되면서 인삼이라는 이름을 차지했고 야생 인삼은 산삼으로 불리게 됐다.[143]

인삼은 성장이 느리고 환경 스트레스에 민감한데다 씨앗도 한 세대에 40개 내외로 적게 맺힌다. 재배 역사도 짧아 다른 작물과 달리 사람의 영향이 작은 편이다. 산삼과 인삼은 생김새가 꽤 다르지만 인삼 씨를 산에 뿌려 저절로 자란 산양삼의 생김새는 인삼이 아니라 산삼이다. 즉 산삼과 인삼의 겉모습 차이는 작물화로 인한 유전 변이 때문이 아니라 성장 환경의 차이 때문이다. 양 교수는 "산삼과 인삼의 DNA 염기서열을 비교한 결과 본질적인 차이를 찾을 수 없었다"고 설명했다.

인삼속 식물 가운데 중의학에서 인삼과 함께 쓰는 약초가 삼칠三七인데 영어 이름 chinese ginseng을 직역하면 중국인삼이다(학명 *P. notoginseng*). 중국 사람들이 삼칠이라고 부른 건 줄기가 가지 3개로 갈라지고 각각에 잎이 7장 달렸기 때문이다. 반면 인삼은 미국삼처럼 잎자루에 잎이 5장 달려 있다. 인삼이 한반도를 중심으로 동북아시아에 분포한 반면 삼칠은 중국 남부 산악지대에 분포한다. 그렇다면 어느 쪽이 초기 인삼속 식물의 생태와 더 가까울까.

나머지 인삼속 식물을 보면 답을 짐작할 수 있다. 즉 겨울에 기온이 영하로 떨어지는 지역에 사는 인삼속 식물은 3종뿐이다. 동북아시아의 인삼과 북미의 화기삼과 삼엽삼(학명 *P. trifolius*)이다. 나머지 10여 종은 최저 기온이 영상인 히말라야 동부와 중국 남부, 베트남 북부의 산악지역에 자생한다. 따라서 초기 인삼속 식물은 서늘하지만 영하로는 떨어지지 않는 온화한 기후에 살았을 가능성이 크다. 인삼속 7종의 DNA 염기서열을 비교해 진화 과정을 재구성한 결과도 이를 뒷받침한다.

최초라는 타이틀은 뺏겼지만

양 교수팀의 고려인삼 게놈 해독 논문은 수준이 꽤 높음에도 『네이처 유전학』이나 『네이처 식물』 같은 일반인도 들어봤을 유명 학술지가 아니라 『식물바이오테크놀로지저널』이라는 권위는 있지만 덜 알려진 학술지에 실렸다. 왜 그런가 궁금했는데 읽다 보니 '최초'가 아니다. 1년 전인 2017년 중국 약용식물연구소 연구진이 고려인삼 게놈 해독 논문을 학술지 『기가사이언스』에 먼저 실었다.[144]

"당황스러웠습니다. 최초를 위해 그런 완성도 낮은 결과를 논문으로 발표하다니…"

이에 대해 슬쩍 묻자 양 교수가 쓴웃음을 짓는다. 연구를 이끈 사람도 안면이 있고 양 교수팀이 고려인삼 게놈 해독 연구를 진행하고 있는 걸 알고 있음에도 서둘러 데이터를 취합해 논문을 써 출판한 것이다. 이 논문은 고려인삼 게놈 34억 염기를 해독해 단백질 지정 유전자를 4만 2,000여 개로 추정했다.

이듬해 나온 양 교수팀 논문은 2002년 국립종자원에 처음 인삼 품종으로 등록된 '천풍'의 게놈을 해독한 결과다. 천풍은 뿌리 몸이 긴 원통형으로 형태가 우수해 홍삼 제조용으로 적합하다. 게놈 30억 염기쌍을 해독해 유전자 5만 9,000여 개를 찾았다. 중국 결과에 비해 해독한 염기 크기는 12% 작은데 추정 유전자 수는 40%나 더 많다.

인삼 게놈은 36억 염기쌍 크기로 보이므로 한국팀이 해독한 부분은 80%를 약간 넘는 수준이지만 중국팀은 거의 다 해독했다는 것으로, 크기 추정 실험이 잘못된 게 아니라면 개연성이 낮다. 염기서열 데이터를 배열하는 과정에서 중복이 많았다는 얘기다. 여기에 순서가 뒤바뀌거나 엉뚱한 염색체 자리에 들어간 경우도 많다. 참조 논문으로 쓸 수준이 아니라는 말이다. 사실 중국 연구팀의 논문은 인삼의 유효성분인 진세노사이드ginsenosides의 생합성 관련 유전자를 규명하는 데 중점을 뒀다.

최초의 자리를 빼앗겨 유명 학술지에 실을 기회를 놓치기는 했지만 양 교수팀의 고려인삼 게놈 해독 결과는 참조 게놈으로 충분한 수준이다. 게다가 인삼속 식물의 진화 과정을 재구성한 결과는 기후변화 데이터와도 일치해 개연성이 크다.

사배체만 추위에서 살아 남아

고려인삼은 화기삼과 함께 기본염색체(x)가 12개인 사배체(2n=4x=48)로 과거 이배체 두 종 사이의 잡종에서 전체게놈중복WGD이 일어난 결과로 보인다. 나머지 인삼속 종들은 모두 이배체(2n=2x=24)다. 아쉽게도 이 가운데 고려인삼의 조상이 되는 이배체의 직계 후손은 없는 것으로 나타났다. 아마도 멸종된 것으로 보인다. 인삼속 식물 7종을 비롯해 여러 식물의 DNA 염기서열 데이터를 비교한 결과 고려인삼이 태어난 과정을 재구성할 수 있었다.

인삼속을 포함한 두릅나무과는 미나리과와 가장 가깝고 둘은 미나리목을 이루고 있다. 미나리목에 속하는 식물들은 마치 우산살이 뻗친 게 연상되는 꽃차례에 작은 꽃이 다닥다닥 핀다(그래서 예전에는 미나리목을 산형傘形목이라고 불렀다). 미나리과 작물인 당근은 인삼과 서로

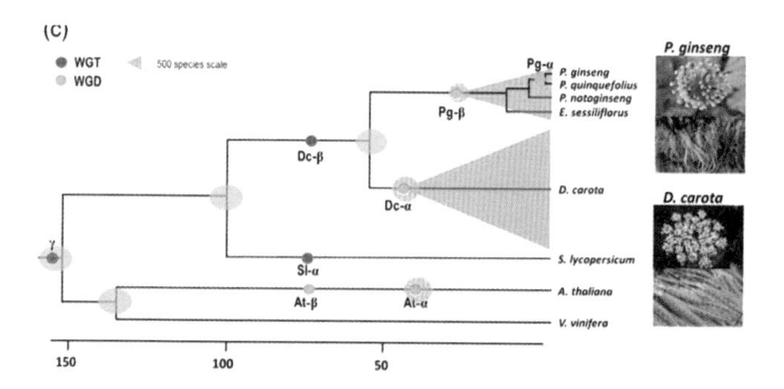

게놈 해독 결과를 바탕으로 추정한, 쌍떡잎식물에서 인삼의 진화 과정을 보여주는 계통도다. 약 1억 5,000만 년 전 쌍떡잎식물의 공통조상에서 전체게놈삼중복(WGT, γ)가 일어난 뒤 여러 계열로 나뉘어 진화하는 과정에서 계열에 따라 때때로 전체게놈(삼)중복이 일어났다. 약 7,000만 년 전 미나리목 계열에서 전체게놈삼중복(Dc-β)이 있었고 5,100만 년 전 미나리목에서 두릅나무과와 미나리과가 갈라졌다. 두릅나무과 계열에서는 약 2800만 년 전 전체게놈중복(WGD, Pg-β)이 일어났다. 약 220만 년 전 인삼속에서 전체게놈중복(Pg-α)가 일어나 사배체가 나왔고 고려인삼과 미국삼으로 종분화했다. 한편 미나리과 계열에서는 약 4,300만 년 전 전체게놈중복(Dc-α)가 일어났다. 오른쪽 학명으로 표기된 식물의 일반명은 위로부터 고려인삼, 미국삼, 삼칠, 오갈피나무, 당근, 토마토, 애기장대, 포도다. (제공『식물바이오테크놀로지저널』)

거리가 먼 식물 같지만, 꽃자루 끝에 꽃들이 핀 모습을 보면 꽤 비슷하다. 앞서 2016년 해독된 당근의 게놈(아쉽게도 이 책에서 다루지는 않았다)과 염기서열을 비교한 결과 두 과는 약 5,100만 년 전 갈라졌다. 그 뒤 약 4300만 년 전 미나리과 계열에서 한 차례 전체게놈중복이 일어나 사배체가 된 뒤 염색체 재구성을 거치며 오늘날 당근은 다시 이배체 상태가 됐다.

한편 두릅나무과 계열은 두 차례 전체게놈중복이 일어난 것으로 드러났다. 대략 2,800만 년 전 일어난 전체게놈중복은 앞의 미나리과 계열과 마찬가지로 염색체 재구성을 거쳐 이배체화됐다. 인삼속이 확립된 게 약 750만 년 전이므로 인삼속 모든 종의 게놈에 2,800만 년 전 전체게놈중복의 흔적이 남아 있다.

약 220만 년 전 일어난 두 번째 전체게놈중복은 이배체 인삼속 식물 두 종이 합쳐진 사건이다. 각각 이배체인 배추와 양배추 사이에서 사배제 유재가 나온 '종의 합성'의 또 다른 예다. 그 뒤 사배체 식물에서 종 분화가 일어나 오늘날 고려인삼과 미국삼 두 종이 존재한다. 220만 년은 식물 진화의 관점에서 최근 일이라 이들의 염색체는 아직 사배체를 유지하고 있다.

식물에서 전체게놈중복은 종종 일어나는 현상이지만 대부분 사라지기 마련이다. 세포핵에 두 종의 게놈이 들어 있어 유전자 발현의 균형이 무너진 상태라 기존 이배체 종들에 비해 생존 경쟁력이 떨어지기 때문이다. 그런데 외부 환경이 급변하면 이야기가 달라진다. 실제 지구에서 대멸종이 일어난 시기에 식물의 전체게놈중복이 많이 일어났던 것으로 보인다. 엄밀히 말하면 이런 개체들의 생존률이 높아져 살아 남은 것이다. 전체게놈중복으로 겹친 유전자의 여분이 시련에 적응할 수 있는 새로운 기능을 갖게 진화했기 때문이다. 바로 인삼에서 일어난 일이다.

약 750만 년 전 두릅나무속과 갈라진 인삼속 식물은 동아시아의 티벳 고원 일대에 분포했다. 이 가운데 한 종은 아마도 당시 육지로 연결

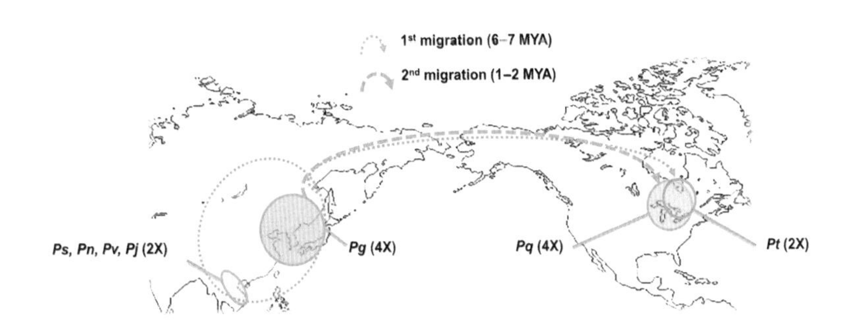

고려인삼 게놈 해독 결과를 바탕으로 추측한 과거의 인삼속 식물의 분포(점선 원 안)와 이동을 현재 분포(실선 원 안)와 함께 보여주는 지도다. 인삼속이 확립된 직후인 600만~700만 년 전 북미로 건너간(파란 점선) 이배체 종의 후손이 삼엽삼(*Pt*)이다. 그 뒤 지구가 따뜻해지며 동아시아의 넓은 지역에 분포하던 이배체 종들은 빙하기가 오자 동남아시아 산악지역에서만 살아 남았고 그 후손이 *Ps*, 삼칠(*Pn*), 베트남삼(*Pv*), 죽절삼(*Pj*)이다. 이때 종의 합성으로 생겨난 사배체는 추위에 적응해 동북아시아에서 살아 남아 고려인삼(*Pg*)이 됐고 100만~200만 년 전 북미로 건너가(노란 점선) 오늘날 미국삼(*Pq*)이 됐다. (제공 『식물바이오테크놀로지저널』)

된 베링해를 통해 북미 대륙으로 건너가 지금까지 살아 남았다. 바로 삼엽삼으로, 다른 종들과 거리가 가장 멀다. 이어지는 플라이오세(533만~258만 년 전)는 지구가 따뜻했고 이배체 인삼속 식물의 종분화가 활발히 일어났다. 그런데 플라이스토세에 접어들면서 빙하기가 찾아왔고 분포지역이 동남아시아로 위축됐다. 겨울에 영하로 내려가는 동북아시아에서는 적응하지 못해 사라졌을 것이다.

이 와중에 종의 합성으로 사배체가 등장했고 여분의 유전자로 추위에 적응하는 능력을 얻으면서 동북아시아에서 살아 남았다. 바로 고려인삼의 조상이다. 부모인 이배체 종들은 기후변화를 견디지 못하고 멸종했을 것이다. 약 100만 년 전 빙하기에 해수면이 낮아져 육지로 이어진 베링해를 통해 사배체 인삼이 북미로 건너갔고 지리적 고립으로 종분화가 일어나 미국삼이 됐다. 이처럼 고려인삼과 미국삼은 꽤 가까운 사이임에도 그 뒤 미국삼 계열에서 전이인자가 급속히 늘어나 게놈 크기는 49억 염기로 13억 염기나 더 크다. 이런 일이 일어나지 않았다면 별개의 종이 아니라 고려인삼의 아종 정도가 되지 않았을까. 그런데 사배체 인삼에서 어떤 유전 변이가 추위 적응력을 가져왔을까.

고려인삼 게놈에는 지방산불포화효소Fatty Acid Desaturase, FAD 유전자가 85개나 있는 것으로 밝혀졌다. 이 가운데 다수가 이배체 인삼에서는 발견되지 않았다. 남중국에 사는 삼칠의 경우 FAD 유전자는 36개에 불과하다. 고려인삼이 사배체임을 고려해도 두 배가 넘으니 전체게놈중복으로 늘어난 것과 함께 유전자의 순차중복도 일어난 것으로 보인다. 흥미롭게도 저온 스트레스에 놓이면 고려인삼에서 새로 진화한 FAD 유전자들의 발현량이 늘어난다.

FAD는 말 그대로 지방산의 불포화도를 높이는, 즉 단일결합을 이중결합으로 바꾸는 반응을 촉매하는 효소다. 이중결합이 없는 포화지방산 분자는 곧은 막대 형태라 녹는점이 높다. 반면 이중결합이 하나둘 늘어날수록 분자가 구부러져 녹는점이 내려간다. 예를 들어 똑같이 탄소가 18개라도 포화지방산인 스테아르산은 녹는점이 69℃인 반면 이중결합이 하나인 올레산은 13℃이고 둘인 리놀레산은 -12℃다.

세포막을 이루는 지질의 유동성은 지방산의 조성에 따라 달라진다. 예를 들어 따뜻한 곳에 적응한 삼칠이 영하의 기온을 만나면 세포막이 굳어 죽게 된다. 반면 고려인삼은 FAD 활성이 커져 지질의 불포화지방산 비율이 늘어나며 막의 유동성을 유지해 살아 남는다.

흥미롭게도 앞서 4장에서 소개한 기장 역시 사배체 식물로 동북아시아에 자생한다. 반면 기장속의 이배체 종들은 남아시아에 분포한다. 두 이배체 종 사이에서 태어난 사배체가 여분의 유전자로 추위에 적응하며 새로운 서식지를 개척한 것으로 보인다.

진세노사이드 생합성 경로 밝혀

인삼이 약초의 왕 자리에 오른 건 진세노사이드라는 유효성분 때문이다. 진세노사이드는 사포닌saponin의 일종으로 탄소원자 30개로 이뤄진 스테로이드 골격이 배당체에 붙어 있는 구조다. 흥미롭게도 인삼속 식물만이 진세노사이드를 만들 수 있고 종류는 150가지가 넘는다.

만병통치약을 뜻하는 라틴어가 학명일 정도이니 많은 과학자들이 인삼의 약리효과를 검증했고 실제 여러 질병에 유효하다는 사실이 드러났다. 즉 종양 억제, 고혈압 완화, 항바이러스 활성, 면역조절 활성 등의 효과가 보고돼 있다.

물론 다른 식물처럼 인삼 역시 사람의 건강이 아니라 자신의 생존을 위해 진세노사이드를 만들게 진화한 것이다. 진세노사이드는 뿌리의 안쪽인 수질medulla보다 바깥쪽인 주피periderm와 피질cortex에 더 높은 농도로 존재해 병원체로부터 식물체를 방어하는 역할을 하는 것으로 보인다. 진세노사이드는 꽤 복잡한 분자이고 종류도 많아 생합성에 관여하는 효소 유전자가 무려 5,000개에 가깝다. 전체 유전자의 10% 가까이가 투입된 셈이다.

인삼 제품을 보면 '6년근'을 강조하는 문구가 많다. 6년은 재배해야 약성이 제대로 나온다는 말인데 일리가 있다. 인삼은 나이가 들수록 진세노사이드 함량이 올라가기 때문에 적어도 4년근은 돼야 쓸만 하다. 유전자 발현 패턴을 분석한 결과 이는 진세노사이드 합성이 아니라 수송이 활발해진 결과다. 진세노사이드는 지상부(잎과 줄기)에서 합성돼 뿌리로 이동해 축적된다.

한편 고려인삼 품종에 따라 진세노사이드 생합성 관련 유전자인 DDS와 SQE의 발현량을 비교한 결과 '정선'과 '선향' 품종이 '선운' 품종보다 더 높았다. 실제 진세노사이드도 앞의 두 품종에 더 많이 들어 있다. 앞으로 인삼 품종을 개량할 때 진세노사이드 생합성 관련 유전자 발현 패턴을 분석하면 큰 도움이 될 것이다.

진세노사이드의 생합성 과정은 크게 세 단계로 나뉜다. 먼저 탄소원자 30개로 이뤄진 트라이테르펜triterpene(tri는 '3', terpene은 '10'이라는 뜻이다. 즉 3×10=30) 선형분자인 스콸렌squalene을 만드는 단계로 인삼뿐 아니라 다른 많은 진핵생물에도 존재한다. 다음은 스콸렌이 고리 네 개로 이뤄진 스테로이드 골격을 지닌 옥시도스콸렌oxidosqualene으로 바뀐 뒤 여러 산화반응을 통해 다양한 스테로이드 트라이터펜 분자가 만들어지는 과정으로 인삼속 식물에서 진화했다. 여기에 당 분자가 붙어 배당체인 진세노사이드가 완성되는 게 마지막 단계다.

식물에서는 다른 화합물도 배당체 형태로 존재하는 경우가 많다. 물에 녹지 않는 분자에 당 분자가 붙으면 물에 녹아 조직 사이를 이동할 수 있기 때문이다. 인삼 역시 스테로이드 트라이테르펜에 당이 붙은 수용성 분자인 진세노사이드가 장벽에 흡수돼 혈관을 타고 온몸으로 확산해 여러 생리작용을 한다.

고려인삼 게놈에는 스테로이드 트라이테르펜과 당을 붙이는 효소인 UGT의 유전자 수가 226개나 있는 것으로 밝혀졌다. 기질이 되는 스테로이드 트라이터펜의 구조가 그만큼 다양하기 때문이다. 그 결과 한 식물체에서도 다양한 진세노사이드가 만들어진다.

오늘날 세계 인삼 시장의 점유율이 가장 높은 종은 고려인삼이 아니라 100만 년 전 헤어진 사촌 미국삼이다. 미국삼은 미국과 캐나다, 중국에서 대규모로 재배돼 가격 경쟁력이 있기 때문이다. 그래도 약효는 고려인삼이 월등한 것 아닐까. 이에 대해 양 교수는 "꼭 그렇다고 말할 수는 없다"는 뜻밖의 대답을 했다. 오늘날 고려인삼의 명성은 인삼 자체의 품질과 함께 독보적인 홍삼 제조 기술 등 여러 요인이 더해져 만들어진 것이다.

10여 년에 걸친 국내 연구진의 노력으로 고품질의 고려인삼 게놈이 해독되면서 많은 정보를 얻을 수 있게 됐다. 이를 바탕으로 기존 30여 가지 품종의 장단점을 파악하고 새로운 품종을 개발한다면 앞으로도 고려인삼이 '약초의 왕'으로서의 지위를 더욱 굳건히 지킬 수 있지 않을까.

차나무,
가야 허왕후는 정말 인도에서 씨앗을 가져왔을까

김해의 백월산에는 죽로차가 있다.
세상에서는 수로왕후인 허씨가 인도에서 가져온 차씨라고 전한다
(金海白月山有竹露茶 世傳首露王妃許氏 自印度持來之茶種)
– 이능화, 『조선불교통사(朝鮮佛教通史)』에서

물 다음으로 많이 마시는 음료는 무엇일까. '당연히 커피겠지.' 이렇게 생각하는 사람이 많겠지만 뜻밖에도 차다. 이것도 녹차와 홍차처럼 차나무잎을 우린 차만 따진 것이다. 카모마일차처럼 찻잎 이외의 재료로 만든 차는 대용차라고 부르는데, 여기서는 언급하지 않는다.

최소한 1,200년에 이르는 차 전통을 지닌 우리나라는 1인당 연간 차 소비량이 불과 0.16kg으로 세계 평균 0.74kg에 한참 못 미친다. 반면 커피는 3.9kg으로 세계 평균 1.3kg의 세 배에 이른다. 우리나라는 커

전남 보성의 차밭에 있는 차나무는 중국종으로 크기가 작고 잎도 작다. 곡우 전에 따는 어린 잎으로 만든 우전(雨前)과 그 직후 딴 잎으로 만든 세작(細雀)은 고급 잎차다. (제공 위키피디아)

피공화국이란 말이 그냥 나온 게 아니다.

그런데 세계 평균 소비량을 보면 커피가 차의 2배 가까이 되는데 어떻게 차를 더 많이 마신다고 말할까. 한 잔을 얻는데 필요한 원두와 찻잎의 무게가 다르기 때문이다. 연간 생산량이 커피원두는 1,000만 톤이고 찻잎은 530만 톤이지만 커피 한 잔에는 원두가 10g 정도 들어가고 차 한 잔에는 말린 찻잎이 2~3g 들어가므로 잔수로 따지면 차가 더 많다.

전통적으로 차와 커피는 카카오와 더불어 세계 3대 음료로 불린다. 오늘날은 카카오를 과자인 초콜릿으로 먹지 음료인 코코아로 마시는 경우가 별로 없으므로 차와 커피를 양대 음료라고 불러야 할 것이다.

차와 커피, 카카오는 서로 맛과 향이 전혀 다르지만 단 하나의 공통점이 있다. 인류가 이들을 작물로 만드는 데 이 공통점이 큰 역할을 했을 것임에도 아무도 그것을 의식하지는 못했을 것이다. 바로 정신을 일깨우는 약물 카페인이다. 즉 맛과 향이라는 의식적 정보와 카페인의 각성 효과라는 무의식적 정보가 얽혀 이들 음료 또는 과자에 맛을 들이면 좀처럼 빠져나오기가 어렵다. 책의 마지막 세 장은 우리의 정신을 홀리는 이들 세 작물의 자리다.

중국과 인도에서 각각 작물화된 듯

차 하면 떠오르는 나라는 중국과 영국이다. 중국 사람들이 식당이나 카페에서 녹차나 우롱차(반半발효차)를 마시는 장면이나 영국인들이 응접실에서 홍차(발효차)를 홀짝이며 담소를 나누는 모습은 차와 관련된 전형적인 풍경이다.

실제 차나무는 중국이 원산지로 학명도 카멜리아 시넨시스*Camellia sinensis*로 '중국의 동백나무'라는 뜻이다. 참고로 우리나라와 일본이 원산지인 동백나무의 학명은 카멜리아 자포니카*C. japonica*, 즉 '일본의 동백나무'다. 실제 차나무 잎을 보면 생김새와 광택이 나는 표면이 동백나무 잎이 떠오른다. 그렇다면 인류는 언제 어디에서 차나무를 작물로 만들었을까.

2016년 학술지 『사이언티픽 리포트』에는 인류가 차를 마신 가장 오래된 고고학 증거를 발견했다는 논문이 실렸다. 이에 따르면 약 2,100년 전이다. 1만 년 가까이 거슬러 올라가는 작물들과 비교하면 일천한 역사다. 차가 언급된 최초의 문헌 역시 2,000년 전이다.

그렇다고 이 무렵부터 차를 마시기 시작했다는 건 아니다. 늦어도 이때부터라는 뜻이고 아마도 이보다 훨씬 전부터 찻잎을 이용했고 작물화를 시도했을 것이다. 새로운 고고학 증거가 나온다면 '늦어도 oooo년 전'의 oooo가 더 오래 전으로 업데이트될 거라는 말이다.

중국 남부와 미얀마, 인도 동북부에는 동백나무속*Camellia* 식물 여러 종이 자라고 있지만 야생 차나무는 지금까지 발견되지 않았다. 물론 야생에서 자라는 차나무는 있지만 과거 재배되던 차나무가 야생으로 돌아간 것으로 보인다. 우리나라에서도 몇몇 사찰 주변에 자라는 야생 차나무에서 찻잎을 따 녹차를 만든다는 얘기가 있지만 기원을 따지면 진짜 야생은 아니라는 말이다.

따라서 차나무의 작물화 과정에서 어떤 특징이 강화되고 어떤 특징이 버려졌는가를 정확히 알기는 어렵다. 다만 거부감이 느껴지는 쓴맛을 줄어들고 맛과 향이 좋아지는 쪽으로 선택됐을 것으로 보인다.

커피나무가 아라비카와 로부스타 두 종으로 나뉘듯이, 차나무는 한 종이지만 중국 변종(*Camellia sinensis var. sinensis*)과 아삼 변종(*var. assamica*)으로 나뉜다. 중국 변종은 나무가 작고 잎도 작은 대신 상대적으로 추위에 강하다. 향과 맛이 섬세하고 카페인 함량이 낮은 중국 변종은 녹차와 홍차 등 다양한 차로 만든다. 녹차를 즐겨 마시는 우리나라에서 재배하는 차나무가 바로 중국 변종이다.

인도 북동부와 중국 남서부 등지에서 재배하는 아삼 변종은 나무가 크고 잎도 크지만 추위에 약하다. 그 자체로는 중국 변종에 비해 품질이 좀 떨어지지만 카페인 함량이 높고 홍차를 만드는 과정에서 향미가 살아나므로 대부분 홍차용으로 쓰인다. 중국 변종이 아라비카라면 아삼 변종은 로부스타인 셈이다.

둘 다 카페인 음료 작물이라서 커피와 비교했지만 사실 지리적 관계를 따지면 차나무 두 변종의 관계는 벼 두 아종의 관계와 놀랍도록 비슷하다.* 즉 차나무의 중국 변종은 벼의 자포니카 아종에 아삼 변종은 벼의 인디카 아종에 해당한다.

앞서 1장에서는 언급했듯이 사실 자포니카라는 아종명은 중국인으로서는 좀 억울한 작명이다. 자포니카의 작물화는 약 9,000년 전 양쯔강 일대에서 이뤄졌기 때문이다. 그 뒤 약 4,000년 전 인도 북동부에서 자생했거나 재배했던 야생벼에 자포니카 벼가 유입돼 만들어진 게 인디카 벼다. 그렇다면 차나무 아삼 변종도 인도에 자생하는 야생 차나무 또는 가까운 종에 작물인 중국 변종이 들어와 생겨난 것일까. 벼에서 자포니카와 인디카 관계가 게놈 해독을 통해 드러났듯이 차나무에

* 변종에 비해 아종이 높은 분류 단계이지만 특정 식물에서 어떻게 나누는가는 연구자의 주관이 많이 들어간다.

서 중국 변종과 아삼 변종의 관계도 게놈 해독이 열쇠를 쥐고 있지 않을까.

이차대사물질 생합성 관련 유전자 많아

지난 2017년과 2018년 차나무 두 변종의 게놈이 잇달아 해독됐다. 둘 다 중국 연구자들이 주도했는데, 뜻밖에도 아삼 변종의 게놈이 먼저 해독돼 학술지 『분자 식물』에 논문이 실렸고[145] 이듬해 학술지 『미국립과학원회보』에 중국 변종 게놈 해독 논문이 실렸다.[146] 아무래도 우리나라에서 중국 변종을 재배하고 사람들도 녹차를 홍차보다 더 많이 마시므로 중국 변종 게놈을 기준으로 이야기한다.

먼저 게놈 크기는 중국 변종이 31억 4,000만 염기이고 아삼 변종이 30억 2,000만 염기로 사람 게놈과 거의 같다. 차나무는 게놈 크기에서부터 사람과 인연이 있는 걸까. 하지만 유전자 개수는 크게 차이가 나서 2만여 개인 사람보다 훨씬 많은 3만 3,932개(중국 변종)와 3만 6,951개(아삼 변종)으로 추정된다.

한편 두 변종의 게놈을 비교한 결과 둘은 약 100만 년(38만~154만 년) 전 갈라진 것으로 드러났다. 그 뒤 중국 변종은 중국의 여러 지역에 퍼졌고 아삼 변종은 인도 북동부와 중국 남서부에 자생했다. 그리고 아삼 변종에 중국 변종의 게놈이 흘러들어온 흔적은 없었다. 따라서 벼와는 달리 독립적으로 작물화된 것으로 보인다.

차나무가 속하는 진달래목Ericales은 22과 8,000여 종으로 이뤄져 있다. 진달래목 주요 작물로는 22장에 소개한 키위를 비롯해 블루베리, 크렌베리, 감, 브라질너트 등이 있다. 게놈의 구조를 정밀하게 분석한 최근 연구 결과 속씨식물의 진화 과정에서 진달래목 계열이 확립되고 얼마 안 된 대략 6,300만 년 전 전체게놈중복이 일어난 것으로 나타났

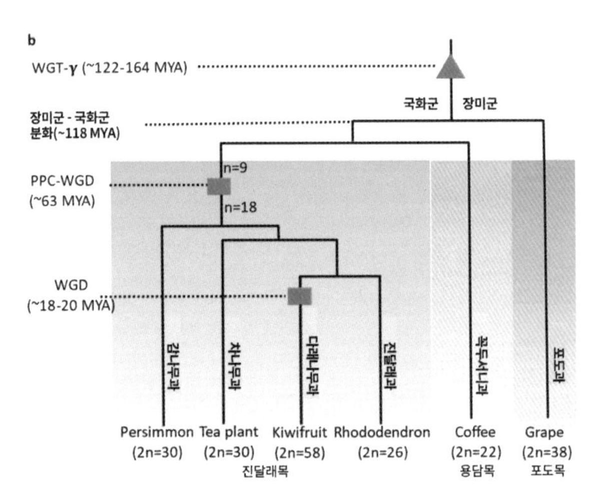

진달래목 식물 중심의 계통도로 약 1억 4,000만 년 전 전체게놈삼중복(γ 사건)이 일어나 등장한 육배체 식물이 진화해 오늘날 수많은 쌍떡잎식물이 나왔다. 진달래목은 약 6,300만 년 전 전체게놈중복이 일어나 나온 사배체에서 진화했다. 이 가운데 키위가 속하는 다래나무과에서는 1,800~2,000만 년 전 또 한 차례 전체게놈중복이 일어났다. (제공 『원예 연구』)

다.[147] 이는 분자시계, 즉 염기의 변이 속도를 정해 얻은 결과다. 아마도 새 계열을 제외한 공룡 멸종을 가져온 6,600만 년 전 백악기-팔레오기 경계K-Pg boundary 무렵 사건일 것이다.

온화한 환경에서는 감수분열 오류로 전체게놈중복이 일어나 가끔 나오는 사배체 식물은 이배체에 비해 생리 효율이 떨어져 대부분 사라진다. 그런데 이 무렵 나온 사배체 종은 소행성 충돌로 인한 엄청난 환경 스트레스를 여분의 유전자 덕분에 견디고 살아 남아 오늘날 진달래목 종들의 조상이 됐고 오히려 이배체 친척들은 멸종한 것으로 보이다. 진달래목뿐 아니라 속씨식물 여러 계열의 게놈에서 이때 전체게놈중복이 일어난 흔적이 남아 있다.

그럼에도 차나무는 사배체가 아니라 이배체로 염색체 15개가 한 세트다(2n=2x=30). 식물 게놈은 전체게놈중복으로 다배체가 된 뒤 시간이 지나며 염색체가 재배열돼 다시 이배체로 돌아가는 경우가 많다. 차나무

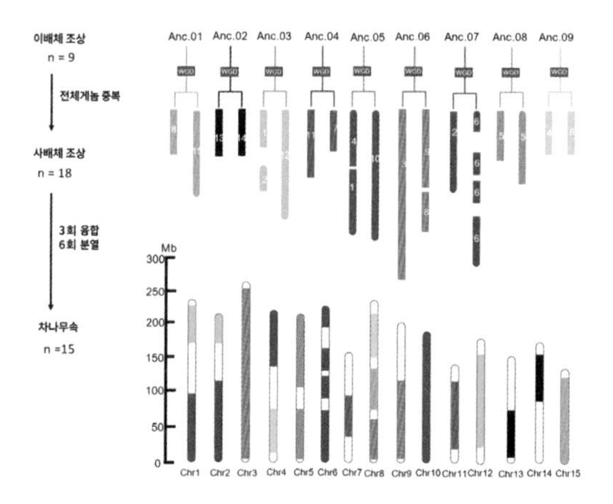

차나무의 게놈은 기본염색체(x) 15개로 이뤄진 이배체다.(아래) 게놈을 정밀하게 분석한 결과 먼 조상은 기본염색체 9개인 이배체 식물이었고 약 6300만 년 전 전체게놈중복이 일어나 기본염색체 18개인 사배체가 나왔고 그 뒤 염색체가 3번 합쳐지고 6번 쪼개지는 과정을 거쳐 오늘날 이배체 차나무가 나왔다.(제공 『원예 연구』)

역시 이배체화된 상태로, 진달래목 다른 식물들의 게놈이 해독돼 신터니synteny(유전자 무리가 비슷한 부분)를 비교분석한 결과 전체게놈중복을 겪은 이배체 조상의 반수체 염색체 수(n)가 9개라는 사실을 밝혀냈다.

전체게놈중복으로 나온 사배체의 반수체 염색체 수가 18개가 됐지만, 그 뒤 염색체 재배열로 3번 끊어지고 6번 붙으며 이배체로 돌아온 차나무에서는 15개가 된 것이다(18+3−6=15). 게놈 정보가 없었다면 도저히 알 수 없었을 진화 과정이다.

앞서 여러 차례 언급했듯이 전체게놈중복이 일어나면 유전자도 두 배가 되지만 시간이 지나면서 중복된 유전자 대다수가 소실된다. 그러나 개중에는 수를 유지하거나 일부가 새로운 기능을 갖게 진화하기도 한다.

차나무에서는 이차대사산물의 생성에 관여하는 유전자들은 전체게놈중복으로 두 배가 된 뒤에도 많이 살아 남았다. 이차대사산물secondary metabolite은 광합성이나 성장 등 기본 기능 외에 식물이 방어 등의 목적으로 생산하는 물질이다. 차의 유효성분 3인방인 카테킨catechin과 테아닌theanine, 카페인caffeine이 바로 이차대사산물이다.

반면 같은 진달래목 식물인 키위와 감의 게놈을 보면 카테킨 생합성 관련 유전자들은 살아 남았지만, 테아닌과 카페인 생합성 관련 유전자들은 사라졌다. 그 결과 키위와 감은 테아닌과 카페인을 만들지 못한다. 대신 키위는 비타민C 생합성 관련 유전자들이 많이 살아 남았다. 즉 사배체가 염색체 재배열을 통해 이배체화하는 과정에서 환경에 대한 적응으로서 중복된 유전자의 잔존 및 새 기능 획득, 소실이 선택되면서 과나 속 같은 계열이 확립된다는 말이다.

2018년 중국 변종 게놈 해독 연구자들은 카테킨과 테아닌, 카페인의 생합성 경로에 관여하는 유전자 네트워크를 규명하는 데 노력을 집중했다. 참고로 이 세 성분은 차의 맛에도 큰 영향을 미친다. 즉 카테킨은 떫은맛을, 테아닌은 감칠맛을, 카페인은 쓴맛을 낸다. 사실상 쓴맛이 전부인 커피에 비해 차의 맛이 복잡미묘한 이유다(대신 커피는 화려한 향을 자랑한다).

차나무에는 플라보노이드인 카테킨의 생합성에 관여하는 SCPL 계열

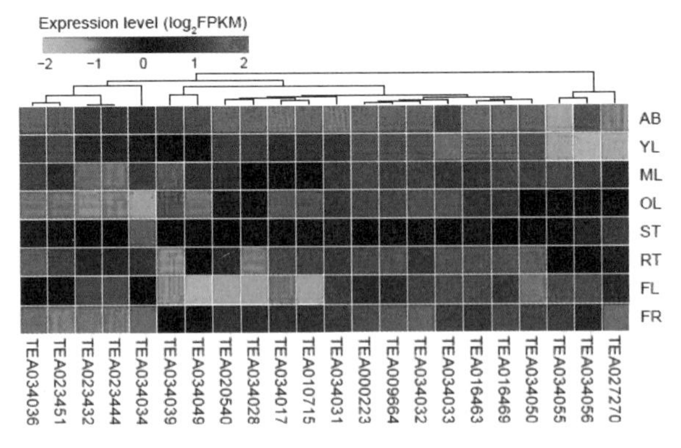

폴리페놀 카테킨 생합성에 관여하는 SCPL 유전자 22가지의 조직별 발현량을 보여주는 데이터다. 대체로 잎싹(AB)와 어린 잎(YL)에서 발현량이 높음(빨간색)을 알 수 있다. ML은 성숙한 잎, OL은 늙은 잎, ST는 어린 가지, RT는 잔뿌리, FL은 꽃, FR은 어린 열매다. (제공 『미국립과학원회보』)

의 유전자가 22개나 있어 11개인 포도의 두 배에 이르렀다. 카테킨으로 불리는 화합물은 여러 종류가 있는데, 차에는 ECG와 EGCG가 80%에 이른다. 이들 분자를 만드는 데 관여하는 유전자들은 싹과 어린잎에서 많이 발현됐고 그 결과 이 물질들도 이런 조직에 고농도로 존재했다. 어린 찻잎으로 만든 녹차일수록 고급으로 치는 게 다 이유가 있다는 말이다. 차나무가 카테킨을 많이 만드는 이유는 해충을 쫓고 미생물에 저항하기 위해서다.

한편 테아닌은 아미노산으로 글루탐산과 에틸아민이 결합해 만들어진다. 단백질을 이루는 20가지 아미노산에는 포함되지 않지만, 녹차에 감칠맛을 부여하고(조미료로 쓰이는 글루탐산나트륨MSG과 구조를 공유하기 때문으로 보인다) 사람에게는 진정 효과와 신경보호 작용이 있는 것으로 알려져 있다. 각성 효과만 있는 커피에 비해 녹차는 각성과 진정 효과를 동시에 보이는 이유도 테아닌 덕분이다. 차나무는 식물체 내에 질소를 저장하기 위해 테아닌을 만드는 것으로 보인다(한 분자에 질소원자 두 개를 지니고 있다).

다즐링이 아삼보다 카페인 적어

알칼로이드인 카페인을 만드는 유전자는 커피나무와 카카오(역시 상

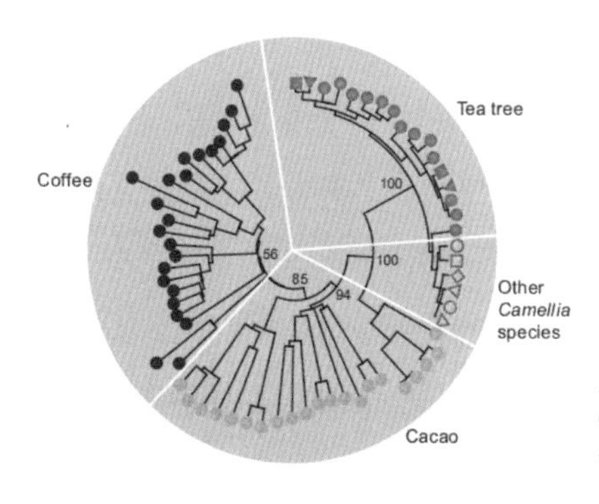

카페인 생합성에 관여하는 NMT 유전자군들의 계통도로 차나무(녹색)와 커피나무(고동색), 카카오(노란색)가 따로 진화했음을 보여준다. 오른쪽 빈 녹색은 차나무 이외의 동백나무속(*Camellia*) 식물의 NMT 유전자다. (제공 『분자식물』)

아삼종 찻잎으로 만든 아삼 홍차는 카페인 함량이 다소 높지만 진하고 깊은 맛을 내 밀크티를 만들기에 좋다. (제공 위키피디아)

당량의 카페인을 만든다)의 유전자와 비교한 내용이 흥미롭다. 즉 세 식물이 각자 독립적으로 카페인 생합성 유전자 네트워크를 진화시켰다는 사실이 확인됐다. 식물의 방어를 위한 수렴진화인 셈이다. 참고로 커피나무 게놈은 2014년, 카카오 게놈은 2011년 해독됐다.

음료에 들어 있는 카페인 함량을 나타내는 자료를 보면 커피가 차보다 두 배 이상 많고 코코아는 미미하다(대신 다크초콜릿에는 꽤 들어 있다). 커피도 종種이나 추출방식에 따라 카페인 함량이 다르듯이(로부스타가 아라비카의 2배이고 드립커피가 에스프레소보다 1.5배 정도다), 차도 변종과 추출조건에 따라 다르다.

즉 아삼 변종이 중국 변종보다 카페인 함량이 높고 추출할 때 물의 온도가 90℃ 이상인 홍차에서 80℃ 내외인 녹차보다 카페인이 더 많이 우려진다. 즉 아삼 홍차는 우전 녹차에 비해 카페인 함량이 서너 배나 돼 커피에 육박한다. 홍차를 좋아하는 사람이 카페인이 걱정된다면 오후에는 중국 변종으로 만든 다즐링Darjeeling을 추천한다.

경남 남부지역 자생하는 차나무의 정체는?

인터넷 백과사전 위키피디아에서 녹차 항목을 읽다가 흥미로운 내용을 발견했다. 우리나라에 차나무가 들어온 게 가야시대로 거슬러 올라간다는 것이다. 즉 가야국 시조인 수로왕의 왕비인 허왕후가 인도 아유타국에서 시집올 때 차나무 씨앗을 가져와 심었다는 것이다. 『삼국유사』에 따르면 이때가 서기 48년이므로 우리나라 차나무의 역사가 2,000년 가까이 되는 셈이다.

반면 『삼국사기』에 따르면 신라 흥덕왕 3년(서기 828) 당나라에서 차나무가 들어왔다. 즉 우리나라 차의 역사는 1,200년에 조금 못 미치는 셈이다. 오늘날 하동과 보성, 제주 등 주산지에서 재배된 차나무 가운데 다수가 이 지역에 자생하던(과거 재배하다 야생으로 돌아간) 차나무에서 선발해 개량한 품종이고 이들 모두는 중국 변종이다.

『삼국사기』에 실린 내용은 정사正史이고 『삼국유사』의 기록은 대부분 야사野史라는 말이 있다. 정말 그렇다면 한반도 차나무의 역사는 1,200년이 맞을 것이다. 마침 책장에 『삼국유사』가 있어 허왕후 차나무 씨앗 이야기를 확인하려고 읽어보니 뜻밖에도 그런 내용이 없다. '가락국기駕洛國記'에는 허황옥이 시집올 때 "가지고 온 금수능라錦繡綾羅(비단류)와 의상필단衣裳疋緞, 금은주옥金銀珠玉과 구슬로 만든 패물들은 이루 기록할 수 없을 만큼 많았다"는 문구만 있다. 경남 일대에 전해지는 허왕후의 차나무 이야기를 구한말의 국학자 이능화가 『조선불교통사』에 적었는데,

5세기 말에서 6세기 초의 무덤으로 보이는 고구려 각저총(角抵塚)에 그려져 있는 벽화로 귀족으로 보이는 남녀 세 사람이 차를 마시고 있다. 다기(茶器)가 잘 갖춰져 있는 것으로 봐서 이 무렵 우리나라에 차문화가 정착해 있었음을 시사하고 있다. (제공 위키피디아)

아바노 이게 『삼국유사』의 기록으로 와전된듯하다.

다만 『삼국유사』를 보면 가야국이 멸망한 뒤 신라 제30대 법민왕이 서기 661년 내린 조서에서 "수로왕은 어린 나에게 15대조가 된다"며 제사를 지내라고 명했고 "해마다 명절이면 술과 단술을 마련하고 떡과 밥, 차, 과실 등 여러 가지를 갖추고"라는 문구가 나온다. 즉 여기에 나오는 차茶가 차나무 잎으로 만든 차라면 적어도 『삼국사기』의 기록보다는 한참 앞서 들어왔다는 말이다.

흥미롭게도 허건량 국립원예특작과학원장(현 농촌진흥청 차장)이 2016년 한 신문에 기고한 글에서 "가락국 허황(왕)후는 천축 아유타국에서 올 때 차 종자를 가져와 지금의 창원시 백월산에 심었고, 신라 선덕여왕과 흥덕왕 때는 중국에서 차를 들여와 지리산에 심었다"며 "경남 남부지역에는 인도지역이 원산인 잎이 넓은 차나무가 자라고 있어 이 기록을 뒷받침하고 있다"고 썼다.

즉 허황옥이 가져온 차나무는 아삼 변종이라는 말이다. 따라서 경남 남부지역에 자생하고 있는 차나무의 유전자 몇 개를 분석해 차나무 두 변종의 게놈과 비교해 본다면 정말 아삼 변종인지 바로 확인할 수 있을 것이다. 만일 그런 것으로 나온다면 인도 아유타국의 공주 허황옥이 차나무 씨앗을 가져와 심었다는 전설은 역사가 되지 않을까.

커피나무,
인류의 정신을 깨운 에티오피아 관목

커피 향에는 약 655가지, 차에는 467가지 휘발성 성분이 들어 있다. 딸기에는 약 360가지, 토마토에는 400가지 향기 분자가 존재한다. 심지어 냄새가 약한 쌀에서도 100가지 화합물이 발견된다. 감자에는 140가지가 있다.
– A. S. 바위치, 『코가 뇌에게 전하는 말』(168쪽)

원산지가 중국이라서 그랬겠지만 천 년 넘게 녹차를 마셔온 한반도 사람들이 이제는 '커피공화국'이라는 신조어가 나올 정도로 커피에 심취해 있다. 나 역시 마찬가지여서 '오늘 아침에는 모처럼 녹차를 마셔볼까?' 하다가도 찻잎이 아닌 원두가 담긴 봉투를 집어 들게 된다.

어쩌다가 우리나라 사람들이 이렇게 커피 마니아가 됐을까. 얼마 전 TV를 보다 어떤 분이 이에 대한 답을 제시했는데, 그런가 싶다가도 고개를 갸웃했다. 숭늉을 즐겨 마시던 우리에게 커피의 향기가 숭늉의 구수한 냄새를 연상시켜 인기가 많다는 것이다. 숭늉 계열 냄새라는 주장에는 동의하지 않지만 커피의 향기 프로파일이 녹차보다는 풍부하므로 선호도에 영향을 미치는 것 같기도 하다. 아니면 녹차와 커피 둘 다 카페인을 함유하고 있음에도 커피가 두세 배 양이라 중독성이 큰 것인지도 모른다.

아무튼 이처럼 커피가 인기이다 보니 이제 커피가 두 가지라는 사실도 상식이 됐다. 즉 향이 고급스러운 아라비카 커피와 거친 로부스타Robusta 커피가 있다는 것이다. 요즘은 중저가 카페에서도 '우리는 100% 아라비카 원두를 쓴다'는 문구가 보인다.

그런데 사실 로부스타 커피(학명 코페아 카네포라*Coffea canephora*)와 아라비카 커피(학명 코페아 아라비카*C. arabica*)는 그렇게 먼 사이가 아니다. 로부스타 커피나무와 또 다른 종의 커피나무(학명 코페아 유게니오이데스*C. eugenioides*) 사이에서 아라비카 커피나무가 태어났기 때문이다. 즉 로부스타는 아라비카의 아버지인 셈이다. 그런데 이런 잡종 과정이 우리가 상식적으로 생각하는 것과는 좀 다르다.

즉 기본염색체(x)가 11개인 이배체(CC, 2n=2x=22) 로부스타와 역시 11개인 이배체(EE, 2n=2x=22) 유게니오이데스의 게놈이 합쳐져 기본염색체 네 세트(CCEE), 즉 사배체(2n=4x=44)인 아라비카 커피나무가 태어난 것이다. 서로 다른 두 종의 게놈이 합쳐지는 현상인 이질배수성allopolyploidy이 바로 1930년대 우장춘 박사가 배추속 작물에서 발견한 '종의 합성'이다. 즉 배추와 양배추의 게놈이 합쳐져 유채가 나온 것과 같은 원리다.

유전자 2만 5,000여 개

커피나무는 꼭두서니과 커피나무속*Coffea* 식물을 가리킨다. 커피나무속은 120여 종으로 이뤄져 있는데 불과 세 종만이 상업적으로 재배되고 있다. 위의 두 종과 라이베리아커피Liberian coffee(학명 코페아 라이베리카*C. liberica*)다. 서아프리카가 원산지인 라이베리아커피는 필리핀과 말레이시아에서 소량 재배되지만 생산량은 전체 원두의 1%에 불과하다. 아라비카 커피가 56%, 로부스타 커피가 43%를 차지한다.

커피 원두의 연간 생산량은 1,000만 톤으로 지구촌 인구인 79억으로 나누면 한 사람이 1.3kg을 소비한다. 커피 한 잔에 원두 10g이 들어간다고 치면 1년에 130잔을 마시는 셈이다. 우리나라 사람들은 세계 평균의 2.7배이므로 하루 한 잔 꼴이다.

2014년 학술지 『사이언스』에 로부스타 커피나무의 게놈을 해독한 연구결과가 실렸다.[148] 아라비카 커피가 높게 평가되지만, 이질사배체 게놈이라 해독하기가 어려워 이배체이자 아라비카의 아버지인 로부스타 종을 선택했다. 사실 로부스타와 아라비카는 '미학적'으로는 차이가 날지 모르지만 '생화학적'으로는 거의 같다고 볼 수 있다. 즉 카페인이나 향기 분자를 만드는 데 거의 같은 효소가 작용할 것이고 다만 카페인의 함량(로부스타가 두 배 정도로 더 '독하다')이나 향기 물질들의 프로파일이 다를 뿐이다.

꼭두서니과 커피나무속 식물 120여 종 가운데 3종만이 원두를 얻는 목적으로 재배되고 있다. 흰 꽃이 활짝 핀 아라비카 커피나무 모습이다. (제공 위키피디아)

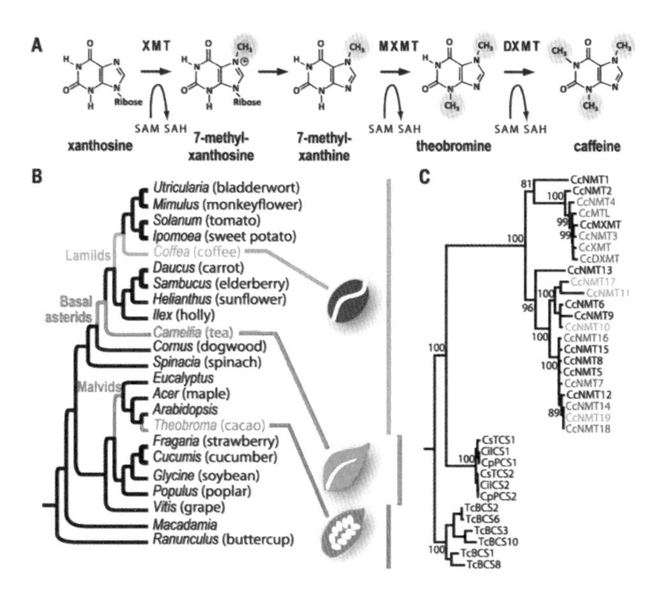

카페인은 잔토신에 메틸기(−CH_3) 세 개를 단계적으로 붙여 만들어지고 이때 여러 효소가 관여한다(위). 흥미롭게도 계통도에서 꽤 거리가 있는 세 작물, 즉 장미군 아욱목의 카카오와 국화군 진달래목의 차나무, 꼭두서니목의 커피나무가 카페인을 만든다(아래 왼쪽). 이들 효소의 유전자들은 세 식물에서 서로 거리가 멀다(아래 오른쪽). 카페인 생합성 유전자 네트워크가 독립적으로 만들어졌다는 말이다. (제공『사이언스』)

프랑스 에브리 소재 게놈연구소가 주축이 된 다국적 공동연구자들은 7억 1,000만 염기로 추정되는 로부스타 게놈의 80%인 5억 7,000만 염기를 해독했다. 그 결과 단백질을 만드는 유전자를 2만 5,000여 개로 추정했다. 유전자가 2만 1,000여 개인 사람보다 20% 정도 더 많다. 모델 식물인 애기장대 등 다른 식물과 비교했을 때 커피나무는 이차대사산물을 만드는데 유전자를 많이 할애했다. 이차대사산물은 카페인 같은 알칼로이드나 향기가 있는 테르페노이드 같은 물질이다. 기호식품으로 쓰이는 열매를 만드는 커피의 게놈에서 이차대사산물 생합성 관련 유전자가 큰 몫을 차지하고 있다는 건 예상한 결과다.

카페인은 커피나무 뿐 아니라 차나무나 카카오에서도 만들어지는 알칼로이드 화합물이다. 주목적은 해충의 신경계를 교란해 잎이 초토화 되는 걸 막는 데 있지만, 열매와 씨앗에 들어 있는 카페인은 주변에 있는 경쟁 종의 씨앗이 발아하는 걸 억제하는 기능도 있다는 사실이 밝혀졌다. 그런데 사람들이 카페인의 생각지 않았던 용도를 발견하면서 이 나무들이 사람 손을 빌어 번성하게 된 것이다.

카페인은 잔토신xanthosine이라는 화합물에 메틸기(−CH_3)를 단계적으로 세 개 붙이는 생합성 과정을 통해 만들어지고 이때 여러 효소가 관여한다. 그런데 이번 게놈 분석 결과 커피에서 카페인을 만드는 데 관여하는 효소 유전자들은 차나무나 카카오에서 카페인을 만드는 효소 유전자들과 관련이 없다는 사실이 밝혀졌다. 즉 이 세 나무의 공통조상에서 카페인을 만드는 시스템이 만들어져 이어진 게 아니라 각자의 필요에 따라 카페인 제조 시스템이 따로 진화했다는 것이다. 이를 '수렴진화'라고 부른다.

이번 연구에 대해 이스라엘 헤브루대 식물과학유전학연구소 다니 자미르 교수는 "세계에서 생산되는 아라비카 커피는 게놈과 표현형 다양성이 아주 부족한 소수의 품종에 의존하고 있다"며 "커피나무 원산지로 다양성의 중심인 아프리카를 주목해야 한다"며 이번 로부스타 커피 게놈을 그 표준으로 삼을 것을 제안했다.

종의 합성 단 한 번 일어나

아라비카 커피는 아버지인 로부스타 커피에 비해 향이 섬세하고 카페인 함량이 적다. 반듯이 그런 건 아니지만 아라비카가 부계와 모계의 중간 특성이라면 어머니인 유게니오오이데스 커피는 향이 더 섬세하고 카페인 함량이 더 적은 걸까.

오늘날 유게니오오이데스(EE 게놈)는 케냐와 우간다 등 동아프리카에

사배체 아라비카 커피나무의 모계 이배체 조상인 코페아 유게니오이데스(사진)는 나무도 작고 열매도 적게 열려 상업성은 없지만 원두의 맛과 향은 뛰어나다. (제공 Pl@ntUse)

자생하고 있다. 아마도 수만 년 전에는 에티오피아에서도 자랐을 것이고 이때 로부스타(CC 게놈)를 만나 수정이 일어나 가끔 잡종 나무(CE)가 생겨났을 것이다. 그리고 잡종에서 감수분열 오류로 사배체인 아라비카(CCEE)가 태어났을 것이다.

흥미롭게도 아라비카의 특성 가운데는 정말 로부스타와 유게니오이데스의 중간인 경우가 있다. 나무 키를 보면 부계인 로부스타가 10m에 이르고 모계인 유게니오이데스가 2~3m인데 아라비카는 4~5m다. 원두의 카페인 함량 역시 로부스타가 2.7%이고 유게니오이데스가 0.6%인데 아라비카는 1.5%다. 그리고 유게니오이데스 원두로 내린 커피의 맛과 향이 뛰어난 것으로 알려져 있다. 그런데 왜 유게니오이데스는 상업 작물이 되지 못한 걸까.

무엇보다도 생산성이 너무 낮다. 유게니오이데스는 나무가 작을 뿐 아니라 열매도 적게 열리고 그나마 원두 크기도 아라비카의 절반 수준이다. 그 결과 나무 한 그루에서 불과 320g의 원두를 수확할 수 있다. 몇몇 커피 농장에서 유게니오이데스를 재배해 아는 사람들에게 고가에 공급하고 있지만 웬만한 커피 마니아도 맛볼 기회를 얻기 힘들 것이다.

로부스타 게놈이 해독되고 6년이 지난 2020년 학술지 『사이언티픽 리포트』에 아라비카 게놈 해독 논문이 실렸다.[149] 이탈리아와 프랑스가 주도한 다국적 공동연구팀은 1864년 레위니옹섬(당시 프랑스령 부르봉섬)에서 발견돼 '부르봉 벨메료Bourbon Vermelho'이라고 불리는 품종의 게놈을 해독했다. 부르봉 벨메료는 품질이 뛰어난 원두를 얻을 수 있지만, 수확량이 적고 병해충에 취약하다. 이와 함께 유전자 다양성을 알아보기 위해 세계 각지에서 채집한 아라비카 736개 개체(유전자원)의 게놈 정보를 분석해 비교했다. 결과를 소개하기에 앞서 커피의 재배 역사를 잠깐 살펴보자.

모카 커피가 유명한 이유

아라비카 커피나무의 원산지는 에티오피아 서남부와 남수단 일대로 지금도 야생 커피가 자생하고 있다. 전설에 따르면 에티오피아 목동이 염소들이 커피 열매를 먹고 흥분하는 모습을 보고 호기심이 생겨 처음 커피를 맛보았다고 한다. 아무튼 에티오피아 서남부(1897년 정복되기 전까지 카파Kafa라는 독립국이었다) 사람들은 오래전부터 야생 커피나무에서 열매를 따와 먹었고 언제부터인가 원두를 볶고 빻아 물에 넣고 끓인 커피를 마셨던 것으로 보인다.

14세기 무렵 커피 씨앗(생두)이 바다 건너 중동 예멘으로 유출됐고 이곳에서 처음 커피나무 재배가 시작됐다. 그리고 불과 100여 년이 지난 15세기 말 예멘 모카와 이집트 카이로에는 커피하우스가 성황이었다. 분쇄한 커피를 끓이는 대신 뜨거운 물로 우리는 방법도 예멘에서 시작됐다. 예멘에서 재배한 커피는 모카항을 통해 수출됐다. 이래저래 모카는 커피의 도시가 됐고 지금도 예멘에서 생산되는 원두를 모카라고 부르는데, 산지 이름을 딴 '예멘 모카 마타리Yemen Mocha Mattari'와 '예멘 모카 사나니Sanani'가 유명하다.

커피의 가치를 알았던 예멘 정부는 로스팅한 원두만 수출하는 등 신경을 썼지만, 씨앗이 유출되는 걸 막을 수는 없었다. 1670년 모카를 방문한 인도인이 커피 씨앗 7개를 몰래 갖고 돌아가 인도에서 커피나무 재배가 시작됐다. 1696년 인도를 방문한 네덜란드인이 커피 씨앗을 당시 식민지인 인도네시아로 가져갔고 여기서 '티피카Typica' 계열이 나왔다. 티피카는 1723년 아메리카로 건너갔다.

한편 1715년에는 씨앗 몇 개가 예멘에서 아프리카 남동부 부르봉섬(오늘날 이름은 레위니옹섬)으로 들어갔고 '부르봉Bourbon' 계열이 나왔다. 부르봉 벨메료는 그 가운데 한 품종이다. 부르봉은 19세기 중반 아메리카와 동아프리카에서 재배가 시작됐다. 이때까지만 해도 재배하는 커피나무는 아라비카 한 종이었다. 그런데 19세기 말 서아프리카와 중앙아프리카에 자생하는 한 식물이 커피속이라는 게 밝혀져 코페아 카네포라라는 학명을 얻었고(1897년) 곧 원두를 목적으로 재배하기 시작했다.

카네포라는 아라비카에 비해 나무가 크고 튼실해 로부스타라는 이름을 얻었고 병충해에도 강했다. 원두의 품질은 좀 떨어졌지만 수확량도 많았다. 그 결과 로부스타의 재배 면적이 빠르게 늘어났다. 오늘날 로부스타를 가장 많이 재배하는 나라는 베트남으로 전체 로부스타의 40%에 이른다.

20세기 들어 유전학과 세포생물학이 발전하면서 과학자들은 아라비카가 로부스타(카네포라)와 유게니오이데스의 자손이라는 뜻밖의 사실을 발견했지만, 종의 합성이 일어난 시기와 횟수에 대해서는 모르는 상태였다.

부르봉 벨메료의 게놈을 기준으로 아라비카 야생 및 재배 품종 736가지의 염기서열을 비교한 결과 유전적 다양성이 상당히 낮아 작물 가운데 최하 수준인 것으로 밝혀졌다. 즉 종의 합성이 최근(아마도 수만

~수십만 년 전 에티오피아 서남부에서) 단 한 차례 일어났고 그 자손들도 널리 퍼지지 않아 변이가 적은 데다 14세기에 예멘으로 유출된 씨앗 몇 개에서 커피 재배가 시작됐기 때문이다. 부르봉 벨메료를 포함해 새 품종 대다수는 커피 농장에서 우연히 발견한 돌연변이체를 선별해 개량한 것이다.

아라비카의 단백질 유전자 수를 봐도 종의 합성이 최근에 일어났음을 짐작할 수 있다. 즉 추정 유전자 4만 6,562개 가운데 2만 1,254개가 카네포라에서 2만 2,888개가 유케니오이데스에서 기원하는 것으로 밝혀졌다. 2014년 해독된 카네포라 게놈에서 유전자가 2만 5,574개로 추정됐으므로 종의 합성으로 유전자 대다수가 중복됐음에도 '불과' 17%만이 소실된 것이다. 종의 합성 이후 변이가 생겨 기원을 알 수 없는 2,420개 유전자를 고려하면 실제 소실 비율은 이보다 낮을 것이다.

기후변화를 이겨낼 수 있을까

다른 많은 작물처럼 커피 재배 역시 급격한 기후변화로 위기를 맞고 있다. 커피가 (아)열대 작물이라고 하지만 아라비카 생육에 최적인 온도는 18~22°C다. 야생 원산지인 에티오피아와 남수단의 해발 1,000~2,200m 고지대의 조건이다. 아라비카는 기온이 영하로 내려가면 살 수 없지만, 너무 더워도 제대로 자라지 못한다. 로부스타는 자생지 고도가 500~1,500m로 약간 낮고 연평균 온도도 24~26°C로 더위에 좀 더 강하다. 또 곰팡이 감염병인 커피잎녹병에 대한 저항성도 높다.

지구온난화로 기온이 올라가면서 아라비카를 재배할 수 있는 면적이 점점 줄어들고 있다. 반면 고급 커피를 찾는 사람은 늘고 있어 로부스타로 대신하기도 어렵다. 게다가 기후변화가 심해지면 로부스타 재배

100여 년 서아프리카의 일부 지역에서 좁은잎커피나무를 재배했지만 명맥이 끊겼다. 2018년 시에라리온을 찾은 연구자들은 커피나무가 자생하는 것을 확인했고 2020년 원두를 구해 시음해 본 결과 고급 아라비카 수준의 맛과 향을 지닌 것으로 밝혀졌다. 좁은잎커피나무는 더위와 가뭄에 강해 기후변화로 위협받는 커피 농업의 대안으로 떠오르고 있다. 1900년 트리니다드 식물원에서 촬영한 좁은잎커피나무로 키가 2m 내외인 관목이다. 왼쪽에 사탕수수가 보인다. (제공 영국왕립식물원)

가능 면적도 줄어들 것이다. 와인과 마찬가지로 커피 역시 마시기에 점점 부담스러운 음료가 될 가능성이 크다.

이 문제를 해결하는데 게놈 해독 연구가 도움이 되겠지만 실망스럽게도 아라비카의 유전적 다양성이 낮아 돌파구를 찾는 게 쉽지 않아 보인다. 로부스타 게놈 정보도 큰 도움은 될 것 같지 않다. 아리비카의 게놈 절반이 로부스타이기 때문이다. 따라서 시야를 넓혀 커피속 120종 식물들을 들여다볼 필요가 있다.

2021년 4월 학술지 『네이처 식물』에는 이와 관련해 흥미로운 연구 결과가 실렸다.[150] 한때 재배되기도 했지만 지금은 잊힌 커피나무를 재발견했는데, 커피 맛이 아라비카 수준으로 뛰어난데다 자생지의 평균 온도가 아라비카 자생지에 비해 6~7℃나 더 높아 기후변화에 대응할 수 있다는 것이다.

왕립식물원 아론 데이비스 박사가 이끄는 영국과 프랑스 공동연구자들은 서아프리카 기니, 시에라리온, 코트디부아르에 자생하는 좁은잎커피나무(학명 *C. stenophylla*)에 주목했다. 과거 커피 문헌을 보면

100여 년 전에는 이 지역에서 이 커피나무를 재배했기 때문이다. 2018년 시에라리온을 찾은 연구자들은 좁은잎커피나무가 자생하는 것을 확인했고 2020년 생두를 구했다. 씨앗 크기는 아라비카와 비슷하거나 약간 작았다.

로스팅한 뒤 커피를 내려 시음한 결과 상품上品인 에티오피아 아라비카와 향기 방향이나 선호도가 거의 비슷하다는 평가를 받았다. 중품인 로부스타 커피보다는 선호도가 월등히 높았다. 카페인 함량도 아라비카와 비슷했다. 반면 좁은잎커피나무의 자생지는 고온건조한 기후로 평균기온이 25℃에 이른다. 게다가 커피잎녹병에도 강하다. 따라서 아라비카와 좁은잎커피나무를 교배하면 원두 품질은 유지하면서도 기후변화에 적응할 수 있는 커피나무를 얻을 수도 있다. 좁은잎커피나무의 게놈이 해독되면 이 과정을 좀 더 앞당길 수 있을 것이다.

최근 수년 동안 커피 최대 생산국인 브라질에서 가뭄이 계속되면서 원두 생산량이 급감해 국제 원두 가격이 두 배나 올랐다. 그래서인지 2022년 들어 스타벅스를 비롯한 카페 체인점들이 커피 가격을 줄줄이 올렸다. 이러다가 한 세대 뒤에는 로스팅한 원두가 '검은 황금'으로 불리는 게 아닐지 걱정이다. 좁은잎커피나무 같은 잠재력이 있는 신종 발견과 게놈편집 같은 첨단 과학기술이 합쳐져 이런 일이 일어나지 않게 되길 바란다.

카카오,
초콜릿의 달콤쌉싸름한 진실

이명법binomial nomenclature을 창안해 '분류학의 아버지'로 불리는 스웨덴의 식물학자 칼 폰 린네는 수많은 동식물의 학명을 직접 지었다. 이 책에서 선정한 작물 30여 종 가운데서도 린네가 작명한 게 절반 가까이 된다. 보통 학명에서 라틴어 대문자로 시작하는 속명은 명사이고 소문자인 종소명은 형용사다. 즉 뒤의 종소명이 앞의 속명을 꾸미는 구조다. 예를 들어 현생인류의 학명인 호모 사피엔스는 '현명한sapiens 인간Homo'이다(1758년 린네가 작명했다).

린네는 학명을 지을 때 보통 현지에서 불리는 명칭이나 종의 특성을 반영했지만 때로는 본인의 호불호를 담은 이름을 붙이기도 했다. 달콤쌉싸름한 초콜릿의 원료를 만드는 식물인 카카오가 바로 그런 경우다.

린네가 카카오에 붙인 학명은 테오브로마 카카오*Theobroma cacao*로 속명인 테오브로마는 '신들의 양식'이라는 뜻이다. 종소명도 형용사가 아니라 식물 이름이다. 즉 학명(속명)과 일반명을 이어서 쓴 셈으로, '신들

아욱과 작물인 카카오는 특이하게 줄기에 꽃이 피고 열매가 열린다. 열매(꼬투리) 안에는 과육(pulp)에 둘러싸인 씨앗(콩)이 20~60개 들어 있다. (제공 위키피디아)

의 양식 카카오'라고 해석할 수 있다. 카카오에 이런 학명을 붙인 걸 보면 린네가 초콜릿을 꽤 좋아했나 보다. 테오브로마속 식물은 20여 종이 있는데, 이 가운데 쿠푸아수cupuaçu(학명 *T. grandiflorum*)는 초콜릿과 파인애플이 연상되는 향이 나는 과육을 먹는다.

남아메리카 열대우림이 원산지인 카카오는 아욱과 식물로 수명이 100년 내외다. 씨앗이 발아해 식물체가 자라 2~8년이 지나면 첫 열매가 열리고 수령이 10~20년일 때 수확량이 가장 많다. 특이하게도 카카오 열매는 가지 끝이 아니라 중간에 달려 있다.

남미에서 작물화된 듯

카카오가 언제 작물이 됐는가는 불확실하지만 약 3,000년 전 중미에서 진행된 것으로 추정됐다. 처음에는 중미에서 재배되다가 점차 남미로 확산했고 16세기 유럽인들이 도착한 뒤 세계로 퍼져나갔다는 것이다. 오늘날 카카오 최대 산지는 중미나 남미가 아니라 서아프리카로 코트디부아르가 세계 생산량의 38%를 차지한다. 우리나라 사람들 상당수는 카카오 하면 아프리카 가나를 떠올릴 것이다. 과거 한동안 '가나 초콜릿' 광고가 깊은 인상을 남겼기 때문이다. 실제 가나는 세계 2위의 카카오 생산국으로 코트디부아르의 이웃 나라다.

카카오 역시 다른 작물처럼 여러 변종이 존재하는데, 그 가운데 크리올로Criollo를 게놈 해독 대상으로 삼았다. 크리올로는 처음 작물화된 카카오로, 카카오 품질이 가장 좋지만 생산량이 적고 병해충에 취약해 오늘날 재배 면적은 5%에 불과하다. 반면 포라스테로Forastero는 품질은 떨어지지만 수확량이 많고 병해충에 강해 생산량의 80%를 차지하고 있다. 20세기 초 둘 사이에서 얻은 잡종이 둘의 장점을 어느 정도 보여 오늘날 15%를 차지하고 있다. 크리올로만 있던 카리브해 트리니다드섬에 포라스테로가 도입된 뒤 우연히 나온 잡종이라 지명을 따라 트리니타리오Trinitario로 불린다. 다만 트리티타리오 역시 병충해에 아주 강하지는 못해 손실되는 양이 30%에 이를 것으로 추정된다.

지난 2008년 학술지 『미국립과학원회보』에는 중미와 남미에 자생하는 카카오 1,000여 개체의 시료를 채집해 유전 정보를 분석한 연구 결과가 실렸다.[151] 그 결과 카카오는 10개 무리cluster로 나뉘는 것으로 밝혀졌다. 이 가운데 하나가 크리올로이고 나머지 9개에서 몇몇은 포라스테로로 묶인다. 참고로 트리니타리오 같은 잡종은 분석에서 뺐다.

지역별로 보면 남미 아마존 상류 지대에 여러 무리가 밀집돼 있어 유전적 다양성이 가장 컸다. 이곳이 카카오의 원산지란 말이다. 따라서 카카오 작물화도 이곳에서 일어났을 수 있다는 가능성이 제기됐다. 흥미롭게도 10개 무리 가운데 크리올로만이 중미와 남미에 걸쳐 여러 곳에 분포한다. 마야인들이 먹었던 코코아 음료는 크리올로로 만든 것이다. 그렇다면 크리올로는 중미에서 작물화돼 남미로 퍼진 걸까 아니면 남미에서 작물화돼 중미로 퍼진 걸까.

10년이 지난 2018년 학술지 『네이처 생태학 & 진화』에는 카카오 작물화가 남미에서 일어났다는 고고학 증거를 제시한 논문이 실렸다.[152] 남미 북서부 에콰도르의 약 5,300년 전 유적지에서 발굴한 유물에서 카카오 녹말과립과 테오브로민이 검출된 것이다. DNA 분석 결과 10개 무리 가운데 나시오날Nacional로 밝혀졌다. 나시오날 변종은 꽃향기가 연상되는 뛰어난 초콜릿을 만들 수 있어 유럽인들이 최고로 평가했지만 20세기 초 빗자루병이 퍼지며 절멸하다시피 했다. 오늘날 나시오날은 에콰도르와 페루 일부 지역에서 자생하고 있지만 그나마 순종은 드물다.

아무튼 이 지역에서 작물화된 카카오 무리가 퍼졌고 카카오 음료를 즐겨 마셨던 마야인들이 열매 품질이 좋고 중미 기후에 맞는 크리올로를 널리 재배한 것으로 보인다. 한편 유럽에 카카오가 소개된 이래 수요가 폭발적으로 늘어나면서 수확량이 많고 병해충에 강한 포라스테로

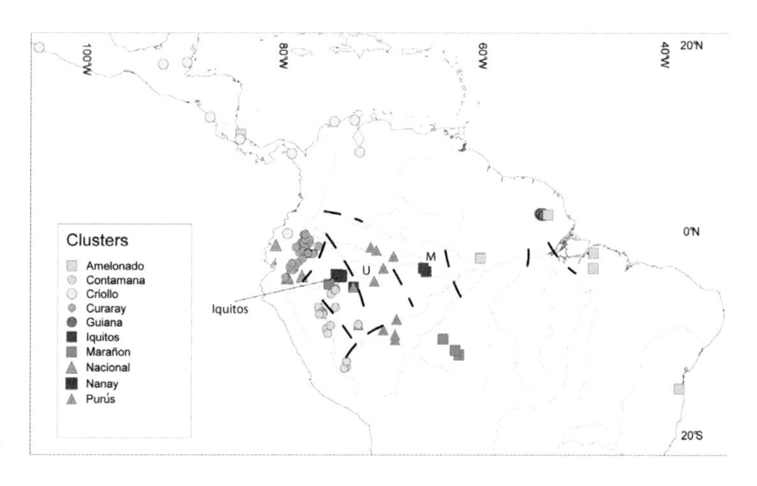

중미와 남미에 채집한 야생 및 재래종 카카오 1,000여 유전자원의 염기서열을 분석한 결과 10개의 무리로 나뉘는 것으로 밝혀졌다. 마야인들이 재배한 품종인 크리올로(criollo, 노란색 원)가 중미와 남미에 걸쳐 넓은 지역에 분포함을 알 수 있다. 한편 카카오의 원산지이자 작물화가 일어난 곳으로 보이는 남미 북서부는 여러 무리가 자라고 있어 유전적 다양성이 큰 지역이다. (제공 『플로스원』)

(거의 아멜로나도Amelonado 무리)를 아프리카로 가져가 심어 오늘에 이르고 있다.

게놈 구조 큰 변화 없어

카카오 열매가 익으면 수확해 카카오 콩이라고 부르는 씨앗을 빼내 발효시킨 뒤 말린다. 그리고 껍질을 벗겨내고 빻아 코코아 매스cocoa mass를 얻는다. 코코아 매스는 탄수화물과 단백질, 지방 혼합물로 지방이 약 50%를 차지한다. 코코아 매스에서 분리한 지방이 바로 코코아 버터cocoa butter다. 나머지가 코코아 가루cocoa powder로 흔히 코코아라고 부른다. 코코아에는 여전히 지방이 남아 있어 함량이 14% 수준이다. 오늘날 카카오 콩과 코코아의 연간 생산량은 각각 580만 톤과 370만 톤에 이른다(2020년).

씨의 배젖 세포에 저장된 중성지방인 코코아 버터에도 초콜릿의 향과 맛을 내는 성분이 일부 녹아 있지만 대부분은 코코아에 들어 있다. 화이트 초콜릿이 초콜릿 느낌이 날 뿐인 것도 코코아 매스 없이 코코아 버터로만 만들었기 때문이다.

카카오의 원산지는 중남미이지만 실제 사람들이 익숙한 형태의 초콜릿은 유럽에서 만들었다. 수천 년 전 중남미 사람들은 음료로 마셨다. 오늘날에도 고급 초콜릿은 스위스, 프랑스 등 유럽 나라들 제품이다. 대중적인 제품으로는 미국의 허쉬 초콜릿이 떠오른다. 그래서인지 카카오 게놈 역시 프랑스가 주도하고 허쉬 본사가 있는 미국 펜실베이니아주의 펜주립대가 참여한 양국 공동 연구팀이 해독해 2011년 학술지 『네이처 유전학』에 게놈 초안을 발표했다.[153] 카카오는 게놈은 이배체로 기본염색체(x) 10개로 이뤄져 있다(2n=2x=20).

연구자들은 중미의 작은 나라 벨리즈에서 재배되는 크리올로 개체의

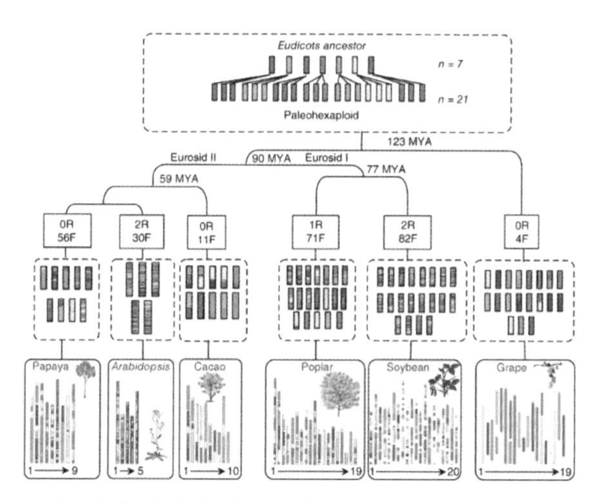

2011년 카카오 게놈 해독을 해독한 연구자들은 이미 알려진 5종과 비교해 쌍떡잎식물 계열에 따른 게놈의 진화 과정을 분석했다. 이에 따르면 염색체(n) 7개인 이배체 초기 쌍떡잎식물에서 전체게놈삼중복이 일어나 염색체가 21개인 육배체가 나왔다. 그 뒤 여러 갈래로 분화하면서 계열에 따라 추가로 전체게놈중복(R)이 한두 차례 더 일어나기도 했다. 아울러 염색체 융합(F) 등의 재배열을 거치며 염색체 개수가 제각각이 됐다. 카카오 계열에서는 추가 전체게놈중복 없이 융합만 11회 일어나 염색체 10개가 됐다. (제공 『네이처 유전학』)

게놈을 해독했다. 크리올로는 오랜 재배를 거치는 동안 자가수분을 해왔기 때문에 이배체 게놈의 상동염색체가 꽤 균일한 상태라 분석하기에 좋은 조건이다. 2011년 게놈 초안을 발표하고 6년이 지난 2017년 고품질 게놈을 해독했다.[154] 여기서는 앞의 논문을 소개하며 몇몇 내용은 뒤의 업데이트한 데이터를 썼다.

카카오의 게놈은 4억 3,000만 염기로 추정돼 벼나 포도와 비슷한 크기다. 이 가운데 76%인 3억 2,690만 염기가 해독됐다. 그럼에도 유전자가 주로 분포한 부위인 진정염색질 부위는 대부분 밝혀졌다. 단백질을 지정하는 유전자 수가 2만 9,071개로 추정돼 사람보다는 많지만 작물로서는 적은 편이다.

애기장대와 포도, 콩(대두), 포플러의 유전자와 비교한 결과 카카오에 고유한 유전자는 전체 유전자의 7%인 2,053개로 밝혀졌다. 이들 대다수는 아직 기능을 모르는 상태이지만 상당수가 카카오라는 식물의 정체성을 부여하는 데 관여할 것이다.

식물 게놈 해독 초기에는 한 식물의 게놈이 해독되면 그때까지 해독된 식물들의 게놈과 비교해 식물 진화 과정을 재구성하고 이 결과를 분류학에 반영하는 작업을 즐겨 했다. 대표적인 예가 2007년 포도 게놈 해독으로, 앞서 애기장대 등 몇 종의 게놈과 면밀하게 비교한 결과 초기 쌍떡잎식물에서 전체게놈삼중복WGT으로 생겨난 육배체가 오늘날 쌍떡잎식물 대다수의 공통조상이라는 놀라운 사실이 드러났다(이를 감마 사건이라고 부른다).

코코아 게놈 해독 논문에서도 이미 해독된 5종과 비교해 게놈 진화의 복잡한 여정을 드러냈다. 이에 따르면 코코아 계열의 진화 과정에서 포도처럼 감마 사건 뒤 추가로 전체게놈중복이 일어나지 않았다. 코코아 계열은 기본염색체 21개인 육배체가 염색체 재배열이 일어나는 과정에서 염색체가 합쳐지는 사건을 11회 겪으며 기본염색체 10개인 이배체가 됐다. 염색체 융합을 불과 4회 겪으며 기본염색체 19개인 이배체가 된 포도보다는 변화가 컸지만, 추가로 한두 차례 전체게놈중복을 겪고 다시 이배체가 된 다른 식물들과 비교하면 평탄한 과정을 겪은 셈으로 게놈의 초기 구조를 여전히 꽤 지니고 있다.

초콜릿 풍미의 비밀

코코아 매스에서 중성지방인 코코아 버터를 분리하고 남은 코코아 가루는 씨의 세포벽(식이섬유)과 단백질, 녹말이 주성분이고 여기에 프로안토시아닌 같은 플라보노이드, 향기 분자인 테르펜, 1841년 카카오 콩에서 처음 발견돼 속명을 따 이름을 붙인 테오브로민theobromine을 비롯한 다양한 대사산물이 들어 있다. 이들이 초콜릿에 특유의 풍미를 부여한다.

이런 다양한 화합물 대부분은 카카오 식물체가 직접 만들므로 생합성에 관여하는 유전자도 꽤 될 것이다. 먼저 코코아 버터의 주성분인 지방은 카카오라고 해서 특별할 건 없다. 다른 많은 식물에서처럼 배젖에 저장된 지방은 씨앗이 발아할 때 필요한 에너지원이다.

다만 지방산의 조성은 주목할 만하다. 상온에서 딱딱한 초콜릿을 입에 넣었을 때 녹는 건 코코아 버터의 녹는점이 34~38℃이기 때문이다. 이는 지방산 가운데 탄소 18개인 포화지방산(C18:0으로 표시)인 스테아린산(녹는점이 69.3℃)의 비율이 30~37%에 이르기 때문이다. 씨에서 짜낸 기름은 보통 불포화지방산 함량이 높아 상온에서 액체인 걸 생각하면 특이한 조성이다. 참고로 코코넛 기름도 녹는점이 25℃로 높은 편인데, 탄소 12개인 포화지방산(C12:0)인 라우르산(녹는점이 43.8℃)이 절반을 차지한다.

게놈 분석 결과 지질 생합성에 관여할 것으로 추정되는 유전자가 84개로 쌍떡잎식물의 모델인 애기장대보다 13개 더 많았다. 이 가운데 배젖 세포에 축적되는 형태인 중성지방을 만드는 과정에서 중요한 효소인 FATB가 5개, KS가 3개 더 많았다. 식물체가 많이 필요로 하는 효소는 유전자 발현을 높이거나 유전자의 복제 수를 늘리는 게 진화 전략이므로 그럴듯하다.

한편 코코아에 많이 들어 있는 플라보노이드flavonoid는 식물이 만드는 이차대사산물로, 페놀 고리(C6) 두 개와 헤테로사이클릭(탄소 원자 외에 다른 원자가 포함된 고리)(C3) 하나로 이뤄진 기본 골격(C6-C3-C6)을 지닌 구조다. 플라보노이드는 분자에 따라 식물체에서 여러 기능을 하는데, 특히 스트레스 대응에 관여하는 종류가 많다. 즉 해충이나 병원체에 대해 독성을 지니고 있거나 세포에 해로운 자유 라디컬이나 자외선을 흡수한다. 어떤 종류는 유익한 공생 생물이나 수분 동물을 끌어들이는 역할을 하기도 한다.

카카오 씨에 많이 들어 있는 프로안토시아니딘proanthocyanidin은 플라보노이드 여러 개가 결합된 고분자로 최근 연구에 따르면 심혈관계나 신경계 건강에 좋고 암 화학요법의 부작용을 줄이는 작용을 한다는 보고도 있다. 코코아 함량이 높은 다크초콜릿이 건강에 좋은 이유다. 게놈 분석 결과 카카오에는 플라보노이드 생합성 관련 유전자가 96개나 존재하는 것으로 밝혀졌다. 이는 애기장대보다 무려 60개나 많은 것으로 역시 유전자 복제 수 증가의 결과로 보인다.

예를 들어 애기장대에 하나뿐인 DFR 효소 유전자가 카카오에는 18개나 존재한다. DRF는 플라보노이드인 카테킨catechin과 에피카테킨epicatachin의 직전 전구체인 플라반다이올flavan-3,4-diol을 만드는 반응을 촉매한다. 그 결과 카테킨과 에피카테킨은 말린 씨앗 무게의 8%를 차지할 정도까지 축적될 수 있다. 이들은 식물체에서 항산화제로 작용한다.

한편 테르페노이드terpenoid도 다양한 기능을 갖는 이차대사물로, 카카오에서는 탄소원자 10개로 이뤄진 모노테르펜monoterpene(C10)과 15개로 이뤄진 세스퀴테르펜sesqiterpene(C15)이 초콜릿 향에 기여한다. 크리올로에서 얻은 코코아가 더 고급스럽게 느껴지는 것도 생산량이 많은 다른 종류에 비해 꽃향기가 나는 리날롤linalool 같은 모노테르펜 함량이 높기 때문이다.

카카오 게놈에는 테르페노이드 생합성에 관여하는 TPS 효소 유전자가 57개 존재해 30개인 애기장대의 두 배에 가깝다. 반면 89개인 포도에는 못 미친다. 포도의 다채로운 향을 떠올리면 수긍이 가는 데이터다.

그런데 논문에 알칼로이드 화합물인 테오브로민과 카페인의 생합성 유전자 관련 내용이 보이지 않는다. 앞서 커피 게놈을 다룰 때도 언급했지만 차나무와 커피나무, 카카오는 각각 카페인 생합성 유전자 네트워

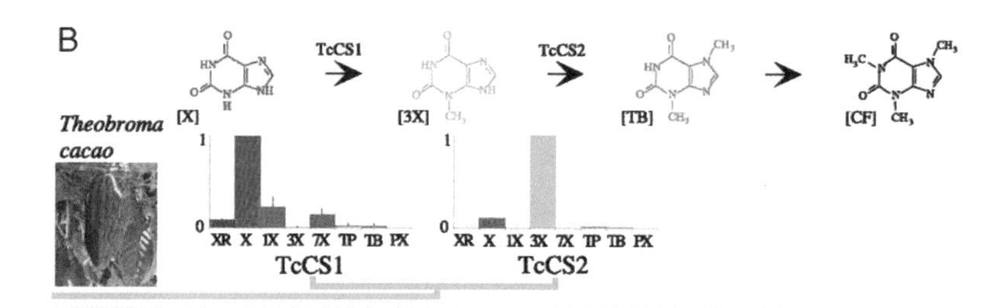

쌍떡잎식물 진화에서 다섯 계열에서 독립적으로 카페인 생합성 유전자 네트워크가 진화했다. 즉 잔틴(X)에서 단계적으로 세 차례 메틸기를 붙여 카페인을 만든다. 이 가운데 카카오만 최종 산물인 카페인(CF)보다도 메틸기가 두 개인 테오브로민(TB)을 훨씬 더 많이 함유하고 있는데, 테오브로민에서 카페인을 만드는 효소의 실체는 아직 모른다. (제공『미국립과학원회보』)

크를 진화시켰다. 즉 잔틴[xanthine]을 출발물질로 해서 세 단계로 메틸기 붙여 최종적으로 카페인을 만든다. 카페인 직전 메틸기가 두 개 붙은 화합물이 바로 테오브로민이다.

흥미롭게도 커피콩에는 테오브로민이 거의 들어 있지 않은 대신 카페인 농도가 높다. 즉 테오브로민에 세 번째 메틸기를 붙이는 반응을 촉매하는 DXMT 효소의 활성이 굉장히 크다는 말이다. 찻잎도 비슷한 패턴으로 다만 테오브로민이 소량 존재한다. 반면 카카오에는 테오브로민 농도가 높고 카페인은 낮다. 카카오 게놈을 해독한 무렵에는 생합성 메커니즘을 밝힌 연구가 없었다.

그 뒤 게놈 해독 데이터를 바탕으로 생합성 관련 유전자를 밝히는 연구가 진행됐다. 즉 잔틴에 메틸기를 붙여 3-메틸잔틴을 만드는 반응은 CS1 효소가 촉매하고* 3-메틸잔탄에 메틸기를 붙여 테오브로민을 만드는 반응은 CS2 효소가 촉매한다. 그런데 테오브로민에 메틸기를 붙여 카페인을 만드는 반응을 촉매하는 효소의 실체는 여전히 밝히지 못한 상태다.[155] 아마도 이 효소의 활성이 시원치 않기 때문에 카카오콩에 테

* 흥미롭게도 국화군인 커피나무와 차나무에서는 잔틴의 뉴클레오사이드인 잔토신을 출발물질로 해서 3-메틸잔틴이 아니라 그 이성질체인 7-메틸잔틴을 만든다. 414쪽 그림 참조.

오브로민이 다량(무게의 1%) 축적되며 초콜릿 특유의 쌉싸름한 맛을 부여한다. 반면 카페인은 무게의 0.1%에 불과하다.

테오브로민은 카페인에 비해 각성 효과가 약하지만 혈관 확장 효과가 있고 이뇨 작용도 한다. 과량 복용하면 심박수 증가, 두통, 속쓰림 같은 부작용이 있지만 초콜릿에서 섭취하는 양 정도로는 별문제가 없다. 그런데 동물, 특히 개와 고양이가 먹게 되면 큰일이 날 수 있다. 사람과는 달리 이들은 테오브로민을 제대로 대사하지 못한다. 단맛을 못느끼는 고양이가 초콜릿을 먹을 일은 거의 없지만 개는 그럴 위험성이 있어 조심해야 한다. 소형견은 다크초콜릿을 5g만 먹어도 죽을 수 있다.

환경 스트레스를 이겨내려면

생산되는 코코아 품질이 뛰어남에도 크리올로 품종의 비율이 5%에 불과한 건 각종 병충해에 취약하기 때문이다. 따라서 크리올로 게놈에서 질병 저항성 유전자를 분석해 그 이유를 이해하면 병충해에 강한 품종으로 개량하는 길을 찾을 수 있을 것이다.

오늘날 코코아를 괴롭히는 대표적인 병원체는 균류와 난균류다. 난균류oomycete는 균류를 닮았지만, 균류가 아니라 원생생물로 부등편모조류에 속한다. 즉 과거에 광합성을 하던 원생생물이 엽록체를 버리고 다른 생물을 숙주로 삼아 살아가기로 한 것이다. 19세기 아일랜드 대기근을 일으킨 감자마름병도 난균류가 병원체다(자세한 내용은 165쪽 참조).

몇몇 병원체에 속수무책으로 당하고 있지만 크리올로 게놈에는 많은 질병 저항성 유전자들이 있다. 그런데 NBS 계열 가운데 TIR 영역을 지닌 유전자의 비율이 4%에 불과하다. 이는 포도(20%)나 모델 식물인 애기장대(65%)에 비해 한참 낮은 값이다. 아마도 이런 불균형이 크리올로를 각종 병해충에 취약하게 만든 원인 가운데 하나일 것이다.

2018년 학술지 『식물과학 경계』에는 게놈편집으로 흑점병을 일으키는 난균류인 파이토프토라Phytophthora에 저항성을 보이는 카카오를 만들었다는 연구결과가 실렸다.[156] 게놈편집에서 염기 하나를 바꿔 유전자를 고장내는 전략이 흔히 쓰이고 이 경우도 NPR3 유전자를 망가뜨렸다. NPR3는 면역계 활동을 억제하는 역할을 하기 때문이다.

얼핏 생각하면 면역력을 떨어뜨리는 유전자가 있는 게 좀 이상하지만 사실 면역은 너무 강해도 안 된다. 식물체가 면역 쪽에 지나친 투자를 하면 성장이 억제되고 번식도 지장을 받을 수 있기 때문이다. 실제 NRP3 유전자가 고장난 카카오는 파이토프토라에 저항성을 보이지만 새싹의 성장이 느려지는 것으로 나타났다. 따라서 생장이나 수확에 부정적인 영향을 미치지 않게 질병 저항 유전자 네트워크를 재구성하는 전략을 만들어야 한다.

앞서 커피도 그렇지만 초콜릿 역시 이대로 가다가는 맘껏 먹기에는 부담스러운 기호식품이 될 가능성이 크다. 사실 이 책에 소개된 모든 작물이 기후변화에 따른 각종 스트레스에 시달리고 있다. 지난 20년 동안 밝혀낸 많은 작물의 게놈 해독 데이터가 오늘날 마주한 농업 위기를 극복하는 데 마중물이 되기를 간절히 바란다.

epilogue

에필로그

20세기 100년 동안 세계 인구는 16억 명에서 61억 명으로 네 배 가까이 늘어났다. 그런데 가운데인 1950년 인구는 25억 명이었다. 20세기 전반기에 9억 명 늘었지만 후반기에는 무려 36억 명이나 늘어난 것이다. 이런 폭발적인 인구 증가를 가능하게 만든 게 바로 녹색혁명이다. 녹색혁명은 작물의 품종 개량뿐 아니라 농약과 비료를 시기적절하게 쓰는 농사법이 널리 보급된 덕분이다.

21세기 들어 세계 인구 증가율이 다소 둔화됐지만 절대 인구 증가 폭은 줄지 않아 현재(2022년) 79억 명을 넘었고 내년에 80억을 돌파할 것으로 보인다. 아마도 21세기 중후반 100억 명 내외로 정점을 찍고 감소세로 돌아설 것이다. 그런데 최근 농업 생산성이 인구 증가를 따라가지 못하는 것 아닌가 하는 의구심이 증폭되고 있다.

지난 2012년 이미 세계농업기구FAO는 1961년부터 2007년까지 세계 곡물 생산량은 연평균 1.9% 늘었지만 2007년부터 2050년까지는

0.9%로 증가폭이 줄어들 것이라고 예상했다. 곡물에서 사료와 연료로 쓰이는 비중이 늘고 있음을 감안하면 실제 식량의 증가폭은 이보다 작을 것이다.

그 결과 지구촌에서 굶주림에 시달리는 사람 수가 지난 2015년 이후 다시 느는 추세다. 지금도 만성적인 영양결핍인 사람들의 비율은 세계 인구의 9%에 가깝지만 2030년에는 8억 5,000만 명으로 9.8%에 이를 전망이다.[157]

그런데 지구온난화로 급격한 기후변화가 진행되며 0.9% 증가폭도 달성하기 어려운 목표가 되고 있다. 최근 수년 동안 가뭄과 홍수, 폭염, 병해충으로 지구촌이 몸살을 앓으며 밀과 옥수수, 콩(대두) 같은 중요한 식량 작물의 작황이 나빠졌고 가격이 폭등했다. 포도(와인)와 커피 등 다른 많은 작물 역시 상황은 마찬가지다.

설상가상으로 2022년 2월 러시아가 우크라이나를 침략하는 사건이 일어나면서 세계 식량 작물 시장이 크게 흔들리고 있다. 밀과 옥수수의 주요 수출국인 우크라이나의 항구가 봉쇄되면서 수확한 곡물이 창고에 쌓여있고 올해 농사도 제대로 짓지 못하는 상황이 벌어지자 세계 각국이 위기감을 느끼고 있고 급기야 인도는 자국의 밀 수출을 금지하기에 이르렀다. 비싼 값에 팔아 외화를 벌 수 있는 기회임에도 자국민의 생존이 먼저이기 때문이다. 그 결과 아프리카 몇몇 나라에서 기아로 인한 사망자가 급증하고 있다.

지구촌 사람 다수가 스마트폰으로 세계인들과 실시간으로 대화하는 최첨단 시대임에도 점점 더 많은 사람들이 하루 세끼를 걱정하는 아이러니한 상황이 벌어지고 있는 것이다. 디지털 정보가 구축한 실리콘 기반 가상세계가 정신을 사로잡고 있지만, 우리가 살기 위해서 먹어야 하는 탄소 기반 몸을 지닌 동물이라는 사실은 여전히 변함이 없다.

제2의 녹색혁명을 꿈꾸며

반세기 전 녹색혁명을 가능하게 했던 기술들로는 이런 위기를 극복하기가 어렵다. 그러나 지난 20년 동안 많은 작물의 게놈이 해독되면서 새로운 국면으로 접어들고 있다. 과학자들이 게놈 정보에 기반한 분자육종에 뛰어들면서 신품종 개발 기간이 크게 단축되고 있기 때문이다. 여기에 게놈편집 같은 새로운 기술이 접목하면서 놀라운 결과들이 나오고 있다.

최근 학술지 『사이언스』에 실린 한 논문은 작물 게놈 정보와 게놈편집기술의 잠재력을 잘 보여주고 있다.[158] 연구자들은 상업 재배 품종 옥수수와 그 야생형인 테오신트와 잡종인 옥수수의 게놈을 비교해 옥수수 수확량에 영향을 미치는 유전자 KRN2를 찾았다. 분석 결과 작물 옥수수의 KRN2 유전자 발현량은 테오신트의 절반 수준이었다. KRN2 유전자 발현량이 줄면서 속대가 굵어져 낟알이 더 많이 달린 것이다. 만일 KRN2 유전자가 아예 발현되지 않는다면 수확량이 더 늘어나지 않을까. 실제 게놈편집으로 KRN2 유전자를 고장내자 수확량이 10%나 늘었다!

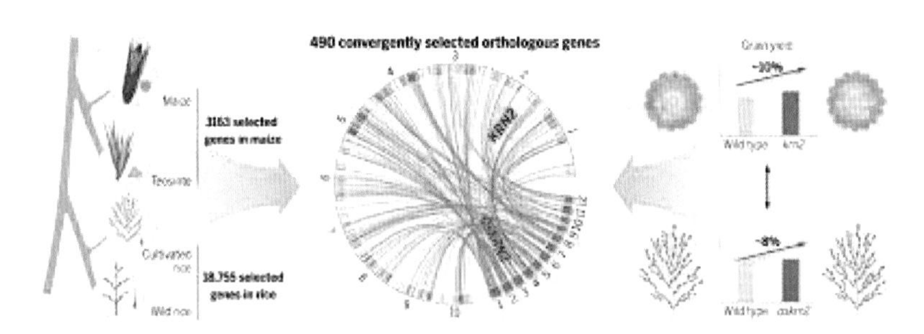

옥수수(maize)와 야생형인 테오신트(teosinte)의 게놈을 비교한 결과 작물화 과정에서 3,162개 유전자가 선택됐다. 재배 벼와 야생 벼 사이에는 이런 유전자가 1만 8,755개나 됐다(왼쪽). 두 작물에서 공통으로 선택된 유전자 490개 가운데 하나인 KRN2는 발현이 줄면서 낟알이 더 열리게 하는 것으로 밝혀졌다(가운데). 게놈편집으로 KRN2 유전자를 아예 고장낸 옥수수(krn2)와 벼(oskrn2)는 이 유전자가 온전한 기존 작물(wild type)에 비해 수확량이 각각 10%와 8% 늘어났다(오른쪽). (제공 『사이언스』)

놀라움은 여기서 그치지 않는다. 연구자들은 같은 볏과 작물인 벼의 게놈에도 존재하는 KRN2 역시 수확량에 영향을 미치는가 알아봤다. 그 결과 작물 벼의 KRN2 유전자 발현량 역시 야생 벼(루비포곤)보다 적었다. 게놈편집으로 작물 벼의 KRN2 유전자를 고장내자 역시 수확량이 8%나 늘었다!

KRN2 유전자의 기능은 아직 모르지만 이게 고장난 옥수수와 벼가 수확량이 늘어난 대가를 치르는 것 같지는 않다. 물론 재배 현장에서 겪는 다양한 상황에서도 그럴지는 좀 더 지켜봐야겠지만 만일 별문제가 없다면 수확량을 늘리는 데 큰 도움이 될 것이다. 작물 게놈 해독이나 게놈편집기술이 없었다면 결코 나올 수 없는 연구 결과다.

이 책에서는 많은 작물을 다루다 보니 게놈 해독 정보를 바탕으로 한 분자육종 사례를 몇 가지밖에 소개하지 못했다. 그러나 현재 세계 곳곳에서 분자육종이 진행되고 있고 이미 많은 품종이 개발됐다. 주요 작물에서 '게임 체인저'가 될 수 있는 신품종이 나오는 건 시간문제다. 아마도 수년 내 분자육종이 제2의 녹색혁명을 불러일으키지 않을까. 이 과정에서 게놈편집기술이 감초 역할을 할 것이다.

문득 2030년 출간을 목표로 이런 결과물을 담은 속편을 쓰면 좋겠다는 생각이 들었다. 일단 책의 제목을 이렇게 지어봤다.

『작물게놈해독은 어떻게 제2의 녹색혁명을 이끌었나』

감사의 글

2018년 8월 17일자 학술지 『사이언스』에 실린 빵밀 게놈 해독 논문을 읽다가 '작물 게놈을 주제로 책을 써보면 어떨까?'라는 아이디어가 떠올랐다. 얼마 뒤 MID 출판사 최성훈 대표(현 ㈜엠아이디미디어 감사)와 만난 자리에서 이 얘기를 꺼내자 "됐고, 쓰기만 하시오!"라는 긍정적인 답을 얻었다. 그럼에도 생각뿐 구체적인 행동에 들어가지는 않았다.

그런데 1년쯤 지난 어느 날 신문을 보다 방일영문화재단에서 전현직 언론인을 대상으로 저술지원 신청을 받는다는 단신을 접했다. 혹시나 해서 신청서를 써서 보냈는데 운 좋게도 선정됐다. 이 일은 두 가지로 큰 도움이 됐다. 먼저 지원금 덕분에 다른 일을 줄여 책을 준비할 여유가 생겼다. 무엇보다도 출간 시한이 정해져 있는 게 큰 역할을 했다. 물론 세 차례나 연기해 약속보다 1년 반이나 늦게 책을 내는 것이지만 저술지원이 없었다면 지금도 여전히 생각뿐일지도 모른다. 인내를 갖고 기다려준 방일영문화재단 관계자분들께 감사드린다.

이 책에 실린 글 가운데 여러 부분이 동아사이언스 사이트에 연재하고 있는 '강석기의 과학카페'에 발표한 에세이를 업데이트한 내용이다. 이때 써둔 글들이 없었다면 이 책을 시작할 엄두를 내지 못했을 것이다. 발표한 글들을 쓸 수 있게 허락해 준 동아사이언스에 감사드린다.

아무래도 인내심의 끝판왕은 출판사일 것이다. 2018년 뜬금없이 말을 꺼내놓고 언제 그랬냐는 듯 시침 떼고 있다가 1년 뒤 갑자기 진짜 쓰게 됐다며 책 내준다는 약속을 지키라고 하더니 정작 마감을 지키지 못해 출판사가 출간 계획을 여러 번 바꿔야 했다. 이런 우여곡절을 뒤로 하고 멋진 책을 만들어 준 ㈜엠아이디미디어 편집부 여러분과 최종현 대표에게 고마움을 전한다.

2022년 6월

강석기 씀

참고문헌

1 『크레이그 벤터 게놈의 기적』 크레이그 벤터, 노승영, 추수밭 (2009)
2 Purugganan, M. D. & Jackson, S. A. Nature Genetics 53, 595 (2021)
3 Meyer, R. S. & Purugganan, D. Nature Reviews Genetics 14, 840 (2013)
4 『근현대 한국 쌀의 사회사』, 김태호, 들녘 (2017)
5 Yu, J. et al. Science 296, 79 (2002)
6 Goff, S. A. et al. Science 296, 92 (2002)
7 International Rice Genome Sequencing Project, Nature 436, 793 (2005)
8 Du, H. et al. Nature Communications 8, 15324 (2017)
9 Wang, W. et al. Nature 557, 43 (2018)
10 Ma, J. & Bennetzen, J. L. PNAS 101, 12404 (2004)
11 Huang, X. et al. Nature 490, 497 (2012)
12 Sweeney, M. T. et al. PLoS Genetics 3, e133 (2007)
13 Zhang, C. et al. Molecular Plant 12, 1157 (2019)
14 Wang, M. et al. Nature Genetics 46, 982 (2014)
15 Weiss, E. PNAS 101, 9551 (2004)
16 Taketa, S. PNAS 105, 4062 (2008)
17 The International Barley Genome Sequencing Consortium, Nature 491, 711 (2012)
18 Mascher, M. et al. Nature 544, 427 (2017)
19 Civan, P. & Brown, T. A. New Phytologist 214, 468 (2017)
20 The International Barley Genome Sequencing Consortium, Nature 491, 711 (2012)
21 Comai, L. Nature Reviews Genetics 6, 836 (2005)
22 Van de Peer, Y. et al. Nature Reviews Genetics 18, 411 (2017)
23 Avni, R. et al. Science 357, 93 (2017)
24 Pourkheirandish, M. et al. Frontiers in Plant Science 8, 2301 (2018)
25 The International Wheat Genome Sequencing Consortium, Science 345, 1251788 (2014)
26 Ling, H. et al. Nature 557, 424 (2018)
27 Jia, J. et al. Nature 496, 91 (2013)
28 Luo, M. et al. Nature 551, 498 (2017)
29 Giroux, M. J. & Morris, C. F. PNAS 95, 6262 (1998)
30 Juhász, A. et al. Science Advances 4, eaar8602 (2018)
31 Gaurav, K. et al. Nature Biotechnology 40, 422 (2022)
32 Zhao, Z. et al. Nature Climate Change 12, 291 (2022)
33 Peng, J. et al. Nature 400, 256 (1999)
34 Athiyannan, N. et al. N ature Genetics 54, 227 (2022)
35 Li, S. et al. Nature 602, 455 (2022)
36 Robbeets, M. et al. Nature 599, 616 (2021)
37 Zou, C. et al. Nature Communications 10, 436 (2019)
38 Shi, J. et al. Nature Communications 10, 464 (2019)
39 Lu, H. et al. PNAS 106, 7367 (2009)
40 Yang, X. et al. PNAS 109, 3726 (2012)
41 Zhang, G. et al. Nature Biotechnology 30, 549 (2012)

42 Bennetzen, J. L. et al. Nature Biotechnology 30, 555 (2012)
43 Lovell, J. T. et al. Nature 590, 438 (2021)
44 Brownlee, C. PNAS 101, 697 (2004)
45 Doebley, J. et al. Nature 386, 485 (1997)
46 Studer, A. et al. Nature Genetics 43, 1160 (2011)
47 Schnable, P. S. et al. Science 326, 1112 (2009)
48 Matsuoka, Y. et al. PNAS 99, 6080 (2002)
49 Ramos-Madrigal, J. et al. Current Biology 26, 3195 (2016)
50 Kistler, L. et al. Science 362, 1309 (2018)
51 Jamet J. & Chaumet, J. Oilseeds & fats Crops and Lipids 23, D604 (2016)
52 Schmutz, J. et al. Nature 463, 178 (2010)
53 Kang, Y. J. et al. Scientific Reports 5, 8069 (2015)
54 Kim, M. Y. et al. PNAS 107, 22032 (2010)
55 Zhou, Z. et al. Nature Biotechnology 33, 408 (2015)
56 『식물생리학』(제4판), Lincoln Taiz & Eduardo Zeiger, 전방욱, 라이프사이언스 (2009)
57 Soltis, D. E. et al. PNAS 92, 2647 (1995)
58 Soyano, T. et al. Science 366, 1021 (2019)
59 김무림, 새국어생활 19, 91 (2009)
60 Yang, J. et al. Nature Plants 3, 696 (2017)
61 Li, M. et al. BMC Plant Biology 19, 119 (2019)
62 『음식과 요리』, 해럴드 맥기, 이희건, 이데아 (2017)
63 『감자 이야기』, 래리 주커먼, 박영준, 지호 (2000)
64 The Potato Genome Sequencing Consortium, Nature 475, 189 (2011)
65 Zhang, C. et al. Cell 184, 3873 (2021)
66 Itkin, M. et al. Science 341, 175 (2013)
67 Nature 461, 393 (2009)
68 Sabbadin, F. et al. Science 373, 774 (2021)
69 The Tomato Genome Consortium, Nature 485, 635 (2012)
70 Xiao, H. et al. Science 319, 1527 (2008)
71 Powell, A. L. et al. Science 336, 1711 (2012)
72 Tieman, D. et al. Science 355, 391 (2017)
73 Zsögön, A. et al. Nature Biotechnology 36, 1211 (2018)
74 Lemmon, Z. H. et al. Nature Plants 4, 766 (2018)
75 Kim, S. et al. Nature Genetics 46, 270 (2014)
76 Kraft, K. H. et al. PNAS 111, 6165 (2014)
77 Tewksbury, J. J. & Nabhan, G. P. Nature 412, 403 (2001)
78 『캠벨 생명과학』 10판(2015), Campbell 외, 전상학, ㈜바이오사이언스출판
79 Chen, J. et al. Nature Plants 5, 18 (2019)
80 Rendón-Anaya, M. et al. PNAS 116, 17081 (2019)
81 Hu, L. et al. Nature Communications 10, 4702 (2019)
82 Chaw, S. et al. Nature Plants 5, 63 (2019)
83 Lv, Q. et al. The Plant Journal 103, 1910 (2020)
84 Guo, X. et al. Nature Communications 12, 6930 (2021)
85 Yang, L. et al. Plant Communications 1, 100027 (2020)
86 Han, Y. et al. PLoS Biology 16, e2004921 (2018)

87 Sun, X. et al. Molecular Plant 13, 1 (2020)
88 Imai, S. et al. Nature 419, 685 (2002)
89 U. N. Jap. J. Bot. 7, 389 (1935)
90 The Brassica rapa Genome Sequencing Project Consortium, Nature Genetics 43, 1035 (2011)
91 Zhang, L. et al. Horticulture Research 5, 50 (2018)
92 Chanlhoub, B. et al. Science 345, 950 (2014)
93 Yang, J. et al. Nature Genetics 48, 1225 (2016)
94 Perumal, S. et al. Nature Plants 6, 929 (2019)
95 Song, X. et al. Plant Physiology 186, 388 (2021)
96 Mitsui, Y. et al. Scientific Reports 5, 10835 (2015)
97 Jeong, Y. et al. Theor Appl Genet 129, 1357 (2016)
98 Cho, A. et al. Theor Appl Genet 135, 1731(2022)
99 Lee, S. et al. American Journal of Plant Sciences 8, 1345 (2017)
100 Chomicki, G. et al. New Phytologist 226, 1240 (2020)
101 Sun, H. et al. Molecular Plant 10, 1293 (2017)
102 Montero-Pau, J. et al. Plant Biotechnology Journal 16, 1161 (2018)
103 Barrera-Redondo, J. et al. Molecular Plant 12, 506 (2019)
104 Huang, S. et al. Nature Genetics 41, 1275 (2009)
105 Shang, Y. et al. Science 346, 1084 (2014)
106 Garcia-Mas J. et al. PNAS 109, 11872 (2012)
107 Zhao, G. et al. Nature Genetics 51, 1607 (2019)
108 Guo, S. et al. Nature Genetics 45, 51 (2013)
109 Guo, S. et al. Nature Genetics 51, 1616 (2019)
110 Renner, S. S. et al. PNAS 118, e2101486118 (2021)
111 The French-Italian Public Consortium for Grapevine Genome Characterization, Nature 449, 463 (2007)
112 Kobayashi, S. et al. Science 304, 982 (2004)
113 Zhou, Y. et al. Nature Plants 5, 965 (2019)
114 Shulaev, V. et al. Nature Genetics 43, 109 (2011)
115 Hirakawa, H. et al. Genome Research 21, 169 (2014)
116 Edger, P. P. et al. Nature Genetics 51, 541 (2019)
117 Zhao, F. et al. Scientific Reports 8, 2721 (2018)
118 The International Peach Genome Initiative, Nature Genetics 45, 487 (2013)
119 Cao, K. et al. Genome Research 15, 415 (2014)
120 Falchi, R. et al. The Plant Journal 76, 175 (2013)
121 Vendramin, E. et al. PLoS One 9, e90574 (2014)
122 Sánchez-Pérez, R. et al. Science 364, 1095 (2019)
123 Velasco, R. et al. Nature Genetics 42, 833 (2010)
124 https://web.archive.org/web/20080528160552/http://www.wvculture.org/HISTORY/goldendelicious02.html
125 Xu, Q. et al. Nature Genetics 45, 59 (2013)
126 Gallie, D. R. Scientifica 2013, 795964 (2013)
127 Wu G. A. et al. Nature Biotechnology 7, 656 (2014)
128 Wu G. A. et al. Nature 554, 311 (2018)

129 Perrier, X. et al. PNAS 108, 11311 (2011)
130 Dale J. et al. Nature Communications 8, 1496 (2017)
131 Huang, S. et al. Nature Communications 4, 2640 (2013)
132 Wu, H. et al. Horticulture Research 6, 117 (2019)
133 Wu, J. et al. Annals of Botany 109, 169 (2012)
134 Tang, W. et al. Giga Science 8, 1 (2019)
135 『설탕과 권력』 시드니 민츠, 김문호 (1998. 지호)
136 Paterson, A. H. Nature 457, 551 (2009)
137 von Caemmerer, S. et al. Science 336, 1671 (2012)
138 Garsmeur, O. et al. Nature Communications 9, 2638 (2018)
139 Zhang, J. et al. Nature Genetics 50, 1565 (2018)
140 Souza, G. M. et al. GigaScience 8, 1 (2019)
141 Kim, N. et al. Plant Biotechnology Journal 16, 1904 (2018)
142 『인삼의 세계사』, 설혜심, 휴머니스트 (2020)
143 고승태, Journal of Ginseng Culture 1, 57 (2019)
144 Xu, J. et al. GigaScience 6, 1 (2017)
145 Xia, E. et al. Molecular Plant 10, 866 (2017)
146 Wei, C. et al. Proc. Natl Acad. Sci. USA 115, E4151 (2018)
147 Wang, Y. et al. Horticulture Research 8, 176 (2021)
148 Denoeud, F. et al. Science 345, 1181 (2014)
149 Scalabrin, S. et al. Scientific Reports 10, 4642 (2020)
150 Davis, A. P. et al. Nature Plants 7, 413 (2021)
151 Montamayor, J. C. et al. PLoS One 3, e3311 (2008)
152 Zarrillo, S. et al. Nature Ecology & Evolution 2, 1879 (2018)
153 Argout, X. et al. Nature Genetics 43, 101 (2011)
154 Argout, X. et al. BMC Genomics 18, 730 (2017)
155 Huang, R. et al. Proc. Natl Acad. Sci. USA 113, 10613 (2016)
156 Fister, A. S. et al. Frontiers in Plant Science 9, article 268 (2018)
157 FAO, The State of Food Security and Nutrition in the World 2020 (FAO, 2019)
158 Chen, W. et al. Science 375, 1372 (2022)

찾아보기

ㅂ

ㅅ

ㅇ

식물은 어떻게 작물이 되었나

게놈으로 밝혀낸 먹거리의 비밀

초판 1쇄 인쇄 2022년 06월 30일
초판 1쇄 발행 2022년 07월 07일

지 은 이 강석기
펴 낸 곳 (주)엠아이디미디어
펴 낸 이 최종현
기 획 최종현, 김동출
편 집 최종현
경영지원 유정훈
디 자 인 김진희, 박명원

주소 서울특별시 마포구 신촌로 162, 1202호
전화 (02)704-3448 **팩스** (02)6351-3448
이메일 mid@bookmid.com **홈페이지** www.bookmid.com
등록 제2011-000250호
ISBN 979-11-90116-69-5 (93470)

책값은 표지 뒤쪽에 있습니다. 파본은 바꾸어 드립니다.